ALLPLOT im Ingenieurbau

Aus der Serie
Faszination Bauen

CAD
Werkzeug des Architekten
von Markus Pflugbeil

ALLPLAN/ALLPLOT
CAD-Basis
Praktische Beispiele für Einsteiger
von Wolfgang Oswald

ALLPLAN in der Architektur
Ausführliche CAD-Anleitungen
für den professionellen Einsatz
von Christine Degenhart

ALLPLOT im Ingenieurbau
Ausführliche CAD-Anleitungen
für den professionellen Einsatz
von Udo Leischner

EUROplus
Statikprogramme nach EC2
von Peter Schweigel

Vieweg

Udo Leischner

ALLPLOT im Ingenieurbau

Ausführliche CAD-Anleitungen für den professionellen Einsatz

Mit 870 farbigen Abbildungen

Dieses Buch wurde auf Basis der Version 11 von ALLPLOT erstellt. Falls nachfolgende Versionen in Einzelheiten vom Buch abweichen, beachten Sie bitte die Menüs und Dialogzeilen des Programms.

Die Deutsche Bibliothek – CIP-Einheitsaufnahme

Leischner, Udo
ALLPLOT im Ingenieurbau : Ausführliche CAD-Anleitungen für den professionellen Einsatz / Udo Leischner. – Braunschweig ; Wiesbaden : Vieweg, 1995
(Faszination Bauen)

ISBN-13: 978-3-322-86863-3 e-ISBN-13: 978-3-322-86862-6
DOI: 10.1007/978-3-322-86862-6

Friedr. Vieweg & Sohn Verlagsgesellschaft mbH, Braunschweig/Wiesbaden, 1995
Softcover reprint of the hardcover 1st edition 1995

Der Verlag Vieweg ist ein Unternehmen der Bertelsmann Fachinformation GmbH.

Umschlaggestaltung & Art Direction:
Fritz Lüdtke, Antonia Graschberger,
Annegret Ehmke, Adam Volohonsky, München
Redaktion:
Thomas Pfeiffer, Heidemarie Lührs,
Nemetschek Programmsystem GmbH, München
DTP Satz und Bildbearbeitung:
Christine Kummerer, Zorneding

Gedruckt auf säurefreiem Papier

Vorwort

Computerprogramme, ob Textverarbeitung, Tabellenkalkulation oder CAD, benötigen eine Einarbeitungsphase, in der man sich mit ihnen vertraut machen und eine effektive Arbeitsweise aneignen kann. Darin unterscheiden sich Computer nicht von anderen Arbeitsmitteln. Die für eine systematische Einarbeitung aufgewendete Zeit wird sich letztlich durch effektiveres Arbeiten bezahlt machen.

Gerade im Computer-Bereich fällt die Einarbeitungsphase vielen schwer. Das liegt häufig nicht an den Programmen selbst, sondern am Fehlen einer anwendergerechten Anleitung. Hier setzt nun das vorliegende Buch an. Es soll den Einstieg in das CAD-Programm ALLPLOT erleichtern helfen, indem es das Arbeiten mit ALLPLOT an praktischen Beispielen Schritt für Schritt erläutert.

Bedanken möchte ich mich an dieser Stelle bei Frau Heidemarie Lührs und Herrn Thomas Pfeiffer von der Nemetschek Programmsystem GmbH, deren fachliches und organisatorisches Engagement die Entstehung dieses Buchs ermöglichte.

Mein Dank gilt außerdem Herrn Erwin Kerscher, dessen Unterstützung bei der Erstellung aller Abbildungen im Buch eine große Hilfe war.

Nicht zuletzt bedanke ich mich bei den Mitarbeitern des Teams Ingenieurbau und des Tragwerksplanungsbüros der Firma Nemetschek, die mir jederzeit mit fachlichem Rat zur Verfügung standen.

München, im September 1995
Udo Leischner

Ziel des Buches

Den Einstieg in das CAD-Programm ALLPLOT zu erleichtern ist die Absicht dieses Buchs. Es richtet sich damit einerseits an ALLPLOT-Anfänger. Andererseits sollen auch Fortgeschrittene angesprochen werden, die gezielt nach der Vorgehensweise für bestimmte Aufgabenstellungen suchen.

Nicht beabsichtigt ist mit diesem Buch, die Kenntnis aller Funktionen des Programms zu vermitteln. Das wäre mit einem Buch dieses Umfangs auch gar nicht möglich. Vielmehr soll der Anwender in die Lage versetzt werden, sich in ALLPLOT sicher bewegen zu können, also ein „Gefühl" für das Programm zu bekommen. Dann erschließen sich viele Funktionalitäten von selbst. Für detailliertes Nachschlagen bestimmter Funktionen steht die Online-Hilfe zur Verfügung.

Voraussetzung für erfolgreiches Lernen mit dem Buch ist eine Grundkenntnis des ALLPLAN/ALLPLOT-Basismoduls. Sie wird vom Band „ALLPLAN/ALLPLOT für Einsteiger" aus derselben Buchreihe vermittelt.

Bei der Konzeption des Buchs wurde besonderer Wert auf Praxisnähe gelegt. Statt mit „getrimmten" Lehrbeispielen wird ALLPLOT deshalb anhand realer Aufgaben aus der Praxis eines Ingenieurbüros erklärt.

Die Entstehung der Pläne wird Schritt für Schritt erläutert. Dabei wurde gleichzeitig auf möglichst praxisgerechtes Arbeiten wie auf leichte Nachvollziehbarkeit der Arbeitsschritte geachtet. Besonders grundlegende Vorgehensweisen und wichtige Funktionsgruppen wurden in Überblicken, den „Basics" zusammengefaßt.

Die zum Nachvollziehen der Aufgaben notwendigen Daten, zum Beispiel der einem Bewehrungsplan zugrundeliegende Grundriß, sind auf der Programm-CD von ALLPLOT enthalten. Dasselbe gilt für die Lösungsvorschläge und verschiedene Zwischenschritte auf dem Weg dahin. Somit können Sie Lösungen vorab betrachten oder, wenn Sie wollen, auch erst ab einem Zwischenschritt in ein Beispiel einsteigen.

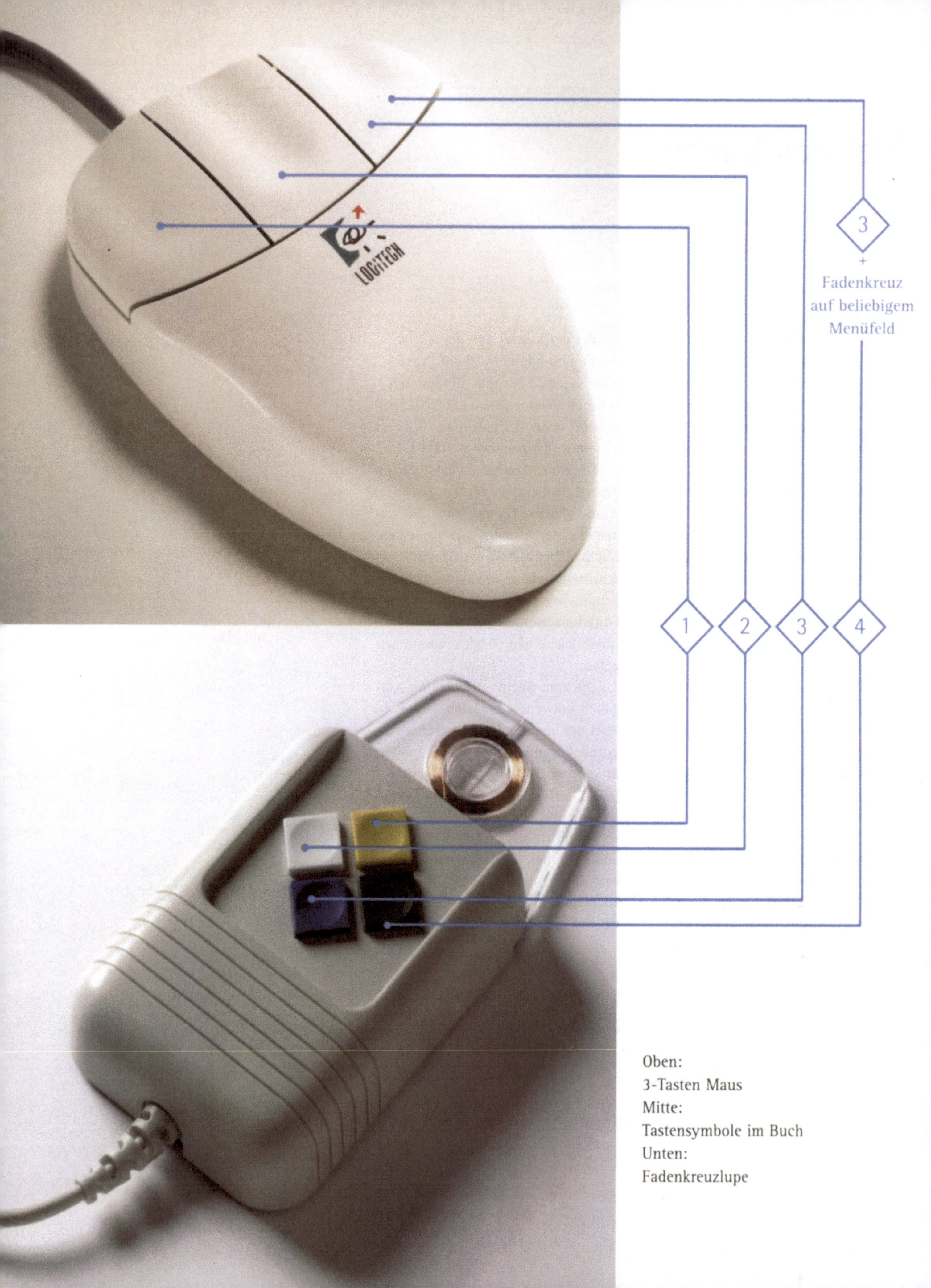

Oben:
3-Tasten Maus
Mitte:
Tastensymbole im Buch
Unten:
Fadenkreuzlupe

Handhabung des Buches

In den Schrittanleitungen finden Sie folgende Farbzuweisungen:

Schwarz
Element am Bildschirm sichtbar
Grau
am Bildschirm nicht sichtbar
Rot
am Bildschirm aktivierte Elemente
Grün
zuletzt geänderte Elemente
Blau
Hilfskonstruktionen
Magenta
Schrittanleitung, Fadenkreuzposition mit entsprechender Digitizertaste

Im Fließtext dieses Buches werden folgende Schreibweisen verwendet:
/1/ bis /4/ = Tasten des Digitizers

Lernprojekt

Begleitend zu den Arbeitsbeispielen in diesem Buch können Sie sich Teilbilddaten laden. Schrittanleitungen können so gezielt nachgearbeitet werden. Sie laden sich das Lernprojekt über

ALLMENU
↓
Service-Menü
↓
Hotline-Tools
↓
learn.hot

ALLMENU oder Vormenü ist die Bezeichnung für die Maske, von der aus die CAD-Programme ALLPLAN bzw. ALLPLOT gestartet werden.

Da beim Aufspielen des Lernprojektes die interne Verwaltung erweitert wird, sollte während des Aufspielens niemand in ALLPLAN/ALLPLOT arbeiten. Bei Netzversionen gilt dies für das gesamte Netz. Dort ist das Aufspielen nur unter sysadm möglich.

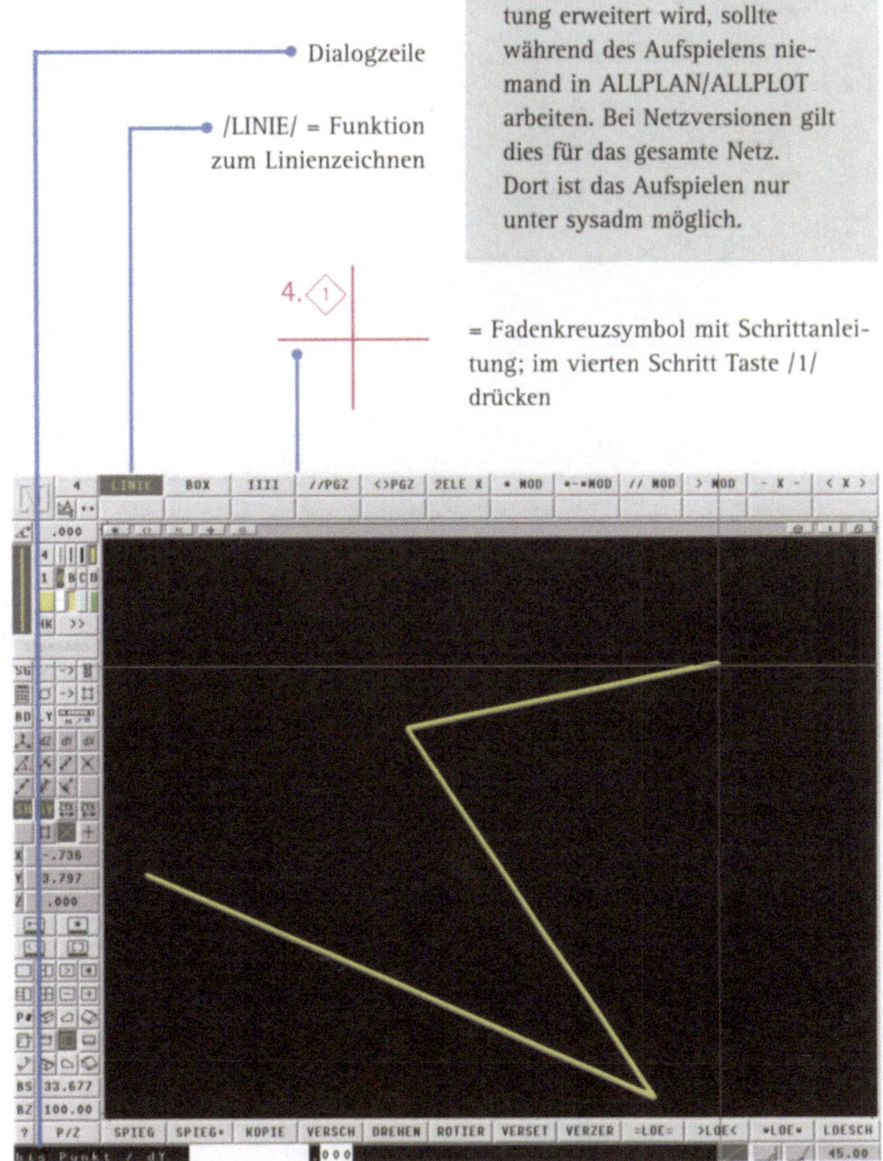

Abb.: ALLPLAN/ALLPLOT Konstruktionsmaske

Achtung! Arbeiten Sie auf einem Unix Betriebssystem, müssen Sie zur Installation des Lernprojektes zuvor über → Dienstprogramme → CD-ROM-Menü Ihr CD-Laufwerk anhängen.

SCHUMANN - GARAGE

Das Arbeiten mit ALLPLOT

Welche Vorteile hat der Einsatz eines CAD-Systems im Ingenieurbüro? Und was bietet ein speziell für den Baubereich konzipiertes CAD gegenüber einem nicht bauspezifischen System? Eine kurze Einführung.

Beides sind berechtigte Fragen, zumal die Einführung von CAD zunächst einen beträchtlichen finanziellen und zeitlichen Aufwand bedeutet, was Anschaffung und Einarbeitung betrifft. Dieser Aufwand ist natürlich nur gerechtfertigt, wenn letztlich meßbare wirtschaftliche und qualitative Verbesserungen damit erreichbar sind. Deshalb seien hier kurz einige der Vorteile skizziert, die das CAD-System ALLPLOT für die Erstellung von Schalplänen, Positionsplänen und Bewehrungsplänen bietet.

Maßstabsunabhängigkeit

Im CAD-System brauchen Sie sich keine Gedanken über die Planaufteilung zu machen, bevor Sie zu zeichnen anfangen. Auch lästiges Umrechnen der Originalmaße in den Zeichnungsmaßstab entfällt, da im CAD-System alle Längen im Maßstab 1:1 eingegeben werden. Der Zeichnungsmaßstab muß endgültig erst festgelegt werden, wenn Sie Ihre CAD-Zeichnungen zu einem Plan zusammenstellen und ausdrucken.

Schraffuren, Muster und Fillings

Am Zeichenbrett müssen Schraffuren mühsam Strich für Strich gezeichnet werden. Im CAD dagegen sind lediglich die Umrisse der zu schraffierenden Flächen mit der Maus abzugreifen und eine Schraffurart auszuwählen - fertig.

Auch eigene Schraffuren können nach individuellen Erfordernissen definiert werden. Ebenso sind Muster oder flächige Fillings darstellbar.

Vermaßung

Eine aufwendige Arbeit ist das Vermaßen eines Plans. Auch hier kann ein CAD-System erhebliche Arbeit einsparen. Sie brauchen nur die zu vermaßenden Punkte anzuklicken. Maßlinien, Maßsymbole und die Maßzahlen werden vom Programm automatisch erzeugt.

Neu in ALLPLOT ab Version 11

Universal Bewehren Rundstahl
Im Gegensatz zu früheren Versionen gibt es nur noch ein Programmpaket Universal Bewehren Rundstahl, das sowohl zum Bewehren mit Modell als auch zum Bewehren ohne Modell (früher: 3D/2D) verwendet werden kann. Die Bedienung ist nun bei beiden Arbeitstechniken dieselbe, dazu muß lediglich ein Schalter umgestellt werden. Beide Techniken können auch vermischt angewandt werden.

Kollisionskontrolle
Alle mit Modell erzeugten Eisen können auf Kollision überprüft werden. Kollisionen werden durch Symbole in Signalfarbe dargestellt.

Querschnittsreihen
Im neuen Modul Querschnittsreihen können vier Rundstahl- und beliebig viele Mattenquerschnittsreihen definiert werden. Dabei kann zwischen den Mattentypen Lagermatte, Listenmatte, Zeichnungsmatte und Abstandshalter unterschieden werden. Beliebige Matten können graphisch generiert werden. Im Gegensatz zum alten ALLIST sind benutzerdefinierte Matten nun in die Stahlverwaltung integriert.

Stahllisten
Das ebenfalls neue Modul Stahllisten erlaubt die Erstellung verschiedener Listenarten auf Basis der Stahlverwaltung. Es lassen sich Stahllistenübersichten, Matten- und Rundstahllisten sowie projektweise Aufsummierungen des verwendeten Stahls ausgeben. Die Listen sind nachträglich manuell modifizierbar.

FEM-Verknüpfung
Neben der FEM-Verknüpfung des Mattenmoduls ist nun auch das Modul Flächenrundstahl mit ALLFEM verknüpfbar. Für die Verknüpfung muß kein spezielles FEM-Ergebnisteilbild mehr erzeugt werden. Die Verknüpfung kann aus dem Bewehrungsmodul heraus hergestellt werden.

Schnittstelle zu Biegemaschinen
Über die Schnittstelle können Bewehrungsdaten direkt an ein Arbeitsvorbereitungsprogramm für Biegemaschinen übergeben werden.

Modifizierbarkeit

Nachträgliche Änderungen eines Plans ziehen oft einen erheblichen Neuzeichnungsaufwand nach sich. Zumindest der Einsatz der Rasierklinge wird meist unvermeidbar.

Im CAD-System stehen Ihnen eine Reihe von Werkzeugen zur Verfügung, mit denen Sie Zeichnungselemente verschieben, kopieren, drehen, verzerren und anpassen können. Und wenn doch umfangreichere Neuzeichnungen notwendig werden, können zumindest die unveränderten Teile eines Plans weiterverwendet werden.

Symboltechnik

Häufig wiederkehrende Konstruktionselemente, etwa Stützen, Unterzüge oder auch Planköpfe, können im CAD als Symbole abgelegt werden, die jederzeit abgerufen werden können. Zusammen mit den Modifikationsfunktionen ergibt sich so ein bequemer Umgang mit Standardelementen.

Wenn Sie zum Beispiel häufig eine Fertigteilstütze mit unterschiedlichen Konsolenhöhen verwenden, speichern Sie eine Stütze als Symbol ab. Wenn Sie eine Stütze dieses Typs benötigen, rufen Sie das Symbol ab und verschieben Sie mit Hilfe der Modifikationsfunktionen die Konsole auf die gewünschte Höhe.

Räumliche Modelle

Eine Schalung muß auf einem Plan in verschiedenen Ansichten und Schnitten dargestellt werden. Durch die Verwendung eines räumlichen Modells in ALLPLOT können Sie dabei viel Zeichenarbeit sparen.

Wenn ein Schalungsmodell einmal erzeugt ist, können alle benötigten Ansichten und Schnitte per Knopfdruck dargestellt werden. Dazu brauchen lediglich die jeweilige Blickrichtung und bei Schnitten die

Schnittebenen angegeben werden. Die neue Ansicht kann dann an einer beliebigen Stelle auf dem Plan abgesetzt werden.

Geometrische Änderungen, die in einer Ansicht vorgenommen werden, werden automatisch in alle anderen Ansichten und Schnitte übertragen.

Bewehren mit CAD

ALLPLOT stellt eine Reihe spezieller Bewehrungsfunktionen zur Verfügung. Damit können Matten verlegt, Flächenrundstahl sowie einzelne Rundstahlverlegungen realisiert werden. Häufig vorkommende Standardbiegeformen stehen vordefiniert zur Verfügung. Daneben sind völlig freie Biegeformen darstellbar.

Auch für rationelles Verlegen der Bewehrungseisen ist gesorgt. So gibt es Funktionen für Randbewehrung, Stützbewehrung oder Feldverlegung. Bei letzterer beispielsweise muß lediglich das Verlegefeld als Polygonzug eingegeben werden. Die Aufteilung und das Schneiden der Matten wird nach einstellbaren Parametern automatisch durchgeführt. Bemaßung, Beschriftung und Auszüge der Verlegung können ebenfalls automatisch zugeordnet werden.

Bewehren mit Modell

Bei Verwendung einer Schalung mit räumlichem Modell wird das Bewehren zusätzlich vereinfacht. Sie erzeugen ein Eisen in einer beliebigen Ansicht und verlegen es dann - damit die Lage in allen drei Raumrichtungen festgelegt ist - in einer dazu orthogonalen Ansicht. Das Eisen wird nun automatisch in allen anderen Ansichten und Schnitten dargestellt. Eisen, die in mehreren Schnitten zu sehen sind, müssen also nicht von Hand übertragen werden.

Das ist sogar dann möglich, wenn kein räumliches Schalungsmodell zur Verfügung steht. Durch Angabe der Blickrichtung beim Verlegen kann ein räumliches Modell des Bewehrungskorbs erzeugt werden. Natürlich kann auch ganz konventionell ohne Modell gearbeitet werden.

Stahlverwaltung

Beim Bewehren wird im Hintergrund eine komplette Stahlverwaltung mitgeführt, ohne daß Sie etwas dazu tun müssen. Dadurch werden die Stückzahlen in den Auszügen automatisch ständig aktualisiert und es können jederzeit aktuelle Mattenschneideskizzen, Biege- oder Stahllisten abgerufen werden.

FEM-Verknüpfung

Mit dem Modul ALLFEM können Platten und Scheiben nach der Finite-Elemente-Methode berechnet werden. Um die FEM-Ergebnisse für die Bewehrung mit ALLPLOT direkt anwenden zu können, sind FEM- und Bewehrungsmodul miteinander verknüpfbar.

Dabei werden die mit FEM ermittelten Bemessungswerte als Farbflächen dargestellt, die ständig aktualisiert werden. Es wird also immer die Differenz zwischen errechnetem Bemessungswert und bereits verlegter Bewehrung eingeblendet. Wenn die Platte oder Scheibe vollständig weiß erscheint, sind die errechneten Bemessungswerte erreicht.

Neu in ALLFEM ab Version 11

Überzug
Als neuer Stabquerschnittstyp stehen nun auch Überzüge zur Verfügung.

Schubbemessung Platten
Neu ist die Bemessung der erforderlichen Schubbewehrung für Platten. Die resultierende Querkraft für Plattenelemente kann mit Angabe des Schubbereichs dargestellt werden.

Durchstanznachweis
Ebenfalls neu ist die Möglichkeit, einen Durchstanznachweis nach DIN 1045 zu führen.

Verformung
Auch für Lastfallkombinationen können nun Verformungen ausgegeben werden.

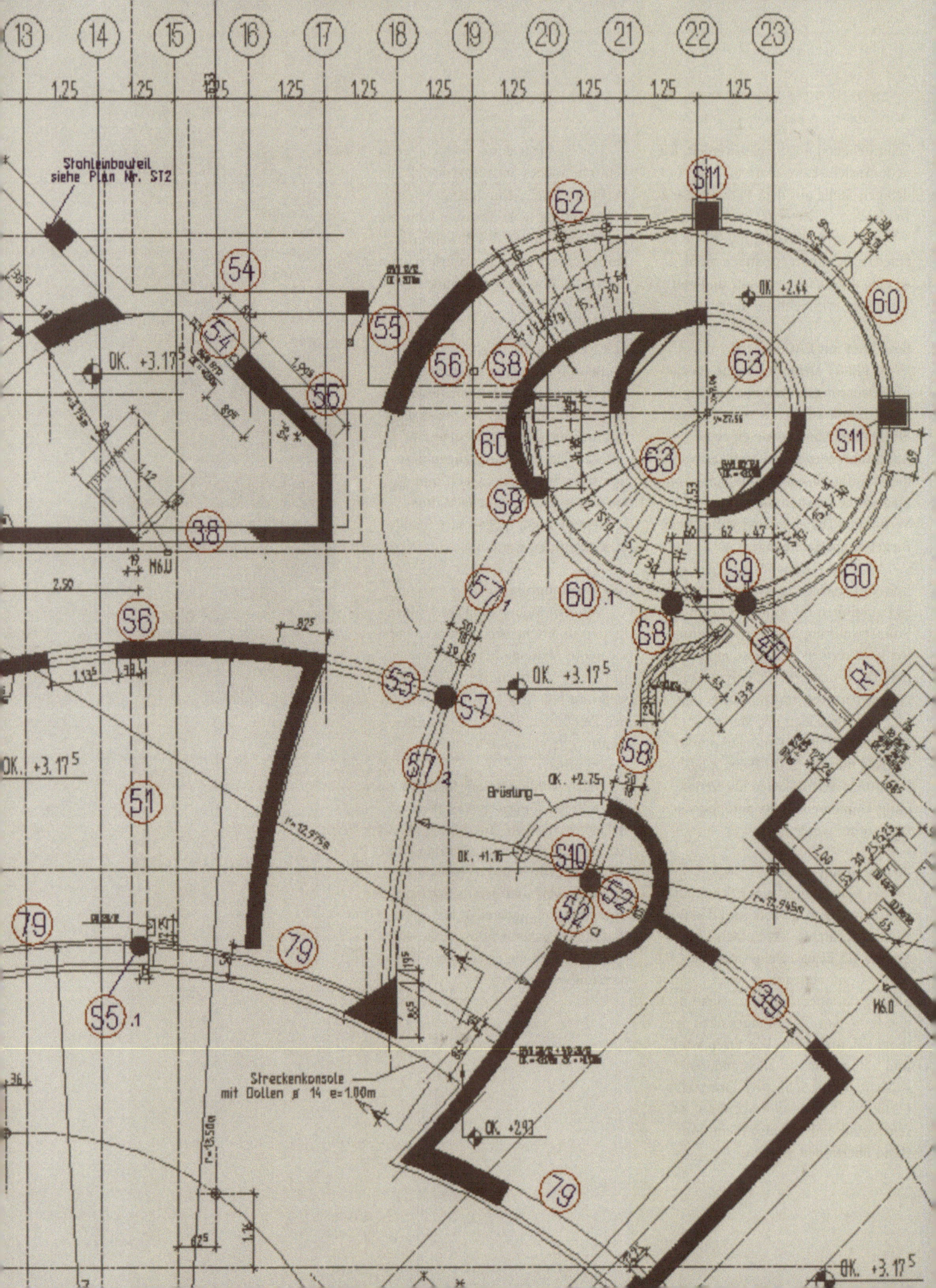

Stahleinbauteil siehe Plan Nr. ST2
OK. +3.17⁵
OK. +2.44
OK. +3.17⁵
OK. +3.17⁵
Brüstung
OK. +2.75
OK. +1.16
Streckenkonsole mit Dollen ø 14 e=1.00m
OK. +2.93
OK. +3.17⁵

Erstellen eines Positionsplans

Als erste praktische Arbeit mit ALLPLOT werden Sie einen Positionsplan erstellen und anschließend ausdrucken. Mit Hilfe von vordefinierten Positionssymbolen und speziellen Textroutinen ist eine schnelle und flexible Eingabe möglich. Auch nachträgliche Änderungen sind leicht zu bewerkstelligen.

In Abb. 1 ist ein Ausschnitt aus dem Positionsplan eines realen Projekts dargestellt. Es handelt sich um das Treppenhaus und den Übergangsbereich zu verschiedenen Gebäudeteilen eines Institutsgebäudes. Dieses Beispiel wird Sie durch das folgende Kapitel begleiten. Es dient als Übungsbeispiel, an dem Sie sich Schritt für Schritt das Arbeiten mit dem Modul /PP/ erarbeiten werden.

Der zugrundeliegende Grundriß ist im Lieferumfang von ALLPLOT enthalten, so daß Sie sofort „loslegen" können. Der Plan wurde zur besseren Übersicht etwas vereinfacht, so sind beispielsweise nicht alle Unterzüge mit Positionsnummern versehen.

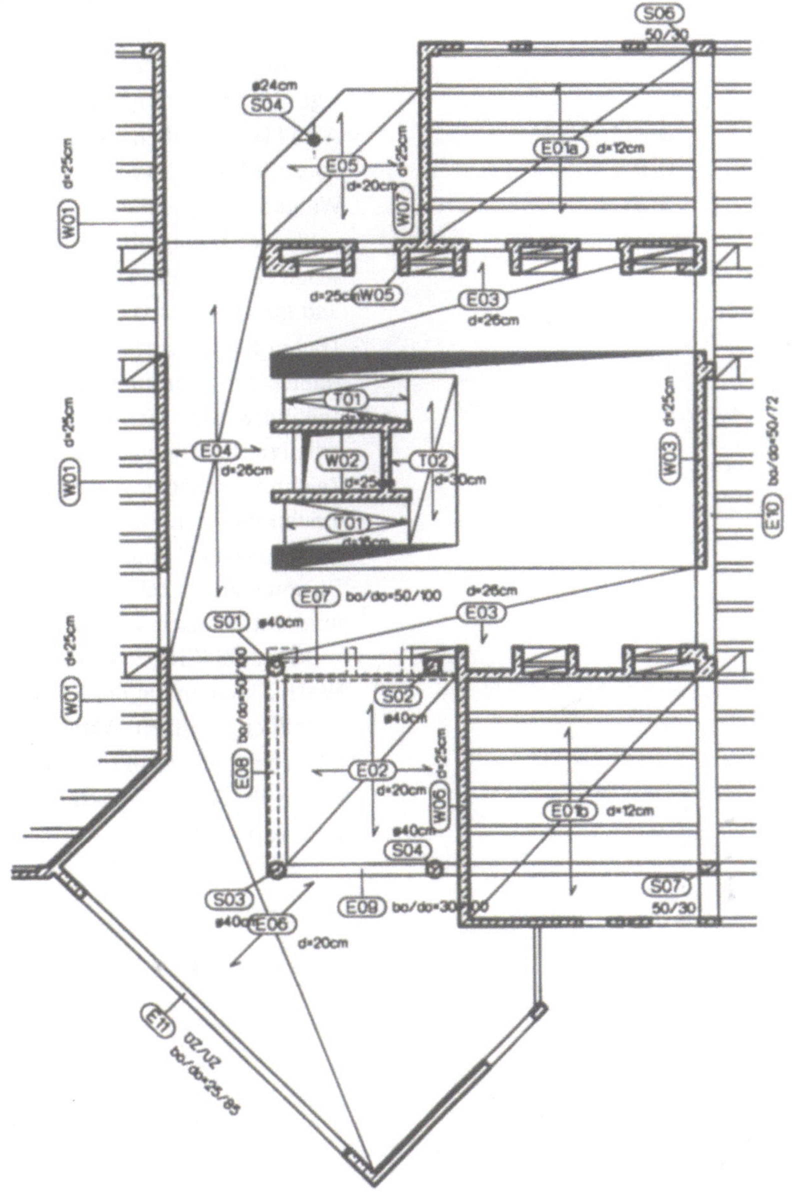

Abb. 1: Planausschnitt eines Institutsgebäudes

Erstellen des Positionsplans

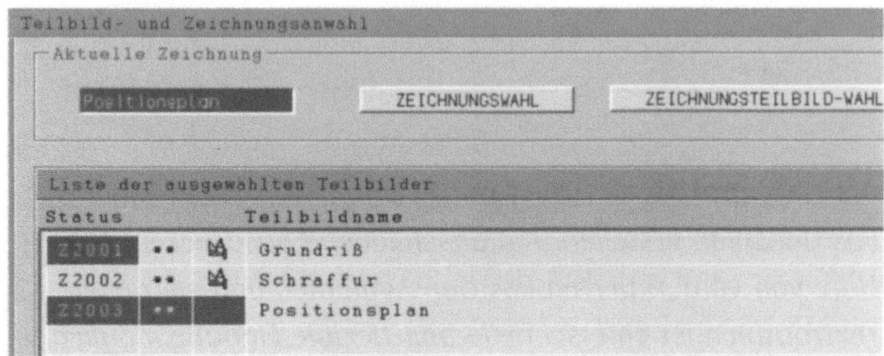

Abb. 2: Die Teilbildübersichtsmaske

Eine ausführliche Beschreibung der Teilbildorganisation finden Sie im Band „ALLPLAN/ ALLPLOT für Einsteiger".

Bevor Sie mit der Arbeit beginnen, laden Sie den zu bearbeitenden Grundriß. Er ist im Lernprojekt abgelegt, das im Lieferumfang von ALLPLOT enthalten ist. Öffnen Sie es über /PROJEKT/ im Hauptmenü. Wählen Sie anschließend /TEILBILD/.

In der Teilbildübersichtsmaske sehen Sie, daß die Teilbilder 2001 und 2002 bereits vorhanden sind. Tragen Sie bei einem Teilbild den Namen „Positionsplan" ein. In diesem Teilbild werden Sie im folgenden arbeiten. Benennen Sie eine neue Zeichnung, indem Sie unter „aktuelle Zeichnung" den Zeichnungsnamen „Positionsplan" eingeben (Abb. 2). Die zugehörige Zeichnungsnummer wird automatisch vergeben.

Über /ZEICHNUNGSTEILBILD-WAHL/ können Sie der Zeichnung die Teilbilder zuordnen. Aktivieren Sie das leere Teilbild und legen Sie den Grundriß (TB 2001) passiv in den Hintergrund.

Vertikale Positionssymbole

Wechseln Sie nun über /ALLPLOT/ - /PP/ in der linken Menüleiste in das Programmodul „Positionsplan". Im oberen Menü sehen Sie die voreingestellten Textparameter für Positionstexte. Die Einstellung kann wie bei normalen Textfunktionen vorgenommen werden.

Um die erste Position, Wand W01, einzufügen, schalten Sie auf /P VERT/. Damit können vertikal ausgerichtete Positionsbezeichnungen abgesetzt werden. Zunächst stellen Sie die Parameter für die erste Positionsbezeichnung ein. Wählen Sie dazu im oberen Menü die Einspannung aus (für W01 /▭/) sowie die Umrahmungsart für die Positionsnummern.

Damit das Positionssymbol mit einem Zeiger versehen wird (s. Abb. 4), aktivieren Sie /ZEIG/. Die Funktionen für Zusatztext und automatisches Hochzählen, /Text/ und /NR+/, sollten jetzt noch ausgeschaltet bleiben.

In der Dialogzeile werden Verlegeposition und Positionstext angefordert. Geben Sie „W01" → /↵/ ein, und klicken Sie im Teilbild den gewünschten Verlegepunkt an, um die Position abzusetzen (Abb. 3).

Setzen Sie jetzt den Bezugspunkt, d.h. den Punkt, auf den der Zeiger gerichtet werden soll, indem Sie einen Punkt der Wand anklicken (Abb. 4). Da Sie einer Positionsnummer mehrere Zeiger zuordnen können (siehe Pos. W02), müssen Sie die Zeigereingabe mit /4/ abbrechen.

ALLPLOT fordert Sie umgehend zur Eingabe der nächsten Position auf. So brauchen Sie nicht mehrmals denselben Text einzugeben, wenn Sie mehrere Bauteile mit derselben Positionsnummer versehen wollen. Es genügt ein Klick an der betreffenden Stelle, um ein Positionszeichen ein zweites Mal abzusetzen (Abb. 5).

B A S I C S

Vor dem Absetzen eines Zeigers können Sie in der oberen Menüleiste zwischen verschiedenen Zeigerarten wählen:

Schalter	Zeiger
/KNICK/	W02
/GERADE/ /45.000/	W02

Beim abgeknickten Zeiger kann ein beliebiger Knickwinkel eingestellt werden, voreingestellt sind 45°. Für weitere Zeigerformen wählen Sie den Schalter /BELI/. Damit können beliebig geknickte Linien gezeichnet werden. Achten Sie auf die Benutzerführung in der Dialogzeile!

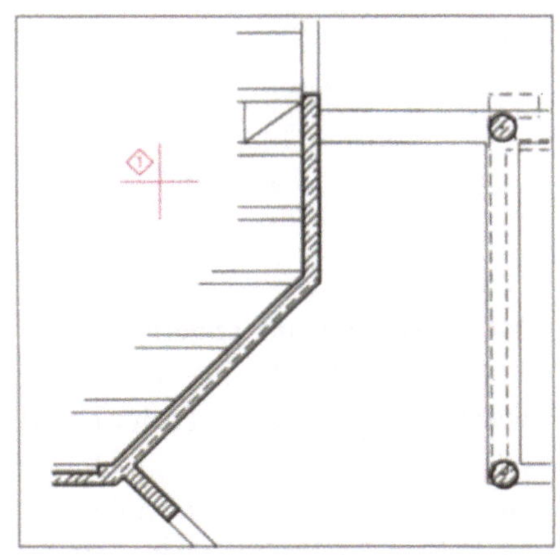

Abb. 3: Absetzen des Positionssymbols

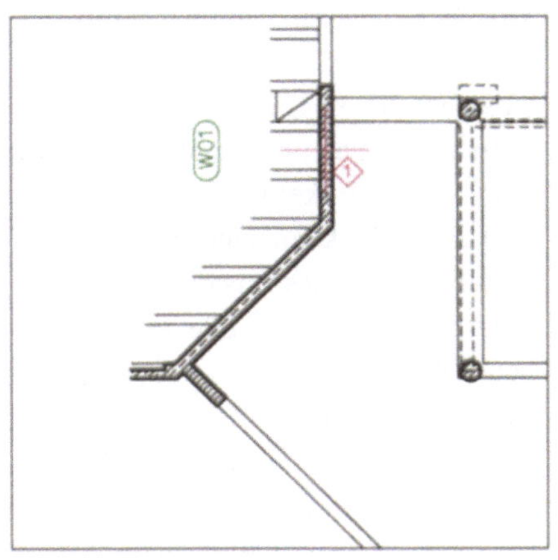

Abb. 4: ... und des Zeigerbezugspunktes

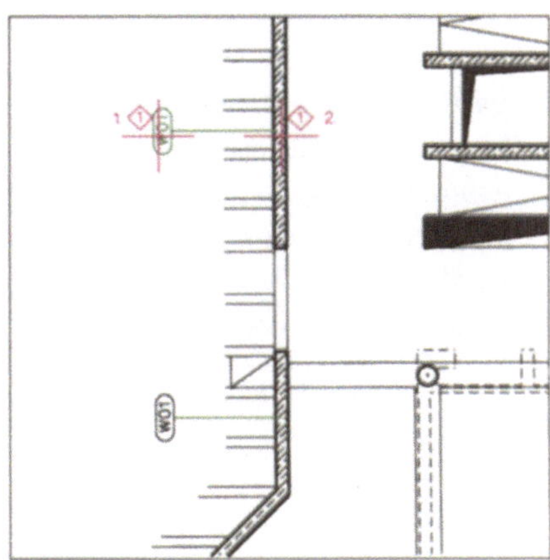

Abb. 5: Einfügen des zweiten Positionssymbols mit Zeiger

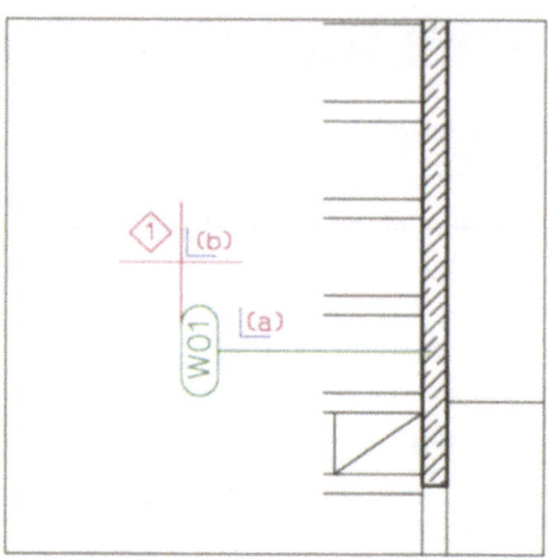

Abb. 6: Verschieben des Textanfangspunktes von (a) nach (b)

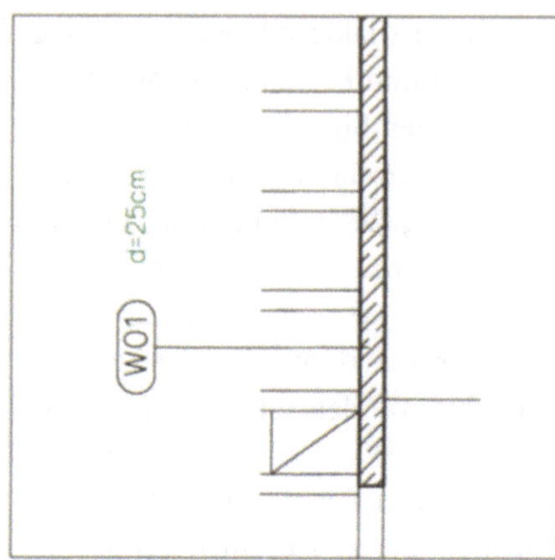

Abb. 7: Positionssymbol mit Zusatztext

BASICS

Um bei den zuvor als Zusatztext erstellten Positionen die Wandstärke noch zu ergänzen, wählen Sie /P MOD/. Damit können Positionsbezeichnungen nachträglich modifiziert werden.
Aktivieren Sie dazu das Positionssymbol. Zunächst wird in der Dialogzeile ein Zeigerbezugspunkt für einen weiteren Zeiger (sofern /ZEIG/ aktiviert ist) angefordert.
Es wird keiner benötigt, also Abbruch mit /4/.
Die nächste Dialogabfrage gilt dem Zusatztext, den Sie nun wie beschrieben eingeben.

Zusatztext

Bis jetzt haben Sie die Positionsnummern ohne zusätzliche Informationen wie z.B. die Wandstärke eingegeben. ALLPLOT bietet Ihnen jedoch die Möglichkeit, Zusatztexte sofort bei der Eingabe zu berücksichtigen. Schalten Sie dafür in der oberen Menüleiste die Funktion /TEXT/ ein.

Setzen Sie das Positionssymbol W01 beim dritten Wandabschnitt ab und ergänzen Sie den Zeiger (Abbruch über /4/ nicht vergessen!). Neben dem Positionssymbol erscheint ein kleiner Winkel in Hilfskonstruktionsfarbe. Er kennzeichnet den Anfangspunkt des Zusatztextes. Um ihn an eine andere Stelle zu verschieben, klicken Sie die gewünschte Stelle einfach an (Abb. 6). Geben Sie jetzt den Zusatztext „d=25cm" ein. Für mehrzeilige Zusatztexte springen Sie jeweils mit /↵/ in die nächste Zeile. Beendet wird die Texteingabe über /4/.

Horizontale Positionssymbole

Um die nächste Position - W02 - zu erstellen, verlassen Sie /P VERT/ mit /4/ und wechseln in den Modus für horizontale Eingabe /P HORI/.

Da im folgenden fortlaufende Positionsnummern verwendet werden, erleichtern Sie sich die Arbeit, wenn Sie über /NR+/ die automatische Zählfunktion einschalten. Sie müssen dann nur noch die erste Positionsnummer, hier also W02, manuell eingeben, alle weiteren werden automatisch hochgezählt.

Voraussetzung dafür ist, daß der Positionstext mit der Positionsnummer endet, also wie bei W02, nicht aber bei W02a.

Positionssymbole mit Zeigern

Position W02 ist mit zwei Zeigern versehen. Geben Sie den Positionstext „W02" ein, und setzen Sie ihn ab. Unmittelbar nach dem Setzen des ersten Zeigers klicken Sie - ohne /4/ gedrückt zu haben - die zweite Wand an, auf die sich die Position bezieht, (Abb. 10) und brechen mit /4/ ab. Fügen Sie nun den Zusatztext ein.

Auf die beschriebene Weise erstellen Sie die Positionsbezeichnungen für die restlichen Wände (W03-05), die Stützen (S01-07) und Unterzüge (E07-10).

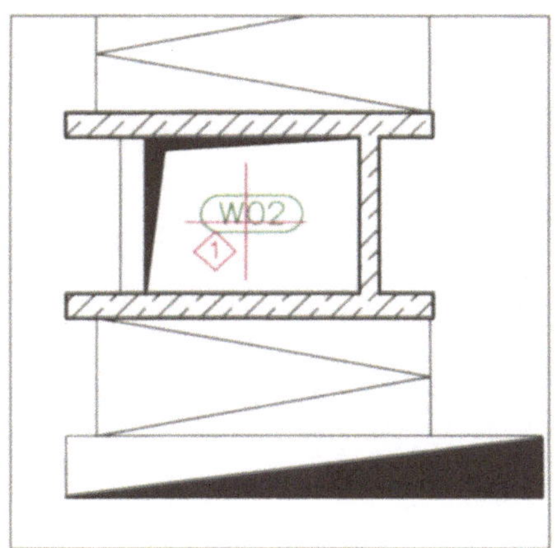

Abb. 8: Absetzen von Position W02 ...

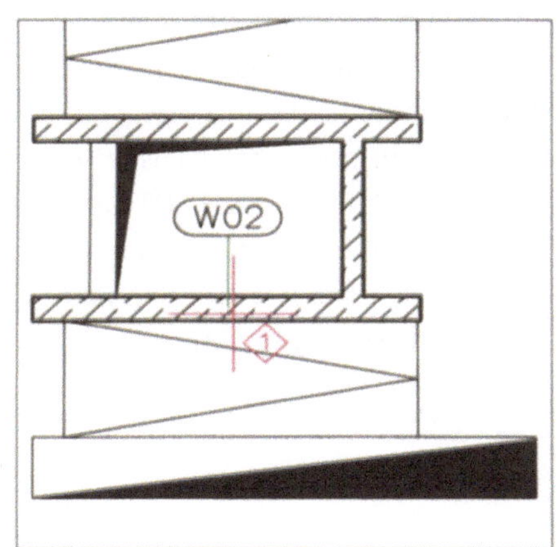

Abb. 9: ... mit dem ersten Zeiger ...

Gedrehte Positionssymbole

Position E11 geben Sie über /P WINK/ als schräg angeordnete Positionsnummer ein. Setzen Sie das Symbol durch einen Klick ab. Das System fragt nun nach dem Drehwinkel. Sie können ihn entweder mit der Maus/Lupe eingeben oder numerisch über die Tastatur.

Bewegen Sie die Maus/Lupe etwas hin und her, um zu sehen, wie sich der Platzhalter für die Positionsnummer um den abgesetzten Punkt dreht. Wenn der gewünschte Drehwinkel erreicht ist, drücken Sie /1/, und fahren Sie mit der Eingabe fort wie zuvor.

Bei numerischer Eingabe des Winkels beachten Sie bitte den mathematischen Drehsinn, d.h. positive Winkel bedeuten eine Drehung gegen den Uhrzeigersinn, ausgehend von der X-Koordinate. Im vorliegenden Beispiel geben Sie also 315° oder -45° ein (Abb. 11).

B A S I C S

Wenn Sie noch während der Eingabe einer Position deren Textparameter ändern wollen, etwa weil der Zusatztext eine andere Größe haben soll als der Positionstext, klicken Sie im oberen Menü den Schalter an. Sie können dann die Parameter auf dieselbe Weise einstellen wie im Textmodul. Durch erneutes Anklicken des Schalters wechseln Sie wieder zum Positionsplan.

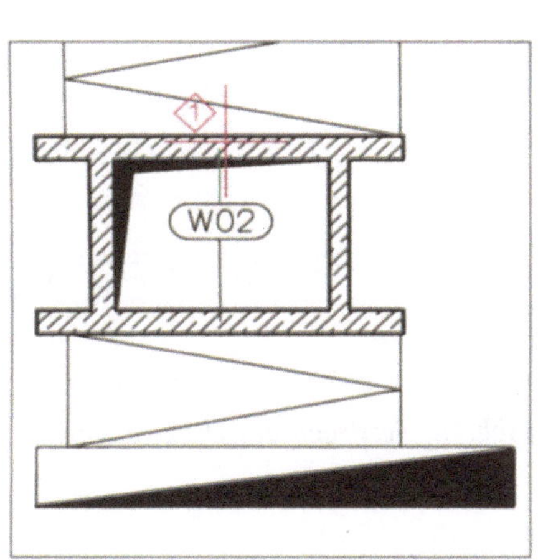

Abb. 10: ... und dem zweiten Zeiger

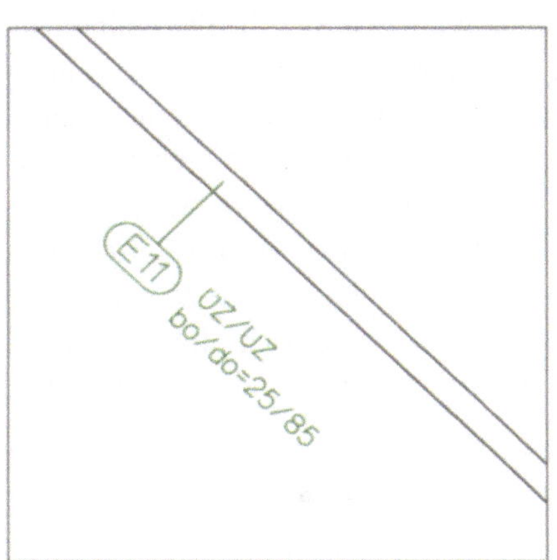

Abb. 11: Gedrehte Pos. E11

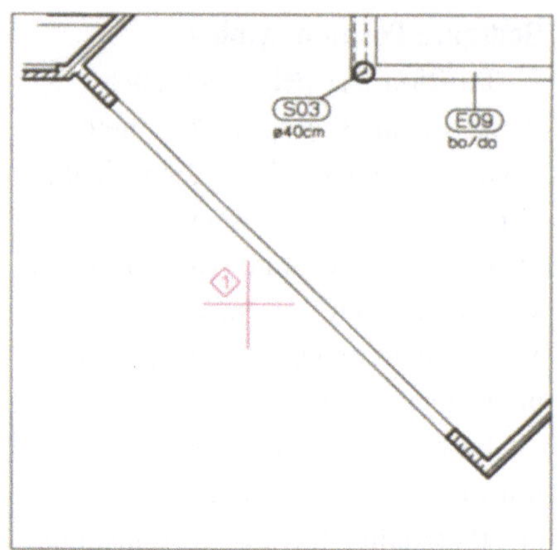

Abb. 12: Abstand der Positionsnummer vom Unterzug festlegen

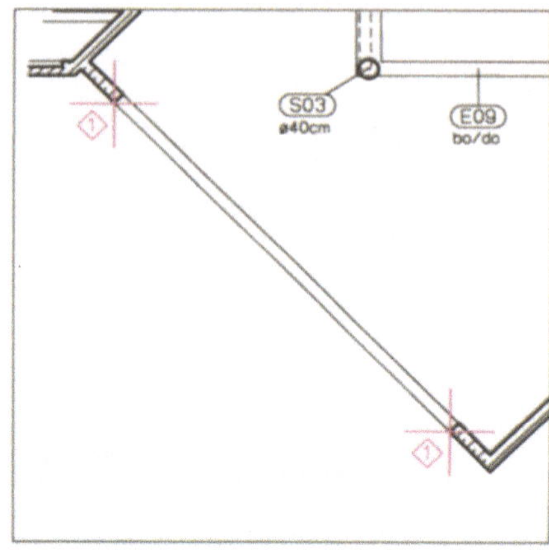

Abb. 13: Eingabe der Pfeillänge

Am Beispiel von Position E11 lernen Sie im folgenden als alternative Eingabemöglichkeit die Funktion /<-P->/ kennen, die vor allem zum Tragen kommt, wenn Sie die Positionssymbole von Wänden und Unterzügen mit Spannrichtungspfeilen versehen wollen. Dabei wird auf einfache Weise die Länge der Spannrichtungspfeile der Bauteillänge angepaßt. Die Bedienung erfolgt analog der Vorgehensweise beim Erstellen von Maßlinien:

Schalten Sie zuvor /ZEIG/ aus. Bei der Abfrage „Durch Punkt?" geben Sie den Abstand des Positionssymbols vom Unterzug ein (Abb. 12). Im zweiten Schritt klicken Sie die Endpunkte des Unterzugs an (Abb. 13). Das Positionssymbol wird nun parallel zum Unterzug ausgerichtet, wobei die Spannungspfeile der Länge des Unterzugs entsprechen (Abb. 14). Achten Sie darauf, daß Sie den Zusatztext so plazieren, daß er sich nicht mit den Spannrichtungspfeilen überschneidet.

Sollten Sie eine Kette solcher Positionsbezeichnungen benötigen, brauchen Sie für die nachfolgende Position nur noch den nächsten Endpunkt anzuklicken. ALLPLOT wählt automatisch - wie bei Kettenbemaßungen - den letzten Endpunkt als neuen Anfangspunkt.

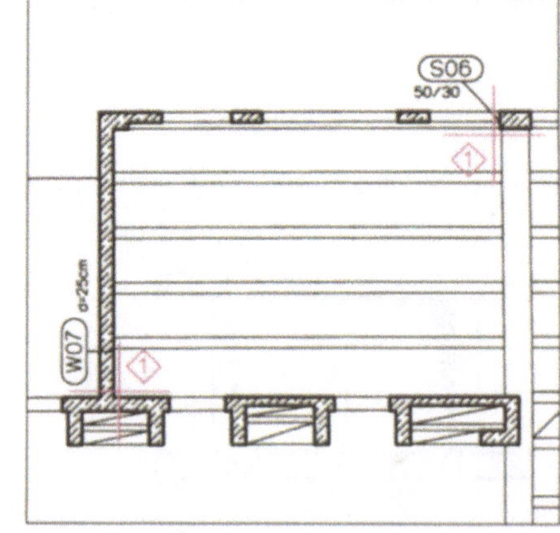

Abb.15: Festlegen des Deckenbereichs

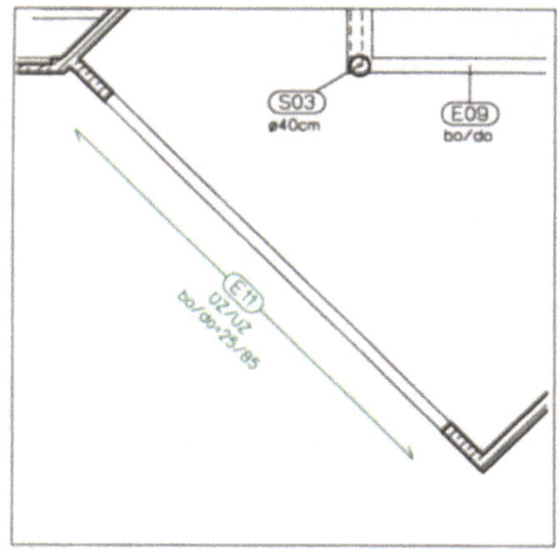

Abb. 14: Unterzug E11 mit Spannrichtungspfeilen

Deckenposition

Im Plan fehlen noch die Positionsbezeichnungen für die Decken. Dafür wählen Sie /P DECK/. Stellen Sie sich zunächst die Parameter in der oberen Menüleiste ein. Für die Deckenpositionen benötigen Sie Spannrichtungspfeile, dagegen sind keine Zeiger nötig. Wählen Sie also das gewünschte Spannrichtungssymbol und schalten Sie /ZEIG/ aus. /TEXT/ und /NR+/ bleiben aktiviert.

Geben Sie den Positionstext „E01a" ein. Klicken Sie nun die beiden Diagonalenendpunkte des Deckenbereichs an (Abb. 15). Damit ist die Position abgesetzt (Abb. 16). Die Deckenstärke geben Sie wie zuvor als Zusatztext ein.

Achten Sie beim anschließenden Erstellen von Position E01b darauf, daß Sie den Positionstext von Hand eingeben. Da er auf einen Buchstaben endet und nicht mit einer Zahl, kann die Numerierungsautomatik nicht selbsttätig weiterzählen.

Nach dem Einfügen von E01b sehen Sie, daß sich der Positionstext mit einem an derselben Stelle dargestellten Unterzug überschneidet und so die Lesbarkeit beeinträchtigt (Abb. 17). Der Grund dafür ist, daß der Positionstext immer mittig in die Deckendiagonale gelegt wird, auch wenn sich weitere Zeichnungselemente an dieser Stelle befinden.

Dieses Problem ist jedoch leicht nachträglich zu beheben, wie Sie im folgenden Abschnitt sehen werden.

B A S I C S

Bei Deckenpositionen können Sie die Länge der Spannrichtungspfeile abhängig von der Größe des Deckenfeldes einstellen. Tragen Sie dafür nach Einschalten von /P DECK/ in der oberen Menüleiste unter /PFEIL/ den gewünschten Faktor ein. „0,7" bedeutet zum Beispiel, daß die Pfeile die 0,7-fache Länge des Deckenfeldes erhalten.
Bei /P HORI/, /P VERT/ und /P WINK/ ist in diesem Menüfeld die gewünschte Länge der Spannungspfeile in Millimetern einzugeben.

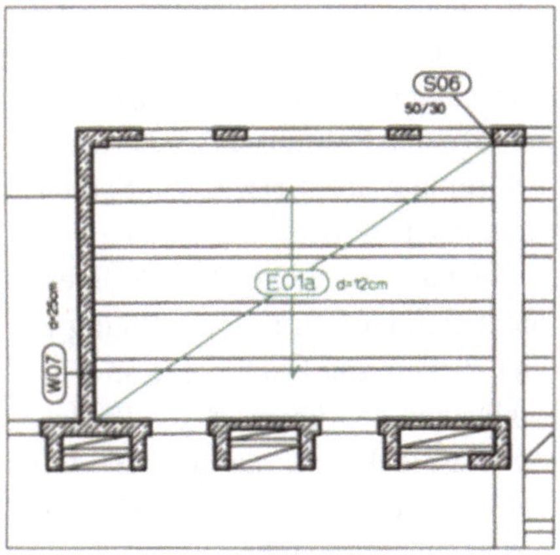

Abb. 16: Die fertiggestellte Pos. E01a

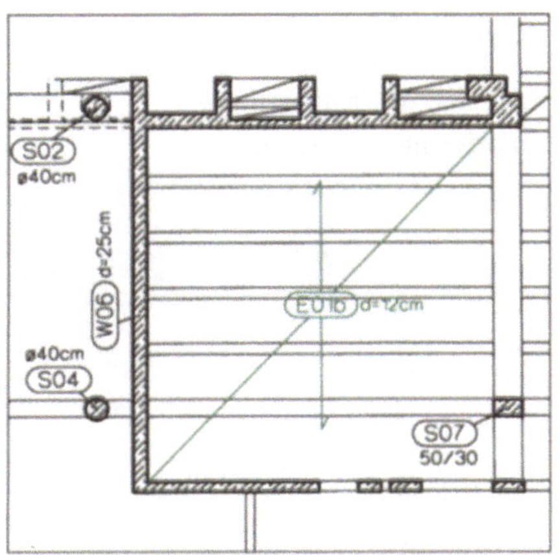

Abb. 17: Pos. E01b überschneidet sich mit einem Unterzug

Modifizieren von Positionsbezeichnungen

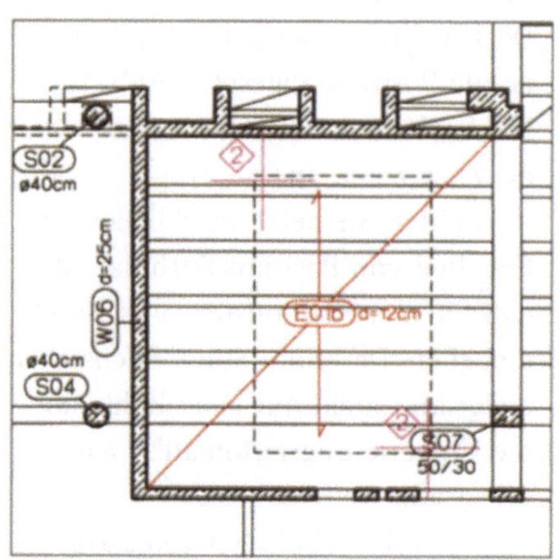

Abb. 18: Aktivieren des zu modifizierenden Bereichs

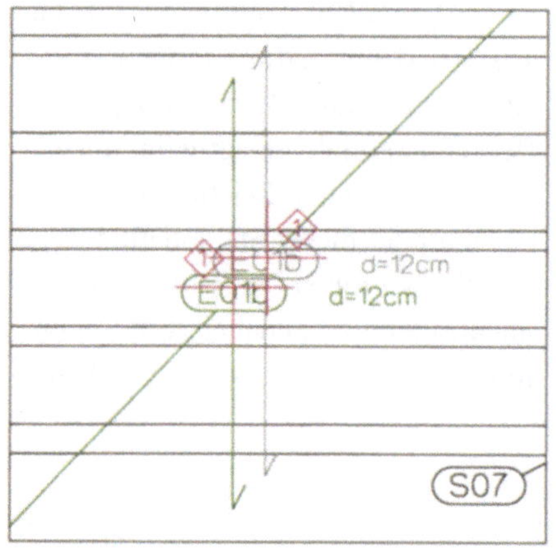

Abb. 19: Verschieben der Positionsbezeichnung

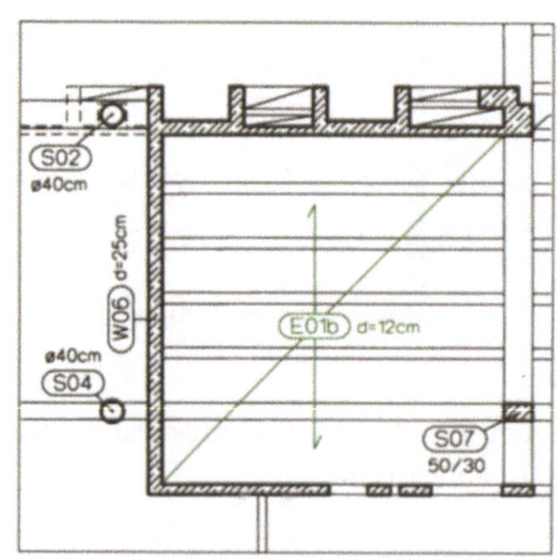

Abb. 20: Das Ergebnis der Modifikation

Um die Positionsbezeichnung E01b zwischen die Unterzüge zu verschieben, wechseln Sie über /KO/ ins Konstruktionsmodul und wählen dann /* MOD/, eine Funktion, die Sie bereits aus dem Basismodul kennen. Aktivieren Sie den Positionstext, die Spannrichtungspfeile und den Zusatztext (Abb. 18). Auch die Pfeilspitzen müssen im Aktivierungsbereich liegen, sonst werden die Pfeile verzerrt.

Klicken Sie als Ausgangspunkt den Schnittpunkt von Positionsrahmen und Diagonale an (Abb. 19). Als Endpunkt wählen Sie einen weiter unten liegenden Punkt auf der Diagonalen. Dadurch wird die Positionsbezeichnung entlang der Diagonalen zwischen die Unterzüge verschoben (Abb. 20). Würden Sie den Positionstext auf einen Punkt neben der Diagonalen verschieben, würde diese geknickt, da die Diagonalenendpunkte an der ursprünglichen Stelle verbleiben.

Fahren Sie nun mit der Positionierung der Deckenbereiche fort. Denken Sie jeweils daran, zwischen zwei- und vierseitiger Einspannung umzuschalten. Die für Position E03 geforderte Anordnung mit dreiseitigem Spannrichtungspfeil (Abb. 21) ist allerdings im Menü nicht vorgesehen. Wählen Sie hierzu einfach die Anordnung mit vier Pfeilen und löschen Sie anschließend den überzähligen Pfeil. Achten Sie darauf, nur den Pfeil und nicht den Positionstext anzuklicken, um nicht das gesamte Symbol zu löschen.

TIPS

- Zusatztext,
- Spannrichtungspfeile und
- Deckendiagonalen

einer Positionsbezeichnung können unabhängig voneinander manipuliert, zum Beispiel gelöscht oder verschoben werden. Wenn Sie dagegen die ganze Positionsbezeichnung einschließlich Zusatztext usw. manipulieren wollen, klicken Sie auf den Positionstext.

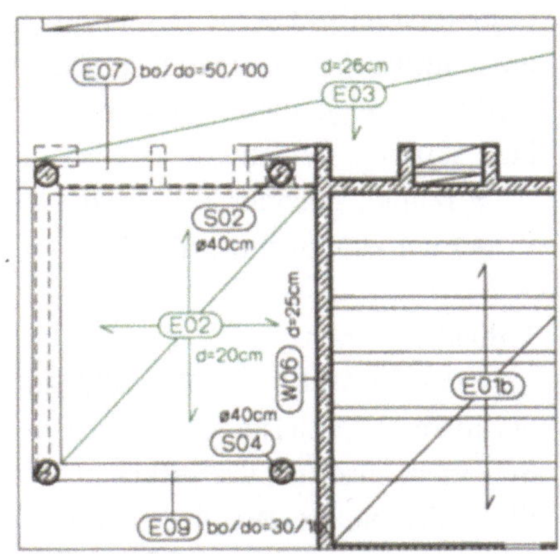

Abb. 21: Pos. E02 und E03

Eine etwas aufwendigere Modifikation ist für Position E06 notwendig. Setzen Sie sie zunächst mit waagerechten Spannrichtungspfeilen ab (Abb. 22). Da der Deckenbereich jedoch um 45° geneigt eingespannt ist, müssen Sie die Pfeile nachträglich ausrichten.

Wechseln Sie zu diesem Zweck mit /3/ auf die zweite Seite im PP-Modul. Sie finden hier einige der Manipulationsfunktionen, die Ihnen aus dem Konstruktionsmodul bereits vertraut sind. Schalten Sie auf /DREHEN/ und gehen Sie nach den Anweisungen in der Dialogzeile vor: Aktivieren Sie beide Pfeile mit Hilfe der Summenfunktion (Abb. 23). Drehpunkt ist der ungefähre Schnittpunkt von Diagonale und Pfeilen. Der Drehwinkel beträgt 45°.

Nach dieser Operation liegen die Pfeile im richtigen Winkel, sind aber zu weit vom Positionssymbol entfernt. Über /VERSCH/ rücken Sie sie wieder zurecht. Als Ausgangspunkt nehmen Sie das stumpfe Pfeilende und verschieben es zurück zur Textumrandung.

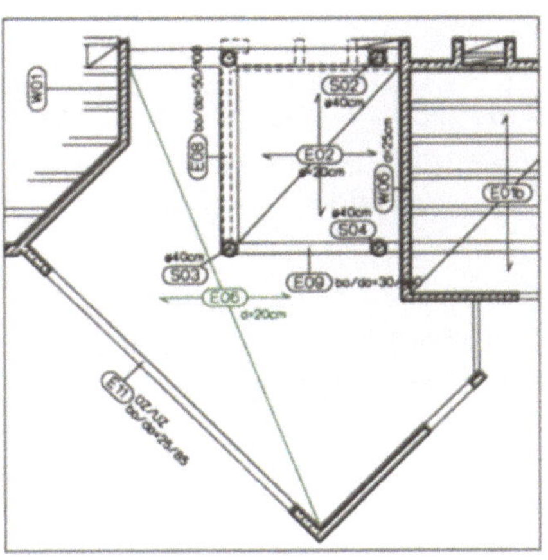

Abb. 22: Absetzen von Pos. E06 mit horizontalen Spannrichtungspfeilen

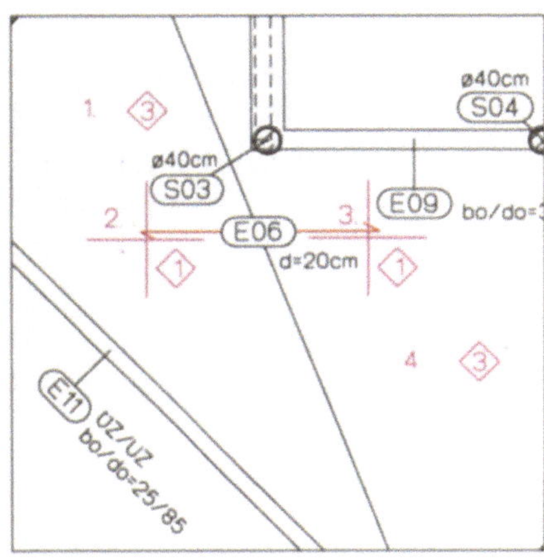

Abb. 23: Aktivieren der Spannrichtungspfeile

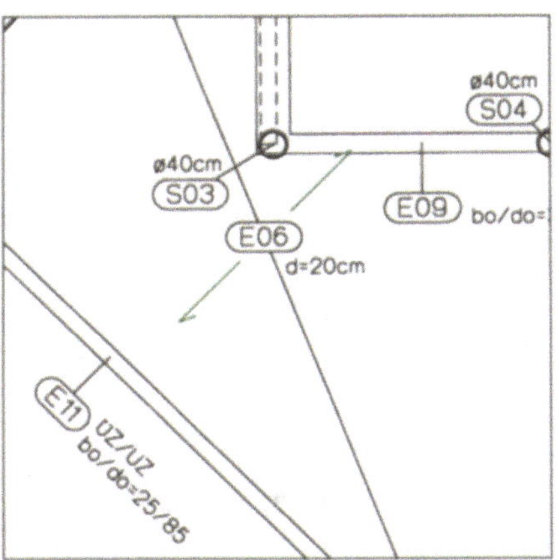

Abb. 24: Die Spannrichtungspfeile nach dem Drehen

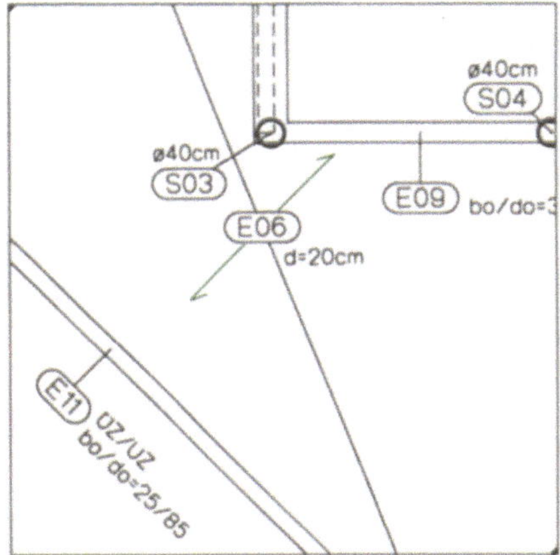

Abb. 25: Pos. E06 mit gedrehten und verschobenen Pfeilen

BASICS

Neben der beschriebenen Anwendung geometrischer Modifikationsfunktionen aus dem Konstruktionsmodul auf Positionsplanelemente gibt es in /PP/ einige speziell auf den Positionsplan zugeschnittene Modifikationsfunktionen:

/PT MOD/ ändert den Positionstext nachträglich
Nach Anklicken der zu ändernden Positionsnummer ist der neue Positionstext einzugeben und mit /↵/ zu bestätigen.

/P MOD/ modifiziert Zusatztexte, Zeiger, Spannrichtungspfeile usw. oder fügt neue ein.
Analog zum Vorgehen bei der Neueingabe von Positionssymbolen können alle Einstellungen in der oberen Menüleiste vorgenommen werden. Nach Anklicken der zu ändernden Position werden Zusatztexte und Zeiger vom Programm abgefragt, vorausgesetzt natürlich, Sie wurden eingeschaltet. Bereits bestehender Zusatztext wird dabei nicht gelöscht, sondern ergänzt. Soll der alte Text ersetzt werden, muß er extra gelöscht werden.

/T ERSE/ ersetzt Zusatztext durch neuen.
Die Funktionsweise entspricht der gleichnamigen Funktion des Text-Moduls und ist hilfreich, wenn ein Teil eines längeren Texts oder derselbe Text an mehreren Stellen des Teilbilds ersetzt werden soll.

/ / MOD/ ändert die Länge von Spannrichtungspfeilen und Zeigern.
Dabei muß nur die zu ändernde Linie und ihr neuer Endpunkt angeklickt werden. Der Anfangspunkt bleibt unverändert.

Drucken des Positionsplans

Nachdem der Positionsplan fertiggestellt ist, möchten Sie ihn natürlich auch ausdrucken. Es gibt dazu prinzipiell zwei Wege, die im folgenden kurz skizziert werden:

- Teilbild zeichnen /ZEI/ und
- Plan plotten /PLANPLOT/.

Teilbild zeichnen

Der erste Weg führt über /ZEI/ in der linken Menüleiste. Damit erstellen Sie einen Ausdruck des aktuellen Bildschirminhalts. Was über den Bildschirmrand herausragt, wird also nicht gedruckt! Sie brauchen nur /PLOT/ anzuklicken und die anschließende Abfrage zu beantworten, ob Hilfslinien mitgedruckt werden sollen. Schon ist der Druckauftrag unterwegs.

Sie können jedoch vor dem Abschicken noch weitere Einstellungen vornehmen: /MASST/ bedeutet, daß der Ausdruck des Teilbilds im exakten Bildschirmmaßstab ausgeführt wird. Sie können sich also jeden gewünschten Maßstab über /BS/ einstellen. Wenn das verwendete Papier nicht dem Breiten/Höhen-Verhältnis des Bildschirms entspricht, können allerdings Randbereiche des Bildschirms abgeschnitten werden.

Dieses Problem können Sie umgehen, wenn Sie durch Anklicken von /MASST/ auf /BILDS/ umstellen. Dadurch wird sichergestellt, daß alles, was auf dem Bildschirm zu sehen ist, auch auf dem Papier ausgedruckt sein wird. Es kann jedoch sein, daß sich das Verhältnis von Höhe zu Breite etwas ändert, so daß der Ausdruck nicht mehr maßstäblich ist.

Zur Beschriftung des Ausdrucks können Sie über Funktion /PLANK/ einen Plankopf mit Projekt-, Zeichnungs- und Teilbildnamen und Teilbildnummer, sowie Datum und Uhrzeit in das Teilbild einfügen. Darüber hinaus stehen Textfunktionen zur Verfügung, mit denen zusätzliche Informationen ins Bild aufgenommen werden können. Dieser Plankopf und die zusätzliche Texte werden nicht (!) in die Teilbilddaten aufgenommen und nach dem Ausdrucken sofort wieder gelöscht!

Plan plotten

Der Weg über /PLANPLOT/ ist zwar etwas aufwendiger. Er hat aber den Vorteil, daß Sie Pläne aus mehreren Teilbildern zusammenstellen und abspeichern können. Bei diesem Verfahren werden Plankopf, Planrahmen und Zusatztexte mitgespeichert. Sie können einen Plan also jederzeit wieder abrufen und ausdrucken. Sollten Sie in einem Teilbild nachträglich Veränderungen vornehmen, werden alle Pläne, die dieses Teilbild enthalten, automatisch aktualisiert.

Und so gehen Sie vor: Wechseln Sie mit /4/ in die Hauptmaske und klicken Sie in der oberen Menüleiste auf /PLAN/. Bestimmen Sie die Nummer des Plans, klicken Sie in die Zeile neben der Plannummer und tippen Sie einen Namen ein. Schließen Sie nun die Maske und wählen Sie /PLANPLOT/.

Klicken Sie auf /PLADEF/ und stellen Sie in der aufklappenden Eingabemaske Blattgröße, Rahmengröße und -art ein. Verlassen Sie die Maske über /3/ und wählen Sie /RAHMEN/. Der Planrahmen hängt am Fadenkreuz und muß auf dem Blatt plaziert werden.

Mit Hilfe des Konstruktions- und des Textmoduls können Sie auf dem Plan ihren individuellen Plankopf erstellen. Fertigen Sie bei Ihrem ersten Plan einen Kopf an und legen Sie in über / /als Symbol ab. Diesen Kopf können Sie dann jederzeit wieder abrufen, auf einen neuen Plan setzen und gegebenenfalls dort abändern.

Aktivieren Sie nun /PL-EL/ und wählen Sie über /ZEICH/ eine Zeichnung oder über /TB-NR/ ein Teilbild. Diese(s) hängt nun als Rahmen am Fadenkreuz und kann auf dem Plan abgesetzt werden. Wählen Sie, wenn erforderlich, weitere Teilbilder/Zeichnungen und setzen Sie auch diese auf dem Plan ab.

Soll ein Teilbild einen anderen als den eingestellten Bezugsmaßstab erhalten, stellen Sie diesen vor dem Absetzen über /M 1:X/ im oberen Menü ein. Die Schriftgröße kann über /S-FAKT/ gegenüber dem Ausgangsteilbild um einen Faktor vergrößert oder verkleinert werden. Die Anordnung bereits abgesetzter Teilbilder kann mit /DREHEN/ und /VERSCH/ im unteren Menü noch geändert werden.

Um den Plan auszudrucken, aktivieren Sie /PLOT/. Es öffnet sich eine Dialogbox, in der eine Reihe von Plotparametern eingestellt werden kann. Achten Sie darauf, daß der Ausgabekanal korrekt eingestellt ist und die Ausgabeart auf /Direkt/ steht. Durch Verlassen der Maske über /3/ wird der Plot abgeschickt.

> Eine ausführliche Anleitung für das Ausdrucken von Teilbildern und Plänen finden Sie in "ALLPLAN/ALLCAD für Einsteiger".

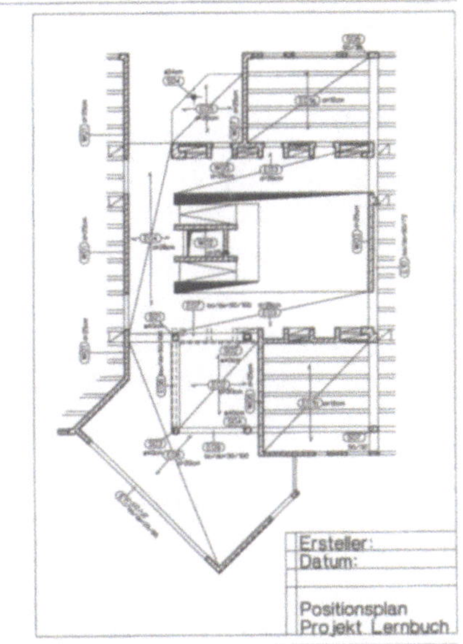

Abb. 26: Positionsplan mit Planplot ausgedruckt.

Der Schalplan

Nachdem Sie mit dem Positionsplan Ihre ersten Gehversuche in ALLPLOT unternommen haben, sei nun beim Schalplan ein Thema nachgetragen, das eigentlich am Anfang stehen müßte, gemeint ist die Datenübernahme. Einigen Worten zur Projektorganisation folgt dann eine Erläuterung des zur Bearbeitung des Schalplans zur Verfügung stehenden Instrumentariums.

Die Datenübernahme

Nicht immer erhalten Sie die Entwurfsdaten vom Architekten im für Sie passenden Datenformat. Verwendet Ihr Austauschpartner ein anderes CAD-System als ALLPLAN, müssen dessen Daten natürlich konvertiert werden. Hierfür stehen unter anderem die Datenformate DXF und DWG zur Verfügung.

Aber auch wenn der Architekt mit ALLPLAN arbeitet, ist das Zusammentreffen unterschiedlicher Datenarten möglich. ALLPLAN/ALLPLOT wird derzeit für drei Betriebssysteme, MS-DOS, WINDOWS NT und UNIX, angeboten. Es kann also vorkommen, daß Sie Daten aus einem anderen als dem von Ihnen verwendeten Betriebssystem übernehmen müssen.

Die DXF-Schnittstelle

Die gebräuchlichste Form des Datenaustauschs zwischen verschiedenen CAD-Systemen führt über das DXF-Format. Um auf diesem Weg Daten nach ALLPLOT einzulesen, sind im wesentlichen drei Schritte zu absolvieren:

- Daten einlesen
- neues Projekt anlegen
- Daten in Projekt einlesen

Daten einlesen

Das Einspielen der Daten erfolgt über ALLmenü. Um DXF-Dateien von Disketten auf die Festplatte zu kopieren, klicken Sie auf /Schnittstellen/⟶ /DXF/DWG-Dateien verwalten/⟶ /DXF-Dateien von Diskette einlesen/. Wählen Sie nun die Option „Vollautomatisches Einlesen“ und das gewünschte Diskettenlaufwerk an.

BASICS

Da oft wesentlich größere Datenmengen zu übertragen sind, als eine 1,4MB-Diskette faßt, wird meist ein Komprimierungsprogramm zum Speichern verwendet. Es reduziert die Datenmengen um bis zu 95%. Beim Wiederaufspielen müssen die Daten allerdings wieder „entpackt" werden.
In der Regel wird das Komprimierungsprogramm mit auf die Diskette gespielt, sodaß Komprimieren und Entpacken von demselben Programm geleistet wird.
Die zu übertragenden Daten und das Komprimierungsprogramm werden oft in einer einzigen Datei mit der Dateinamenerweiterung „*.exe" zusammengefaßt (zum Beispiel „sic10.exe"). Wird diese Datei aufgerufen, entpackt sie sich selbsttätig.

Legen Sie die Diskette ein, beantworten Sie, wenn die Quelldaten aus einem anderen CAD-System stammen, die Frage nach „Frestore“ als Entpackungsprogramm mit /NEIN/ und wählen Sie die Datei aus. Sie wird nun auf die Festplatte kopiert und entpackt.

Neues Projekt anlegen

DXF-Daten können nur in ein bereits existierendes Projekt eingelesen werden. Starten Sie ALLPLOT über /CAD starten/ im ALLmenü, um ein neues Projekt anzulegen.

Klicken Sie im unteren Menü auf /VERWAL/ und in den folgenden Masken erst auf /PROJEKTE/, dann auf /ERSTELLEN/. Aktivieren Sie das Eingabefeld „Projekt-Bezeichnung“ und tippen sie den gewünschten Projektnamen ein.

Stellen Sie unbedingt alle Pfadeinstellungen in der unteren Hälfte der Maske auf /PROJEKT/! Dadurch bleiben alle Definitionen (Stifte, Stricharten, Textfonts) der DXF-Datei auf das neue Projekt beschränkt. Andernfalls laufen Sie Gefahr, Definitionen Ihrer bereits bestehenden Projekte zu ändern.

Bestätigen Sie die Projektdefinitionen über /OK/. Umgehen Sie die folgende Strukturwahlmaske über /4/ oder /X/, damit keine Struktur im neuen Projekt vordefiniert wird und verlassen Sie /VERWAL/ durch mehrmaliges Drücken von /4/.

Öffnen Sie nun das neue Projekt über /PROJEKT/ im oberen Menü und setzen Sie über /TEILBILD/ ein leeres Teilbild aktiv.

Daten in Projekt einlesen

Wählen Sie im linken Menü /EXS/ (für „externe Schnittstellen“). Stellen Sie dann unter /BZ/ den Bezugsmaßstab der Ursprungsdaten ein. Dadurch wird gewährleistet, daß die Schriftgröße dasselbe Verhältnis zu den Zeichnungselementen wie in der Originalzeichnung erhält. Klicken Sie zum Einlesen der Datei auf /DXFIN/ im unteren Menü, um die in Abb. 1 gezeigte Eingabemaske zu öffnen.

BASICS

Einstellungen der /DXFIN/-Maske:

Zugriffspfad	Die DXF-Datei befindet sich im Normalfall an der unter /INTERN/ angegebenen Stelle.
DXF-Datei	Eingabe des einzulesenden Dateinamens
Allg./Spez. Zuordnungen	Farben, Linienarten, Textfonts und Sonderzeichen werden für die Zeichnungselemente über Zuordnungstabellen festgelegt. Für die allgemeinen Zuordnungen schlägt ALLPOT die Datei „alldxf.tbl" vor. Daneben können spezielle Zuordnungsdateien für bestimmte Austauschpartner angelegt werden. Deren Einstellungen haben Vorrang vor denen einer allgemeinen Zuordnungsdatei.
/ALLG./SPEZ. ZUORDNUNG LESEN/	Die Zuordnungstabellen können hier eingeblendet, jedoch nicht geändert werden. Eine Änderung läßt sich nur auf Betriebssystem-Ebene vornehmen!
Faktor/Einheit	Nicht jedes CAD-System arbeitet, wie ALLPLAN/ALLPLOT in Millimetern. Klicken Sie das Eingabefeld /mm/ an und stellen Sie die Maßeinheit des Partnersystems ein.
Linientypdef	Die Linientypdefinitionen kann von der DXF-Datei übernommen oder durch diejenigen von ALLPLOT ersetzt werden. Meist empfiehlt sich ersteres, damit mit den Originallinien weitergearbeitet werden kann.
Übertragungsart	Wählen Sie, ob dreidimensionale Daten erhalten oder in zweidimensionale umgewandelt werden sollen.
Element-Auswahl	Sollen nicht alle Elemente der Zeichnung übertragen werden, kann hier eine Auswahl getroffen werden.

Stellen Sie Dateinamen und Zuordnungsdatei ein (siehe BASICS).

Sie können das Einlesen der Daten nun entweder über /START/ oder über /OK/ auslösen. Im ersten Fall wird die Datei umgehend mit den Zuordnungen der angewählten Zuordnungsdateien eingelesen. Im zweiten Fall werden weitere Masken eingeblendet, in denen die Zuordnungen geändert werden können. Diese geänderten Zuordnungen sind jedoch nur für den aktuellen Einlesevorgang gültig und können nicht als Zuordnungsdatei gespeichert werden.

Um darin Zuordnungen zu ändern, sind die jeweiligen Zeilen anzuklicken und die neuen Zuordnungen anzugeben. Um die Zuordnungstabelle für Sonderzeichen wieder zu verlassen, tippen Sie die Taste „Pos1“ (HOME) auf Ihrer Tastatur an. Über /3/ oder /OK/ wird die DXF-Datei mit den geänderten Zuordnungen eingelesen.

Ausführlichere Anleitungen mit Beschreibung der Zuordnungstabellen sind in „ALLPLAN/ALLPLOT für Einsteiger“ nachzulesen.

ALLPLAN/ALLPLOT-Datenaustausch

Der Austausch von ALLPLAN/ALLPLOT-Daten ist ebenfalls über die drei Schritte

- Daten einlesen,
- neues Projekt anlegen,
- Daten in Projekt kopieren

zu bewerkstelligen. Allerdings unterscheiden sich der erste und der dritte Schritt ganz erheblich vom Vorgehen bei DXF-Daten.

Ein möglicher Weg führt über ALLmenü. ALLPLAN/ALLPLOT-Daten werden dabei im ersten Schritt über

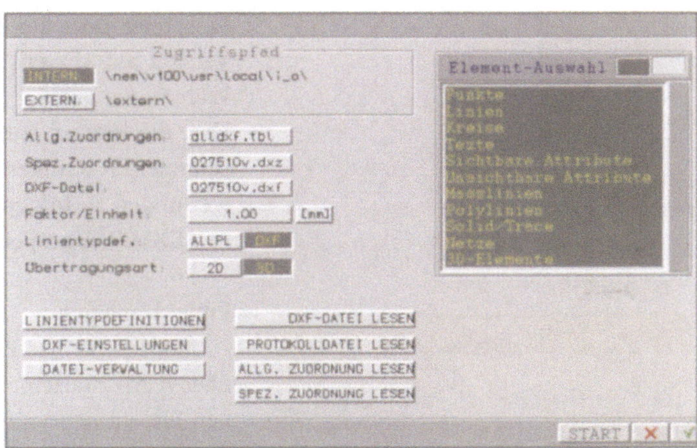

Abb. 1: Die DXFIN-Maske

/ALLBIB/ in das Verzeichnis :\EXTERN\ eingelesen, das als Zwischenspeicher dient. Dabei können wiederum zwei unterschiedliche Wege eingeschlagen werden, je nachdem, von welcher ALLPLAN/ALLPLOT-Version Daten übernommen werden.

Daten derselben Version einlesen

Erhalten Sie Daten derselben Version und des gleichen Betriebssystems, das Sie verwenden, wählen Sie unter /ALLBIB/ den Befehl /Daten auf '\extern' einspielen/. Wenn Sie unter UNIX arbeiten, legen Sie eine Diskette ein und wählen Sie /STARTEN/.

Für die Betriebssysteme MS-DOS und WINDOWS NT stellen Sie ein, ob die Datei über /COPY/ oder /FRESTORE/ eingespielt werden soll. Das hängt davon ab, auf welche Weise die Daten auf der Diskette gespeichert wurden und ist mit dem Austauschpartner abzusprechen.

Das Programm fordert nun die Sicherungsdiskette(n) an. Folgen Sie den eingeblendeten Anweisungen. Die Daten befinden sich dann im Verzeichnis :\EXTERN\.

Daten anderer Versionen einlesen

Haben Sie Daten aus einer älteren Programmversion oder einem anderen Betriebssystem erhalten, erfolgt das

BASICS

Die Speicherung von Daten auf Diskette über /FCOPY/ ermöglicht eine Verteilung größerer Datenmengen auf mehrere Disketten, kann jedoch ausschließlich mit Nemetschek-Programmen über /FRESTORE/ wieder eingespielt werden.
Bei Datenspeicherung über den DOS-Befehl /COPY/ kann dagegen nur eine Diskette bespielt werden.

Bei einer Übertragung von UNIX nach DOS bzw. Windows NT muß Ihr Austauschpartner darauf achten, seine Daten als DOS-Dateien abzuspeichern (über /Datensicherung/ → /DOS-Diskette/). Sonst können Sie die Datei nicht lesen.

Einspielen über den Befehl /TB bel. Version auf '\extern' einspielen/. Wählen Sie aus der eingeblendeten Liste die Version, aus der die Daten stammen. Auch hier ist nun den Anweisungen zu folgen, damit die Daten in :\EXTERN\ gespeichert werden.

TIPS

Um Speicherplatz zu sparen, empfiehlt es sich, das Verzeichnis :\EXTERN\ wieder zu leeren, nachdem die Daten kopiert sind. Wählen Sie dazu in ALLmenü /ALLBIB/ → /Inhalt von '\extern' löschen/.

Projekt anlegen

Starten Sie das Programm nun über /CAD starten/. Im Bedarfsfall legen Sie ein neues Projekt an, in das Sie die eingespielten Daten kopieren. Gehen Sie dabei wie oben beschrieben vor.

Daten in Projekt kopieren

Das Kopieren der Daten von :\EXTERN\ in das neue Projekt geschieht wieder im CAD, und zwar über /VERWAL/ → /TEILBILDER/. Es öffnet sich eine Liste, in der alle Projekte aufgeführt sind. Aktivieren Sie /EXTERNER PFAD/. In der rechten Hälfte der Maske werden nun alle in :\EXTERN\ befindlichen Teilbilder aufgelistet. Durch Anklicken von /▬/ im Listenkopf können alle Teilbilder zugleich aktiviert werden.

Wählen Sie nun /KOPIEREN/. Es öffnet sich eine zweite Listenmaske mit allen existierenden Projekten. Wählen Sie das zuvor neu erstellte Projekt an. Klicken Sie dann auf /AUSFÜHREN/, um den Kopiervorgang auszulösen.

Einzelne Teilbilder austauschen

Einfacher - ohne den Umweg über das ALLmenü - können Daten ausgetauscht werden, wenn es sich um geringe Datenmengen handelt. Dabei erfolgt keine Datenkomprimierung, weshalb wirklich nur einzelne, nicht allzu umfangreiche Teilbilder auf diese Weise übertragen werden sollten!

Wenn beide Austauschpartner mit UNIX-Systemen arbeiten, gehen Sie wie folgt vor. Aktivieren Sie zum Einspielen der Daten in der Hauptmaske /VERWAL/ → /DATENAUSTAUSCH/. Wählen Sie aus der dann eingeblendeten Maske das Speichermedium, von dem Sie lesen wollen - Band oder Diskette - und klicken Sie auf /IMPORT/.

Sie werden nun gefragt, ob die Daten in ein bestehendes Projekt eingelesen werden sollen oder ob ein neues Projekt angelegt werden soll.

Beim Einspielen in ein vorhandenes Projekt werden bestehende Teilbilder bei übereinstimmender Nummer überschrieben!

Es wird nun der gesamte Band- bzw. Disketteninhalt eingespielt.

In DOS/Windows NT-Systemen kann für geringe Datenmengen ebenfalls direkt aus dem CAD gearbeitet werden. Wählen Sie dazu /VERWAL/ → /EXTERNER PFAD/ und klicken Sie in der Liste /A:\/ an. Damit wird statt des Verzeichnisses :\EXTERN\ die Diskette zum Zwischenspeicher erklärt. Nun können über /VERWAL/ → /TEILBILDER/ einzelne Teilbilder direkt von der Diskette in ein Projekt oder umgekehrt kopiert werden. Die Diskette ist jetzt /EXTERNER PFAD/ bis die Einstellung wieder geändert wird.

Vorraussetzung ist natürlich, daß beide Austauschpartner dieses Verfahren anwenden.

Teilbilder zwischen ALLPLAN/ ALLPLOT-Modulen austauschen

Nachdem Sie die Daten des Architekten in Ihr CAD eingespielt haben, können diese in drei verschiedenen Formen vorliegen. Entweder es sind ganz normale, zweidimensionale Zeichnungen, wie Sie mit dem Konstruktionsmodul erstellt werden. Dann können sie im gleichen Modul weiterbearbeitet werden.

Die Daten können aber auch als räumliche Modelle vorliegen, die entweder mit dem /3D/-Modellierer oder mit dem Wandgenerator in ALLPLAN erzeugt wurden. In ALLPLAN werden Wände nicht aus einzelnen Linien gezeichnet, sondern können direkt als Wand von Punkt A nach Punkt B eingegeben werden. Das Programm realisiert die korrekte Darstellung der Wand automatisch. Außerdem können Zusatzinformationen wie die Höhe der Wand oder ihr Material definiert werden. Eine im Umfang reduzierte Version von ALLPLAN ist übrigens als „Architektur für Tragwerksplaner" erhältlich.

Alle räumlichen Modelle können mit Hilfe des ALLPLOT-Moduls „Ansichten und Schnitte" /AN+SCH/ in Form eines Plans gebracht werden. Dabei wird das räumliche Modell als Hintergrundteilbild aktiv gesetzt und in das Vordergrundteilbild übernommen.

In /AN+SCH/ ist es nun möglich, durch Angabe der Blickrichtung und des Schnittbereichs beliebige Ansichten und Schnitte zu erzeugen und nebeneinander auf der Zeichenebene zu plazieren. Abb. 2 zeigt eine perspektivische Darstellung der tragenden Wände im Untergeschoß eines Tankstellenhäuschens. Dessen Erzeugung mit dem Architekturmodul ist im Band „ALLPLAN" dieser Buchreihe detailliert beschrieben. Dieses ALLPLAN-Teilbild wurde mit /AN+SCH/ übernommen. Daraus wurde der Grundriß und der Schnitt A-A in Abb. 3 abgeleitet.

Bei einer solchen Übernahme bleibt übrigens das räumliche Datenmodell im Hintergrund bestehen. Das bedeutet, daß eine Modifikation beispielsweise des Grundrisses in Abb. 3 automatisch in den Schnitt A-A und natürlich auch in alle anderen vorhandenen Schnitte und Ansichten übertragen wird. Auch die Umwandlung in eine normale /KONS/-Zeichnung ist möglich. Dabei geht allerdings die räumliche Information verloren.

Eine ausführliche Anleitung für die Handhabung des /AN+SCH/-Moduls finden Sie im Kapitel „Wandbewehrung mit Modell". Dort wird zunächst das Erzeugen eines räumlichen Körpers mit dem 3D-Modellierer demonstriert. Im zweiten Teil wird in Schritt für Schritt-Anleitungen ausführlich die Übernahme nach /AN+SCH/ gezeigt. Alle dort beschriebenen Vorgehensweisen sind genauso für ALLPLAN-Daten anzuwenden.

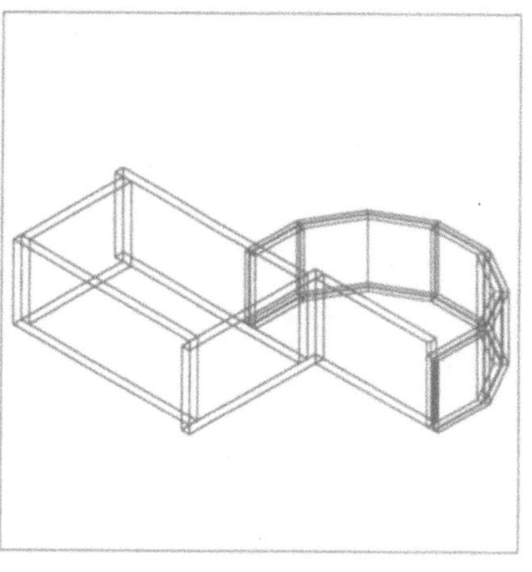

Abb. 2: Perspektivische Darstellung eines ALLPLAN-Teilbilds...

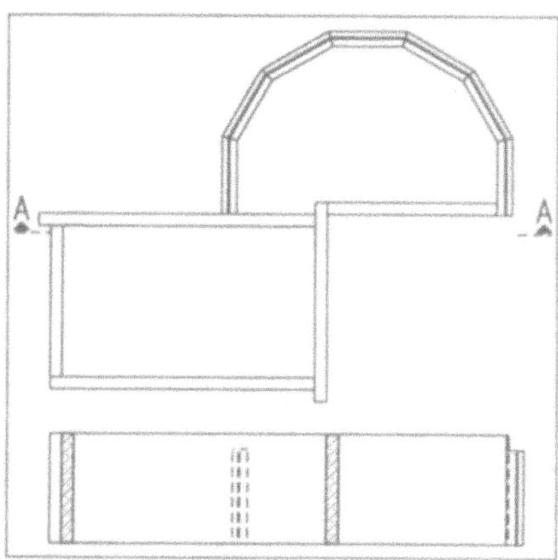

Abb. 3:... und daraus erzeugte /AN+SCH/-Darstellung

Projektorganisation

Zeichnung	TB-Nr.	Teilbildname
KG Positionsplan	20	Achsen + Bemaßung
	21	Tragwerk
	22	Bemaßung + Text
	23	Schraffur + Filling
	24	Positionsplan
EG Positionsplan	20	Achsen + Bemaßung
	31	Tragwerk
	32	Bemaßung + Text
	33	Schraffur + Filling
	34	Positionsplan
	usw.	

Zeichnung	TB-Nr.	Teilbildname
EG Schalplan	20	Achsen + Bemaßung
	301	Tragwerk
	302	Treppenhauskern
	303	Schraffur + Filling
	304	Aussparungen
	305	Einbauteile
	306	Bemaßung + Text
	307	Legende
	308	Schnitte
	309	Schraffur + Filling Schnitte
	310	Bemaßung + Text Schnitte
EG Deckenbewehrung UL	20	Achsen + Bemaßung
	301	Tragwerk
	302	Treppenhauskern
	303	Schraffur + Filling
	304	Aussparungen
	321	Matten
	322	Rundstahl
	323	Bemaßung + Text
EG Deckenbewehrung OL	20	Achsen + Bemaßung
	301	Tragwerk
	302	Treppenhauskern
	303	Schraffur + Filling
	304	Aussparungen
	usw.	

Bevor Sie ein Projekt bearbeiten, sollten Sie sich um seine Projektstruktur kümmern. Vor allem umfangreichere Projekte erfordern eine klare Struktur, damit effektives Arbeiten und schnelles Auffinden von Teilbildern möglich ist.

Wichtig sind für die Projektorganisation vor allem zwei Kriterien:

- logische Benummerung und
- eindeutige Benennung der Teilbilder.

Einen Vorschlag für eine Projektorganisation können Sie der nebenstehenden Tabelle entnehmen. Natürlich können Projekte, je nach Anforderungen, auch völlig anders strukturiert werden.

In der hier vorgeschlagenen Struktur wurden zunächst Entwurfsdaten und Positionspläne geschoßweise in Zehnergruppen sortiert. Nach der Statikberechnung wurden Schal- und Bewehrungspläne ebenfalls geschoßweise in Hundertergruppen angelegt. Die einzelnen Pläne sind immer nach dem gleichen Schema in einer Geschoßgruppe verteilt. So können Sie schon an der Teilbildnummer den Inhalt des Teilbilds erkennen.

Bestehende Teilbilder können über /VERWAL/ → /TEILBILDER/ → /KOPIEREN/ an eine andere Stelle im Projekt kopiert und anschließend über /LOESCHEN/ an der alten Stelle entfernt werden.

Die Teilbilder wiederum wurden verschiedenen Zeichnungen zugeordnet. Wählen Sie dazu /PROJEKT/, aktivieren Sie das Eingabefeld unter „Aktuelle Zeichnung“, tippen Sie einen Zeichnungsnamen ein und ordnen Sie der Zeichnung über /ZEICHNUNGSTEILBILD-WAHL/ die gewünschten Teilbilder zu. Ein Teilbild kann auch mehreren Zeichnungen zugehörig sein, wie etwa TB 20 in der Tabelle veranschaulicht.

Wenn Sie ein neues Projekt erstellen, wird automatisch eine Auswahl an Projektstrukturen angeboten (nur in ALLPLOT 700). Diese Auswahl enthält zwei vordefinierte Beispielstrukturen sowie die Strukturen aller bereits existierenden Projekte. Durch Aktivieren in der Auswahlliste und Bestätigen können Sie eine der Strukturen für das neue Projekt übernehmen. Dadurch werden alle in Teilbildnummern, die in der Struktur einen Namen haben, im neuen Projekt mit demselben Teilbildnamen vorbelegt. Dasselbe gilt für die Zeichnungen. Alle Zeichnungsnamen und Zeichnungs-Teilbild-Zuordnungen werden aus der angewählten Projektstruktur übernommen.

Somit bietet es sich an, ein Ihren Bedürfnissen entsprechendes Musterprojekt zu erstellen, dessen Struktur Sie für jedes neue Projekt übernehmen können. Übernommene Strukturen können natürlich auch nachträglich verändert werden.

Um ein Projekt ohne Strukturübernahme zu erstellen, übergehen Sie die Strukturmaske mit /4/.

Im „Lernprojekt“, das auf der ALLPLOT-CD enthalten ist und aus dem Sie Teilbilder für die Übungen in diesem Buch laden können, ist aus didaktischen Gründen keine der realen Bearbeitungspraxis entsprechende Projektstruktur eingehalten. Es sind darin Daten aus unterschiedlichen Projekten sowie verschiedene Bearbeitungsstufen der Pläne enthalten.

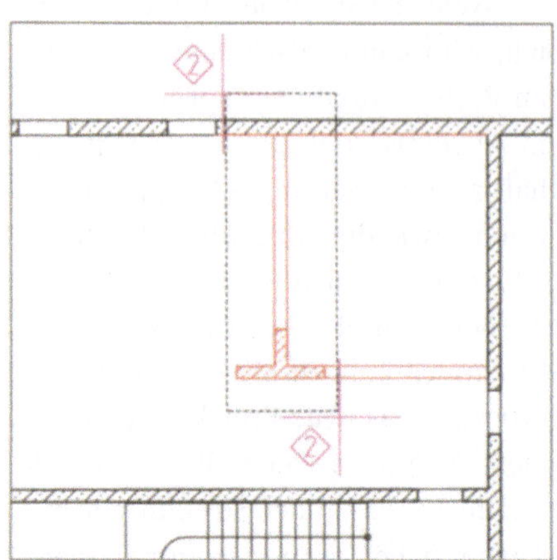

*Abb. 4: Verschieben von Elementpunkten über /*MOD/ ...*

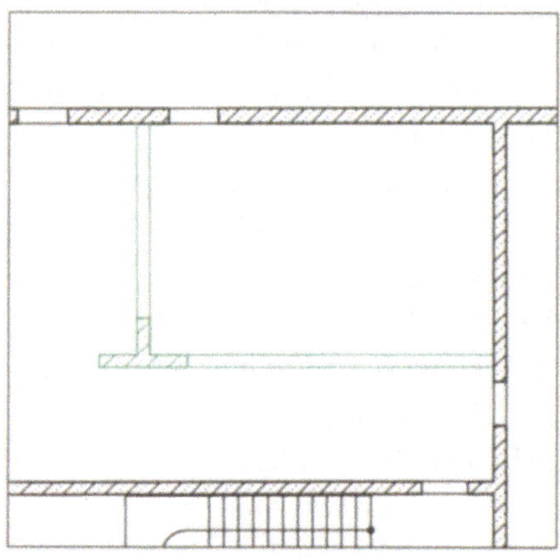

Abb. 5: ...mit automatischer Anpassung der Umgebung

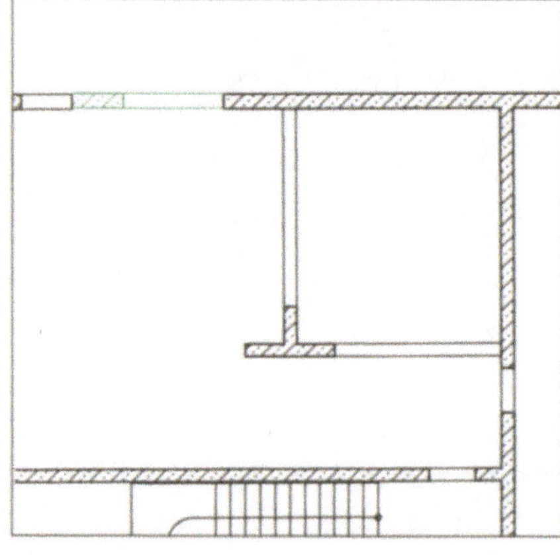

Abb. 6: über / // MOD/ verbreitertes Fenster

Schalplan erstellen

Zur Erstellung des Schalplans stehen Ihnen alle Funktionen des Grundmoduls zur Verfügung, unabhängig davon, ob Sie nun /KONS/-Teilbilder als Grundlage haben oder solche aus dem /AN+SCH/-Modul. Letzteres verfügt über ein räumliches Datenmodell, das dafür sorgt, daß die Modifikation einer Ansicht automatisch in alle anderen Ansichten übertragen wird.

Für die Schalplanerstellung sind die Modifikationsfunktionen und die Vermaßungsfunktionen wichtig. Deshalb seien beide im folgenden noch einmal vorgestellt. Ausführliche Anleitungen dazu werden im Band „ALLPLAN/ALLPLOT für Einsteiger" gegeben.

Modifizieren

Im Konstruktionsmodul wird umfangreiches Werkzeug zur Erzeugung, Vervielfachung, Handhabung und Modifikation von Zeichnungselementen bereitgestellt. Damit kann unter anderem verschoben, kopiert, gedreht oder verzerrt werden. Da die Kenntnis dieser Grundfunktionen für das Durcharbeiten dieses Buchs vorausgesetzt wird, seien an dieser Stelle nur zwei besonders leistungsfähige Funktionen für geometrische Modifikationen exemplarisch vorgestellt.

Punktmodifizieren

Mit der Funktion /*MOD/ können Elementpunkte - Anfangs-, End-, Eck- oder Schnittpunkte - auf der Zeichenebene verschoben werden. Dabei paßt sich die Umgebung der Veränderung automatisch an, das heißt, die Verbindung eines verschobenen Punkts mit einem stationären Punkt wird aktualisiert. Die Abb. 4 und 5 zeigen eine solche Modifikation. Der in Abb. 4 aktivierte Bereich wurde mit /*MOD/ verschoben, sodaß das in Abb. 5 gezeigte Resultat erzielt wurde.

Parallelen Modifizieren

Prinzipiell auf dieselbe Weise wie /*MOD/ funktioniert die Parallelen-Modifikation / // MOD/. Dabei werden jedoch keine Punkte verschoben, sondern der Abstand von parallelen Linien modifiziert. Auch hierbei paßt sich die Umgebung an, indem die Verbindungslinien zwischen den Endpunkten der modifizierten Linie und unveränderten Punkten aktualisiert wird. Abb. 6 zeigt ein gegenüber Abb. 4 über / // MOD/ verbreitertes Fenster.

Vermaßung

Die wesentliche Arbeit bei der Schalplanerstellung ist das Vermaßen des Plans. Deshalb ist an dieser Stelle das dafür zur Verfügung stehende Instrumentarium von besonderem Interesse. Abb. 7 zeigt die grundlegende Vorgehensweise beim Vermaßen in ALLPLOT. Zuerst ist ein Punkt anzuklicken, durch den die zu erzeugende Maßlinie verlaufen soll (1.). Im nächsten Schritt werden alle zu vermaßenden Bauteilpunkte identifiziert (2.-10.) und dann über /4/ abgebrochen (11.). Das Ergebnis zeigt Abb. 8. Die Maßlinien, Maßhilfslinien und Maßzahlen werden dabei automatisch erzeugt.

Außerdem wird jeweils nach Absetzen eines zu vermaßenden Punkts die Bauteilhöhe für den letzten Maßlinienabschnitt abgefragt. Die Abfrage kann durch Anklicken des nächsten zu vermaßenden Punkts einfach übergangen werden. Wird Sie benötigt, kann Sie über die Tastatur eingetippt

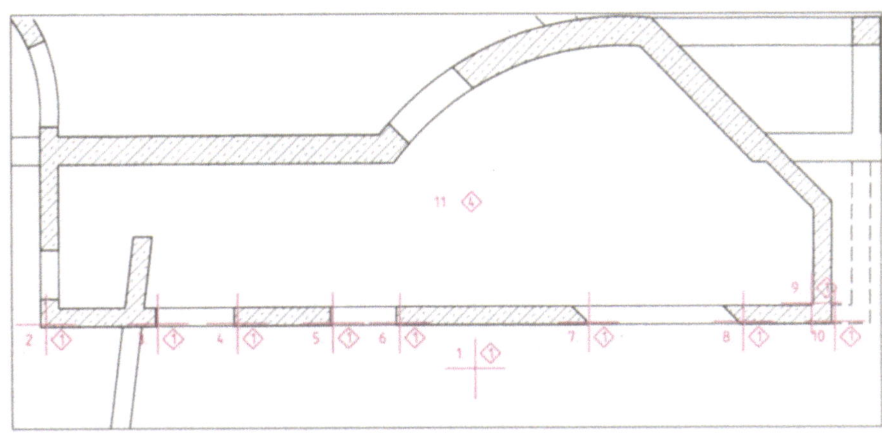

Abb. 7: Vorgehensweise beim Vermaßen

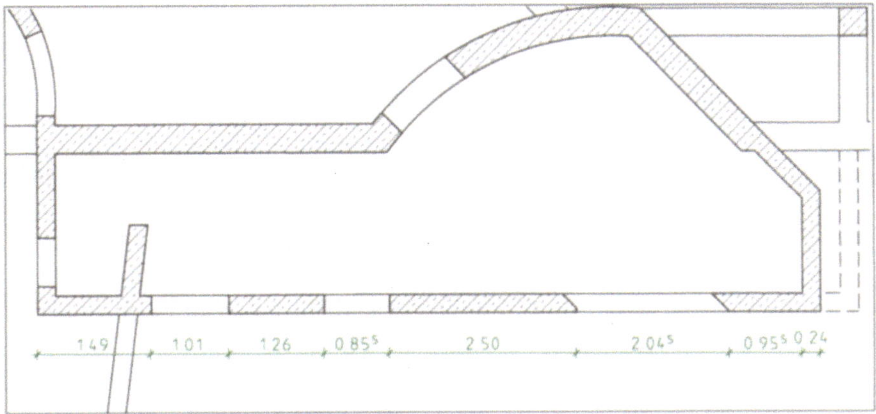

Abb. 8: Die fertige Maßlinie

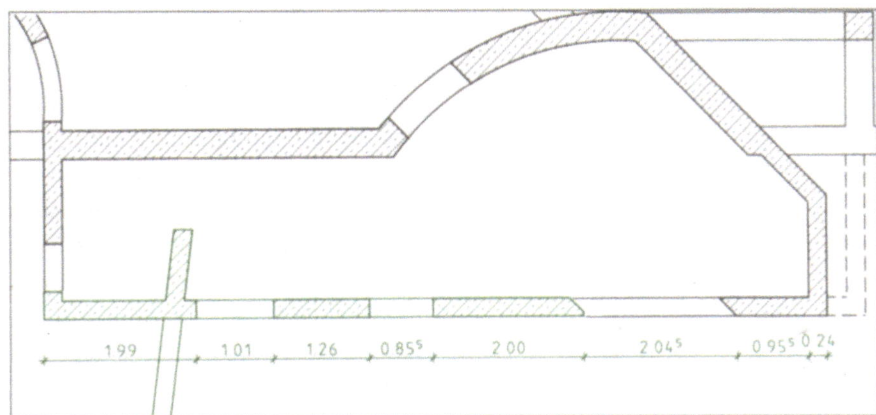

*Abb. 9: Dieselbe Maßlinie nach einer Modifikation des Grundrisses über /*MOD/*

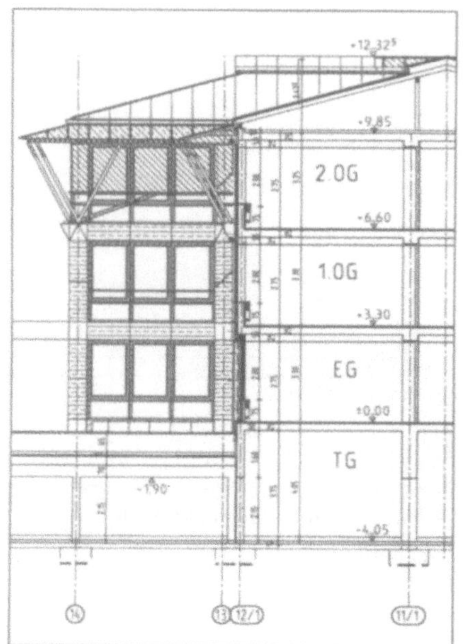

Abb. 10: Kotenvermaßung

werden. Oder aber, falls der Plan mit dem ALLPLAN-Architekturmodul erstellt wurde, kann durch Anklicken beispielsweise der Fensteröffnung die Fensterhöhe automatisch eingefügt werden.

Referenzpunkte

Durch die Referenzpunktvermaßung können Maßlinien an Bauteilpunkte gebunden werden. Verändert sich die Lage dieser Punkte durch Modifikation des Bauteils, zum Beispiel über /*MOD/, werden Maßlinie und Maßzahl automatisch angepaßt. Abb. 9 zeigt ein Beispiel dafür.

Die Vorgehensweise unterscheidet sich bei Vermaßung mit oder ohne Referenzpunkt nicht. Zum Ein- bzw. Ausschalten der Referenzpunktvermaßung wird lediglich ein Schalter umgestellt.

Vermaßungsarten

Um allen Vermaßungsanforderungen gewachsen zu sein, gibt es in ALLPLOT verschiedene Vermaßungsarten. Über /M-TYP/ kann zwischen den Maßlinientypen /LINIE/ und /KOTE/ umgeschaltet werden, sodaß Sie auf dieselbe Weise ebenso Kotenvermaßungen von Schnittdarstellungen erzeugen können (Abb. 10).

Weiterhin haben Sie die Möglichkeit, statt einer Kettenvermaßung blockweise zu vermaßen, indem Sie /M BLOC/ anwählen. Die Eingabe der zu vermaßenden Punkte erfolgt analog zur Kettenvermaßung.

Auch für die Vermaßung von Kurven und Winkeln stehen geeignete Funktionen zur Verfügung (Abb. 13).

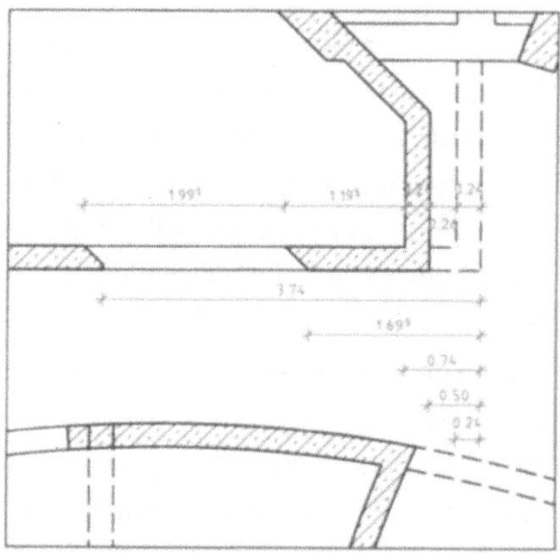

Abb. 11: Block- und Kettenvermaßung

Einflußmöglichkeiten

Nun könnte man annehmen, daß als Preis für eine derartige Automatisierung der Vermaßung eine vergleichsweise starre Handhabung mit nur wenigen individuellen Einflußmöglichkeiten zu bezahlen ist.

Doch sind sowohl bei der Maßlinienerzeugung eine große Zahl an Parametern einstellbar als auch umfangreiche nachträgliche Modifikationen der Bemaßung möglich.

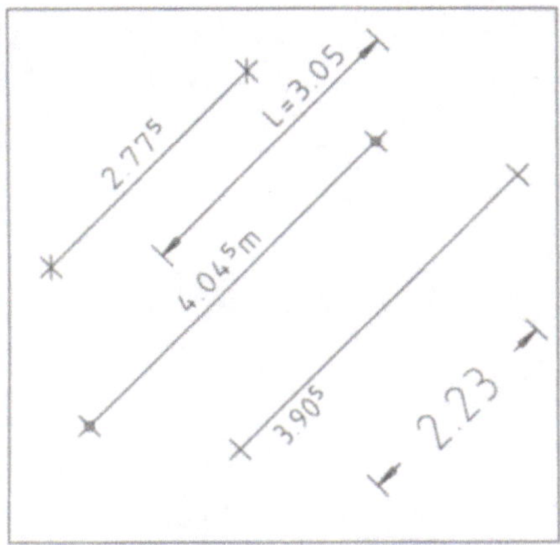

Abb. 12: Verschieden eingestellte Maßlinienparameter

Die einstellbaren Maßzahlparameter reichen von verschiedenen Maßlinienbegrenzungssymbolen über die Lage der Maßzahl bezüglich der Maßlinie über Rundungsgenauigkeit und Schriftgröße der Maßzahl bis zur Ergänzung von Buchstaben vor oder nach der Maßzahl.

Auch lassen sich nachträglich Bemaßungspunkte in eine Maßkette einfügen oder daraus entfernen. Die Maßzahlen werden umgehend angepaßt.

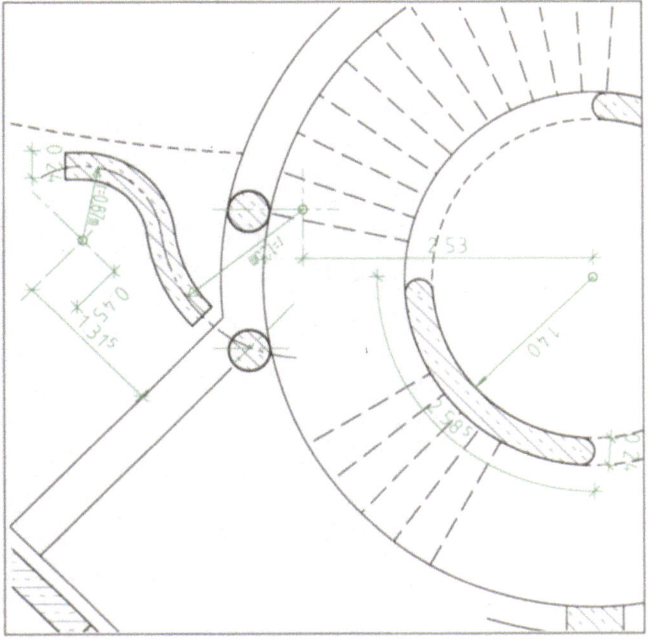

Abb. 13: Vermaßung von Rundungen

Bewehren einer Decke

Die Erstellung des Bewehrungsplans für eine Hochbaudecke ist der rote Faden, der Sie durch das folgende Kapitel begleitet. Sie lernen das Verlegen von Lagermatten und selbstdefinierten Listenmatten mit ALLPLOT und üben die Eingabe und Verlegung von Rundstahl ohne Modell. Selbstverständlich kommen auch Schneideskizze, Biegeliste und Planausgabe nicht zu kurz.

Bei dem Beispiel, an dem Sie das Erstellen eines Bewehrungsplans üben können, handelt es sich um die Kellergeschoßdecke eines Geschäftshauses mit Tiefgarage (Abb. 1). Umseitig ist der Bewehrungsplan der unteren Lage abgebildet.

Schritt für Schritt wird im Lauf des Kapitels der Plan erstellt. Doch keine Angst, Sie müssen nicht jedes Detail des Plans selbst erstellen, um mit dem jeweils nächsten Lerninhalt weitermachen zu können. Vielmehr erhalten Sie mit ALLPLOT das Lernprojekt mitgeliefert, das Teilbilder mit den verschiedenen Stadien der Projekterstellung enthält. Nach dem Erlernen einer Verlegeart können Sie also selbst entscheiden, ob Sie zur Übung die weiteren damit zu erstellenden Eisen selbst erzeugen oder aber das Teilbild, das diese Bewehrung schon enthält, laden wollen, um die nächsten Lernschritte anzugehen.

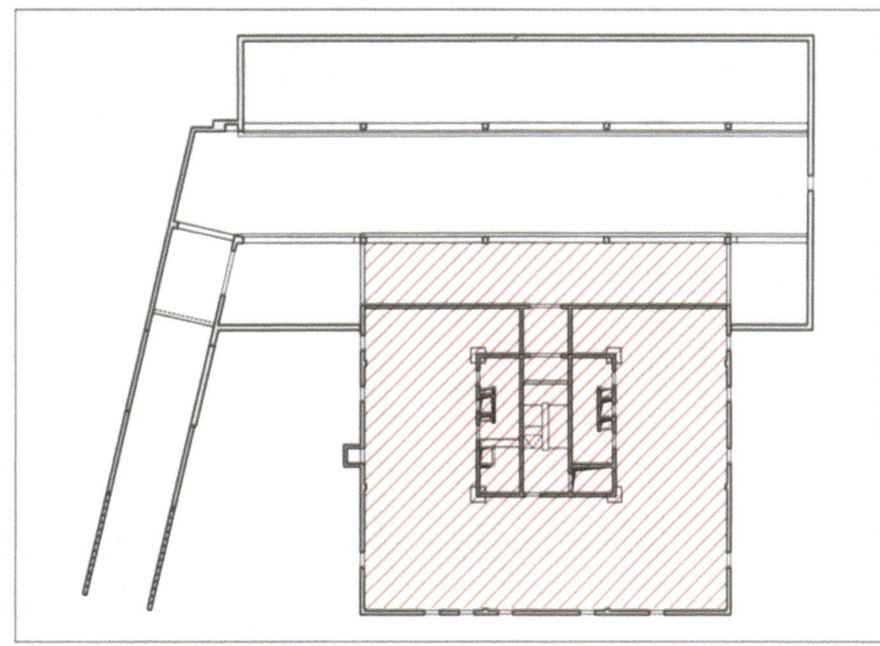

Abb. 1: Grundriß des Gebäudekellers; schraffiert das zu bewehrende Deckenfeld

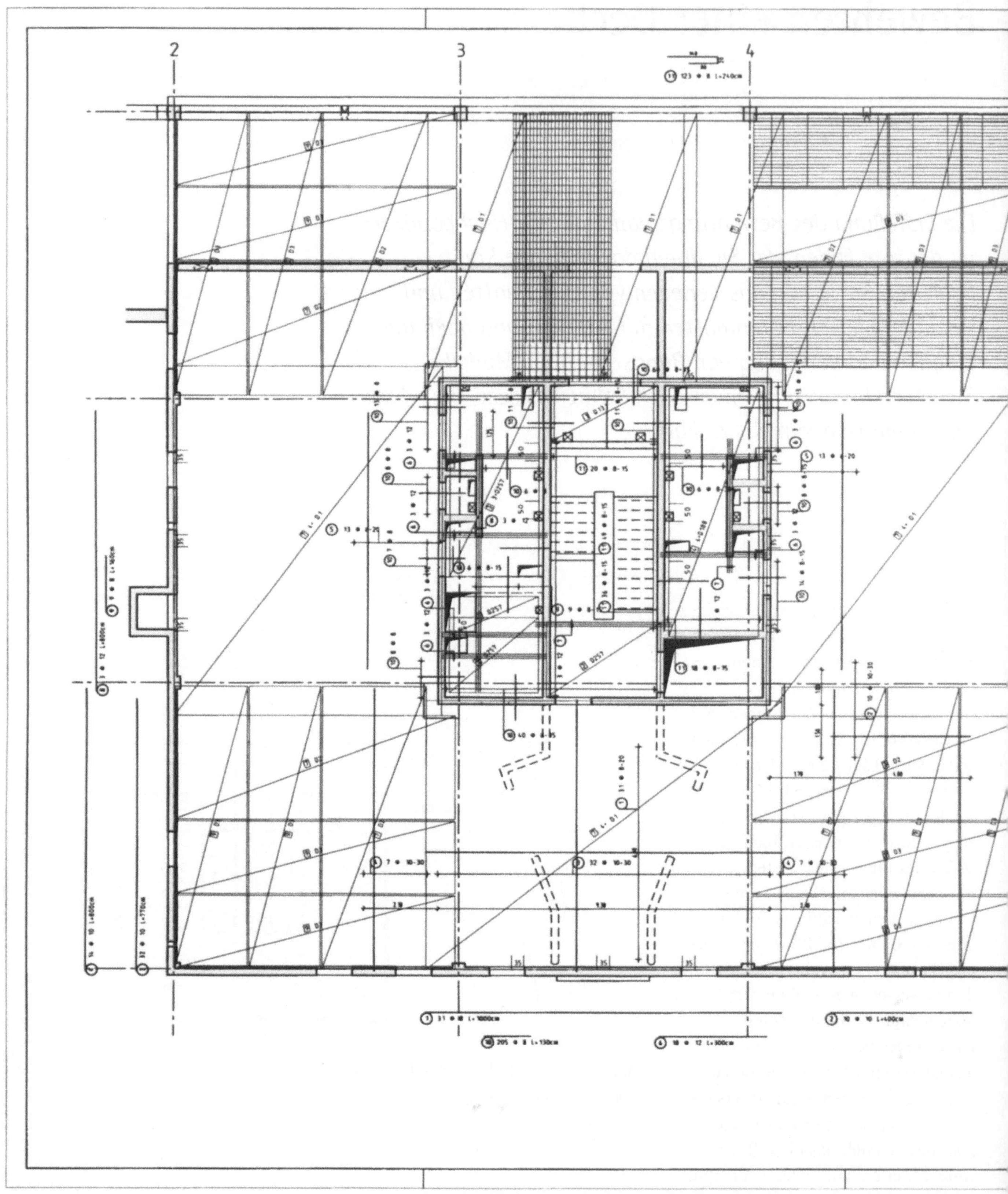

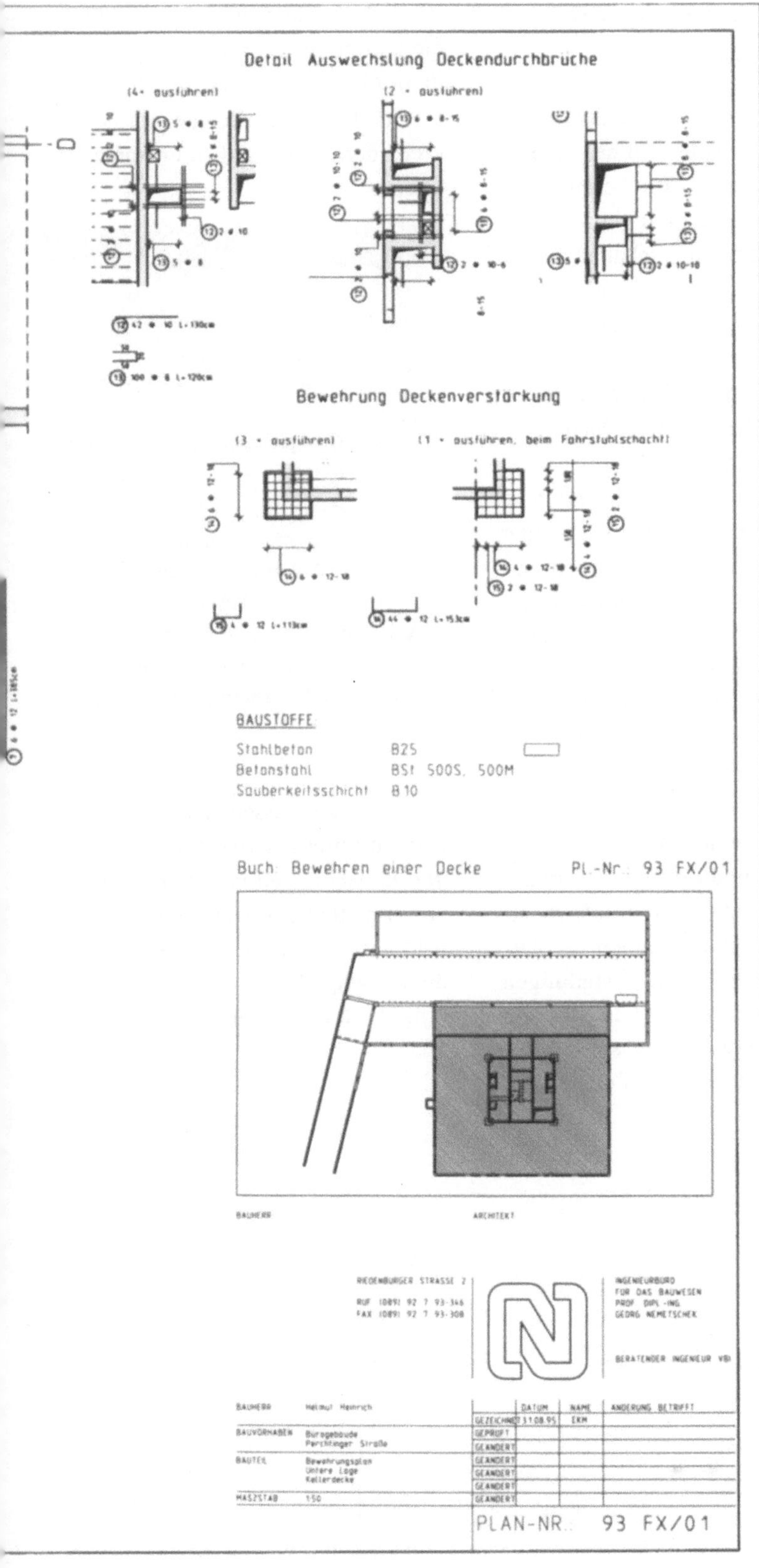

Abb. 2: Der Bewehrungsplan der unteren Lage der Kellerdecke

Flächenbewehrung mit Lagermatten

Laden Sie zuerst das Teilbild 2201, in dem sich der Grundriß der zu bewehrenden Deckenplatte befindet. Wählen Sie ein leeres Teilbild für die Mattenverlegung und schalten Sie TB 2201 passiv sichtbar. Geben Sie dem leeren Teilbild einen Namen, z.B. „Deckenbewehrung KG UL Matten“. Um in das Matten-Modul zu gelangen, wählen Sie im linken Menü /ALLPLOT/→/MATTEN/.

Als konstruktive Bewehrung der Deckenfelder im Gebäudekern werden im folgenden zunächst Lagermatten verlegt. Die Mattenbewehrung wird später mit Flächenrundstahl im Bereich der Wände und Aussparungen verstärkt (Abb. 2). In diesen Bereichen ist somit keine Überdeckung der Matten über den Wänden erforderlich.

Verlegung einzelner Matten

Zur Verlegung einzelner Matten ist im unteren Menü /M-EINZ/ zu aktivieren. Dadurch erscheinen im oberen Menü die Parametereinstellungen für Matten. Gleichzeitig hängt am Fadenkreuz ein Preview der abzusetzenden Matte. Zunächst soll Position 1 verlegt werden.

Wählen Sie zuerst über /MATTE/ die Mattenart (s. Parameterliste links), dann Mattenlänge und -breite. Sie sehen, daß sich das Preview am Fadenkreuz den neuen Maßen entsprechend ändert.

BASICS

Die Auswahl der Mattenart kann auf zwei Wegen geschehen:

- Eintippen der Mattenbezeichnung.
- Nach Anklicken der oberen Zeile des Felds /MATTEN/ öffnet sich ein Pulldown-Menü, aus dem die Matte ausgewählt werden kann.
- Nach Anklicken der unteren Zeile des Feldes /MATTEN/ mit der Mattenbezeichnung kann eine bereits verlegte Matte durch Antippen übernommen werden.

Außerdem lassen sich in den sechs Feldern unter /OPTIONEN/ eine Reihe von Einstellungen vornehmen. Für Pos. 1 sollten das zweite und dritte Feld auf /1/ und /+/ stehen. Damit ist die einlagige Verlegung und die Zählung der Matten eingestellt.

Parameter für Pos. 1:

/MATTE/	Q131
/LAENGE/	3.00
/BREITE/	1.60
/UEB-L/	0.30
/UEB-Q/	0.50
/VERL-W/	0.000
/ANZ/	1
/⊠/	⊠
/OPTIONEN/	/ /1/+/Q/ /⊠/GD/

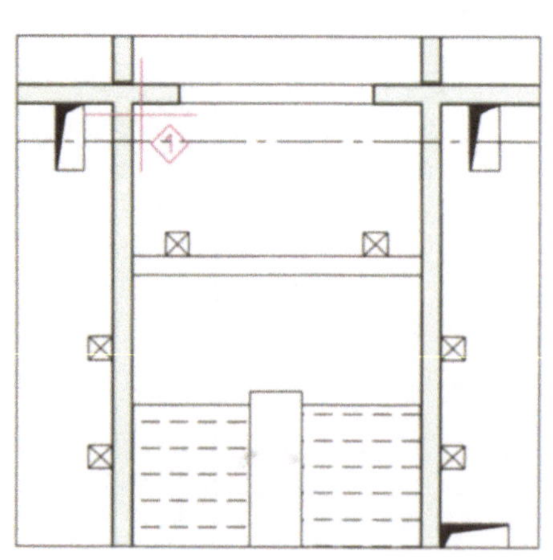

Abb. 3: *Absetzen der ersten Matte...*

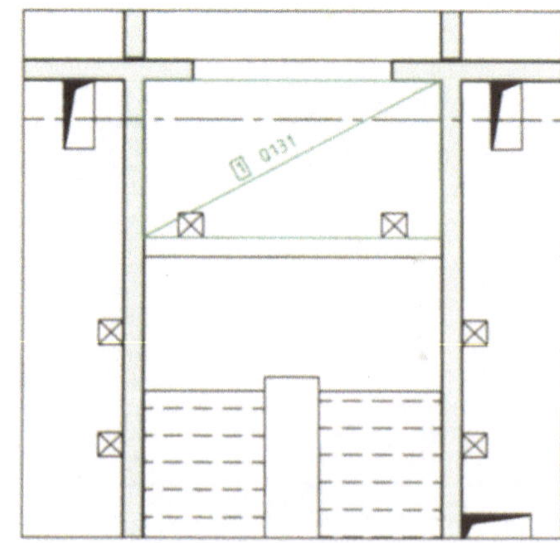

Abb. 4: *...und das Resultat*

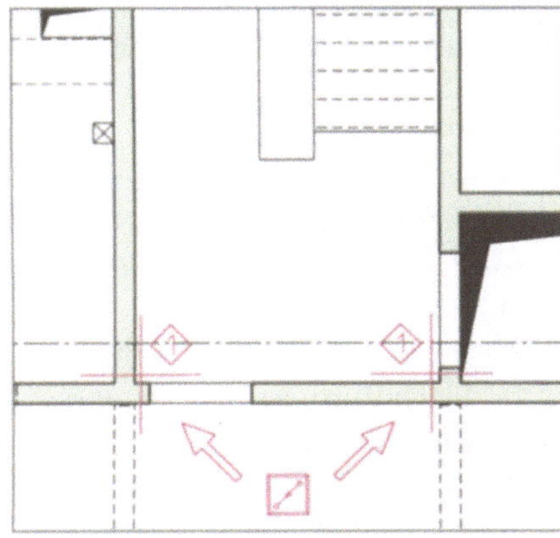

Abb. 5: Absetzen der zweiten Matte über die Mittelpunktfunktion...

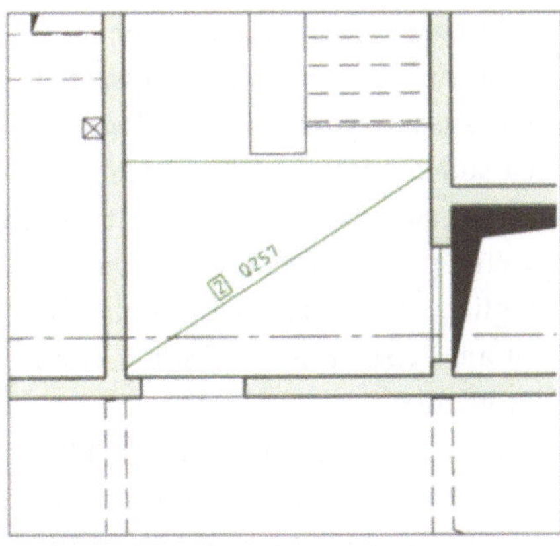

Abb. 6: ..und das Ergebnis

(Für ausführliche Erläuterung aller Optionen siehe BASICS Seite 54). Als weitere Option kann über / ⍂ / die Diagonalenrichtung der Mattendarstellung verändert werden.

Wählen Sie jetzt über / ⌧ / den Fixpunkt, den Punkt also, an dem das Preview am Fadenkreuz hängt. Zum Absetzen der Matte ist dann der linke obere Punkt des Verlegebereichs anzuklicken (Abb. 3 und 4).

Nach dem Absetzen bleibt das Preview am Fadenkreuz hängen, so daß Sie ohne erneutes Aktivieren von /M-EINZ/ eine weitere Matte verlegen können. Die zuvor vorgenommenen Einstellungen bleiben erhalten. Soll eine Matte anderen Typs verlegt werden, werden die Parametereinstellungen einfach geändert (s. rechts). Legen Sie den Fixpunkt für Pos. 2 auf die Mitte der unteren Mattenseite und setzen Sie die zweite Matte über die Mittelpunktfunktion ab, wie in Abb. 5 gezeigt.

B A S I C S

Die abgesetzten Matten werden automatisch beschriftet und mit einer Positionsnummer versehen. Für die Vergabe der Positionsnummern werden Mattentyp und Mattengeometrie einer neu verlegten Matte mit den bereits bestehenden Matten verglichen. Wird eine Übereinstimmung festgestellt, wird die jeweilige Nummer erneut vergeben, andernfalls wird hochgezählt.
Die automatische Positionsnummervergabe kann ausgeschaltet werden über /DEF/—>/MATTEN/—>/A-POS/. Die Beschriftungsparameter sind ebenfalls über /DEF/—>/MATTEN/ einstellbar.

Parameter für Pos. 2:

/MATTE/	Q257
/LAENGE/	3.20
/BREITE/	2.15
/UEB-L/	0.40
/UEB-Q/	0.50
/VERL-W/	0.000
/ANZ/	1
/⌧/	⌧

/OPTIONEN/ / /1/+/Q/ /⍂/GD/

Parameter für Pos. 3:

/MATTE/	Q257
/LAENGE/	2.50
/BREITE/	2.15
/UEB-L/	0.40
/UEB-Q/	0.50
/VERL-W/	0.000
/ANZ/	3
/[icon]/	[icon]

/OPTIONEN/ / /1/+/Q/ / [icon] /GD/

Verlegung von Mattengruppen

Wenn mehrere Matten desselben Typs zusammenhängend verlegt werden sollen, muß natürlich nicht jede einzeln abgesetzt werden. Statt dessen ist eine gruppenweise Verlegung möglich. Die Vorgehensweise hierbei soll am Beispiel der Position 3 erläutert werden.

Lassen Sie die Funktion /M-EINZ/ aktiviert und stellen Sie Mattentyp, -länge und -breite ein. Erhöhen Sie die Mattenanzahl über /ANZ/ auf „3“ und schalten Sie unter /OPTIONEN/ /GD/ inaktiv, falls es aktiviert ist. Dadurch können Sie im Preview die Lage jeder einzelnen Matte sehen, nicht nur den Umriß der ganzen Gruppen.

Sollten im Preview jetzt drei Matten nebeneinander statt wie gewünscht untereinander zu sehen sein, stellen Sie - ebenfalls unter /OPTIONEN/ - den auf /L/ stehenden Schalter auf /Q/ um. Dadurch werden die Matten in Quer- statt in Längsrichtung aneinandergereiht.

BASICS

Mattenüberdeckung:

Die Mattenüberdeckung wird in ALLPLOT abhängig vom Mattentyp automatisch voreingestellt, kann jedoch jederzeit geändert werden. Die Beschriftung der Überdeckungslängen kann über /DEF/ ⟶ /MATTEN/ ⟶ /UE-BES/ zwischen automatischer und manueller Beschriftung umgeschaltet werden. Die manuelle Beschriftung erfolgt über /U-BES/ auf Seite 2 von /MATTEN/. Ebenfalls in /DEF/ werden deren Beschriftungsparameter eingestellt.

Aktivieren Sie /GD/ nun wieder, um die ganze Mattengruppe vereinfacht darzustellen. Wählen Sie als Angreifpunkt den Mittelpunkt der Oberseite, und setzen Sie die Gruppe wieder über die Mittelpunktfunktion ab (Abb. 7 und 8).

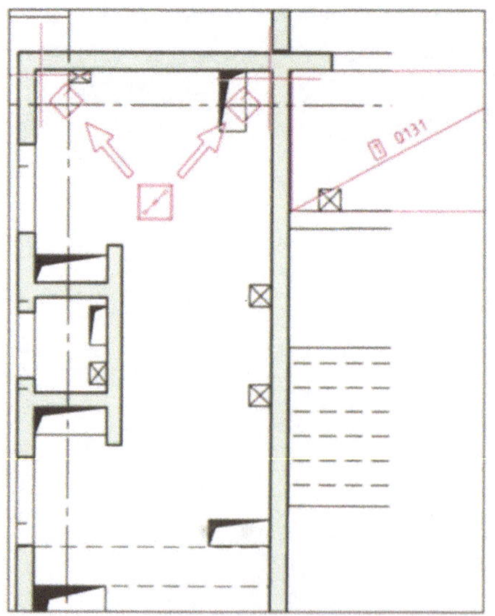

Abb. 7: Absetzen der Mattengruppe

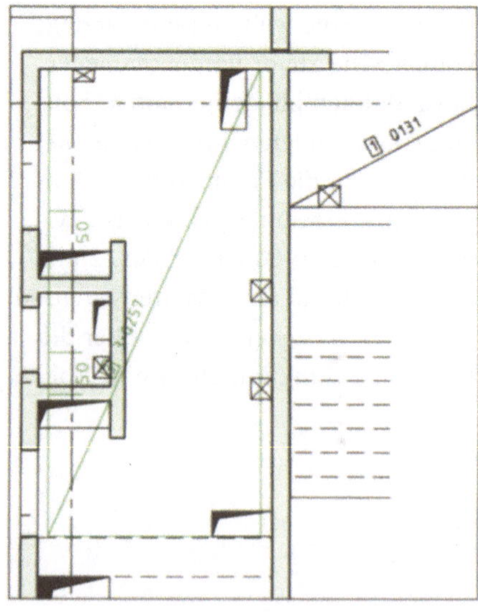

Abb. 8: Gruppendarstellung

Auf dieselbe Weise wird die Mattengruppe Pos. 4 rechts vom Treppenhaus abgesetzt. Vergessen Sie nicht, zuvor die Parameter umzustellen (Abb. 9).

Parameter für Pos. 4:

/MATTE/	Q188
/LAENGE/	2.50
/BREITE/	2.15
/UEB-L/	0.30
/UEB-Q/	0.50
/VERL-W/	0.000
/ANZ/	4
/ /	

/OPTIONEN/ / /1/+/Q/ / /GD/

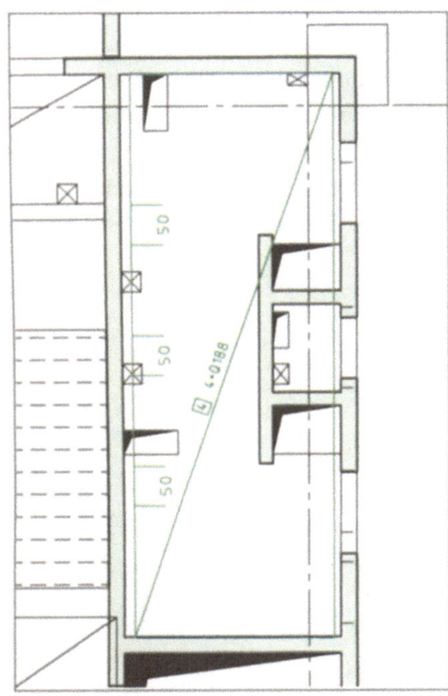

Abb. 9: Die Mattengruppe Pos. 4

B A S I C S

Fixpunkte:

Die Funktion bietet neun Möglichkeiten, einen Fixpunkt (Angreifpunkt) zu setzen, an dem das Preview der Matte hängt. Stattdessen kann aber auch ein beliebiger Fixpunkt festgelegt werden. Das ist vorteilhaft, wenn eine neue Matte mit einer bestimmten Überdeckung an bereits verlegte Matten angeschlossen werden soll:

Aktivieren Sie dazu /FIX/, und setzen Sie die Matte an einem beliebigen Ort auf dem Bildschirm ab (A). Die Matte ist nun ohne Beschriftung, aber mit gestrichelter Darstellung der eingestellten Überdeckungen zu sehen (B).
Der nächste Ort, der jetzt angeklickt wird, wird als Fixpunkt definiert. In diesem Fall ist er sinnvollerweise wie gezeigt festzulegen. Die Matte ist nun wieder als Preview zu sehen und hängt mit diesem Punkt am Fadenkreuz. Sie kann jetzt ganz einfach mit der richtigen Überdeckung plaziert werden, indem der Eckpunkt der schon vorhandenen Matte angeklickt wird (C).

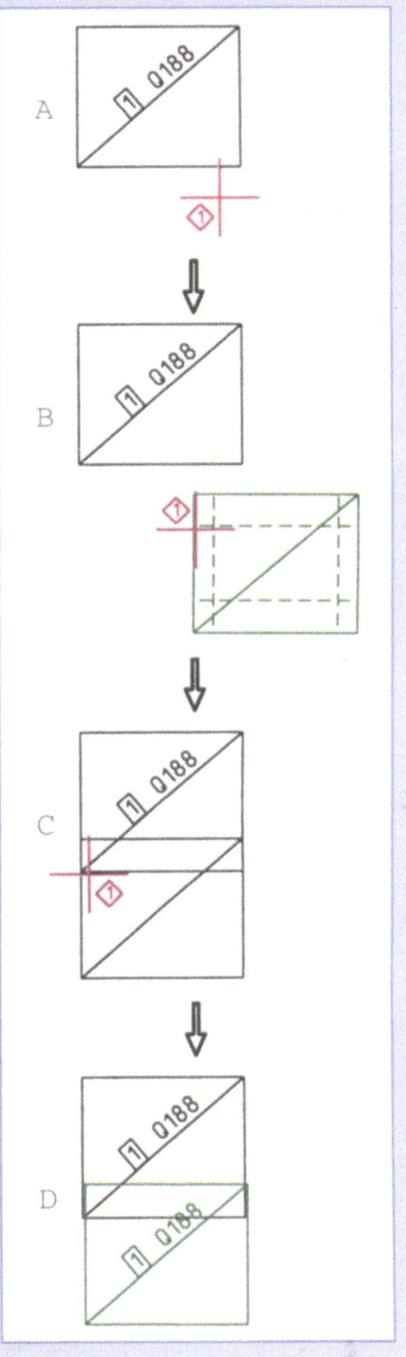

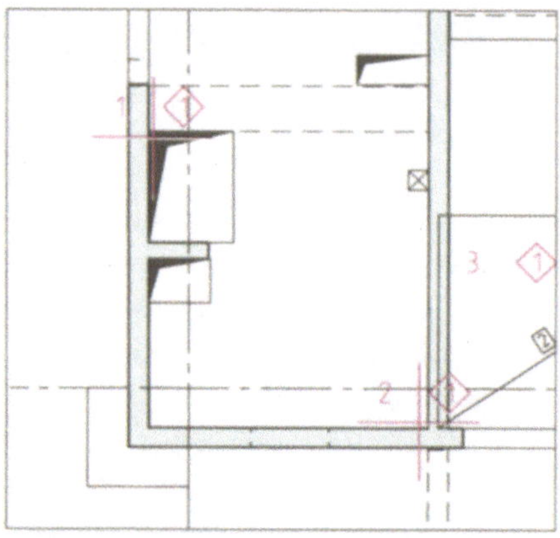

Abb. 10: Anklicken des Schalungspolygons für die Feldverlegung

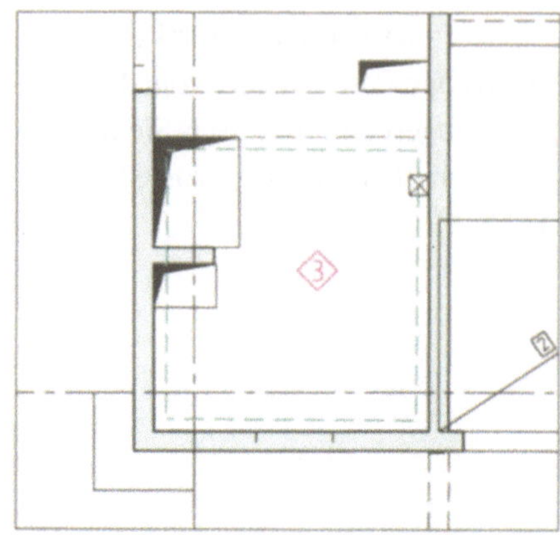

Abb. 11: Preview des Schalungspolygons

Parameter für Pos. 4/5:

/AUFL-T/	-0.125
/MATTE/	Q257
/UEB-L/	0.40
/UEB-Q/	0.50
/ANF-L/	5.00
/ANF-B/	2.15
/VERL-L/	2.50
/VERL-W/	0.000
/OPTIONEN/	

/ / /1/+/L/V/ /GD/RD/

Feldverlegung von Matten

Meist ist es nötig, Lagermatten zu schneiden, um ein Deckenfeld korrekt abzudecken. Mit der Funktion /M-FELD/ können Matten feldweise verlegt werden, wobei ALLPLOT die Aufteilung automatisch vornimmt.

Nach Aktivierung von /M-FELD/ ist zunächst das Schalungspolygon einzugeben, in dessen Umriß die Matten verlegt werden sollen. Unter /AUFL-T/ ist die zuletzt verwendete Auflagertiefe eingestellt, um die die Matten über den Rand des Schalungspolygons hinausstehen sollen.

Im vorliegenden Fall (Abb. 13) decken die Matten das Deckenfeld nicht ganz ab. Damit sie mittig im Feld liegen, ist eine negative Auflagertiefe einzugeben. Sie kann einfach eingetippt werden (beachten Sie die Dialogzeile). Die Randbewehrung wird später mit Rundstahl vorgenommen. Klicken Sie nun die Diagonalpunkte des Verlegebereichs an, und beenden Sie die Schalungseingabe mit /4/ (Abb. 10).

Sie sehen nun in gestrichelter Darstellung den Umriß des Mattenfelds unter Berücksichtigung der eingestellten Auflagertiefe (Abb. 11). Bestätigen Sie ihn über /3/, oder klicken Sie /SCHAL/ an, um ein neues Schalungspolygon einzugeben.

Nach der Bestätigung des Schalungspolygons sind die zu verlegenden Matten als gestricheltes Preview auf dem Bildschirm zu sehen (Abb. 12). Sie können nun die Mattenparameter einstellen. Die Änderungen der Mattenparameter sind im Preview zu sehen (zur Erklärung siehe BASICS auf den nächsten Seiten). Durch Bestätigen der Einstellungen mit /3/ wird die Feldverlegung abgeschlossen.

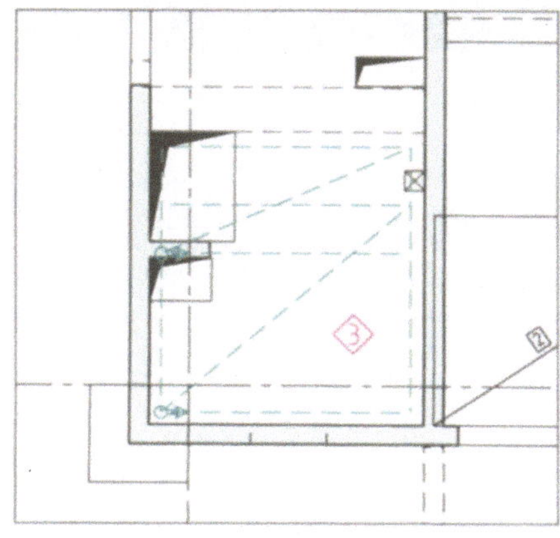

Abb. 12: *Preview der Mattenverlegung*

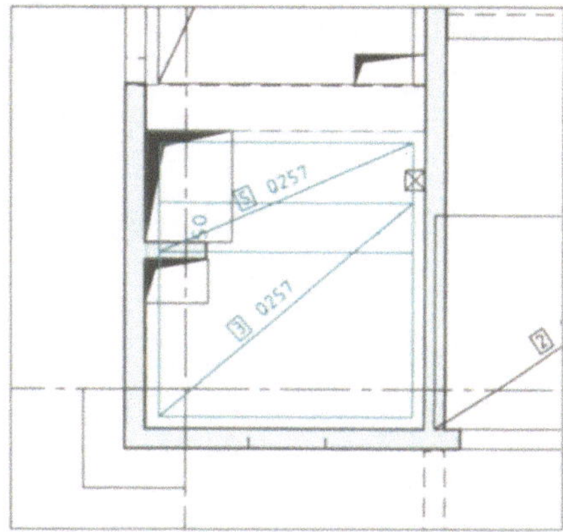

Abb. 13: *Fertige Feldverlegung*

B A S I C S

Polygonale Felder

Selbstverständlich können beliebige Schalungspolygone für die Feldverlegung definiert werden. Wenn die verschiedenen Polygonseiten eine unterschiedliche Auflagertiefe erhalten sollen, tippen Sie diese vor Anklicken des jeweiligen Endpunkts der Polygonseite ein (achten Sie auf die Dialogzeile!).

Um größere Aussparungen beim Schneiden der Matten berücksichtigen zu können, steht außerdem die Funktion /AUSPAR/ zur Verfügung.

Der Umriß der Aussparung wird ebenfalls durch polygonale Eingabe definiert. Bei Aussparungen ist ein Randabstand von 2 cm voreingestellt, der über die Tastatur geändert wird.

Die Matten werden automatisch den Polygonen entsprechend geschnitten. Bereits verlegte Matten können auch nachträglich über /M-SCHN/ auf Seite 2 von /MATTEN/ geschnitten werden.

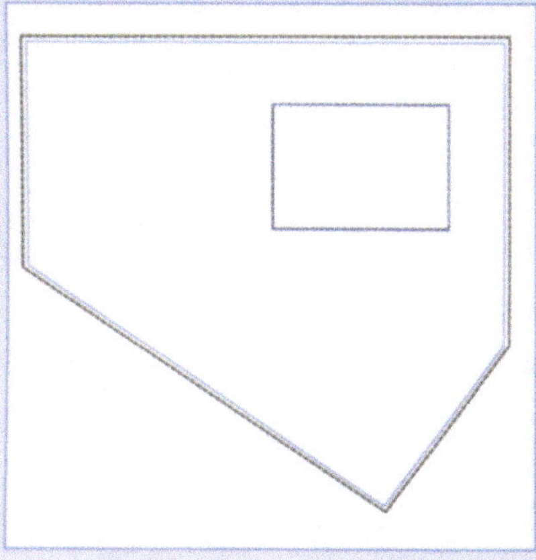

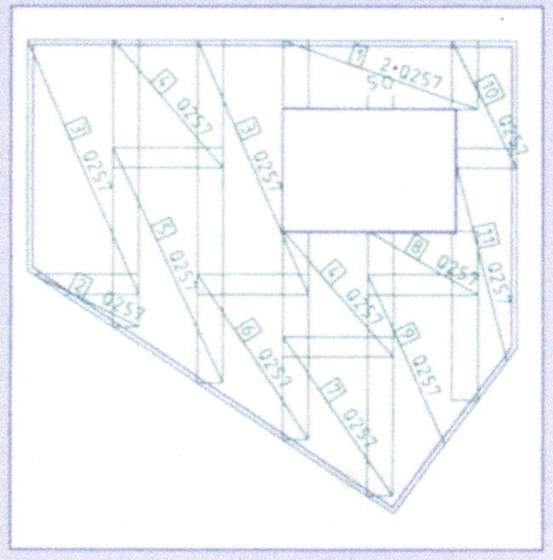

Parametereinstellungen für Feldverlegung

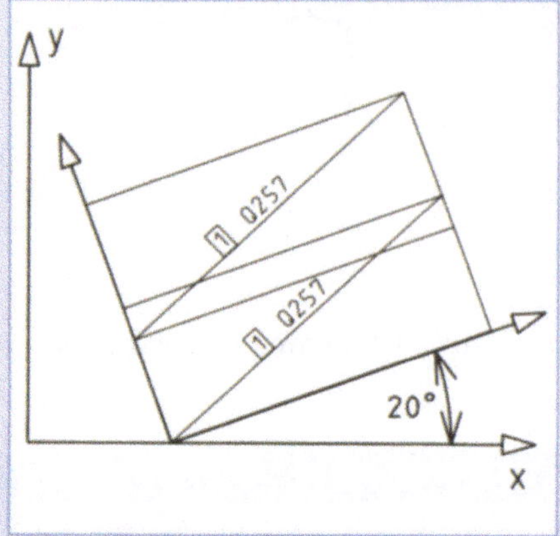

/VERL-W/ Verlegewinkel

Die Verlegung der Matten kann um den Verlegewinkel zur X-Achse gedreht werden. Alle Mattenparameter beziehen sich auf die gedrehte Verlegung.

/ANF-L/ Anfangslänge
/ANF-B/ Anfangsbreite

Die Anfangslänge bezeichnet die Länge der ersten Matte. Voreingestellt ist bei Lagermatten die halbe Mattenlänge.
Analog dazu ist die Anfangsbreite als Breite der ersten Matte definiert. Hierfür ist die Standardbreite der Lagermatten von 2,15 m voreingestellt.

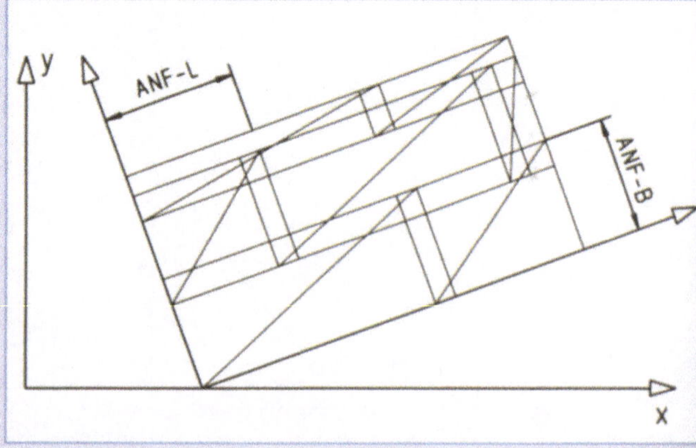

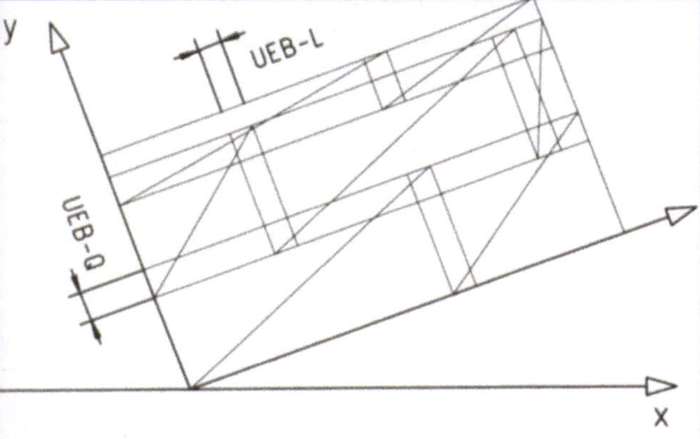

/VERL-L/ Verlegelänge

Voreingestellt ist für die Verlegelänge immer die Länge des Schalungspolygons.
Hierfür kann ein kleinerer, nicht aber ein größerer Wert manuell gewählt werden. Die Matten werden dann mittig im Deckenfeld verlegt.

/UEB-L/ Überdeckungslänge
/UEB-Q/ Überdeckungsbreite

Überdeckungslänge und -breite sind abhängig vom Mattentyp voreingestellt.
Wenn Sie auf /UEB-Q/ klicken (in der obersten Zeile des oberen Menüs, also bei den „Überschriften"!), werden Sie feststellen, daß sich ein „krummer" Wert einstellt. Er resultiert aus der automatischen Überdeckungsberechnung, die die Matten so verlegt, daß mit Ausnahme der Anfangsmatte keine Matte geschnitten werden muß.
Durch erneutes Anklicken wird die automatische Überdeckungsberechnung wieder ausgeschaltet und der zuletzt eingestellte Wert angezeigt.
Natürlich kann die Überdeckung auch ganz konventionell eingegeben werden, indem die Zahl unter /UEB-Q/ angeklickt und die Überdeckung per Tastatur bestimmt wird.

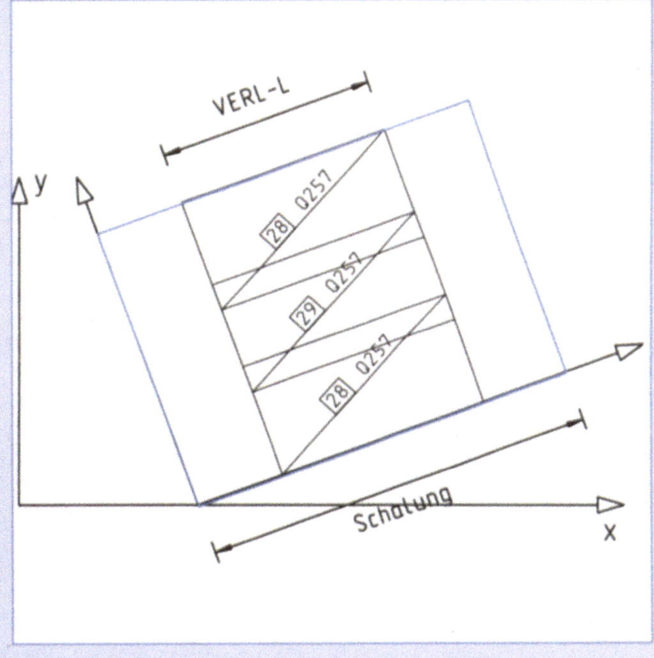

B A S I C

Optionen

/▣/ /▣/

Bei aktivierter Rundungsfunktion /RD/ entsteht durch das Aufrunden ein überstehender Mattenrand. Mit der Wahl zwischen bündigem oder offenem Verlegeende kann bestimmt werden, ob dieser Rand über das Schalungspolygon (rot dargestellt) hinausstehen oder ob statt dessen die Überdeckung um so viel vergrößert werden soll, daß sich wieder ein bündiger Rand ergibt. Außerdem werden nur bei Einstellung auf bündiges Verlegeende die Matten automatisch entlang eines freien Polygonrands schräg geschnitten.

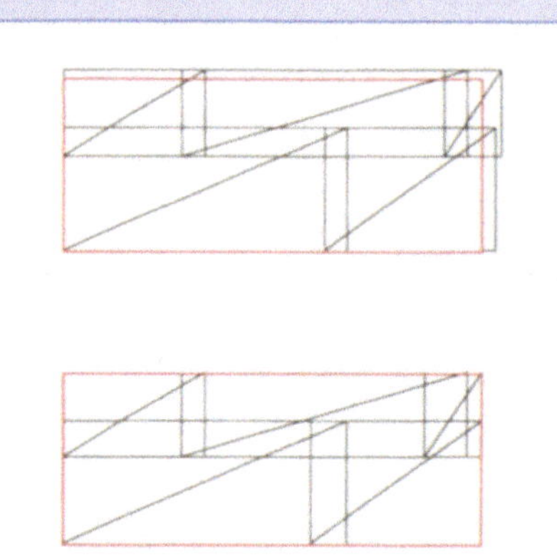

/⧄/ /⧅/

Die Richtung der Diagonalen in der Mattendarstellung ist ebenfalls einstellbar. Das Icon zeigt eine im 90°- Winkel verlegte Matte.

/1/

Nach Anklicken dieses Felds läßt sich über die Tastatur die Anzahl deckungsgleicher Lagen einstellen.

/+/ /-/

Normalerweise steht dieser Schalter auf /+/, d.h. jede neu verlegte Matte wird für die Schneideskizze aufaddiert. Soll jedoch eine Matte nur in einer anderen Ansicht ein zweites Mal dargestellt werden, ist auf /-/ umzuschalten, um die Zählfunktion zu deaktivieren.

/GD/

Bei der Verlegung mehrerer gleicher Matten kann zwischen der Einzeldarstellung aller Matten und einer gruppenweisen Darstellung gewählt werden.

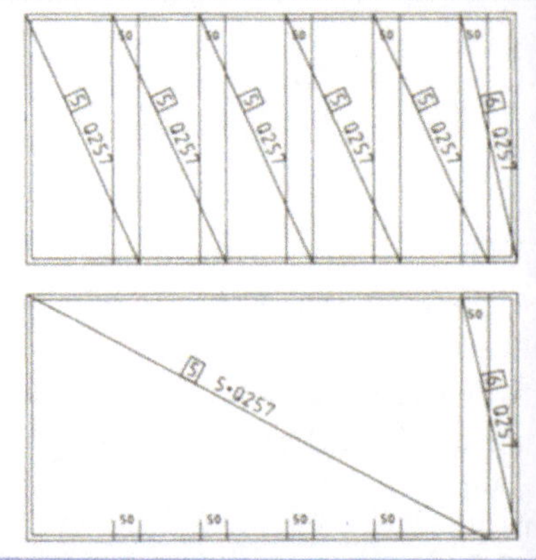

/RD/

Damit bei der automatischen Feldverlegung keine Matten mit „krummen" Maßen definiert werden, kann über die Rundungsfunktion festgelegt werden, daß die Matten nur in bestimmten Schrittweiten, zum Beispiel in 10 cm-Schritten, geschnitten werden dürfen. Ergibt sich aus dem Verlegepolygon ein Zwischenwert, wird bei aktiviertem /RD/ automatisch aufgerundet. Die Schrittweiten können für die Mattenlänge und - breite getrennt definiert werden, und zwar über
/DEF/ → /MA/ → /RUND-L/ bzw.
/DEF/ → /MA/ → /RUND-B/.

/ ⊸▷ / / ◁⊸ / / △ / / ▽ /

Über diesen Knopf kann der Verlegestartpunkt gewählt werden. Zeigt der Pfeil in Richtung des Verlegewinkels, werden die Matten ausgehend vom Nullpunkt des lokalen Koordinatensystems verlegt. Durch Anklicken kann die Richtung umgekehrt werden, d.h. sie werden vom dem Nullpunkt gegenüberliegenden Eck aus verlegt.

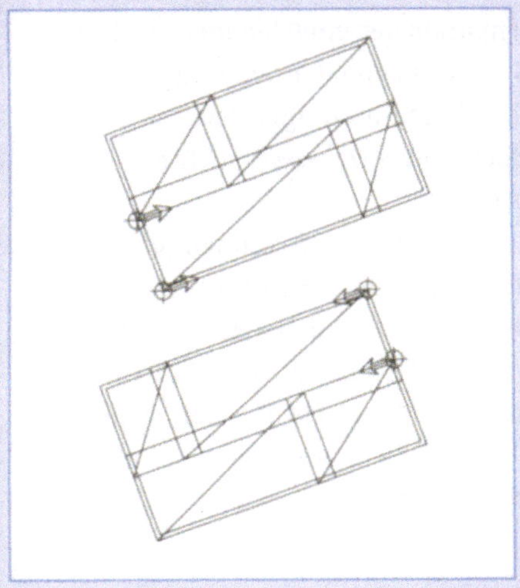

/L/ /Q/

Mit diesem Schalter wird die Verlegereihenfolge der Matten beeinflußt. Bei /L/ werden die Matten zuerst in ihrer Längsrichtung, bei /Q/ in ihrer Querrichtung verlegt.
Auch die Richtung des Stoßversatzes ist davon abhängig.
Bei Einzelverlegung einer Mattengruppe wird dadurch außerdem bestimmt, ob die Matten längs oder quer aneinandergereiht werden.

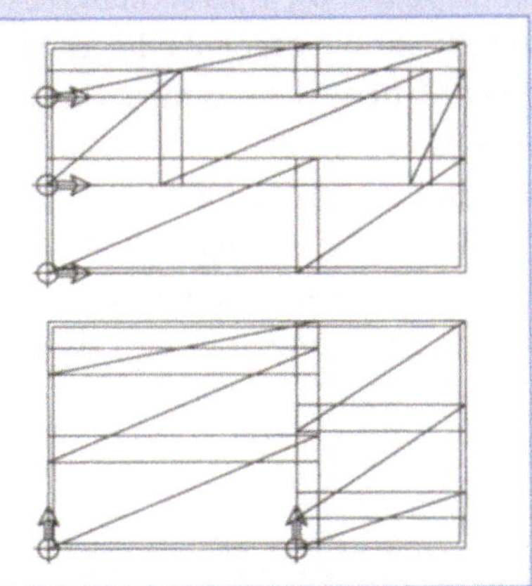

/V/

Nach Aktivierung dieses Schalters werden die Matten mit Stoßversatz verlegt.

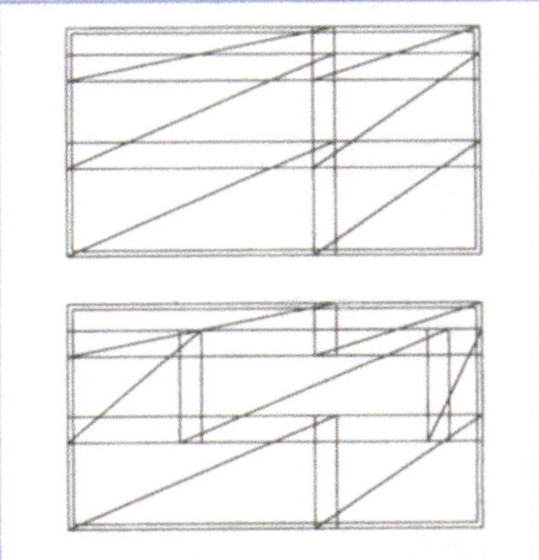

BASICS

Beim Modifizieren von Mattenparametern über /MP-MOD/ gibt es drei Möglichkeiten, die zu verändernden Matten zu aktivieren. Sie sind über das obere Menü wählbar.

- /VERLEG/
Klicken Sie das Verlegepolygon eines mit /M-FELD/ erzeugten Mattenfelds an. Im oberen Menü können dann alle Mattenparameter verändert werden.
- /POS/
Klicken Sie eine Matte bzw. Gruppendarstellung an oder geben Sie eine Positionsnummer über die Tastatur ein. Alle Matten im Teilbild mit derselben Positionsnummer werden geändert.
- /BEREIC/
Aktivieren Sie über /2/→/2/ einen Bereich. Alle Matten in diesem Bereich erhalten unabhängig von der Positionsnummer die neuen Parameter.

Modifizieren der Mattenverlegung

Mit den bis jetzt beschriebenen Möglichkeiten der Mattenverlegung ist ein sehr flexibles Arbeiten möglich. Dennoch können Fälle auftreten, in denen nachträgliche Änderungen notwendig werden. Zum Beispiel ist die Beschriftung der Matten Pos. 3 nur schwer zu lesen, weil dahinter Wände und Aussparungen des Grundrisses liegen.

Unterhalb der Mattenverlegefunktionen im unteren Menü sind die Modifikationen des Basis-Moduls angeordnet. Alle diese Funktionen sind ebenso auf Bewehrungselemente anwendbar.

Bessere Lesbarkeit für Pos. 3 ist zu erreichen, indem die Überdeckungsbemaßungen auf die gegenüberliegende Seite der Matte verlegt werden. Dazu wird die Mattendarstellung einfach gespiegelt. Wählen Sie /SPIEG/, aktivieren Sie die Mattengruppe, und geben Sie die Spiegelachse über die Mittelpunktfunktion ein (Abb. 14).

Nun ist die Mattenbeschriftung problemlos lesbar, die Diagonale der Mattendarstellung weicht jedoch von den anderen Darstellungen ab. Auch das ist leicht revidierbar. Neben den allgemeinen Modifikationsfunktionen gibt es nämlich auch eine speziell auf Matten zugeschnittene Funktion, die die nachträgliche Änderung der Mattenparameter erlaubt.

Wählen Sie dafür /MP-MOD/. Im oberen Menü kann nun zwischen drei Arten der Aktivierung der zu modifizierenden Matten gewählt werden (siehe BASICS). Klicken Sie /BEREIC/ und dann Mattengruppe Pos. 3 an. Im oberen Menü werden jetzt die Mattenparameter eingeblendet. Ändern Sie die Diagonalenrichtung unter /DIA/, und bestätigen Sie mit /3/. Die Diagonale sitzt wieder richtig (Abb. 16).

Perfektionisten können jetzt noch die Diagonalenbeschriftung verschieben, damit wirklich keine Überlappung mehr auftritt (Abb. 17). Dies ist möglich, da Beschriftungen auch unabhängig vom Mattensymbol aktivierbar sind.

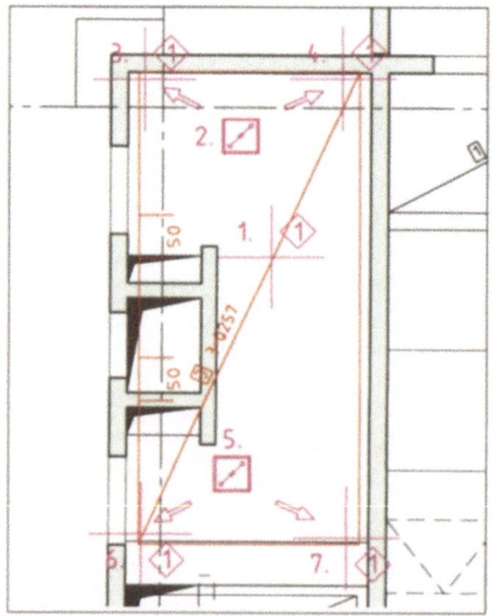

Abb. 14: Spiegeln der Matten

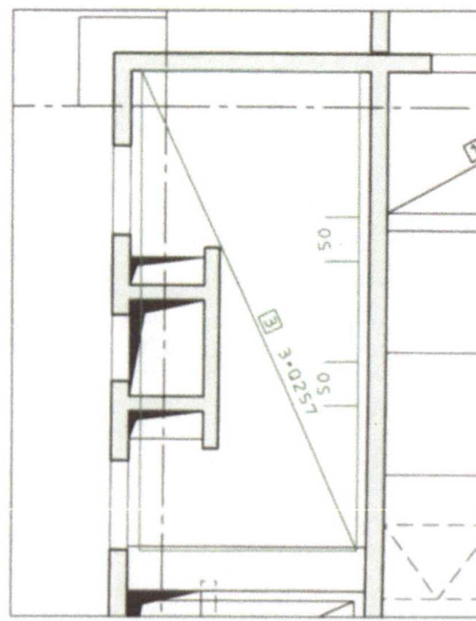

Abb. 15: Gespiegelte Matten

B A S I C S

Wird während des Arbeitens einmal eine Mattenverlegung gelöscht, zählt das Programm die Positionen weiter, ohne die durch das Löschen ent standene Lücke auszufüllen. Dies läßt sich auch nach Beendigung der Mattenverlegung leicht und in einem Zug über /VERPOS/ korrigieren.
Zunächst wird über die Dialogzeile abgefragt, ob alle oder nur einzelne Positionsnummern geändert werden sollen. Ist letzteres der Fall, folgt die Abfrage, welche Positionsnummer durch welche neue Nummer ersetzt werden soll.
Sollen alle Nummern ersetzt werden, kann außerdem gewählt werden, nach welchen Kriterien neu numeriert werden soll. Bei Eingabe von:

„1" werden alle Matten nach Mattentyp und Mattengeometrie verglichen. Ausgehend von der von Ihnen einzugebenden Startnummer werden Sie in der Reihenfolge der Eingabe automatisch durchnumeriert.

„2" wird nach denselben Kriterien verglichen. Lücken in der Numerierung werden jedoch nicht aufgefüllt, weil jede Position die Nummer behält, die ihr bei der Erzeugung der ersten Matte dieser Spezifikation zugewiesen wurde.

„3" wird unabhängig von Mattentyp und Mattengeometrie durchnumeriert. Dieselbe Matte erhält also, wenn sie mehrfach verlegt wird, immer neue Positionsnummern.

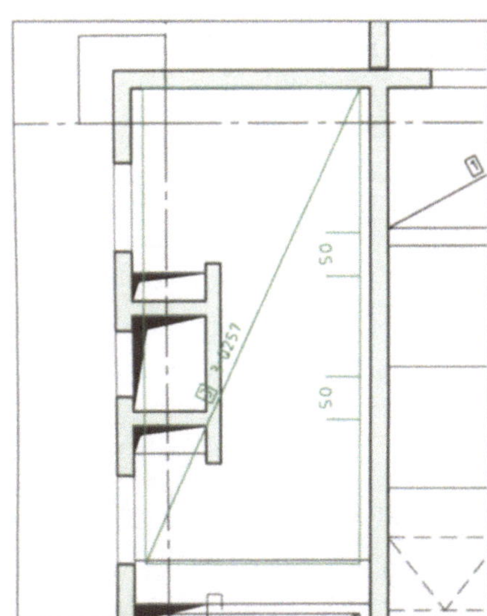

Abb. 16: Mattengruppe mit geänderter Diagonalenrichtung

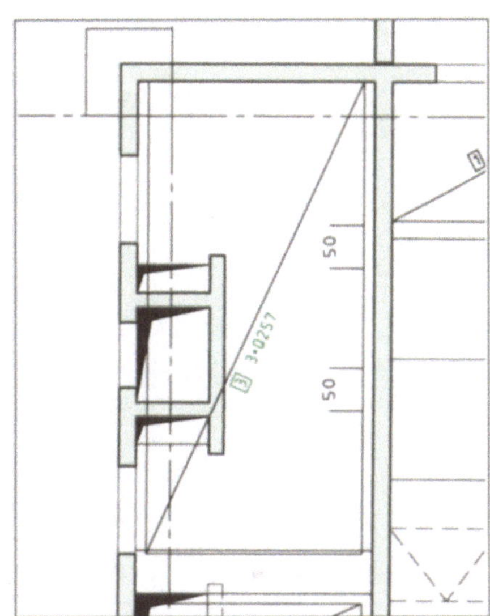

Abb. 17: Zusätzliche Verschiebung der Diagonalenbeschriftung

B A S I C S

Über /Pos-/ lassen sich gezielt einzelne Positionen löschen. Dies ist vorteilhaft, wenn viele Matten mit derselben Positionsnummer an verschiedenen Stellen des Teilbilds verlegt sind. Sollen sie wieder gelöscht werden, muß nicht jede Matte einzeln angeklickt werden.

Flächenbewehrung mit Listenmatten

ALLPLOT bietet Ihnen nicht nur die Verwendung von Lagermatten, sondern völlig freie Möglichkeiten, dem jeweiligen Zweck angepaßte Matten komfortabel selbst zu konstruieren und zu verlegen. Mit dem Modul „Querschnittsdefinitionen" können beliebige Matten definiert werden, die anschließend genau wie Lagermatten im Mattenmodul verlegt werden.

Die Übersichten über Querschnittsreihen

Dies soll im folgenden genutzt werden, um die äußeren Deckenfelder des Beispiels mit Listenmatten zu bewehren. Zunächst also zum Definieren der benötigten Matten: Verlassen Sie /MATTEN/, und aktivieren Sie im linken Menü /QU/. Es öffnet sich die Querschnittsreihenübersicht (Abb. 18).

Als Querschnittsreihe wird die Liste aller verfügbaren Rundstahlquerschnitte bzw. Mattendefinitionen verstanden. Die Liste aller Lagermatten ist zum Beispiel eine Querschnittsreihe.

In der Querschnittsreihenübersicht sind alle existierenden Querschnittsreihen aufgelistet. Aus dieser Maske heraus sind sie zu bearbeiten, können ausgedruckt oder auch gelöscht werden und neue Querschnittsreihen können erstellt werden.

Ob in der Querschnittsreihenübersicht alle im Büro verwendeten oder nur projektspezifische Querschnittsreihen verfügbar sind, kann über die Projektverwaltung bestimmt werden. Wechseln Sie zur Hauptmaske, und wählen Sie /VERWAL/ → /PROJEKTE/ → /EINSTELLEN/.

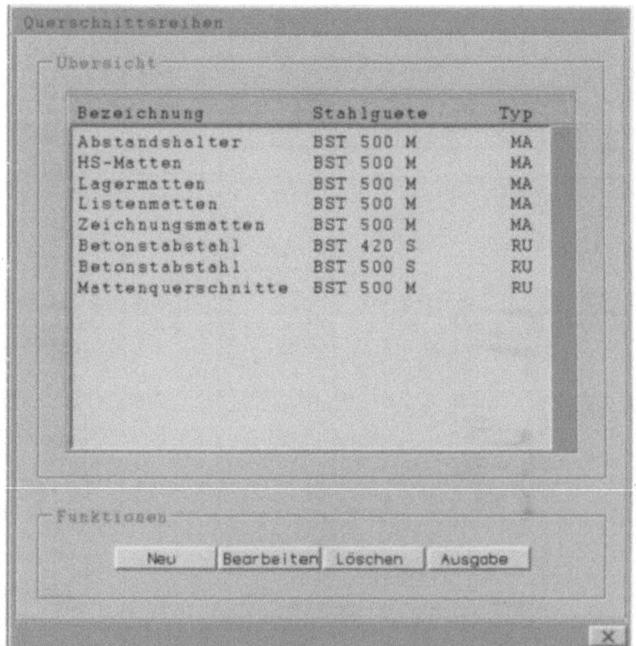

Abb. 18: Die Querschnittsreihenübersicht

Klicken Sie /Neu/ an, um eine neue Reihe zu erstellen. Es wird eine Maske eingeblendet, die die Eröffnung einer Rundstahl- oder einer Mattenquerschnittsreihe anbietet. Wählen Sie die zweite Variante.

Sie gelangen dadurch in die Mattenübersicht der neuen Reihe, die natürlich noch leer ist (Abb. 19). Geben Sie zunächst den Namen der neuen Querschnittsreihe bei „Bezeichnung" ein, in diesem Fall etwa „Listenmatten". Darunter ist die Stahlgüte einzutragen, die für alle Matten dieser Reihe gültig ist. Damit ist die Querschnittsreihe definiert und muß natürlich im nächsten Schritt mit Mattendefinitionen gefüllt werden.

Um die erste neue Matte zu definieren, ist auch hier /Neu/ anzuklicken. Sie bekommen zunächst verschiedene Mattentypen angeboten (Abb. 20). Diese Auswahlmaske dient nur dem Zweck, zu bestimmen, welche Parameter in der darauffolgenden Mattendefinitionsmaske variabel sind, so daß Sie nicht gezwungen werden, z.B. die Zahl der Randstäbe mit „0" einzugeben, wenn Sie gar keine haben wollen.

Wählen Sie als erstes die „Listenmatte - ohne Randstäbe" durch einfaches Anklicken aus. Es öffnet sich die graphische Parametereingabemaske (Abb. 21), die eine einfache Eingabe aller Mattenmaße ermöglicht.

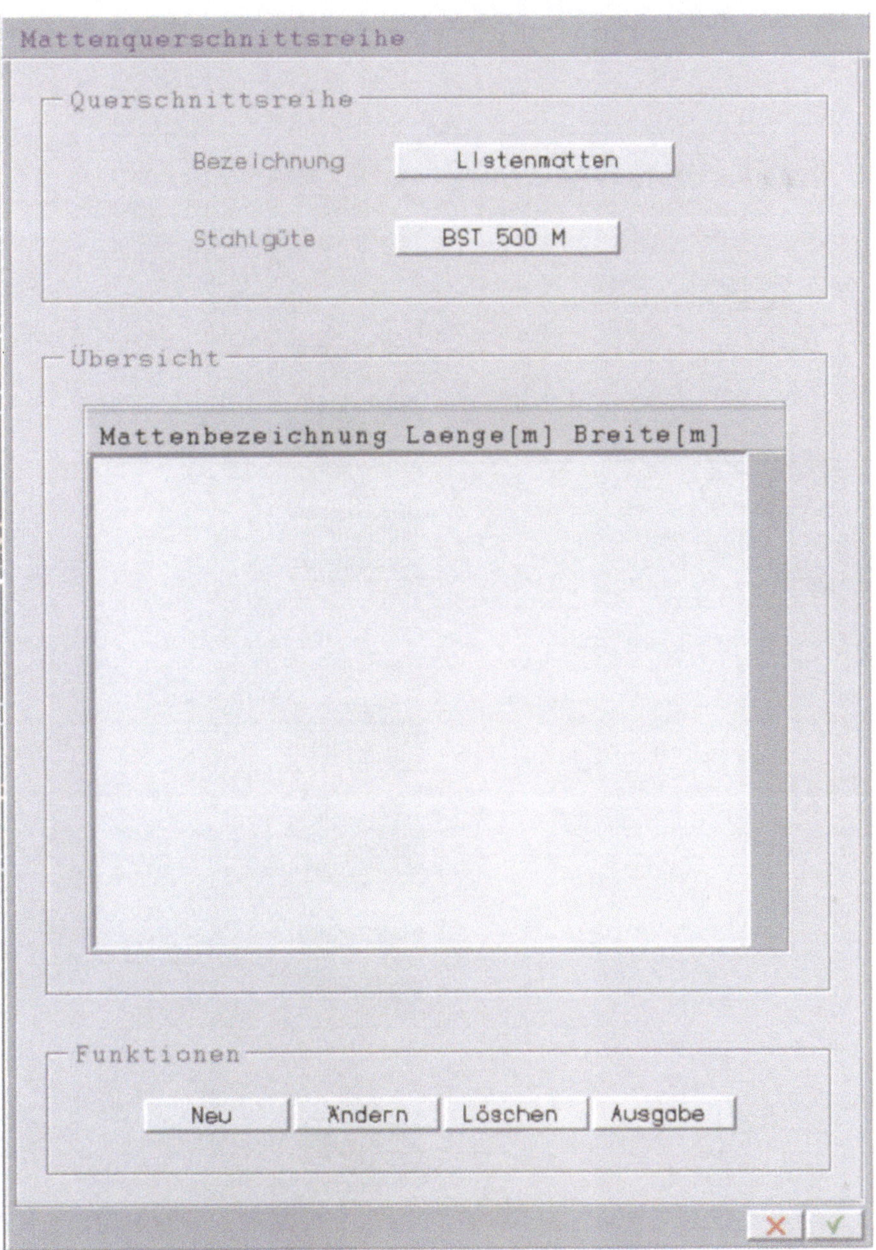

Abb. 19: Die Mattenübersicht der Querschnittsreihe „Listenmatten"

B A S I C S

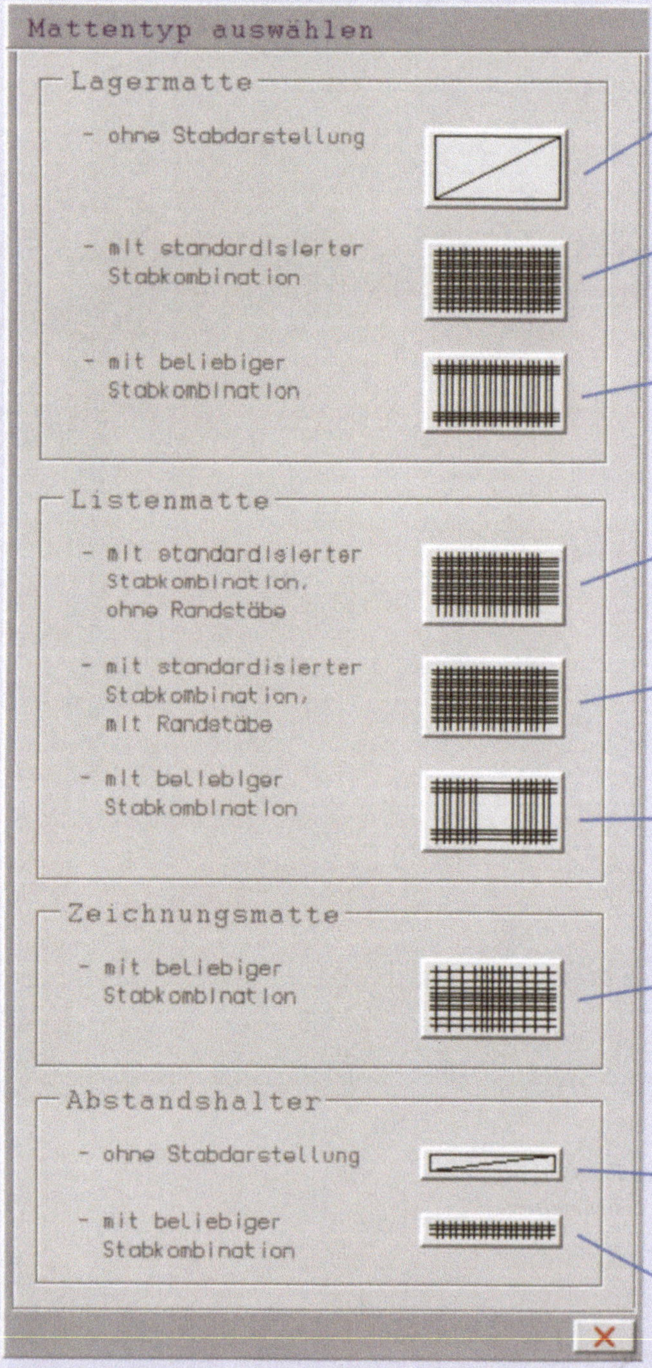

Mattentyp auswählen

Lagermatte
- ohne Stabdarstellung
- mit standardisierter Stabkombination
- mit beliebiger Stabkombination

Listenmatte
- mit standardisierter Stabkombination, ohne Randstäbe
- mit standardisierter Stabkombination, mit Randstäbe
- mit beliebiger Stabkombination

Zeichnungsmatte
- mit beliebiger Stabkombination

Abstandshalter
- ohne Stabdarstellung
- mit beliebiger Stabkombination

Über diesen Punkt werden Lagermatten ohne Einzelstabdarstellung definiert. Variabel sind nur Länge, Breite, Überdeckung, A_S und Gewicht.

Hier werden Lagermatten mit Einzelstabdarstellung definiert. Zur Eingabe der Parameter öffnet sich eine graphische Eingabemaske.

Über dieses Feld sind Lagermatten auf der Zeichenebene des CAD-Systems konstruierbar.

Über eine graphische Eingabemaske sind hier Listenmatten zu definieren. Dabei werden keine Randstäbe abgefragt (siehe Abb. 21).

Hier erscheint ebenfalls die graphische Eingabemaske für Listenmatten, die zusätzlich um Eingabefelder für Randstäbe ergänzt ist.

Über dieses Feld sind Listenmatten auf der Zeichenebene des CAD-Systems konstruierbar.

Über dieses Feld sind völlig frei konstruierte Matten definierbar. Es sind also beliebige Stabkombinationen möglich. Die Matten werden auf der Zeichenebene des CAD-Systems mit Hilfe spezieller Werkzeuge konstruiert.

Abstandshalter können ohne Einzelstabdarstellung definiert werden. Die Eingabe beschränkt sich dann auf dieselben Parameter wie bei Lagermatten ohne Stabdarstellung.

Die Konstruktion von Abstandshaltern mit Einzelstabdarstellung erfolgt ebenfalls über die CAD-Zeichenebene.

Abb. 20: Verschiedene Mattentypen

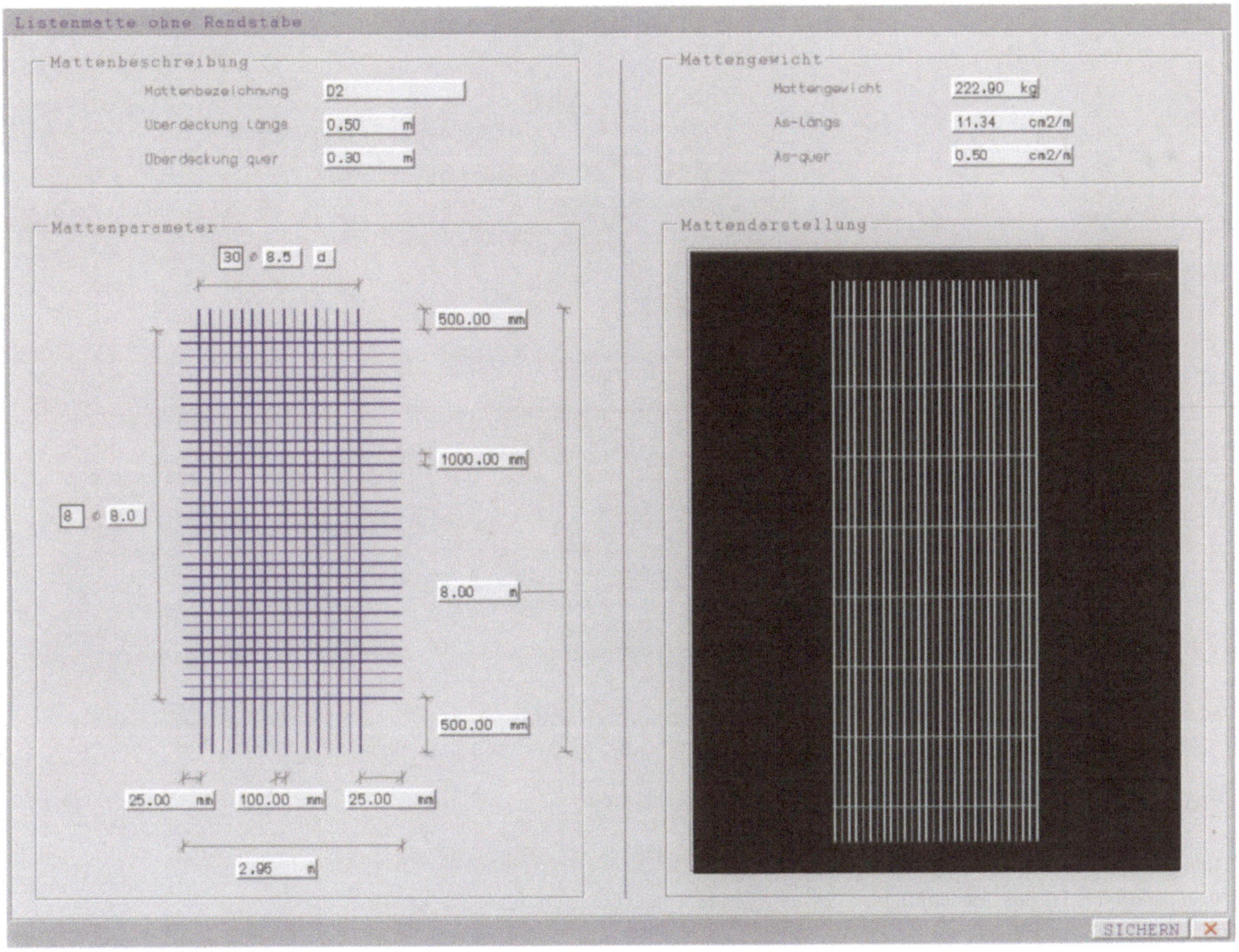

Abb. 21: Die Parametereingabemaske für Listenmatten ohne Randstäbe

Definition der Listenmatten

Zunächst soll die Matte D2 definiert werden. Geben Sie unter „Mattenbezeichnung“ den Namen der neuen Matte ein. Nun können alle Parameter für die Matte (siehe Parameterliste nächste Seite) eingegeben werden, indem das entsprechende Eingabefeld angeklickt wird und der Parameter über die Tastatur oder durch Anklicken in einem Pulldown-Menü gewählt wird.

Es empfiehlt sich, zuerst die Werte für Mattenlänge und -breite sowie für die Stababstände einzugeben. Dann erst sollten die Überstände der Stäbe definiert werden. Diese sind nämlich von den anderen Parametern abhängig, da die Summe der Abstände und Überstände der Mattenlänge entsprechen muß. Priorität haben dabei die Gesamtlängen und die Stababstände. Die Überstände werden automatisch auf den nächsten passenden Wert korrigiert. Das matteneigene lokale Koordinatensystem hat seinen Nullpunkt im linken oberen Eck der Mattendarstellung in der Maske. Als Mattenanfang gilt also das obere Ende.

Beobachten Sie beim Ändern der Mattenparameter die rechte Hälfte der Maske. Hier können Sie die Auswirkungen Ihrer Einstellungen sofort verfolgen.

Parametereingabe für die Listenmatten:

	Matte D1	Matte D2	Matte D3
Überdeckung längs			
Überdeckung quer			
Mattenlänge	7,6	8,0	8,0
Mattenbreite	2,75	2,95	2,05
Stababstand der Längsstäbe	100	100	100
Stababstand der Querstäbe	200	1000	1000
Überstand der Längsstäbe am Mattenanfang	150	500	500
Überstand der Längsstäbe am Mattenende	50	500	500
Überstand der Querstäbe links	75	25	25
Überstand der Querstäbe rechts	75	25	25
Durchmesser der Längsstäbe	9d	8,5d	7,5d
Durchmesser der Querstäbe	8,5	8,0	8,0
Randstäbe links	3x9	-	-
Randstäbe rechts	3x9	-	-
Querrandstäbe am Mattenanfang	0	-	-
Querrandstäbe am Mattenende	0	-	-

Abb. 22: Die Auswahlmaske für Stabtypen, aktiviert ist das Auswahlfeld für Matte D2 und D3

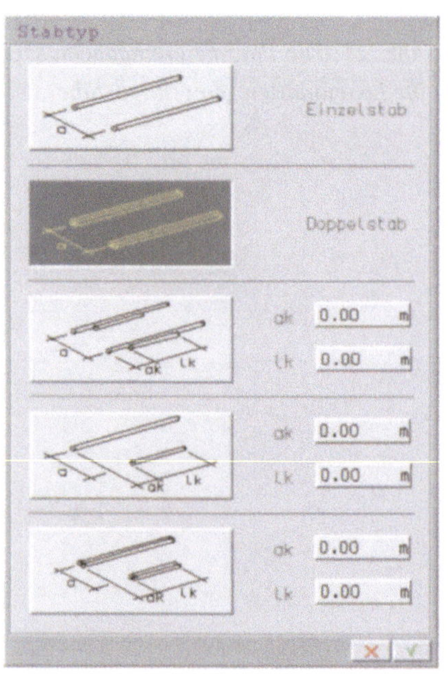

Bei jeder Änderung werden das Mattengewicht und die Querschnittswerte neu berechnet und oben rechts in der Maske angezeigt.

Darunter sehen Sie eine ständig aktualisierte maßstäbliche Darstellung der Matte. Die Matte D2 sieht nach Eingabe aller Parameter so aus wie in Abb. 24 gezeigt.

Ob Einzel- oder Doppelstäbe verwendet werden sollen, ist über das Feld rechts neben denn Stab ∅ einstellbar. Nach Anklicken des Felds öffnet sich die Auswahlmaske für Stabtypen (Abb. 22). Für Matte D2 klicken Sie den Doppelstab an, und bestätigen mit /3/ oder /OK/. Sie befinden sich nun wieder in der Parametereingabemaske. Wenn die Matte fertig definiert ist, muß Sie über /Sichern/ abgespeichert werden. Wird die Maske ohne Sichern verlassen, sind alle Parametereingaben verloren.

In derselben Maske können Sie nun die Matte D3 definieren. Vergessen Sie dabei nicht, die Mattenbezeichnung zu ändern! Für Matte D1 dagegen müssen zusätzliche Randstäbe definiert werden, was in der aktuellen Maske nicht möglich ist.

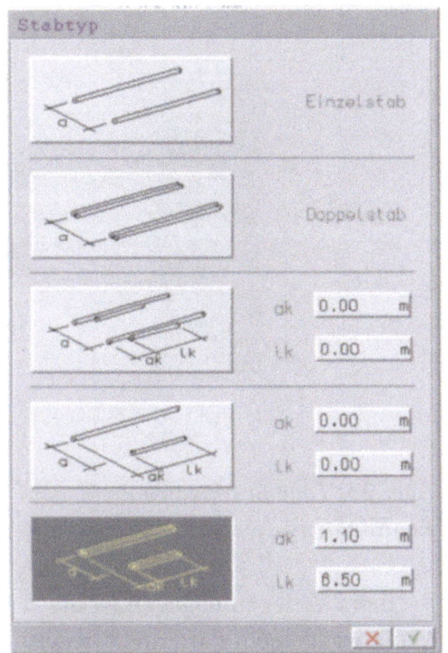

Abb. 23: Einstellung des Stabtyps für Matte D1

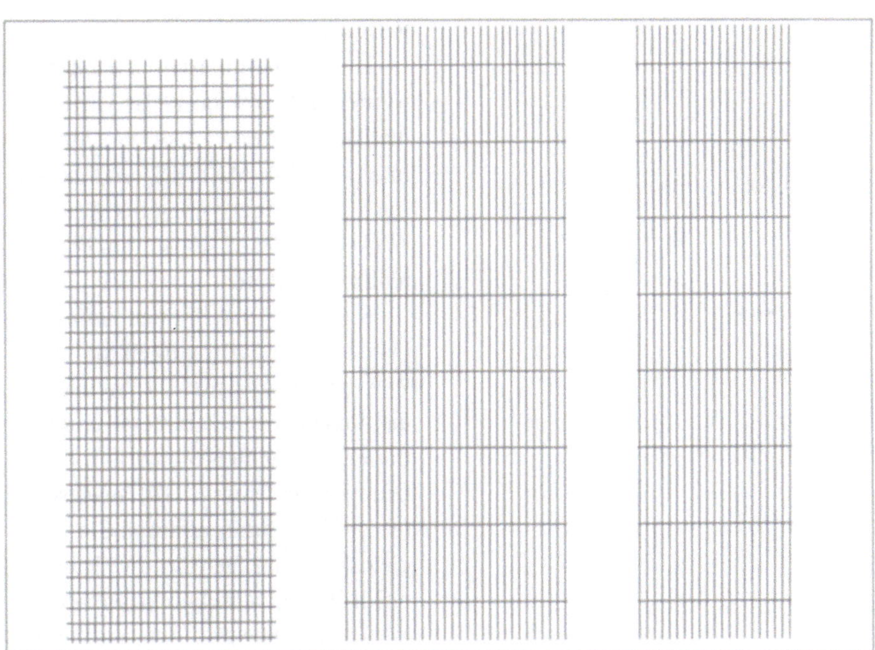

Abb. 24: Die Einzelstabdarstellung der Matten D1 bis D3 (von links)

Verlassen Sie also nach dem Sichern von D3 die Maske über /4/.

Sie befinden sich nun wieder in der Mattenübersicht (Abb. 19). Zur Definition von D1 klicken Sie /Neu/ an und wählen Sie den Mattentyp „Listenmatte - mit Randstäben". Es öffnet sich eine Eingabemaske, die der vorigen entspricht, jedoch um Eingabefelder für Anzahl und Durchmesser der Randstäbe ergänzt ist.

Geben Sie die Parameter der nebenstehenden Liste ein. Die Matte D1 unterscheidet sich von den zuvor definierten unter anderem dadurch, daß nicht alle Stäbe am Mattenanfang beginnen. Dies kann leicht über die Stabdefinition konstruiert werden. Klicken Sie das Eingabefeld rechts neben dem Längsstabdurchmesser an, um in die Stabtyp-Maske zu kommen. In Abb. 23 ist bereits die für D1 geeignete Einstellung vorgenommen.

Der Abstand a_k bezeichnet den Beginn der kurzen Stäbe, gemessen vom Mattenanfang. Die Länge l_k dieser Stäbe stellt sich automatisch auf die Differenz zur Gesamtlänge der Matte ein. Um einen Abstand der Stäbe vom Mattenende zu konstruieren, ist hier ein kleinerer Wert einzugeben.

Sichern Sie die Matte, wenn alle Parameter eingestellt sind und verlassen Sie das Modul /QU/.

Parameter für Pos. 2:

/MATTE/	D1
/LAENGE/	7.60
/BREITE/	2.75
/UEB-Q/	0.35
/VERL-W/	90.000
/ANZ/	4
/⊠/	⊠
/OPTIONEN/	/ /1/+/Q/ /⊠ /GD/

Verlegen der Listenmatten

Die neu definierten Listenmatten werden auf dieselbe Weise wie zuvor die Lagermatten verlegt. Wechseln Sie in das Modul /MATTEN/ und aktivieren Sie die Einzelverlegung /M-EINZ/. Klicken Sie /MATTE/ an, um die Mattenliste zu öffnen.

Sie sehen, daß die neu definierten Listenmatten darin aufgeführt sind. Wählen Sie zunächst D1. Stellen Sie die angegebenen Parameter und Optionen ein. Achten Sie darauf, daß die Gruppendarstellung /GD/ ausgeschaltet ist (den Grund erfahren Sie gleich). Setzen Sie jetzt die Gruppe mit Hilfe der Mittelpunktfunktion mittig zwischen den Achsenschnittpunkten D3 und D4 ab (Abb. 25).

Achten Sie dabei auf die Ausrichtung der Matten! Da die Matten zur Querachse nicht symmetrisch sind, ist darauf zu achten, daß der Mattenanfang in das Innere des Deckenfelds gerichtet ist. Bei der Mattendefinition in /QU/ war die Mattendarstellung um -90° gedreht, um den am Bildschirm vorhandenen Platz besser ausnutzen zu können (Abb. 25a).

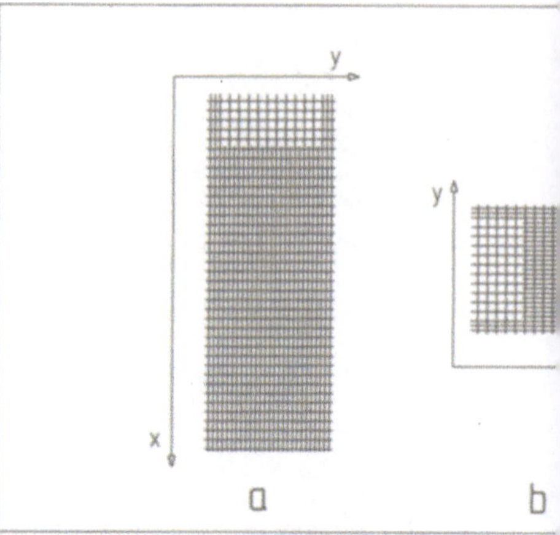

Abb. 25: Lage des lokalen Koordinatensystems

Beim Verlegen dagegen ist die Matte waagerecht dargestellt, wenn ein Verlegewinkel von 0° eingestellt ist, so daß der Mattenanfang links ist (Abb. 25b). Um die Matte D1 richtig auszurichten, muß also der Verlegewinkel 90° betragen (Abb. 25c).

Um die Konstruktion und die Ausrichtung der Matte auf dem Bewehrungsplan kenntlich zu machen, können Matten auf Einzelstabdarstellung umgestellt werden.

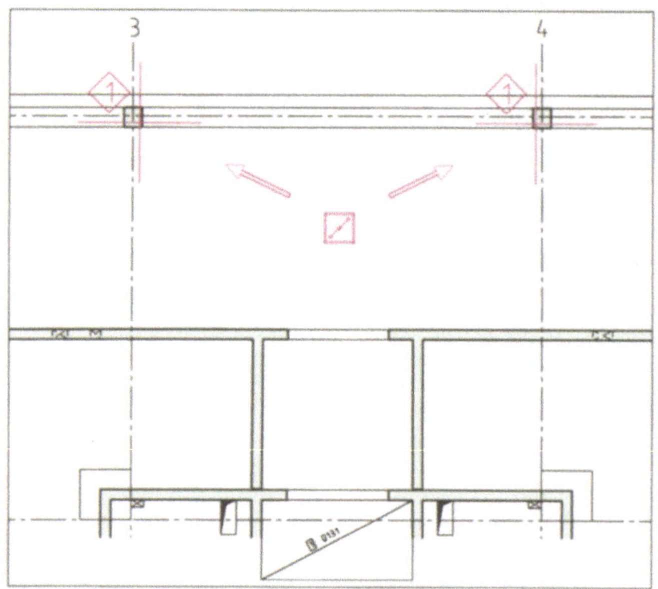

Abb. 26: Absetzen der Listenmatten D1

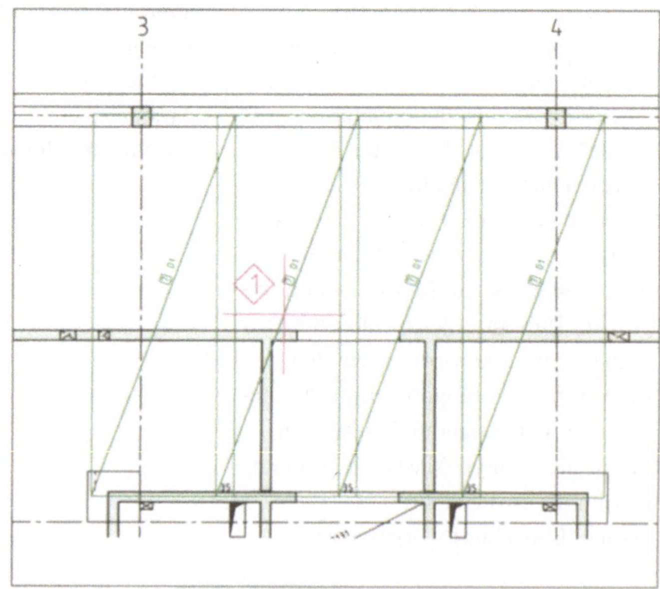

Abb. 27: Aktivieren der Matte für Einzelstabdarstellung

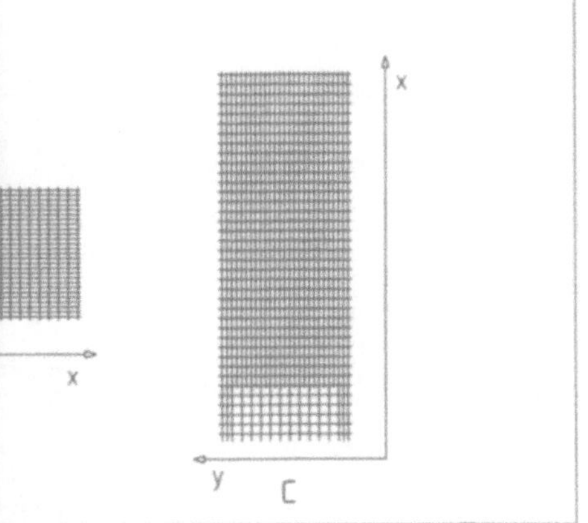

Wenn Sie sich nicht die Mühe machen wollen, alle Matten selbst zu verlegen, laden Sie statt dessen das Teilbild 2203 des Lernprojekts. In ihm sind bereits alle Matten verlegt.

Wechseln Sie dazu auf Seite 2 von /MATTEN/, und aktivieren Sie /EZ-DAR/. Klicken Sie anschließend eine der Matten an, um ihre Darstellung zu ändern. Da sich eine einzelne Matte bei Gruppendarstellung nicht aktivieren läßt, mußte vorhin die Einzeldarstellung gewählt werden.

Wechseln Sie nun wieder auf Seite 1, aktivieren Sie /M-EINZ/, und setzen Sie die drei weiteren Mattengruppen D1 ab (Abb. 29).

Dabei empfiehlt sich natürlich jetzt die Gruppendarstellung, damit der Plan übersichtlich bleibt. Denken Sie daran, jeweils den Verlegewinkel zu ändern, bevor Sie die Matten absetzen. Sollten Sie es dennoch einmal vergessen, müssen Sie die Aktion nicht rückgängig machen. Es stehen ja alle Manipulationsfunktionen des Basismoduls zur Verfügung. Sie können also auch nachträglich Spiegeln, Drehen, Verschieben...

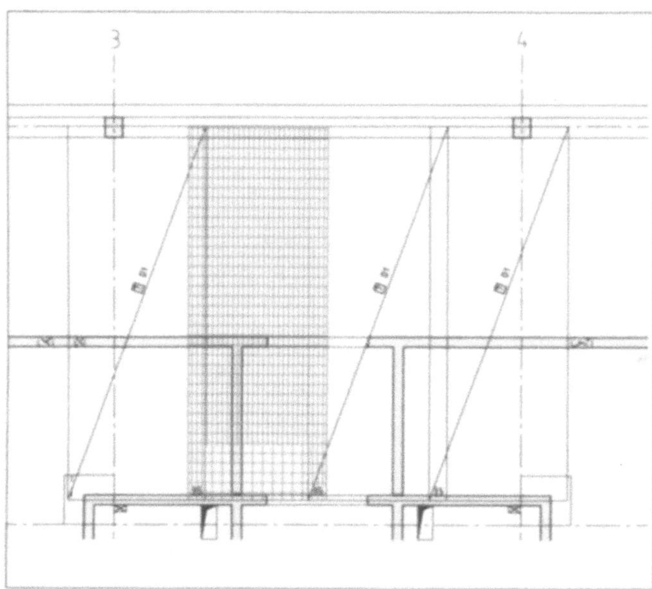

Abb. 28: Mattengruppe mit exemplarisch dargestellter Matte

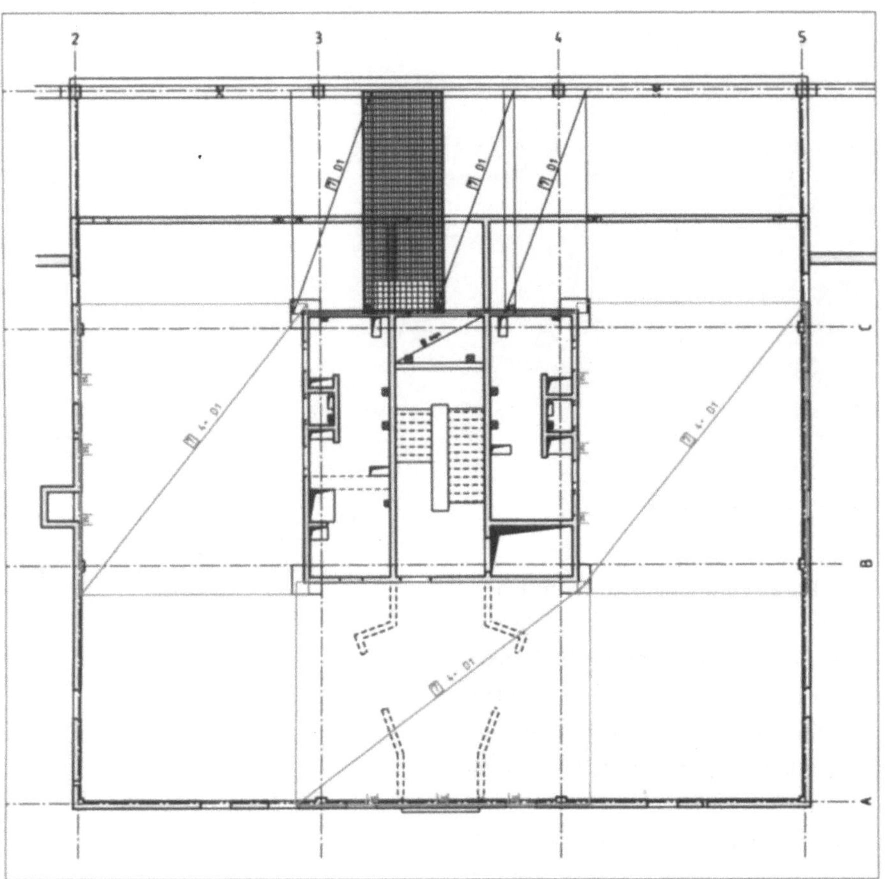

Abb. 29: Verlegepositionen der restlichen Matten D1

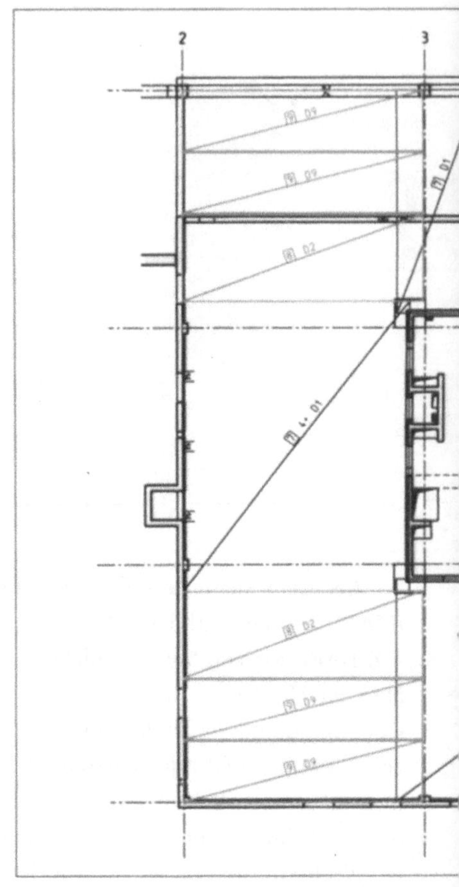

Abb. 31: Die erste Mattenlage D2/D3

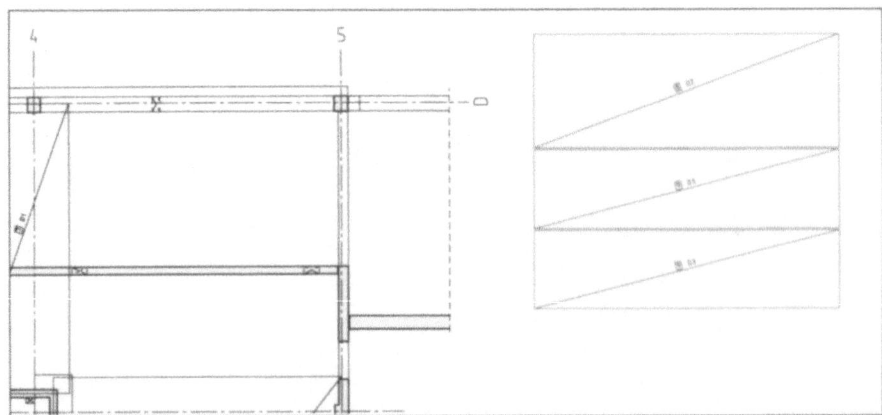

Abb. 30: Zusammenstellung der Mattengruppe

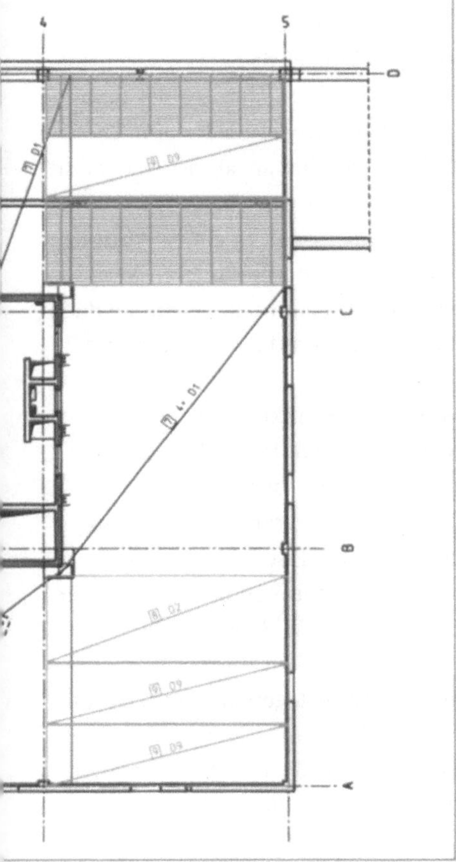

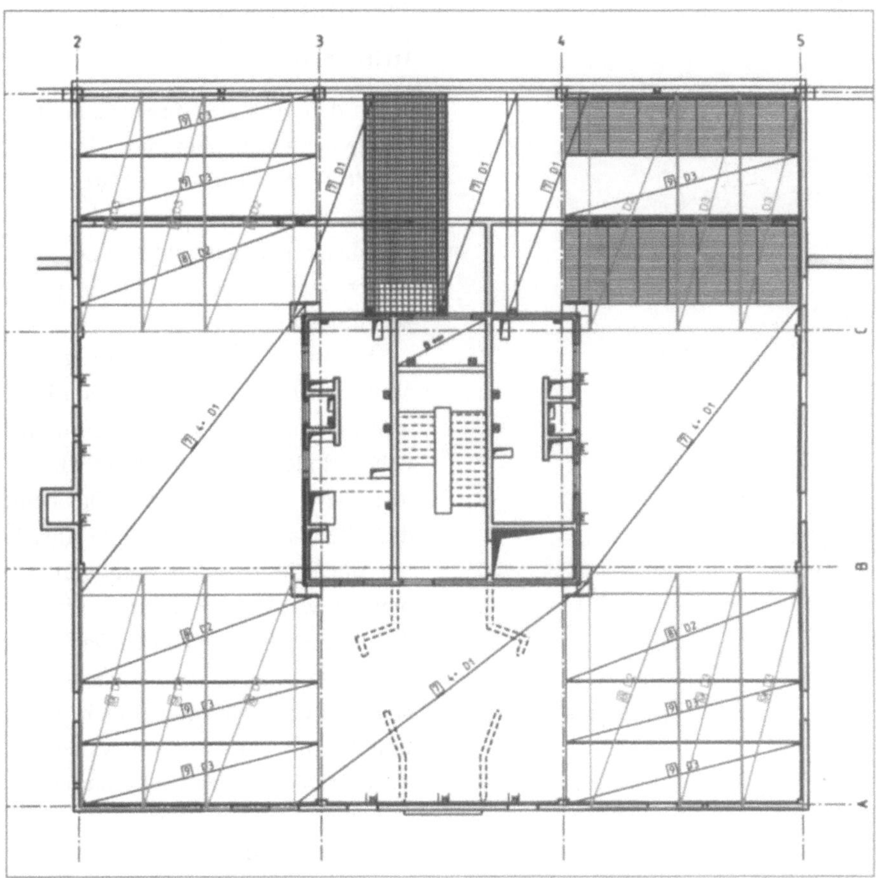

Abb. 32: Die zweite Lage D2/D3

Im nächsten Schritt sind die Matten D2 und D3 zu verlegen. Da hierbei acht mal dieselbe Mattenzusammenstellung an verschiedenen Stellen zu verlegen ist, empfiehlt sich folgendes Vorgehen.

Stellen Sie sich zunächst die Kombination aus einer Matte D2 und zwei Matten D3 irgendwo auf der Zeichenebene zusammen (Abb. 30). Die Matten sind mit einem Abstand der Randstäbe von 10 cm quer aneinandergereiht. Unter Berücksichtigung des Überstands der Querstäbe (2,5 cm) ist also ein Abstand von 5 cm zu wählen.

Diese Mattengruppe drehen oder spiegeln Sie jetzt in die jeweils benötigte Lage und kopieren Sie dann an den Verlegeort. Die Gruppe schließt immer bündig quer an die bereits verlegten Matten D1 an (Abb. 31). Spiegeln und drehen Sie dann wieder, und kopieren Sie die nächsten Matten an den nächsten Verlegeort.

Es ergeben sich dadurch in den Eckbereichen zwei Mattenlagen (Abb. 31 und 32). Auch hier wurde von jedem Mattentyp über /EZ-DAR/ eine Matte exemplarisch durch Einzelstäbe dargestellt.

Verlegeparameter für Pos. 1:

/Ø/	8
/STAB-L/	10.00
/CM^2/M/	2.515
/V-ABST/	.200
/ANZ/	31
/⌧/	⌧
/···/	0.000
/···/	1.200
/VERL-W/	0.000
/FORM/	——
/OPTIONEN/	/1/+/ /PV/ /-+-/

TIPS

Wenn Sie die Stabanzahl nicht ausrechnen wollen, probieren Sie sie aus. Stellen Sie eine geschätzte Anzahl ein und kontrollieren Sie mit Hilfe des Previews, ob das zu bewehrende Feld abgedeckt wird.
Erhöhen oder verkleinern Sie die Anzahl so lange, bis sie paßt und setzen Sie die Verlegung erst dann ab.
Auch nach dem Absetzen lassen sich übrigens noch einzelne überzählige Stäbe löschen.

Flächenbewehrung mit Rundstahl

In den vorangegangen Kapiteln wurde das Flächenbewehren in ALLPLOT mit Lager- und Listenmatten beschrieben. Mit rundstahlbewehrten Flächen geht es nun weiter. Wählen Sie dazu im linken Menü das Modul /FL-BEW/.

Schalten Sie zunächst im oberen Menü auf /MODELL/AUS/. Beim Bewehren *ohne* Modell steht kein räumliches Modell im Hintergrund wie beim Bewehren *mit* Modell. Das heißt, daß alle Eisen manuell in alle Ansichten und Schnitte übertragen werden müssen, was beim Bewehren *mit* Modell automatisch geschieht. Da bei der Kellerdecke nur in einer Ansicht gearbeitet wird, ist ein Modell nicht notwendig. Das Bewehren *mit* Modell wird im nächsten Kapitel erläutert.

Einzelverlegung

Grundsätzlich wird immer in folgender Reihenfolge gearbeitet:

- Bewehrungsparameter einstellen und Verlegung absetzen,
- Bemaßungsparameter einstellen und Bemaßung absetzen,
- Beschriftungsparameter einstellen und Beschriftung absetzen.

Aktivieren Sie für Pos. 1 die Einzelverlegung /V-EINZ/. Im oberen Menü können die Bewehrungsparameter eingestellt werden (siehe auch BASICS auf der folgenden Doppelseite). Für jede Kombination von Stabdurchmesser /Ø/ und Stababstand /V-ABST/, die Sie eingeben, errechnet ALLPLOT automatisch den Bewehrungsgehalt /CM^2/M/. Genauso wird umgekehrt bei Eingabe eines gewünschten Bewehrungsgehalts der Stababstand bei gegebenem Durchmesser neu berechnet.

Alle Parametereinstellungen, die sich auf die Geometrie auswirken, sind direkt über das Preview kontrollierbar. Eine Veränderung der Stablänge beispielsweise oder eine Erhöhung der Stabanzahl ist also sofort am Bildschirm zu sehen.

Die Pos. 1 soll in einem Abstand von 1,20 m von der unteren Kernwand verlegt werden. Legen Sie dazu den Fixpunkt auf /⌧/ und tragen Sie unter /···/ 1,20 m für den Abstand Fixpunkt-Absetzpunkt in y-Richtung ein. Den Effekt können Sie im Preview beobachten.

Als letzte Parametereinstellung, bevor Sie die Eisen absetzen dürfen, ist die Biegeform zu definieren. Über das Feld /FORM/ (obere Zeile) öffnet sich ein Pulldown für den Biegeformtyp. Wenn dagegen das Feld darunter (zweite Zeile) angetippt wird, öffnet sich die Biegeformdefinitionsmaske (Abb. 33), die eine Festlegung der Schenkel- und Hakenmaße erlaubt.

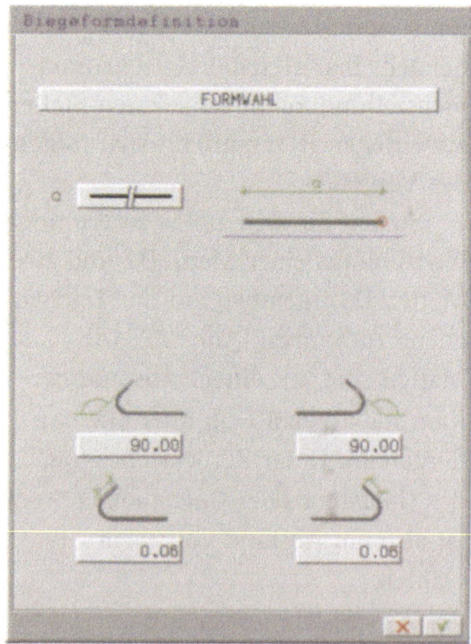

Abb. 33: Die Eingabemaske für die Biegeformdefinition

Um ein Eisen ohne Haken zu verlegen, muß der Hakenwinkel auf 0° gestellt sein. Sonst kann die Hakenlänge nicht auf 0 reduziert werden.

Über /FORMWAHL/ in der Maske ist übrigens das zuvor erwähnte Pulldown für den Biegeformtyp ebenfalls erreichbar. Je nach Wahl der Biegeform ändert sich die Eisendarstellung im oberen Bereich der Maske, so daß die gewünschten Schenkelmaße eingetragen werden können.

Setzen Sie nun die Eisen über die Mittelpunktfunktion und die Außenecken der Wand ab, wie in Abb. 34 gezeigt. Sie sehen jetzt die Eisendarstellung auf dem Bildschirm sowie in Hilfskonstruktionsfarbe den Umriß der Verlegung.

Bemaßung

Gleichzeitig verändert sich das obere Menü: Dort sind jetzt die Parameter für die Vermaßung der Position einstellbar. Am Fadenkreuz hängt bereits die Maßlinie zum Absetzen.

Maßlinienparameter für Pos. 1:

/MSLTYP/	/←→/
/BAUT-K/	/••/
/SCHNML/	/••/
/Kopfsymbol/	/+/
/SCHNI. SYMBOL/	/+/
/SYMGR/	/4/4/
/ML-DAR/	/*----*/
/TXTABS/	/1/1/
/Z-DIM/	/m,cm/
/Z-DAR/	/2/2/
/Z-RUND/	/2/

In einem Zug mit der Vermaßung der Verlegung selbst kann auch deren Abstand von der Bezugswand bemaßt werden. Schalten Sie zu diesem Zweck /BAUT-K/ (für Bauteilkante) ein und wählen Sie als Maßlinientyp /MSLTYP/ die „beschriftete Maßlinie".

Sie werden nun erst aufgefordert, die Bauteilkanten und dann den Ort für die Maßlinie anzugeben. Klicken Sie die in Abb. 35 dargestellten Punkte an. Damit ist die Bemaßung erledigt.

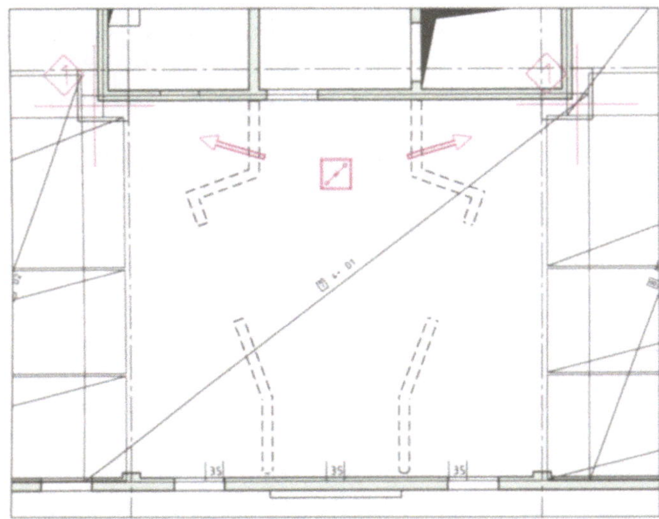

Abb. 34: Absetzen von Pos. 1

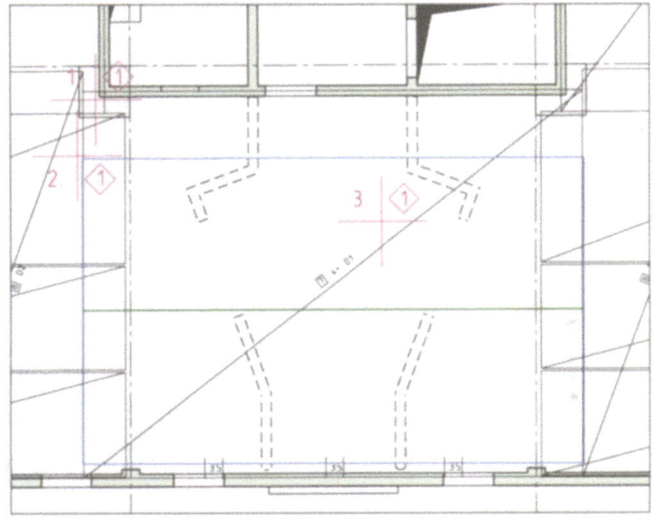

Abb. 35: Absetzen der Bemaßung einschließlich des Abstands von der Bauteilkante

B

Parameter bei Einzelverlegung

Eisenverlegung

/Ø/	Durchmesser der zu verlegenden Eisen
/STAB-L/	Länge der zu verlegenden Eisen
/CM^2/M/	Bewehrungsgehalt in cm^2/m, errechnet aus eingestelltem Durchmesser und Stababstand
/V-ABST/	Stababstand der zu verlegenden Eisen
/ANZ/	Anzahl der zu verlegenden Eisen, errechnet aus dem Stababstand
/FIX/	Nach Anklicken dieses Felds kann die Verlegung an einem beliebigen Ort „provisorisch" abgesetzt werden, um sie vom neuen Fixpunkt wieder aufzunehmen (analog zu Matten Seite 49).
/☒/	Wahl eines Fixpunkts durch Anklicken des Symbols an der gewünschten Stelle
/ ⋯ /	Hier kann der Absetzpunkt der Eisen gegenüber dem Fixpunkt in x-Richtung verschoben werden. Dies dient der Einstellung der Betondeckung oder eines vorgegebenen Abstands. Es gibt drei Bedienungsmöglichkeiten: • Anklicken der Pfeile zur Verstellung in 5mm-Schritten, • Anklicken in der Mitte und Abstand aus dem Pulldown wählen oder • eintippen.
/ ⋮ /	Absetzpunkt verschieben in y-Richtung
/VERL-W/	Verlegewinkel
/FORM/	Biegeform der Eisen (siehe Fließtext)
/OPTIONEN/	siehe Seite 81

Maßlinien

/MSLTYP/	Maßlinientyp wählen:
/⟷/	Maßlinie ohne Maßzahlen
/⟷/	Maßlinie mit Maßzahlen
/ ⊼ /	ein gemeinsames Positionssymbol für alle Eisen mit Zeigern zu jedem Eisen
/▫▫▫▫▫/	je ein Positionssymbol für jedes Eisen, ohne Zeiger

Je nachdem, welcher Maßlinientyp gewählt wurde, stehen im oberen Menü unterschiedliche Parameter zur Verfügung:

/BAUT-K/	Bei Aktivierung dieses Felds können Bauteilkanten, auf die sich die Verlegung bezieht, mit vermaßt werden.
/SCHNML/	Ist diese Funktion markiert, wird der Schnittpunkt von Eisen und Maßlinie mit dem unter /SCHNI. SYMBOL/ gewählten Symbol gekennzeichnet, um eine eindeutige Zuordnung zu erleichtern.
/KOPFSYMBOL/	Maßbegrenzungssymbole - über Anklicken in der oberen Zeile wird auf Schnittsymbolwahl umgestellt.
/SCHNI. SYMBOL/	Auswahl aus den in der zweiten Zeile dargestellten Symbolen. Über Anklicken in der oberen Zeile wird auf /KOPFSYMBOL/ umgestellt.
/SYMGR/	Größe des Maßliniensymbols (linkes Feld) und des Schnittsymbols (rechtes Feld) in mm.
/ML-DAR/	Maßliniendarstellung:
/*----*/	mit Maßlinie dargestellt
/**/	nur Maßlinienbegrenzungssymbole ohne Maßlinie dargestellt

S

/TXTABS/	Abstand der Maßzahl von der Maßlinie in x- und y-Richtung
/STUECK/	Bei Aktivierung dieses Felds wird jeder einzelne Verlegebereich einer Maßlinienkette mit der Stückzahl der verlegten Eisen beschriftet. Sonst werden alle Eisen der Maßlinienkette aufsummiert.
/ST+ABS/	Hier wird jeder einzelne Verlegebereich einer Maßlinienkette mit der Stückzahl und zusätzlich dem Abstand der verlegten Eisen beschriftet.
/Z-DIM/	Einheit der Maßzahl
/Z-DAR/	Anzahl der Stellen hinter dem Komma (linkes Feld) bzw. Anzahl der Nullstellen hinter dem Komma
/Z-RUND/	Rundungsgenauigkeit in mm

Beschriftung

/POS/	Auswahl des Beschriftungssymbols:
/○▭/	Durch Anklicken der linken Seite des Felds wird ein Beschriftungssymbol mit Positionsnummer an der linken Seite gewählt.
/▭/	Durch Anklicken des mittleren Feldbereichs wird ein Beschriftungssymbol ohne Positionsnummer gewählt.
/▭○/	Durch Anklicken der rechten Seite des Felds wird ein Beschriftungssymbol mit Positionsnummer an der rechten Seite gewählt.
/STUECK/	Beschriftung mit Angabe der Stückzahl der Eisen
/Ø/	Beschriftung mit Angabe des Stabdurchmessers
/STAHLG/	Beschriftung mit Angabe der Stahlgüte
/ABST/	Beschriftung mit Angabe des Stababstands
/LAGE/	Beschriftung mit Angabe der Lage (eine Zahl, z.B. „1" für 1. Lage)
/ORT/	Beschriftung mit Angabe des Orts (2 Buchstaben, z.B. „un" für „unten")
/LAENGE/	Beschriftung mit Angabe der Eisenlänge
/F-TEXT/	Eingabe von freiem Text
/FORM/	Beschriftung mit Darstellung der Biegeform (unmaßstäblich)
/ZEIGER/	Hier kann eingestellt werden, ob die Beschriftung mit oder ohne Zeiger zum Eisen eingefügt wird. Der Zeiger kann automatisch erstellt /AUTO/ oder manuell abgesetzt werden /MANU/.

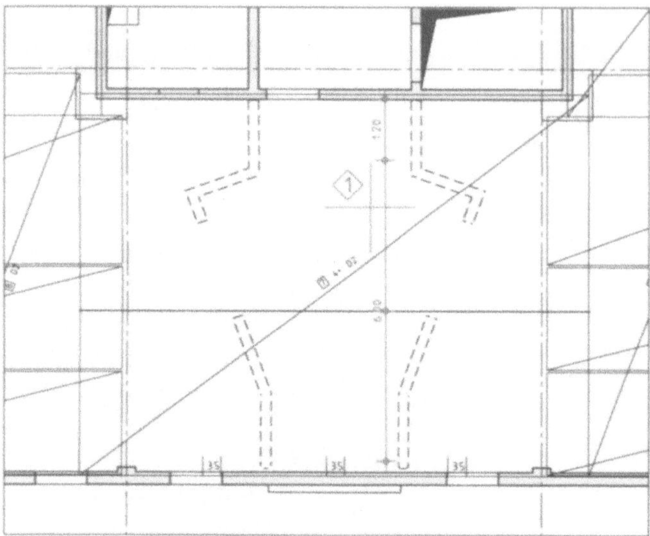

Abb. 36: Fertige Bemaßung und Absetzen der Beschriftung

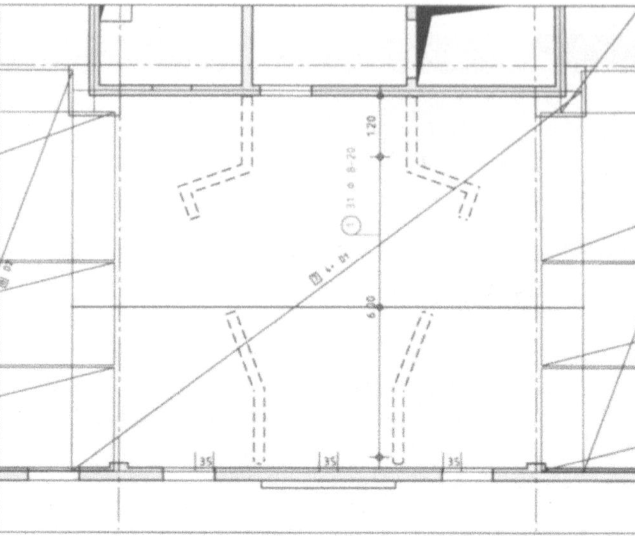

Abb. 37: Die fertiggestellte, bemaßte und beschriftete Verlegung

Beschriftungsparameter für Pos. 1:

/POS/	/ ⟷ /
/STUECK/	/**/
/Ø/	/**/
/ABST/	/**/
/ZEIGER/	AUTO

alle anderen Felder ausgeschaltet

Auszugsparameter für Pos. 1:

/AUSZUG/	/ /
/MASTAB/	/ /
/ /	aus
/ /	aus
/ /	aus
/P#/	/ /
/TEXTWI/	/ /
/ /	/ /

Beschriftung

Nach Absetzen der Maßlinie ändert sich wiederum das obere Menü. Nun können die Parameter der Verlegungsbeschriftung gewählt werden. Gleichzeitig hängt das Beschriftungssymbol bereits am Fadenkreuz. Setzen Sie es nach der Parameterwahl einfach am gewünschten Ort ab. Damit ist Pos. 1 vollständig erzeugt.

Auszug erstellen

Sie können entweder sofort nach dem Verlegen einer Position einen Eisenauszug erstellen oder auch erst später, wenn alle Verlegungen erzeugt sind. Verlassen Sie dazu /V-EINZ/ und aktivieren Sie /AUSZUG/.

Im oberen Menü kann unter /AUSZUG/ gewählt werden, ob ein Gesamt- oder Teilauszug gewünscht wird. Die Position, für die der Auszug erzeugt werden soll, kann durch Antippen des Stabs oder durch Eintippen der Positionsnummern eingegeben werden. Da bis jetzt erst eine Position erzeugt ist, bestätigen Sie die Voreinstellung mit /3/ oder /↵/.

Auch für Auszüge können im oberen Menü verschiedene Parameter eingestellt werden. Für Pos. 1 soll ein maßstäblicher Auszug erstellt werden, der in senkrechter Richtung mit den verlegten Eisen fluchtet. Die Auszugbeschriftung hängt als Preview am Fadenkreuz und kann mit einem Klick am gewünschten Ort abgesetzt werden (Abb. 38). Anschließend ist die Funktion über /4/ zu verlassen.

Auch nach dem Erstellen des Auszugs können weitere Eisen mit derselben Positionsnummer verlegt werden. Der Auszug wird dabei, sofern es sich um einen Gesamtauszug handelt, ohne Ihr Zutun laufend aktualisiert.

Dasselbe gilt, wenn die Parameter einer Verlegung geändert werden. Sie können also zum Beispiel die Länge der Eisen oder ihre Anzahl verändern, ohne den Auszug manuell ändern zu müssen.

B A S I C S

Parameter für Auszug

/AUSZUG/

Gesamtauszug
Im Gesamtauszug wird die Eisenzahl aller Verlegungen einer Position summiert. Von jeder Position kann also nur ein Gesamtauszug erstellt werden.

Teilauszug
Teilauszüge lassen sich für mehrere Verlegungen getrennt erstellen. Es wird also nur die Eisenzahl in einer Verlegung aufsummiert. Bei Polygonverlegungen sind keine Teilauszüge möglich.

/MASTAB/

maßstäbliche Darstellung des Auszugs
unmaßstäbliche Auszugsdarstellung

Auszug mit/ohne Schenkelbeschriftung

Auszug mit/ohne Maßlinien

Auszug mit/ohne Biegerollenvermaßung

/P#/

perspektivische Eisendarstellung
projizierte Eisendarstellung

/TEXTWI/

horizontaler Auszugstext
vertikaler Auszugstext

ermöglicht ein Absetzen des Auszugs an jeder beliebigen Stelle

Der Auszug kann nur in waagrechter Flucht zur Verlegung abgesetzt werden.

Der Auszug kann nur in senkrechter Flucht zur Verlegung abgesetzt werden.

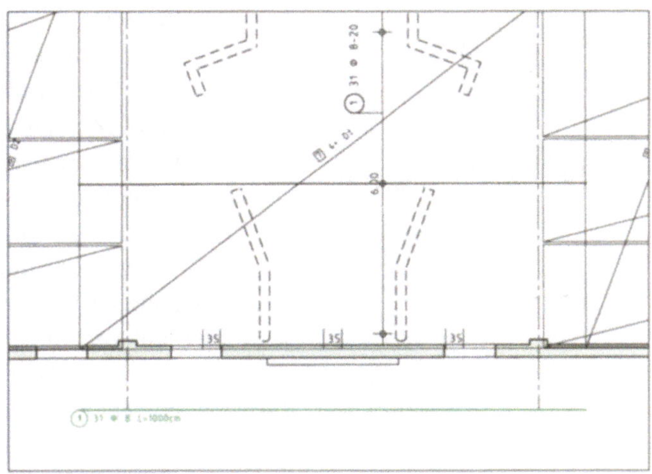

Abb. 38: Der Auszug von Pos. 1

Verlegeparameter für Pos. 1:

/Ø/	10
/STAB-L/	4.00
/CM^2/M/	2.618
/V-ABST/	0.300
/ANZ/	10
/⊠/	⊠
/⋯/	1.700
/⋮/	1.200
/VERL-W/	0.000
/FORM/	⟶
/OPTIONEN/	/1/ + /PV/ /z2/

Verlegen von Pos. 2

Auf die beschriebene Weise wird auch Pos. 2 verlegt. Wählen Sie /V-EINZ/, und stellen Sie die angegebenen Parameter ein. Die Verlegestelle ist bezüglich der rechten, unteren Ecke der Kernwand bemaßt. Daher besteht der einfachste Weg, die Verlegung abzusetzen, darin, den Absetzpunkt um die jeweiligen Längen in x- und y-Richtung zu verschieben und an dem Eck abzusetzen (Abb. 39).

Bei Pos. 2 ist es vorteilhaft, unter /OPTIONEN/ die Darstellung „beliebiges Eisen" zu wählen. Würde, wie bei Pos. 1, das mittige Eisen gewählt, fiele es mit einem an dieser Stelle liegenden Mattenrand zusammen.

Wählen Sie bei der Vermaßung diesmal / ⟷ /, da zur Lagebestimmung der Verlegung ohnehin getrennt vermaßt werden muß. Dazu wechseln Sie im linken Menü auf /ML/ und setzen Sie die gezeigten Maßlinien ab.

Eine ausführliche Beschreibung des Maßlinienmoduls finden Sie im Band „ALLPLAN/ ALLPLOT für Einsteiger"

Erstellen Sie anschließend über /AUSZUG/ einen Stahlauszug der Position.

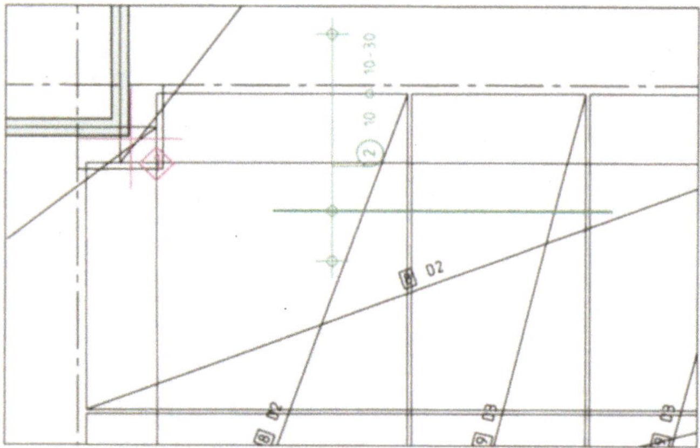

Abb. 39: Absetzen von Pos. 2

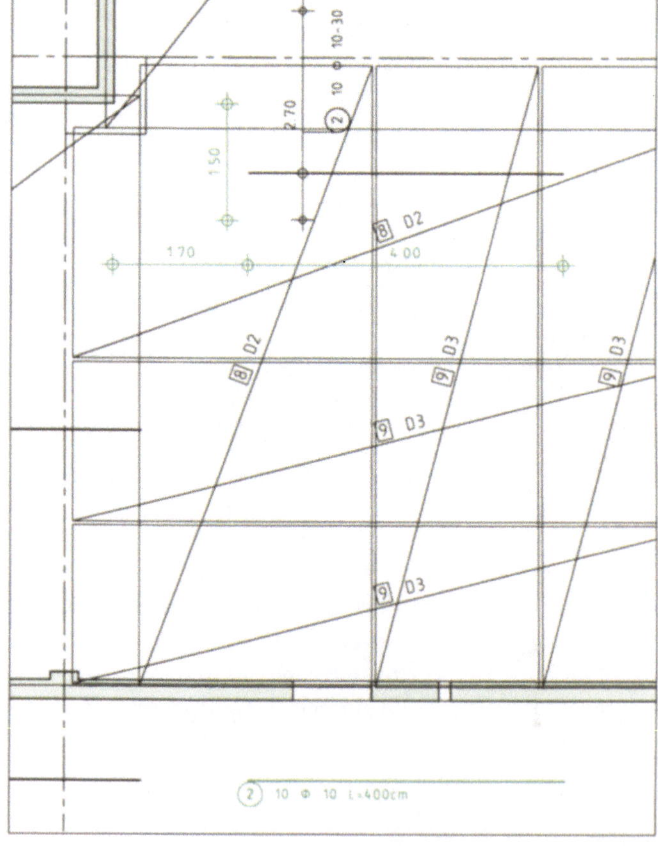

Abb. 40: Vermaßen von Pos. 2

BASICS

Darstellungsarten

Unter /OPTIONEN/ lassen sich verschiedene Darstellungsarten für die Verlegungen wählen. Folgende Möglichkeiten stehen zur Verfügung:

Alle Eisen darstellen /⧺⧺/

Bei jeder Verlegung werden alle enthaltenen Eisen dargestellt.

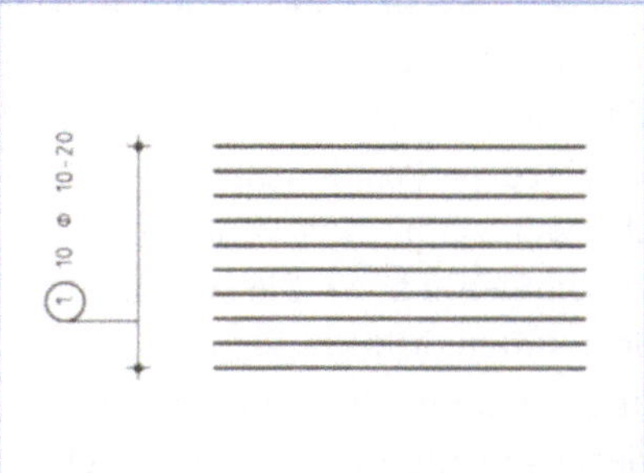

Mittiges Eisen darstellen /-+-/

Nur ein in der Mitte der Verlegung liegendes Eisen wird dargestellt.

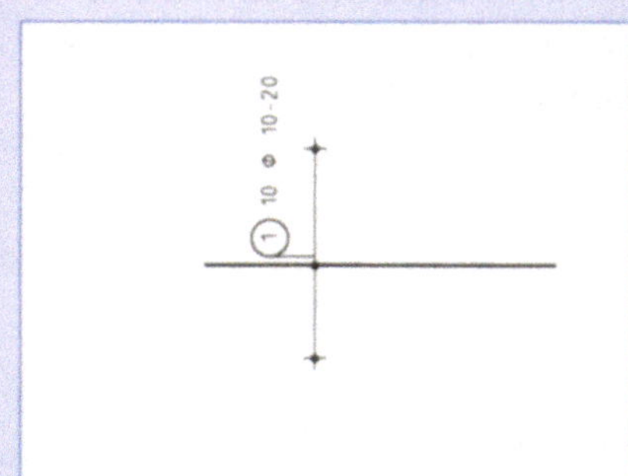

Beliebige Eisen darstellen /+-/

Nach dem Absetzen einer Verlegung erscheinen alle Eisen in Signalfarbe. Klicken Sie nacheinander die Eisen an, die im Plan dargestellt werden sollen, und brechen Sie mit /4/ ab.

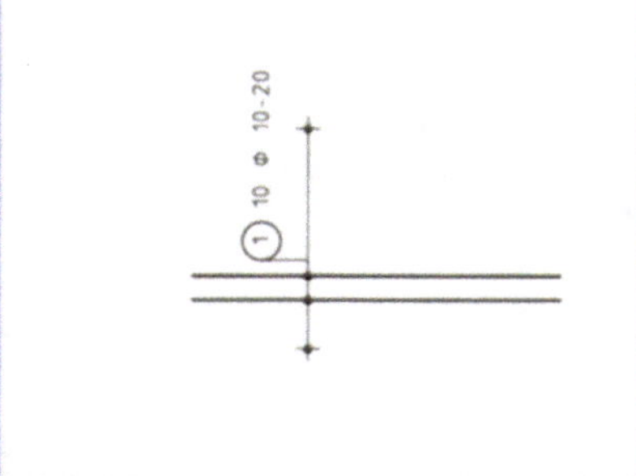

Eisen geklappt darstellen /-+-/

Die Vorgehensweise entspricht der Darstellung beliebiger Eisen. Die Eisen, die zur Darstellung ausgewählt wurden, werden geklappt dargestellt, damit die Biegeform erkennbar ist.

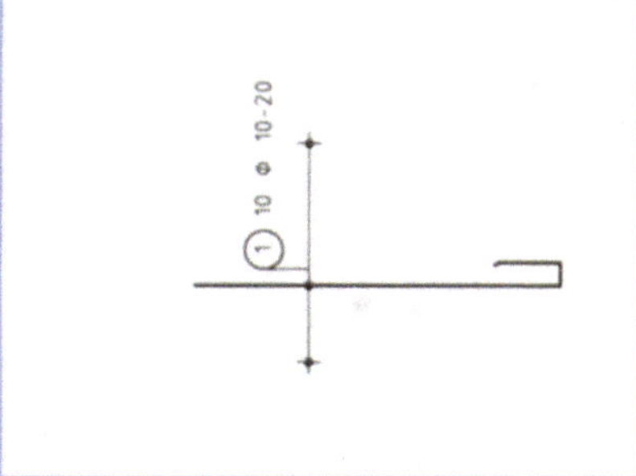

Verpositionieren

Auch die Positionen 3 bis 9 können auf die beschriebene Art verlegt werden. Sie können dies nun tun, um mit der Verlegung vertraut zu werden. Sie können aber auch Teilbild 2204 laden, auf dem diese Eisen bereits verlegt sind.

Wenn Sie sie selbst verlegen, werden Sie bei Position 4 feststellen, daß ALLPLOT für dieselben Eisen zwei verschiedene Positionsnummern vergibt, weil sie in zwei Verlegungen vorkommen. Lassen Sie sich dadurch nicht stören. Mit der Verpositionierungsfunktion /VERPOS/ wird das wieder in Ordnung gebracht. Nach Aktivieren von /VERPOS/, sind die Parameter (siehe rechts) einzustellen und mit /3/ zu bestätigen, um die Verpositionierung in Gang zu setzen.

/VERPOS/ numeriert alle Positionen in der Reihenfolge ihrer Entstehung neu durch und vergleicht dabei die verlegten Stäbe. Sind verschiedene Verlegungen mit denselben Merkmalen vorhanden, bekommen sie dieselbe Positionsnummer zugewiesen.

Selbst wenn versehentlich schon mehrere Gesamtauszüge für Verlegungen vergeben wurden, die dieselben Eisen enthalten, aber unterschiedliche Nummern führen, ist das kein Problem. ALLPLOT löscht die überzähligen Auszüge und schlägt alle Eisen einem Auszug zu.

Auch umgekehrt funktioniert das Spiel. Wenn Sie einer Verlegung gezielt eine bestimmte Positionsnummer zuweisen wollen, wählen Sie /+POS/. Klicken Sie die zu ändernde Verle-

Die Positionen 6-8 sind mit einem Stababstand von 6 cm und einer Betondeckung von 2,5 cm verlegt. Die Betondeckung ist über / ⋯ / bzw / ⋯ / einstellbar.

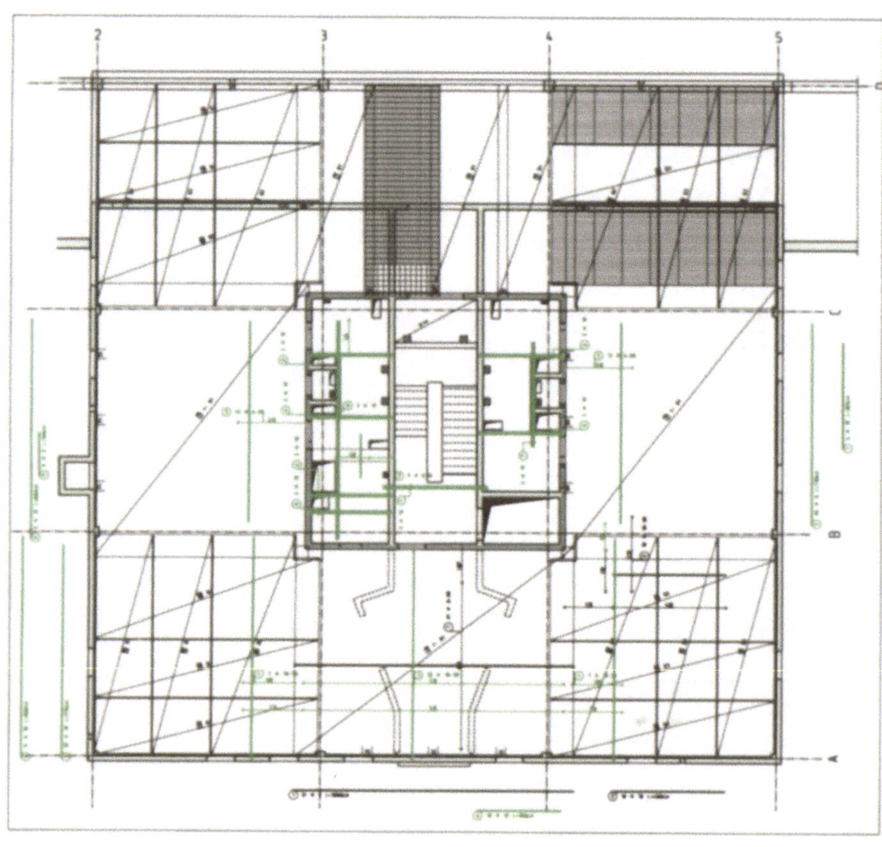

Abb. 41: Die Positionen 3 bis 9

gung an, und tippen Sie die gewünschte Nummer ein. Sie wird umgehend zugewiesen.

Hatten Sie für die geänderte Verlegung zuvor schon einen Auszug erstellt, wird auch dieser aktualisiert. Dabei gibt es zwei Möglichkeiten: Entweder alle Eisen der Position gehörten zur selben Verlegung. Dann wird im Auszug ebenfalls die Positionsnummer geändert. Oder aber es existiert eine weitere, nicht geänderte Verlegung mit der alten Positionsnummer. Dann wird im Auszug lediglich die Zahl der Eisen um die neu benummerten reduziert.

Nach /+POS/ folgt /POS-/, das, wie unschwer zu erraten ist, dem Löschen von Positionen dient. Sie können durch Anklicken eines Eisens oder durch Eintippen der Positionsnummer alle Eisen einer Position in einem Zug löschen, ohne in verschiedenen Verlegungen herumklicken zu müssen.

Feldverlegung von Rundstahl

Bevor es im weiteren zur Auswechslung von Deckendurchbrüchen und weiteren Bewehrungsverstärkungen der Kellerdecke geht, sei ein kleiner Ausflug erlaubt. Da bei der Decke keine Anwendung für die Feldverlegung von Rundstahl enthalten ist, sei diese Verlegungsart an einem anderen Beispiel, einer Dachgeschoßwand, erläutert.

Ihre Bedienung entspricht vom Prinzip her der Feldverlegung von Matten. Es sind also

- zuerst eine Schalung für das Verlegefeld einzugeben,
- eventuelle Aussparungen vorzusehen,
- die Eisen zu verlegen und
- zu beschriften.

B A S I C S

Parametereinstellungen unter /VERPOS/

/SPERR/
Steht dieser Schalter auf /JA/, sind Eisen, die bereits eine Positionsnummer erhalten haben, für die Verpositionierung gesperrt. Das heißt, es werden nur unverpositionierte Eisen benummert. Bei Stellung auf /NEIN/ werden dagegen alle vorhandenen Eisen verpositioniert.

/FORM/
Bei /JA/ werden bei der Verpositionierung alle Stäbe, die nach Durchmesser und Geometrie übereinstimmen, unter einer Position zusammengefaßt, sonst nicht.

/Ab Nr/
Wenn nicht alle Positionen geändert werden sollen, wird hier die Nummer eingegeben, ab der neu positioniert werden soll.

/Bis Nr/
Entsprechend ist hier die Position anzugeben, bis zu der neue Nummern vergeben werden.

/NACH/
Hier ist einzutragen, welche neue Nummer die unter /Ab Nr/ angegebene Position erhalten soll. Alle weiteren werden durchgezählt.

Im Grunde nichts Neues also, dennoch gibt es einige Unterschiede. Vor allem hinsichtlich der Parameter, die bei Einzelstäben natürlich etwas anders aussehen als bei Matten. Sie sollen im folgenden erläutert werden.

Die Feldverlegung erfolgt über /V-FELD/. Nach Anwahl der Funktion verändert sich das obere Menü. /SCHAL/ ist bereits aktiviert, so daß das Schalungspolygon für die Feldverlegung eingegeben werden kann. Dabei kann auch die Auflagertiefe der Eisen berücksichtigt werden. Klicken Sie die Polygonecken nacheinander an. Tippen Sie dabei jeweils vor Anklicken des zweiten Punkts einer Polygonseite die zu ihr gehörende Auflagertiefe ein. In Abb. 42 sind die Auflagertiefen den Polygonseiten zugeordnet. Da die Eisen in diesem Fall nicht überstehen sollen, sondern im Gegenteil einen Abstand zum Bauteilrand einhalten, ergibt sich eine negative Auflagertiefe. Das Verlegepolygon wird auf dem Bildschirm in Hilfskonstruktionsfarbe angezeigt, die Auflagertiefe wird gestrichelt dargestellt.

Im zweiten Arbeitsgang geben Sie nach demselben Verfahren über /AUSSP+/ den Wanddurchbruch ein (Abb. 43). Brechen Sie anschließend mit /4/ ab. Eine Aussparung kann mit /AUSSP-/ wieder entfernt werden.

Bestätigen Sie nun mit /3/, daß die Schalungserstellung abgeschlossen ist. Auf dem Bildschirm erscheint ein Preview der Verlegung (Abb. 44), und im oberen Menü sind die Verlegeparameter einstellbar. Einige davon stimmen mit denen der Einzelverlegung überein. Die abweichenden Parameter sind in den BASICs auf Seite 80 erläutert.

Verlegeparameter für die Wand:

/Ø/	8
/STAB-L/	12.00
/CM^2/M/	3.351
/V-ABST/	0.150
/UEB-L/	0.320
/VERL-L/	3.46
/V-A/	0.000
/V-E/	0.000
/VERL-W/	90.000
/FORM/	/←—/
/OPTIONEN/	

/1/+/≡/PV/ /

B A S I C S

Die Auflagertiefe eines Schalungspolygons oder einer Aussparung kann auch nach Absetzen des Polygons geändert werden. Aktivieren Sie /AUFL-T/, und klicken Sie die zu ändernde Polygonseite an. Tippen Sie dann die gewünschte Auflagertiefe ein. Sie wird umgehend geändert.

Die neue Auflagertiefe bleibt bis zur nächsten Änderung erhalten. Das heißt, daß bei der nächsten Feldverlegung die zuletzt geänderte Auflagertiefe voreingestellt ist.

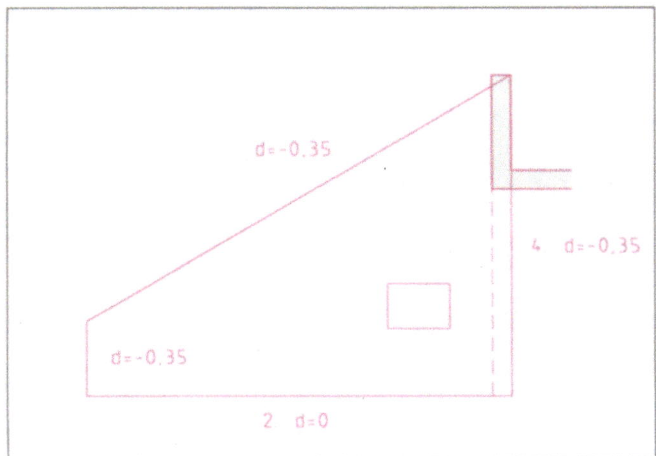

Abb. 42: Feldverlegung: Eingeben der Schalung...

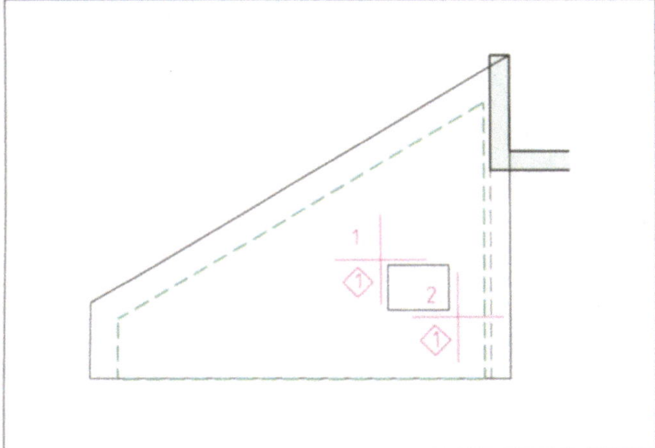

Abb. 43:...und der Aussparung

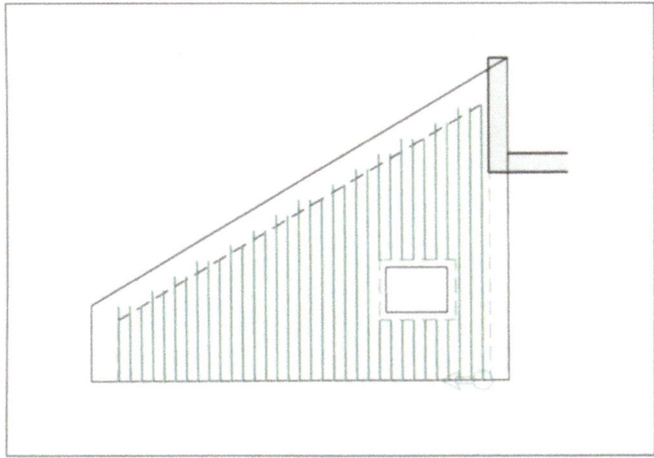

Abb. 44: Das Preview der Verlegung

BASICS

Modifizieren:

Alle Verlegungen können natürlich nachträglich modifiziert werden. Dazu stehen die folgenden vier Funktionen zur Verfügung:

/VP-MOD/ **Verlegeparameter ändern**
Nach Anklicken der zu modifizierenden Verlegung können im oberen Menü die Verlegeparameter geändert werden. Anschließend ist mit /3/ zu bestätigen.

/VG-MOD/ **Verlegegeometrie ändern**
/VG-MOD/ funktioniert wie /VP-MOD/. Zusätzlich kann die Geometrie von Schalung und Aussparungen sowie die Auflagertiefe modifiziert werden.

/TE/ **Verlegetext erzeugen**
Wenn die Verlegung nicht beschriftet wurde oder der Verlegetext geändert werden soll, wählen Sie /TE/ auf der 2. Seite, und klicken Sie die zu beschriftende Verlegung an. Stellen Sie die Beschriftungsparameter ein, und setzen Sie den Text ab. Der alte Text bleibt erhalten.

/ML/TE/ Auf dieselbe Weise können hiermit Maßlinien mit Beschriftung nachträglich erzeugt werden. Alte Maßlinien und Texte bleiben erhalten.

BASICS

Abweichende Parameter bei Feldverlegung gegenüber der Einzelverlegung

/UEB-L/ Überdeckungslänge der Stäbe

/VER-L/ Verlegelänge

Randabstand:
Es gibt mehrere Möglichkeiten, die Randabstände des ersten (V-A) und des letzten Eisens (V-E) einzustellen. Grundsätzlich gilt, daß die Summe der Rand- und Stababstände die Verlegelänge ergeben muß. Wird einer der beiden Werte verändert, wird vom Programm automatisch der andere errechnet und angepaßt.

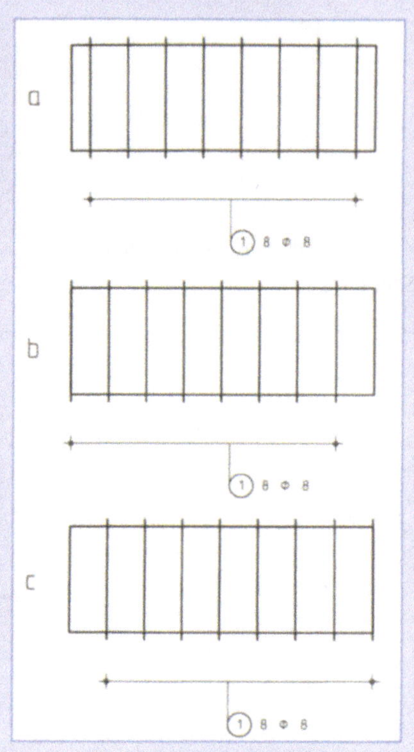

/>/ Klicken Sie hier an, um den Anfangsabstand auf Null zu setzen (b).

/V-A/ Nach Aktivieren dieses Felds kann der Anfangsabstand über die Tastatur eingegeben werden.

/*/ Dieser Knopf bewirkt, daß beide Abstände auf denselben Wert gestellt, die Verlegung also mittig ausgerichtet wird (a).

/V-E/ Hier ist der Endabstand einzutippen.

/</ Das Feld setzt den Endabstand auf Null (c).

Optionen

Unter /OPTIONEN/ finden Sie bei Feldverlegung den Knopf /≡/. Wenn Sie ihn anklicken, öffnet sich eine Eingabemaske, unter der zusätzliche Verlegeparameter eingestellt werden können (Abb. 45). Für die Dachgeschoßwand ist lediglich das obere Drittel der Maske interessant. Hier wird festgelegt, ob bei der Bemaßung verschieden lange Stäbe mit einer Maßlinie zusammengefaßt werden sollen (wie in Abb. 47) oder jeweils eigene Maßlinien erhalten sollen.

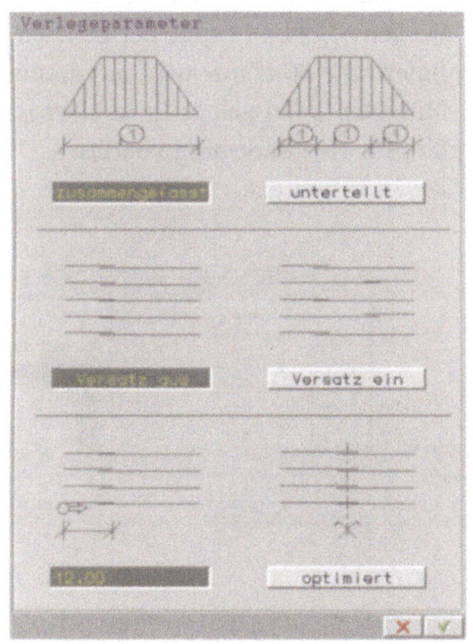

Abb. 45: Die Eingabemaske für Bemaßungsart, Versatz und Überdeckungsoptimierung

Werden Stäbe gestoßen, so kann mit oder ohne Versatz gearbeitet werden. Außerdem besteht die Möglichkeit, die Lage der Stabüberdeckungen vom Programm optimieren zu lassen oder statt dessen selbst eine Anfangslänge einzugeben.

Der vierte Knopf unter /OPTIONEN/ erlaubt Ihnen, zwischen Polygonverlegung /PV/ und Verlegung nach laufenden Metern /LM/ umzuschalten. Haben Sie Polygonverlegung gewählt, erhalten Sie bei der späteren Auszugerstellung eine Liste mit allen benötigten Längen (Abb. 47). Unter /LV/ dagegen ist dem Auszug lediglich die benötigte Gesamtlänge beigefügt.

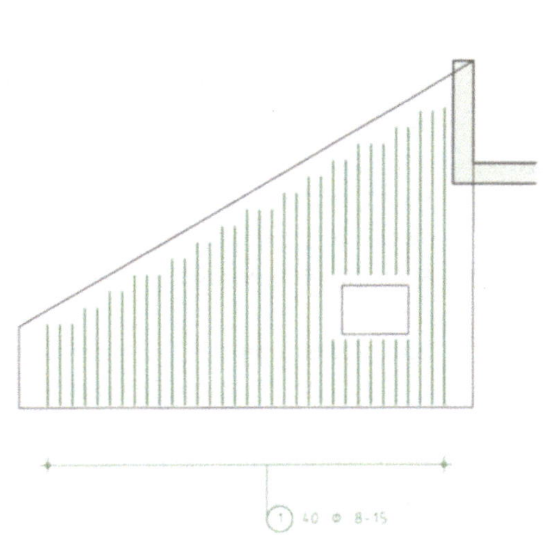

1 40 Φ 8

Form	Anzahl	Laenge a [cm]	Laenge Einzelstab [cm]	Laenge Gesamt [cm]
1 1	7	80	80	560
1 2	3	100	100	300
1 3	2	120	120	240
1 4	4	140	140	560
1 5	6	160	160	960
1 6	4	180	180	720
1 7	2	200	200	400
1 8	2	220	220	440
1 9	3	240	240	720
1 10	2	260	260	520
1 11	2	280	280	560
1 12	2	360	360	720
1 13	1	364	364	364
Summe der Laengen = 70 640 m				

Abb. 47: Die fertige Verlegung mit Bemaßung und Auszug

Schließlich läßt sich über /⊞/ die Abtreppung der Eisen einstellen. Es öffnet sich eine Maske (Abb. 46), die die Definition der Abtreppung in horizontaler oder in vertikaler Richtung erlaubt. Für die Wandbewehrung wurde eine vertikale Abtreppung von 0,2 m gewählt.

Der letzte Knopf der Optionen dient, wie bereits erläutert, der Wahl der Darstellungsart (BASICS Seite 75).

Sind alle Einstellungen vorgenommen, müssen sie über /3/ bestätigt werden. Es bleiben noch Bemaßung und Beschriftung abzusetzen und ein Auszug zu ergänzen, um zu Abb. 47 zu gelangen.

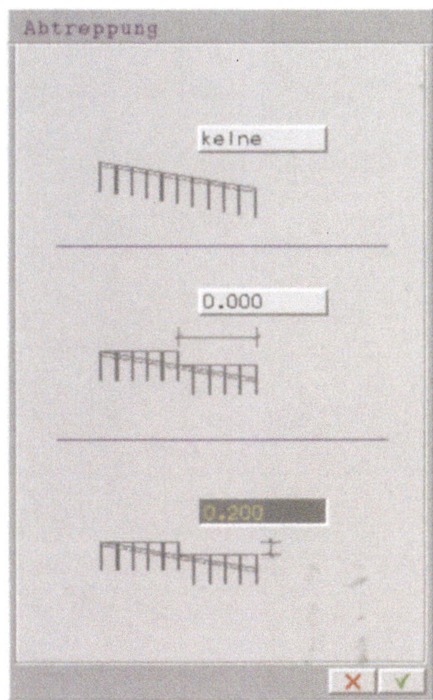

Abb. 46: Eingabe der Abtreppung

Stützbewehrung

Nach dem kleinen Ausflug ins Dachgeschoß geht es jetzt weiter mit der Kellerdecke. Für die Eingabe von Stützbewehrungen steht in ALLPLOT eine spezielle Funktion zur Verfügung, die Sie, wieder an einem Beispiel aus der Deckenbewehrung, nun kennenlernen werden.

Abb. 48: Die Stützbewehrungslänge

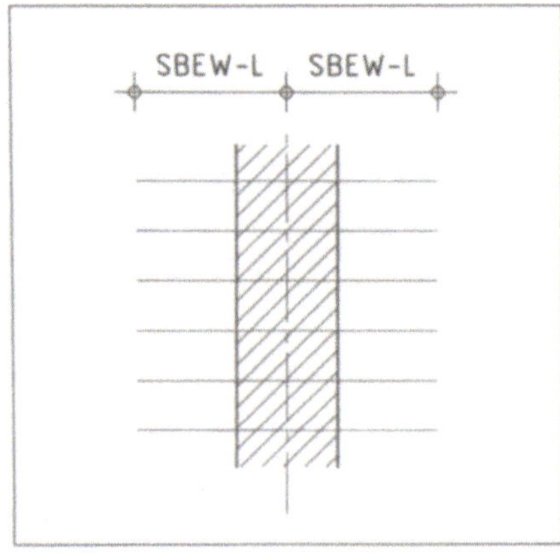

Stützbewehrung mit Flächenrundstahl

Zur Erstellung der Stützbewehrung dient im Modul Flächenrundstahl /FL-BEW/ die Funktion /V-STUE/. Nach ihrer Aktivierung ist der Stützungsbereich (die Stützlinie) einzugeben (/ST-BER/ wird automatisch aktiviert). Die Stützlinie (in der Regel die Achslinie einer Wand) kann dadurch definiert werden, daß ihr Anfangs- und Endpunkt angeklickt wird.

Meist ist jedoch keine der Stützlinie entsprechende Konstruktionslinie vorhanden. Vielmehr ist eine Mauer oder ein Unterzug ohne Achslinie gegeben. Für diese Fälle gibt es eine zweite Möglichkeit: Klicken Sie als erstes eine parallel zur Stützlinie verlaufende Linie, zum Beispiel eine Wandlinie, an. Dadurch ist die Richtung der Stützlinie bestimmt. Dann klicken Sie nacheinander zwei Diagonalpunkte der Wand an. Dadurch werden Lage und Länge der Linie definiert. Die Stützlinie wird nun in die Mitte der Wand gelegt. In Abb. 49 ist dies für eine Verlegung von Eisen Pos. 9 dargestellt.

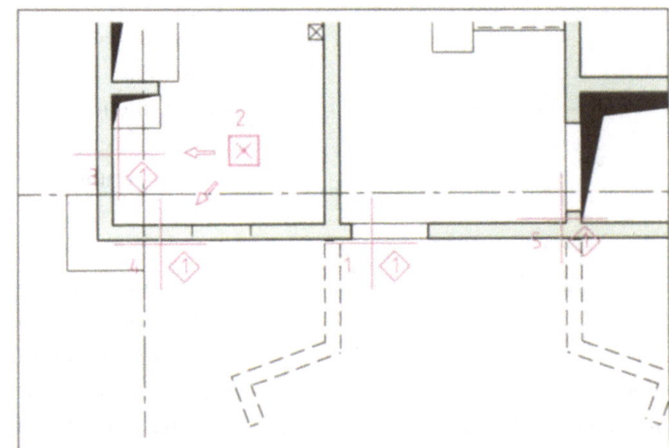

Abb. 49: Eingabe der Stützlinie

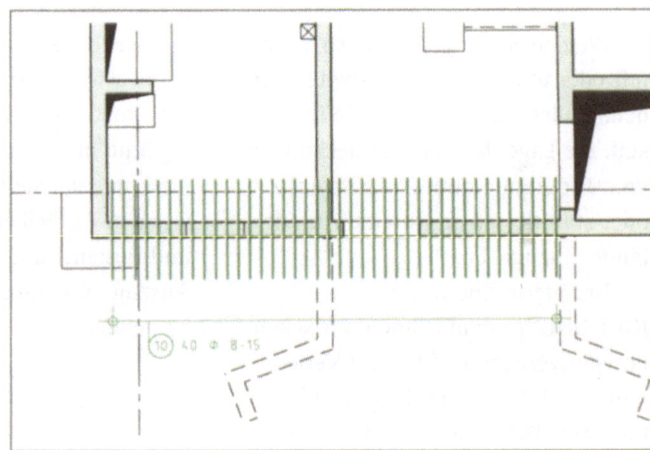

Abb. 50: Die fertige Stützbewehrung

Der linke Diagonalpunkt wird dabei über die Schnittpunktfunktion konstruiert (2.-4.). Zur besseren Übersichtlichkeit ist in der Abbildung die bisher verlegte Bewehrung nicht gezeigt.

Am Bildschirm wird der Umriß des Verlegerechtecks angezeigt. Die Darstellungsweise entspricht der des Verlegepolygons bei Feldverlegung. Geben Sie unter /SBEW-L/ die Stützbewehrungslänge ein. Darunter ist der Abstand von der Auflagermitte bis zum Eisenende, also die halbe Eisenlänge zu verstehen (Abb. 48).

Außerdem kann die Auflagertiefe eingestellt werden. Die Vorgehensweise entspricht ebenfalls der bei Feldverlegung: Klicken Sie auf /AUFL-T/ und dann auf die zu verändernde Polygonseite, und tippen Sie die neue Auflagertiefe ein. Wiederholen Sie dies gegebenenfalls für weitere Polygonseiten.

Wenn die Geometrie des Verlegepolygons fertiggestellt ist, bestätigen Sie dies über /3/. Alles weitere verläuft nun analog zur Feldverlegung: Verlegeparameter einstellen und bestätigen, bemaßen und beschriften sowie Auszug erstellen. Auf diese Weise können alle Eisen der Pos. 10 eingegeben werden (Abb. 51).

Parameter für Pos. 10	
/SBEW-L/	0.650

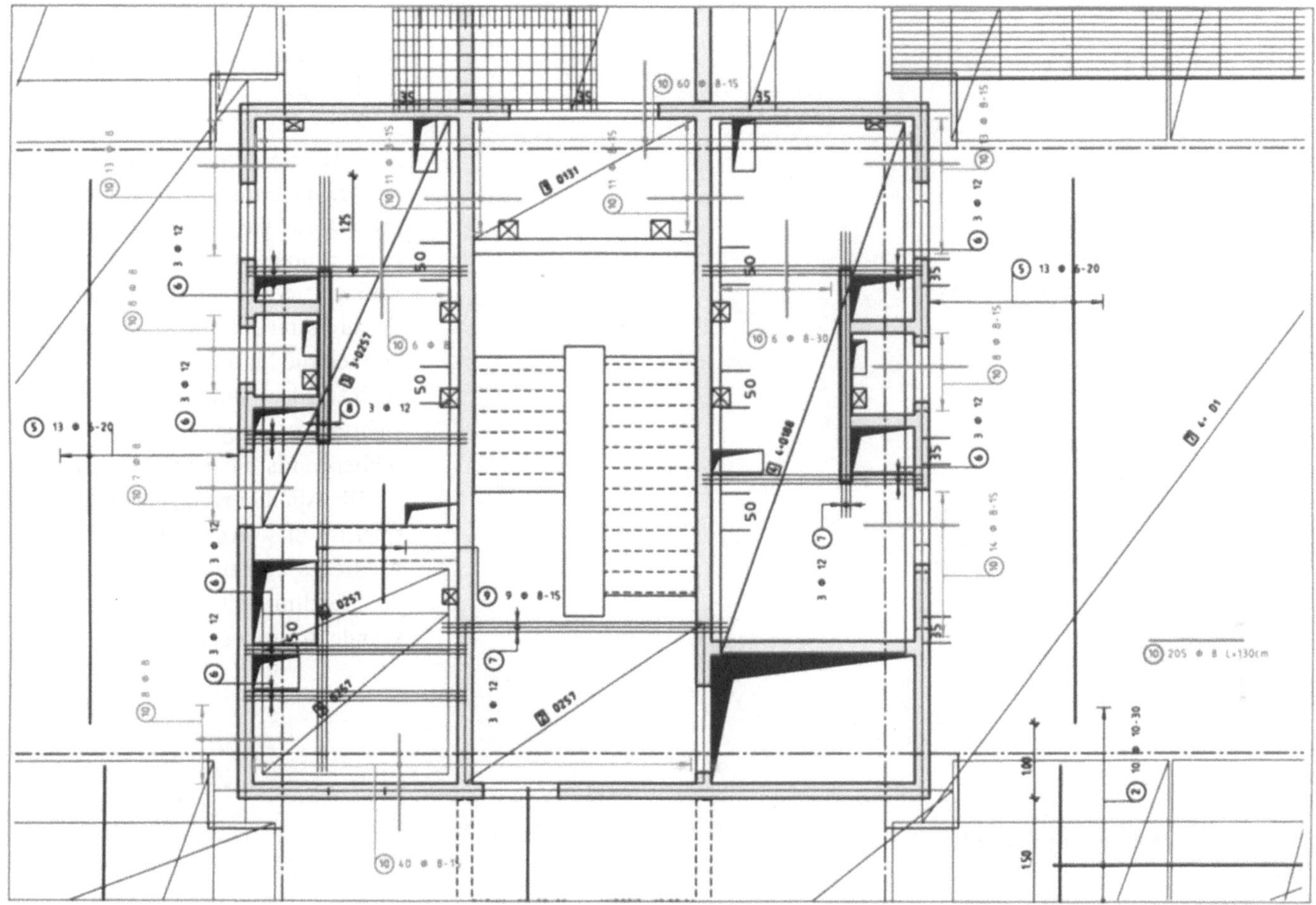

Abb. 51: Alle Verlegungen der Pos. 10. Der Auszug wurde für diese Abbildung in das Innere des Grundrisses gelegt

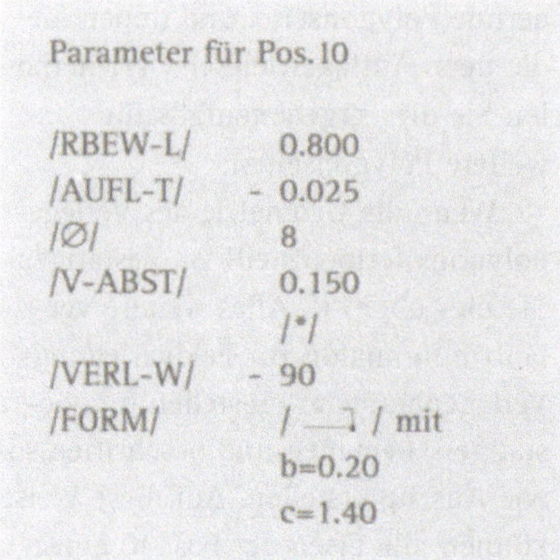

Parameter für Pos. 10

/RBEW-L/	0.800
/AUFL-T/	- 0.025
/Ø/	8
/V-ABST/	0.150
	/*/
/VERL-W/	- 90
/FORM/	/ ⌐ / mit
	b=0.20
	c=1.40

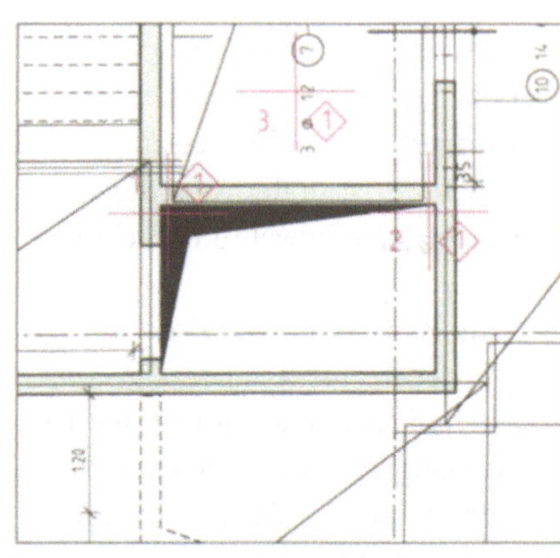

Abb. 54: Definition der Randlinie und des Richtungspunkts

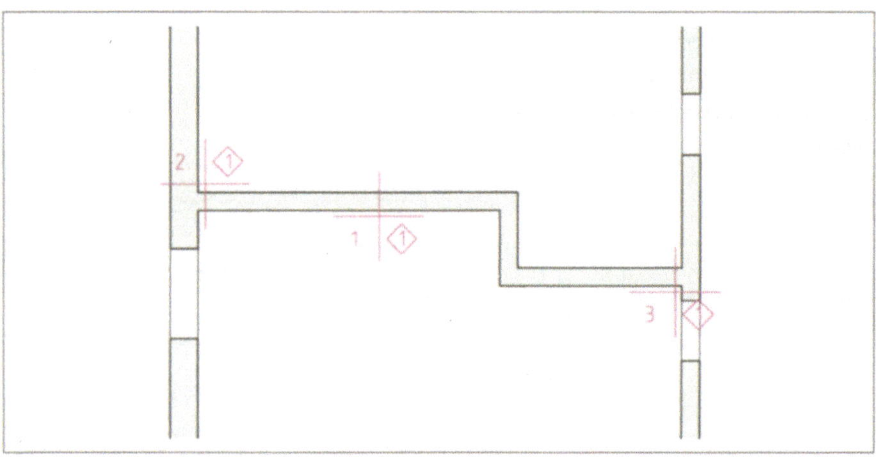

Abb. 52: Eingabe des Stützbereichs

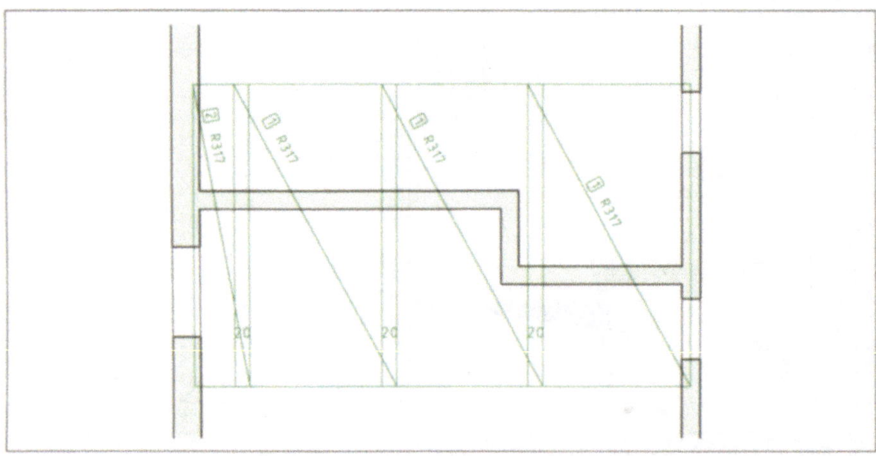

Abb. 53: Die Stützbewehrung mit Matten

Stützbewehrung mit Matten

Nicht nur mit Flächenrundstahl, sondern auch mit Matten läßt sich eine Stützbewehrung bequem realisieren. Die Vorgehensweise ist dabei völlig analog.

Zunächst ist natürlich das /MATTEN/-Modul anzuwählen. Die zuständige Funktion heißt hier /M-STUE/. Wieder sind Stützungsbereich, Stützbewehrungslänge und Auflagertiefe zu definieren und mit /3/ zu bestätigen. Im oberen Menü können die Mattenparameter eingestellt werden (vergleiche „Flächenbewehrung mit Lagermatten"). Abschließend ist über /3/ zu bestätigen.

Die Abbildungen zeigen ein Beispiel für diese Anwendung. Durch das Anklicken zweier Wände kann hierbei die Stützlinie mittig zwischen die Wände gelegt werden.

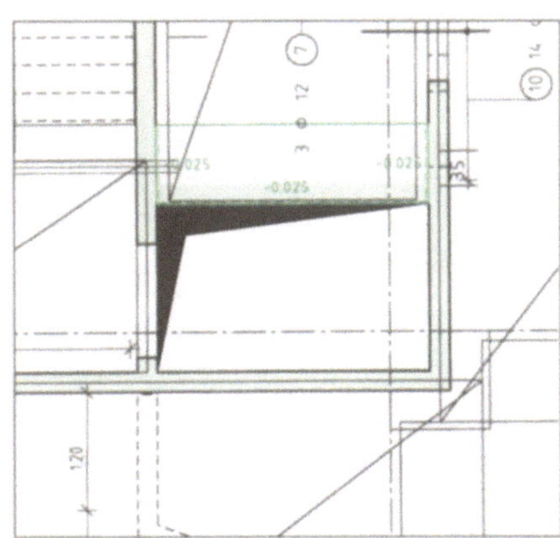

Abb. 55: Das Schalungsrechteck mit Angabe der Auflagertiefe

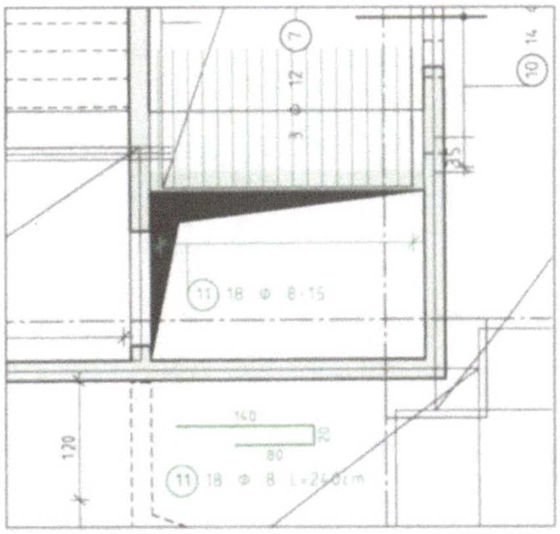

Abb. 56: Die fertige Randbewehrung mit Auszug

Randbewehrung

Ein weiterer Spezialfall von Verlegungen, die in ALLPLOT unterstützt werden, sind Randbewehrungen. Auch Sie sind prinzipiell nach dem bisher beschriebenen Schema darstellbar.

Randbewehrung mit Rundstahl

In /FL-BEW/ ist für Randbewehrungen die Funktion /V-RAND/ vorgesehen. Das Programm fordert zunächst die Eingabe des Randbereichs /RA-BER/ an. Zu dessen Definition sind Anfangs- und Endpunkt der Randlinie sowie ein Richtungspunkt anzuklicken (Abb. 54). Der Richtungspunkt ist notwendig, um festzulegen, auf welche Seite der Randlinie die Eisen ausgerichtet werden sollen.

Geben Sie nun die Randbewehrungslänge /RBEW-L/ und die Auflagertiefe /AUFL-T/ ein. Als Auflagertiefe wird auch in diesem Fall ein negativer Wert für die Betondeckung angegeben (Abb. 55).

Bestätigen Sie mit /3/ und stellen Sie als nächstes die Eisenparameter ein. Hierbei gilt es, auf die richtige Orientierung der gebogenen Stäbe zu achten. Der Nullpunkt des verlegungseigenen Koordinatensystems liegt immer an der verdickt dargestellten Stelle des unter /FORM/ angezeigten Eisensymbols. Das bedeutet, daß die Verlegerichtung immer entlang der Randlinie verlaufen muß, damit die Eisen nicht um180° gedreht verlegt werden (Abb. 57, 58) Die Verlegerichtung ist entweder über /FORM/ oder über den Verlegewinkel umkehrbar.

Die Randbewehrungslänge wird vom Programm automatisch als Verlegelänge /VERL-L/ in die Parametereinstellungen übernommen. Sie bezieht sich auf den unteren Schenkel des Stabs. Da im vorliegenden Fall der obere Schenkel länger als der untere ist, ragen die Stäbe über das durch die Verlegelänge definierte Schalungsrechteck hinaus.

Bestätigen Sie die Parameter wiederum mit /3/. Die Randlinie kann für die nächste Verlegung direkt weitergeführt werden. Der letzte Randlinieneckpunkt ist also neuer Anfangspunkt. Wird dies nicht benötigt, brechen Sie mit /4/ ab.

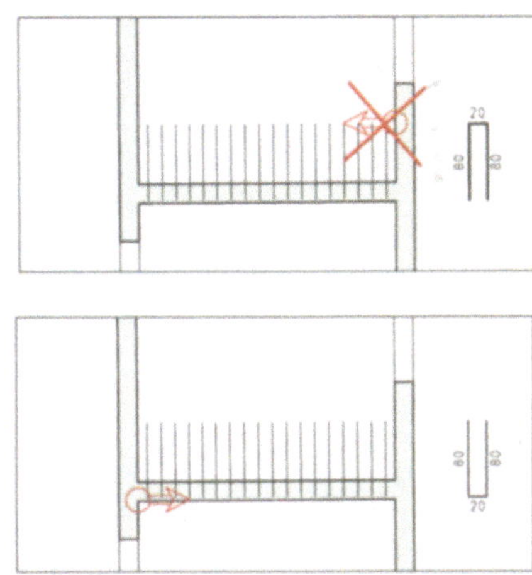

Abb. 57,58: Richtige und falsche Verlegerichtung der Randbewehrung

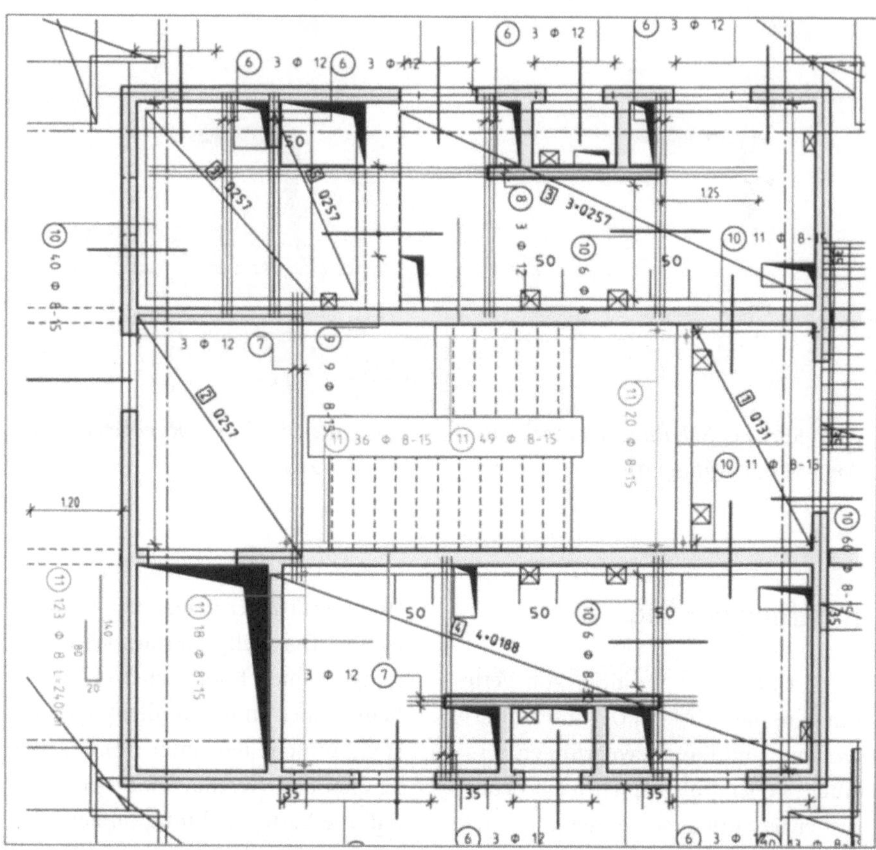

Abb. 59: Die Randbewehrungen Pos. 11

Randbewehrung mit Matten

Die Randbewehrung ist auch im Mattenmodul verfügbar. Je nachdem, welche Art von Matten, ebene oder Bügelmatten, verlegt werden soll, stehen zwei unterschiedliche Funktionen zur Verfügung. Für ebene Matten verwenden Sie /M-RAND/. Die Handhabung entspricht völlig derjenigen von /V-RAND/.

Randbewehrung mit Bügelmatten

Sind dagegen Bügelmatten zu verlegen, teilt sich der Verlegevorgang in zwei Arbeitsgänge auf, das Erzeugen der Matte über /M-BUEG/ und das Verlegen über /M-BVER/.

Zunächst zum Erzeugen: Nach Anklicken von /M-BUEG/ sind im oberen Menü der Mattentyp sowie einige Biegeparameter einzustellen. Über /B-RICH/ kann zwischen Biegerichtung quer oder längs zur Matte umgeschaltet werden. Bei Einstellung auf /QUER/ wird die Mattenlänge gesperrt. Diese hängt von den Schenkelabmessungen ab, die erst später festgelegt werden. Die Breite bleibt natürlich einstellbar. Umgekehrt verhält es sich bei der Biegerichtung /LAENGS/.

Über /STUECK/ legen Sie fest, ob die zu erzeugende Matte für die Mattenverwaltung mitgezählt werden oder unberücksichtigt bleiben soll. Schalten Sie beim Erzeugen auf /-/ und erst beim anschließenden Verlegen auf /+/. Wählen Sie jetzt die /Buegel-Form/. Es stehen vier vordefinierte Biegeformen zur Verfügung.

Außerdem kann über / ⊒ / eine beliebige Biegung vom Anwender selbst definiert werden. Das funktioniert folgendermaßen:

Nach Anklicken des Symbols können im oberen Menü Betondeckungen und Hakenmaße eingegeben werden. Die Matte wird in der Seitenansicht wie eine normale Linie im Konstruktionsmodul konstruiert. Zum Beispiel können Sie den ersten Punkt am Bildschirm absetzen und die weiteren als Koordinaten über die Tastatur eingeben (achten Sie auf die Dialogzeile!). In Abb. 60 lauten die Koordinaten:

dx= 0,40
dy= 0,15
dx= -1,00.

Die Bügeleingabe wird mit /4/ abgeschlossen. Über die Dialogzeile werden vom Programm beide Schenkellängen noch einmal abgefragt, um Ihnen die Möglichkeit einer Änderung zu geben. Sind die Maße in Ordnung, bestätigen Sie jeweils mit /↵/, andernfalls korrigieren Sie sie. Bestätigen Sie noch einmal mit /3/.

Abschließend werden Sie aufgefordert, den Bezeichnungstext des erzeugten Bügels mit Zeiger abzusetzen, dann den Auszug und die Auszugbeschriftung zu plazieren. In Abb. 60 sehen Sie oben den erzeugten Bügel und unten den Auszug.

Damit ist die Matte fertig zum Verlegen. Hierfür steht Ihnen die Funktion /M-BVER/ zur Verfügung, mit der zuvor erzeugte Bügelmatten entlang einer beliebigen Verlegegeraden verlegt werden können.

Nach Anklicken von /M-BVER/ muß zunächst die zu verlegende Matte identifiziert werden. Klicken Sie dazu den Auszug an, oder tippen Sie die Positionsnummer ein. Im Auszug erscheint nun ein gekipptes Koordinatenkreuz, in dessen Mittelpunkt ein Gummiband angelenkt ist (Abb. 61).

Durch Anklicken innerhalb eines der Quadranten des Koordinatenkreuzes legen Sie fest, aus welcher Blickrichtung die Matte in der Verlegeansicht zu sehen sein wird.

BASICS

Parameter bei Bügelmattenverlegung:

/▢/	Betondeckung allseitig
/—/	Betondeckung am Mattenanfang
/—/	Betondeckung am Mattenende
/┼┼/	Betondeckung an der der Verlegegeraden zugewandten Stirnseite
/LUECKE/	Hier kann der Abstand zwischen den Bügelmatten eingestellt werden. Die Endmattenlänge wird automatisch so eingestellt, daß die Summe der Mattenlängen und der Abstände gleich der Länge der Verlegegeraden ist.
/END-L/	Statt dessen kann auch erst die Endlänge eingestellt werden, um „krumme" Maße zu vermeiden. In diesem Fall werden die Lücken automatisch angepaßt, so daß die Gesamtabmessungen übereinstimmen.

Alle weiteren Parameter wie bei Feldverlegung

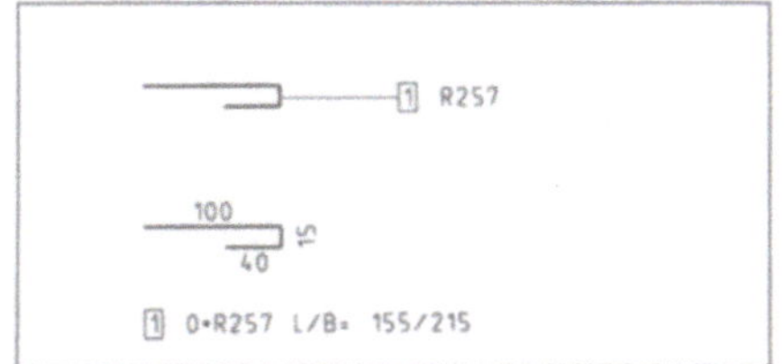

Abb. 60: Erzeugter Bügel (oben) und Auszug

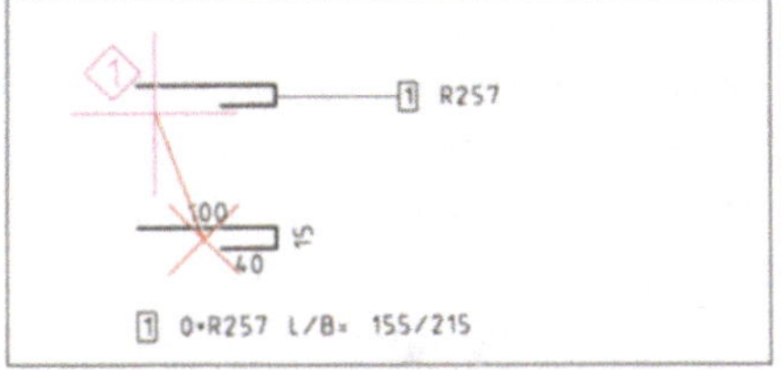

Abb. 61: Festlegen der Blickrichtung mit Hilfe des Gummibands, hier Draufsicht.

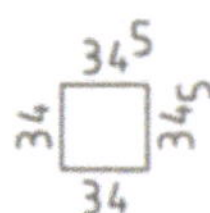

1 4•R257 L/B= 260/146

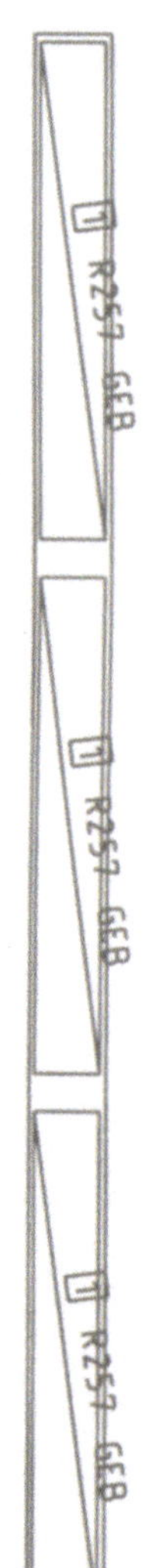

Abb. 62: Hier dient die in der Draufsicht gleichzeitig als Ansicht der Verlegung

TIPS

Bügelmatten können auch einzeln über /M-EINZ/ verlegt werden. Klicken Sie zur Eingabe des Mattentyps die untere Hälfte des /MATTE/-Felds, in dem die Mattenbezeichnung aufgeführt ist, an. Klicken Sie dann den Auszug der Bügelmatte an. Alles weitere verläuft wie beschrieben.

TIPS

Kein Beinbruch ist es, wenn Sie doch vergessen haben, auf die Umschaltung zwischen /+/ und /-/ zu achten. Sie können über /MP-MOD/ /BEREIC/ auch nachträglich für korrekte Verwaltung sorgen. Markieren Sie alle Verlegungen, und stellen Sie auf /+/. Wurde die Definitionsmatte mitgezählt, markieren Sie diese, und stellen Sie auf /-/.

Schalten Sie jetzt unter Optionen auf /+/, damit die Verlegung verwaltet wird. Andernfalls bleibt die Mattenanzahl im Auszug auf Null stehen.

Klicken Sie Anfangs- und Endpunkt der gewünschten Verlegegerade an. Nach Einstellung der Parameter wird die Verlegung mit /3/ abgeschlossen. Fällt die Endmatte kürzer aus als die übrigen Matten, wird für die Endmatte automatisch ein weiterer Auszug erstellt, der noch zu plazieren ist.

Die Definitionsmatte, die Sie als erstes erzeugt haben, ist natürlich in diesem Beispiel unnütz und kann wieder gelöscht werden. Wenn eine Verlegung jedoch in zwei Ansichten dargestellt wird, wie in Abb. 62, kann die Definitionsmatte sofort als Verlegung genutzt werden. Der Korb in Abb. 62 wurde zunächst in der Draufsicht der Stütze erzeugt. Diese Ansicht ist notwendig und bleibt erhalten. Anschließend wurde er in der Seitenansicht verlegt. Dabei ist allerdings auf korrekte Zählung zu achten. Es kann leicht passieren, daß beide Ansichten als Matte gezählt werden, oder aber, daß keine mitgezählt wird. Denken Sie also an den Stückzahlschalter.

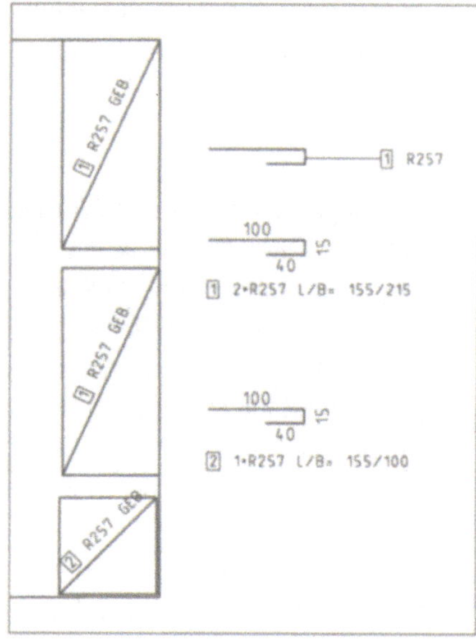

Abb. 63: Randbewehrung mit Bügelmatten

Auswechslung von Aussparungen als Plandetail

Häufig geht es auf Bewehrungsplänen so beengt zu, daß einige Details separat als Ausschnitt dargestellt werden müssen, damit der Plan lesbar bleibt. Lernen Sie also im folgenden anhand eines Deckendurchbruchs der Kellerdecke, wie man hierbei vorgeht. Prinzipiell gibt es zwei Möglichkeiten, Details darzustellen:

- Zoomen
- Ausschneiden und Kopieren.

Beim Zoomen wird ein Ausschnitt des Teilbilds in einem sogenannten Zoomfenster ein zweites Mal dargestellt. Die Betonung liegt auf „dargestellt", da die Daten hierbei nicht doppelt vorhanden sind, sondern vielmehr zweimal auf dieselben Daten zugegriffen wird. Das hat den großen Vorteil, daß Änderungen im Original automatisch ins Zoomfenster übernommen werden und umgekehrt. Außerdem sind im Zoomfenster problemlos vergrößerte Darstellungen möglich.

Dem steht entgegen, daß bei einer großen Anzahl an Zoomfenstern ein relativ hoher Rechenaufwand zu leisten ist, was den Bildaufbau verlangsamt.

Bei der „Handarbeitsmethode" dagegen - Ausschneiden und Kopieren - sind die jeweiligen Daten doppelt und unabhängig voneinander vorhanden. Dadurch wird es nötig, daß Änderungen in der einen Ansicht vom Nutzer per Hand in andere Ansichten übertragen werden müssen. Auch Vergrößerungen sind nicht möglich, da das Teilbild ja in Originalmaßen des Bauwerks gezeichnet wird. Bei reinen Strichzeichnungen kann hier noch „getrickst" werden, indem einfach über /VERZER/ alle Maße vervielfacht werden. Beim Bewehren ist dies nicht möglich, da die Eisen nicht nur als „Striche" im Teilbild vorhanden sind, sondern gleichzeitig mit ihren Merkmalen, also auch Abmessungen verwaltet werden, um Auszüge und Biegelisten automatisiert ausgeben zu können. Daher müssen sie korrekt dimensioniert sein.

Im Normalfall ist es aufgrund der beschriebenen Vorteile sinnvoll, das Zoomverfahren anzuwenden. Wenn jedoch sehr viele Details ausgeschnitten werden, kann es unter Umständen vorteilhaft sein, über Ausschneiden und Kopieren zu arbeiten, um den Bildaufbau nicht zu sehr zu verlangsamen. Alle Vorteile des Zoomens gehen dann natürlich verloren. Wenn mit Ausschneiden und Kopieren gearbeitet wird und trotzdem vergrößerte Details darzustellen sind, legen Sie diese Details alle nebeneinder und erzeugen Sie *ein* Zoomfenster für alle. Sie haben in diesem Fall nur ein Zoomfenster auf dem Bildschirm, was den Bildaufbau nicht wesentlich beeinträchtigt.

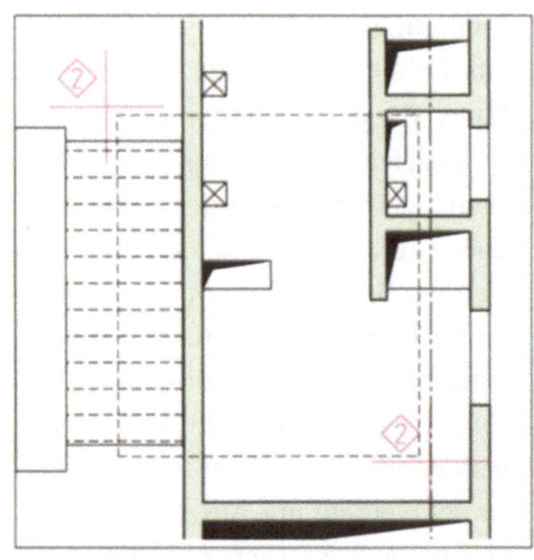

Abb. 64: Das auszuschneidende Detail

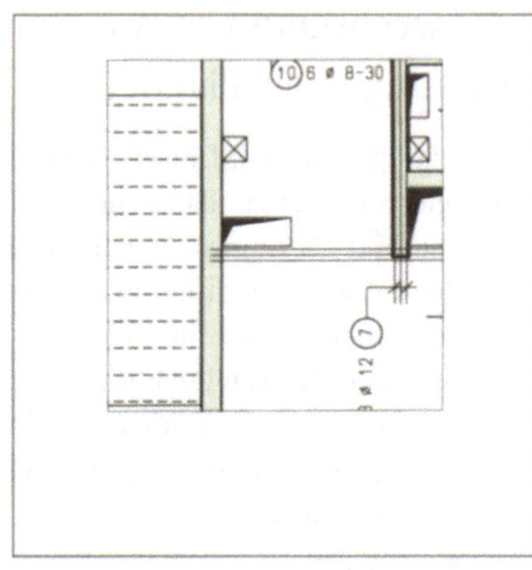

Abb. 65: Das Zoomfenster

B A S I C S

Ein Zoomfenster ist nur in einer Zeichnung darstellbar, nicht aber in einem einzelnen Teilbild.
Wechseln Sie zum Anlegen einer Zeichnung in die Hauptmaske und wählen Sie /TEILBILD/. Aktivieren Sie das Eingabefeld unter „Aktuelle Zeichnung" und tippen Sie einen Namen für die Zeichnung ein.
Klicken Sie auf /NEIN/ in der Dialogzeile, um die Teilbilder Ihrer Zeichnung selbst zuzuordnen. Über /ZEICHNUNGSTEILBILD-WAHL/ können Sie nun alle Teilbilder auswählen, die Ihrer Zeichnung zugeordnet werden sollen.
Eine ausführliche Beschreibung der Zeichnungsorganisation ist in „ALLPLAN/ALLPLOT für Einsteiger" zu finden.

Zoomen eines Aussparungsdetails

Um ein Detail aus dem Grundriß herauszuzoomen, müssen Sie zunächst eine Zeichnung anlegen, sofern dies nicht ohnehin bereits geschehen ist. Sie muß das Grundrißteilbild und das Rundstahlteilbild enthalten.

Wählen Sie links im Wechselmenü /KA/ zum Öffnen des Zoom-Moduls. Klicken Sie im unteren Menü /ZOOM / / an. Stellen Sie dann im oberen Menü über /XY-FAK/ den Vergrößerungsfaktor 1 ein. Soll das Detail vergrößert dargestellt werden, kann hier der Vergrößerungsfaktor eingestellt werden.

Wählen Sie außerdem unter /STATUS/ die Einstellung /NORMAL/. Das bedeutet, daß alle Elemente sowohl im Original als auch im Zoomfenster zu sehen sein werden. Würde /STATUS/ auf /ZOOM/ gestellt, würden alle im Zoomfenster dargestellten Elemente im Original ausgeblendet.

Unter /RAHMEN/ können Sie wählen, ob das Zoomfenster einen Rahmen erhalten soll /*EIN*/ oder nicht /*AUS*/. Wenn Sie /SCHIRM/ wählen, wird auf dem Bildschirm ein Rahmen in Hilfskonstruktionsfarbe dargestellt, der aber nicht mitgedruckt wird. /STANZ/ ist hier nicht von Belang und sollte auf /*AUS*/ stehen.

Ziehen Sie nun den Bereich auf, der im Zoomfenster dargestellt werden soll (Abb. 64). Der Übersichtlichkeit wegen wurde für Abb. 64 nur das Grundrißteilbild aktiv gesetzt. Der Zoombereich ist aber für alle Teilbilder der Zeichnung gültig. Wenn nachträglich weitere Teilbilder eingeblendet werden, werden auch deren Elemente gezoomt.

Das Zoomfenster hängt jetzt am Fadenkreuz und kann an einer beliebigen Stelle abgesetzt werden. Wenn das Rundstahlteilbild, in dem die Detailbewehrungen ja ergänzt werden sollen, dazu eingeblendet wird, sind natürlich alle im Zoombereich liegenden Eisen auch im Zoomfenster dargestellt (Abb. 65). Da hierin jedoch nur die Aussparungsdetails gezeigt werden sollen, ist das unerwünscht.

Wählen Sie deshalb /MODI/ → /ORIG./ im unteren Menü. Alle Elemente, die Sie nun anklicken, werden im Zoomfenster ausgeblendet, so daß sie nur noch im Original zu sehen sind. Blenden Sie über diesen Weg alle Eisen im Zoomfenster aus (Abb. 66).

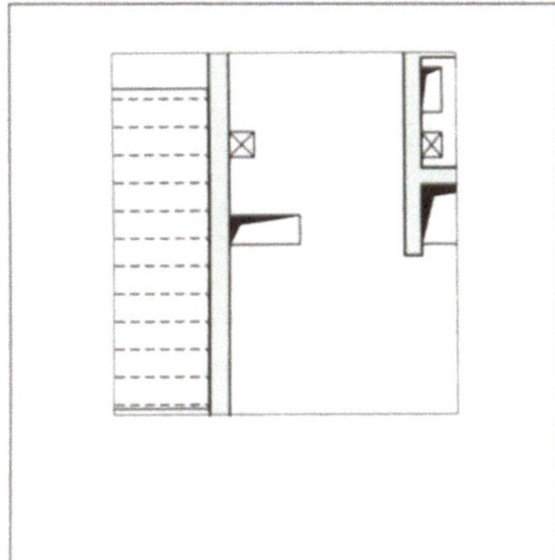

Abb. 66: Das Zoomfenster nach Ausblenden der bisherigen Bewehrung

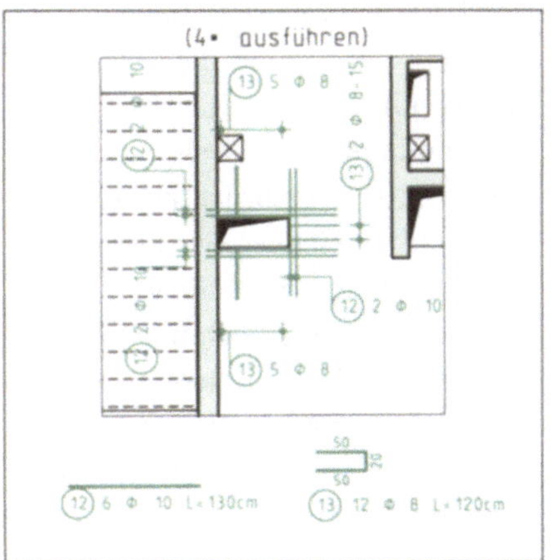

Abb. 67: Bewehrungsdetail einer Aussparung.

B A S I C S

Es gibt drei Möglichkeiten, den zu zoomenden Bereich zu definieren:

/ZOOM / /
Ziehen Sie den Zoombereich über die Diagonalpunkte auf wie im Beispiel beschrieben (Abb. 64). Das Zoomfenster hängt dann am Fadenkreuz und kann an beliebiger Stelle abgesetzt werden.

/ZOOM [ ] /
Klicken Sie erst den Mittelpunkt des Zoombereichs und dann einen Eckpunkt an. Auch in diesem Fall ist anschließend das am Fadenkreuz hängende Zoomfenster auf dem Teilbild zu plazieren.

/ZOOM \ /
Ziehen Sie erst ein leeres Zoomfenster an einer freien Stelle des Teilbilds auf. Legen Sie dann den am Fadenkreuz hängenden Fensterumriß auf den Zoombereich. Alles was innerhalb des Umrisses liegt, wird ins Zoomfenster übertragen.

Wenn Sie nun die Detailbewehrung im Zoomfenster ausführen, werden alle ergänzten Stäbe auch im Original dargestellt. Auch das ist natürlich in diesem Fall nicht erwünscht (in anderen sehr wohl), sonst wäre keine Detaildarstellung notwendig. Aktivieren Sie deshalb /Z/ im linken Menü. Das Zoomfenster wird nun grau hinterlegt. So lange das der Fall ist, werden alle Ergänzungen im Zoomfenster nur dort und nirgends anders gezeigt.

Sie können nun also über /FL/ wieder in das Modul Flächenrundstahl wechseln und auf die gewohnte Art und Weise die Detailbewehrung (Abb. 67) ergänzen.

Über /ZOOM - / kann ein Zoomfenster übrigens wieder entfernt werden. Alle darin enthaltenen Elemente werden dann ins Original übertragen, unabhängig davon, welchen Status sie hatten. Es kann also nichts verloren gehen.

B A S I C S

Über /MODI/ sind den Elementen in einem Zoomfenster drei verschiedene Darstellungsarten zuweisbar:

/NORMAL/
Alle Elemente, die angeklickt werden, erscheinen sowohl im Original als auch im Zoom.

/ZOOM/
Alle Elemente, die jetzt angeklickt werden, werden im Original ausgeblendet. Sie sind nur noch im Zoom zu sehen.

/ORIG./
Diese Option funktioniert genau umgekehrt; alle angeklickten Elemente bleiben also nur im Original sichtbar.

Vervielfachung eines Details

Die im Ausschnitt dargestellte Aussparung ist in vierfacher Ausführung in der Kellerdecke vorhanden, wird aber natürlich nur einmal als Detail gezeichnet. Für die interne Eisenverwaltung muß die vierfache Verwendung der Bewehrung kenntlich gemacht werden. Zu diesem Zweck gibt es die Funktion /BF-MOD/, mit deren Hilfe sich ein Bauteilfaktor eingeben läßt. Die Verlegung wird mit diesem Bauteilfaktor multipliziert, so daß die Stahlmenge korrekt aufsummiert wird.

/BF-MOD/ befindet sich allerdings nicht in /FL-BEW/, sondern im Rundstahlmodul, das über /RB/ im Wechselmenü erreichbar ist. Blättern Sie dort auf die zweite Seite und klicken Sie /BF-MOD/ an. Aktivieren Sie die zu multiplizierende(n) Verlegung(en), in diesem Fall am besten, indem mit /2/ ⟶ /2/ ein Bereich über den ganzen Ausschnitt aufgezogen wird. Tippen Sie jetzt den Multiplikationsfaktor, hier also 4, ein. Die Auszüge werden umgehend aktualisiert (Abb. 68).

Auf die beschriebene Weise können alle in Abb. 69 gezeigten Ausschnitte erstellt werden. Setzen Sie die gezeigten Eisen ab, verpositionieren Sie sie und erstellen Sie ihre Auszüge. Stababstand und Betondeckung entsprechen, soweit nicht anders angegeben, der Pos. 6. Sie können aber auch in die Zeichnung /DECKE KG/ des Lernprojekts wechseln, in dem die Zoomfenster bereits definiert und bewehrt sind.

TIPS

Übrigens: In /RB/ finden Sie neben /BF-MOD/ auch die Funktion /TE-MOD/, mit deren Hilfe Verlegungsbeschriftungen modifiziert werden können. Sie brauchen also nicht, wenn Sie einen Text verändern wollen, wie über /TE/, den alten Text löschen und neu eingeben, sondern können ihn direkt modifizieren.

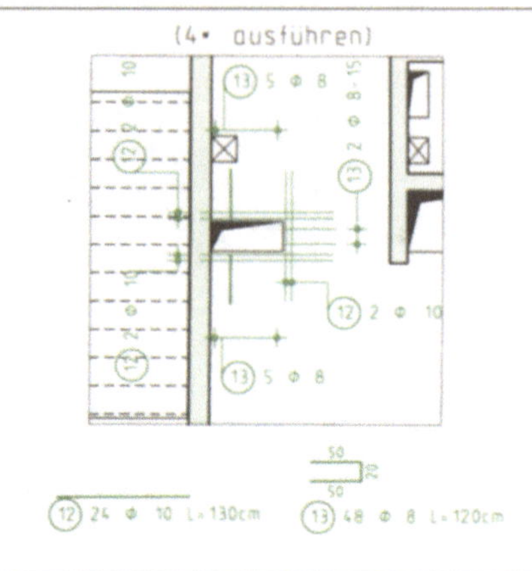

Abb. 68: Die Auszüge nach Änderung des Bauteilfaktors

BASICS

Modifikationen der Zoomfenster

/ZOOM-M/
Um die Zoomparameter zu verändern, wird /ZOOM-M/ und anschließend das zu ändernde Zoomfenster angeklickt. Im oberen Menü stehen nun dieselben Parameter wie beim Erzeugen des Fensters zur Verfügung. Das Fenster kann jetzt auch an eine andere Stelle verschoben werden.

/ZOOMv˙/
Stellen Sie sich das Zoomfenster wie ein Fenster in einer Wand vor, hinter dem ein Plan hin- und hergeschoben wird. Genauso können Sie mit /ZOOMv˙/ den Inhalt des Zoomfensters „hinter" dem Fenster verschieben werden.

/ZOOM >/
Die Größe des Zoomfensters kann über /ZOOM >/ geändert werden. Je nachdem, welchen Quadranten des Fensters Sie anklicken, kann die entsprechende Ecke verzogen werden.

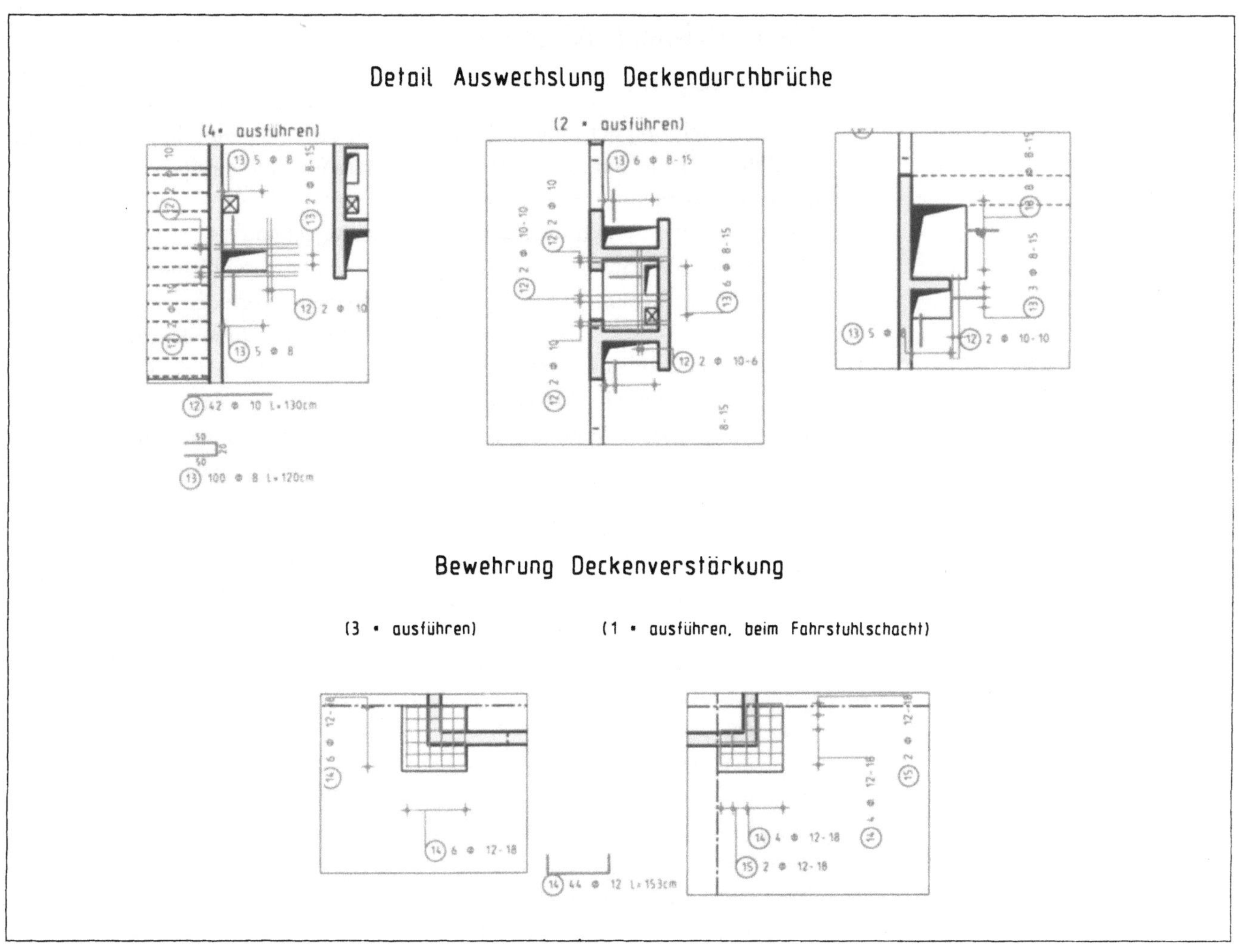

Abb. 69: Alle Details des Bewehrungsplans

Ausschneiden und Kopieren eines Details

Wenn Sie den Weg über Ausschneiden und Kopieren gehen wollen, verfahren Sie wie folgt:

Zum Ausschneiden von Details wird die Funktion /< X >/ des Konstruktionsmoduls verwendet. Da hierbei Linien unwiderrufbar zerschnitten werden, empfiehlt es sich, zunächst den ganzen Grundriß über /T-KOP/ in ein neues Teilbild zu kopieren. Andernfalls ist der Grundriß nach der Definition der Ausschnitte völlig „zerschnippelt" und deshalb nicht mehr vernünftig bearbeitbar.

Im oberen Menü von /KONS/ ist die Schneidefunktion /< X >/ zu finden, mit deren Hilfe ein Detail ausgeschnitten werden kann. Dieses ist nun über /KOPIE/ an eine freie Stelle auf dem Teilbild zu kopieren. Die zu kopierenden Elemente sind am einfachsten über /3/ → /3/ zu aktivieren. Sie erinnern sich: Über /3/ → /3/ werden die zuletzt aktiven Elemente erneut aktiviert, das heißt in diesem Fall, der komplette ausgeschnittene Bereich (vergleiche Band „ALLPAN/ALLPLOT für Einsteiger"). Dann kann es auf die zuvor beschriebene Weise ans Bewehren der Aussparung gehen.

Achten Sie darauf, die Zählfunktion auszuschalten, wenn Sie ein Eisen ohne Zoomen in mehreren Ansichten (Details) verlegen. Schalten Sie vor dem Absetzen der zweiten Eisenansicht bei den Verlegeparametern unter /OPTIONEN/ von /+/ auf /-/ um.
Andernfalls stimmen Auszüge und Biegeliste nicht mehr!

Mattenschneideskizze und Restverlegung

Die Bewehrung der unteren Lage der Kellerdecke ist abgeschlossen, so daß es Zeit wird, auf die Verwaltung des verwendeten Bewehrungsstahls einzugehen. Als erstes sei die Mattenschneideskizze genannt.

Erzeugen der Schneideskizze

Um die Mattenschneideskizze zu erstellen, wechseln Sie in das Teilbild, das die Matten enthält. Sind auf weiteren Teilbildern Matten enthalten, sind diese als aktive Hintergrundteilbilder hinzuzuschalten, sonst werden sie nicht berücksichtigt.

Wechseln Sie in das /MATTEN/-Modul und klicken Sie im unteren Menü /M-SSK/ an. Sie können nun unter /ORT/ wählen, ob Sie die Schneideskizze direkt auf dem aktuellen Teilbild absetzen wollen - /PLAN/ - oder ob ein neues Fenster für die Skizze geöffnet werden soll - /WINDOW/. Im zweiten Fall kann sie entweder auf ein noch leeres Teilbild gespeichert oder direkt gedruckt werden. Von /WINDOW/ kann auch nachträglich noch auf /PLAN/ umgeschaltet werden, nicht aber umgekehrt.

Wählen Sie also /WINDOW/ und erzeugen Sie die Schneideskizze über /SKIZZE/. Es öffnet sich zunächst eine Eingabemaske, über die der Listenkopf ausgefüllt werden kann. Nach Bestätigung der Einträge wird ein Fenster geöffnet, das die Schneideskizze für alle in den aktiven Teilbildern verwendeten Matten enthält (Abb. 70). Ist die Schneideskizze mehr als eine Seite lang, können Sie über />/ und /</ vor- und zurückblättern.

Über /PLOT/ wird die Skizze ausgedruckt. Sie können sie aber auch auf einem leeren Teilbild speichern. Klicken Sie dazu /TB-S/ an und geben Sie die neue Teilbildnummer ein. Über /TB-L/ kann eine Skizze vom externen Teilbild wieder in das Fenster im Mattenteilbild geladen werden.

Restverlegung

In der Regel bleiben nach dem Verlegen mehr oder weniger große Mattenreste übrig, die oft noch sinnvoll zu verwenden sind. Zu diesem Zweck ist es in ALLPLOT möglich, Mattenreste aus der Schneideskizze zu holen und zu verlegen.

B A S I C S

Restverteilungsrichtung
Über /VERTEI/ können Sie vor dem Erzeugen der Schneideskizze festlegen, ob die verwendeten Matten in Längs- (/-L-/, linke Abbildung) oder in Querrichtung (/-Q-/, rechte Abbildung) aus der Lagermatte geschnitten werden sollen.

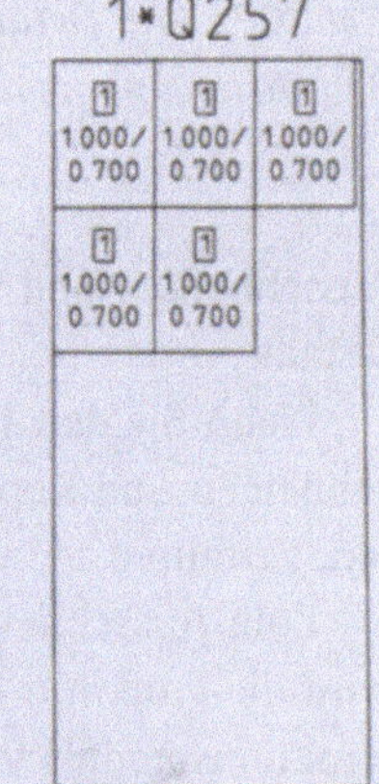

Die Verteilungsrichtung läßt sich aber auch noch nachträglich ändern. Sie müssen dann über /SKIZZE/ statt über /AKT/ aktualisieren.

Es empfiehlt sich also, schon während des Verlegens der Matten, eine Schneideskizze zu erstellen. Sie können dann eventuell entstehende Reste sofort weiterverwenden. Verlassen Sie /M-SSK/ über /4/, um mit dem Verlegen fortzufahren. Es folgt eine Abfrage, ob die Skizze am Bildschirm belassen werden soll, die Sie mit /JA/ beantworten. Bei /NEIN/ würde die Skizze gelöscht und müßte neu erzeugt werden. Sie können nun ganz normal mit der Mattenverlegung fortfahren. Um die Schneideskizze später wieder zu aktualisieren, klicken Sie /M-SSK/ ⟶ /AKT/ an.

T I P S

Wenn Sie mit der eingeblendeten Schneideskizze nicht genügend Platz zum Arbeiten an Ihrem Teilbild haben, schalten Sie das Bewehrungsteilbild über / ▭ / im linken Menü in den Vordergrund. Die Schneideskizze kann jederzeit wieder nach vorn geholt werden, indem Sie /M-SSK/ anklicken.

Wenn Sie Verwendung für einen der Mattenreste haben, können Sie ihn direkt aus der Schneideskizze holen. Wählen Sie dazu die Einzelverlegung /M-EINZ/. Klicken Sie dann unter /MATTE/ die Mattenbezeichnung in der unteren Hälfte des Felds an. In der Dialogzeile wird „Matte / Mattenrest /..." angefordert. Klicken Sie den gewünschten Mattenrest in der Schneideskizze an. Er hängt nun am Fadenkreuz und kann im Teilbild abgesetzt werden. Die Schneideskizze wird bei Restverlegung automatisch aktualisiert.

T I P S

Wenn Listenmatten so lang sind, daß sie in die nächste Zeile der Schneideskizze ragen, reduzieren Sie die Zeilenzahl über /DEF/ ⟶ 2. Seite ⟶ /MASKE/ ⟶ /SSK-ZE/ auf zwei.

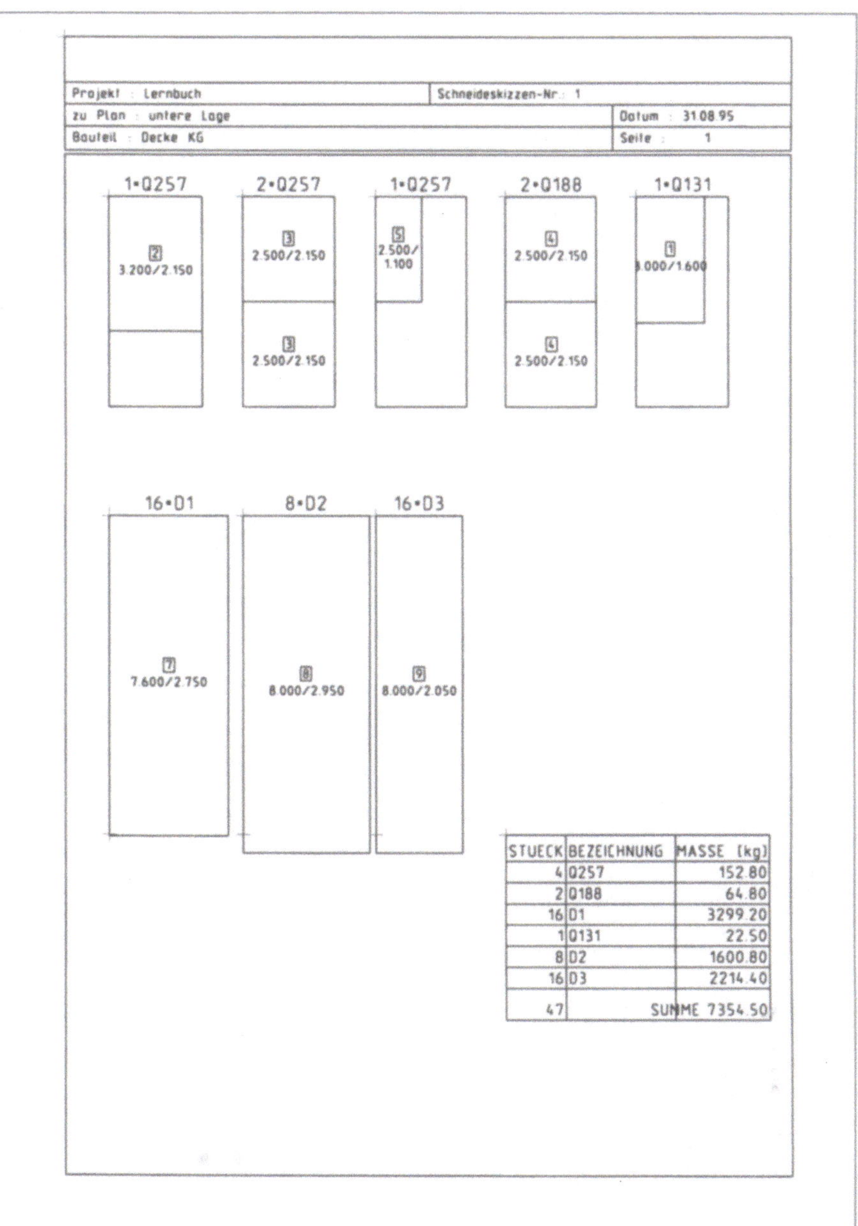

Abb. 70: Die Mattenschneideskizze

Projekt: Lernbuch	Biegelisten-Nr:	
zu Plan: untere Lage		Datum: 11.07.95
Bauteil: Decke KG		Seite: 1

Zusammenfassung der Betonstahlliste

gerade Staebe				gebogene Staebe		
Φ [mm]	Laenge [m]	Masse [kg]	[kg/m]	d [mm]	Laenge [m]	Masse [kg]
6	189.80	42.1	0.222	6	-	-
8	590.90	233.4	0.395	8	415.20	164.0
10	453.00	279.5	0.617	10	-	-
12	101.10	89.7	0.888	12	71.84	63.7
14	-	-	1.210	14	-	-
16	-	-	1.580	16	-	-
20	-	-	2.470	20	-	-
25	-	-	3.850	25	-	-
28	-	-	4.830	28	-	-
		644.8				227.7

Anzahl Positionen = 15 Gesamtmasse 872.6 kg

Projekt: Lernbuch	Biegelisten-Nr:	
zu Plan: untere Lage		Datum: 11.07.95
Bauteil: Decke KG		Seite: 3

Pos.	Stck	Φ	Einzel Laenge [m]	Bemasste Biegeform (unmasstaeblich)	Gesamt Laenge [m]	Masse [kg]	Bemerkungen
11	123	8	2.40	140 / 20 / 80	295.20	116.60	
12	42	10	1.30	130	54.60	33.69	
13	100	8	1.20	50 / 20 / 50	120.00	47.40	
14	44	12	1.53	29 / 95 / 29	67.32	59.78	
15	4	12	1.13	29 / 55 / 29	4.52	4.01	

Gesamtmasse = 872.61 kg

Abb. 71: Biegeliste für die Kellerdecke: erste (oben) und letzte Seite

Biegeliste

Prinzipiell auf die gleiche Weise wie bei der Schneideskizze kann die Biegeliste für den verwendeten Rundstahl erstellt werden. Aktivieren Sie alle Teilbilder, in denen sich Rundstahl befindet, der in die Biegeliste aufgenommen werden soll. Wechseln Sie in das Modul /FL-BEW/ und klicken Sie im oberen Menü /B-LIST/⟶/BILDEN/ an. Sie werden gefragt, ob Hintergrundteilbilder für die Biegeliste berücksichtigt werden sollen, was Sie mit /JA/ beantworten. Eine weitere Abfrage ermöglicht es, eine Positionsnummer einzugeben, ab der die Biegeliste beginnen soll. Für Abb. 71 wurde „11" gewählt. Bei Bestätigung der voreingestellten Null über /↵/ werden alle verlegten Positionen berücksichtigt.

Die Liste wird in einem eigenen Fenster eingeblendet. Auf der ersten Seite der Liste finden Sie eine Zusammenfassung des benötigten Stahls (Abb. 71 oben). Auf den weiteren Seiten sind die einzelnen Positionen aufgeführt (Abb. 71 unten). Geblättert wird über />/ und /</.

Auch die Biegeliste kann über /TB-S/ auf einem leeren Teilbild gespeichert bzw. über /TB-L/ von dort wieder geladen werden. Soll nur eine Seite der Liste gedruckt werden, blättern Sie sie an und drücken Sie /PL-SEI/. Über /PL-LIS/ dagegen wird die gesamte Liste geplottet.

Die beschriebene Funktionsweise ist nur gültig bei der Einstellung /DEF/⟶/LISTE/⟶/AUSGABE: DRUCKER/. Soll die Liste dagegen direkt auf dem Teilbild abgesetzt werden, ist statt dessen /AUSGABE: PLAN/ zu wählen.

Stahllisten

Im Gegensatz zu Mattenschneideskizze und Biegelisten, die in ein feststehendes Formular eingetragen werden, lassen sich in ALLPLOT auch individuell gestaltbare Stahllisten erzeugen, allerdings nur ohne graphische Stabdarstellung.

Die Listen werden in den einzelnen Bewehrungsmodulen, also /MATTEN/, /FL-BEW/ und /RU-BEW/ erzeugt. In jedem dieser Module findet sich die Funktion /S-LIST/. Sie nimmt alle Matten bzw. Eisen, die auf dem Bildschirm zu sehen sind (auch von inaktiven Hintergrundteilbildern), in eine Matten- bzw. Rundstahlliste auf.

Wenn Sie /S-LIST/ angeklickt haben, erfolgt eine Reihe von Abfragen nach Bauteil, Listennummer und Anzahl der Ausführungen. Auf eine Angabe des Bauteilnamens kann verzichtet werden. Wichtig ist jedoch, daß eine Listennummer angegeben wird, da die Listen über diese Nummer gespeichert werden.

Eine letzte Abfrage ermöglicht Ihnen einen umgehenden Ausdruck der Liste (siehe unten).

Um die auf diese Weise erzeugten Listen auf den Bildschirm zu holen, wechseln Sie ins Hauptmenü und rufen Sie das Stahllisten-Modul /SL/ auf. Es wird eine Übersichtsmaske eingeblendet, in der alle zuvor in den Bewehrungsmodulen definierten Listen mit Bauteilname, Listennummer und Typ (MA = Matten, RU = Rundstahl) aufgeführt sind (Abb. 72).

Diese Listen können manuell nachbearbeitet werden. Aktivieren Sie dazu die Zeile mit der zu bearbeitenden Stahlliste, und wählen Sie /Bearbeiten/. Über /Neu/ kann übrigens eine Liste komplett von Hand geschrieben werden.

Nach Anwahl von /Bearbeiten/ erscheint eine neue Maske, die den Inhalt der angewählten Stahlliste zeigt (Abb. 73). In ihr können Sie Veränderungen vornehmen, indem Sie eines der Felder anklicken und den neuen Feldinhalt, zum Beispiel eine andere Stückzahl, eintippen. Auch die Einträge im Listenkopf können geändert werden. Für manche Einträge wie Stahlgüte oder Mattentyp läßt sich durch Eingabe eines Fragezeichens ein Pulldown öffnen, aus dem der gewünschte Eintrag per Klick ausgewählt werden kann.

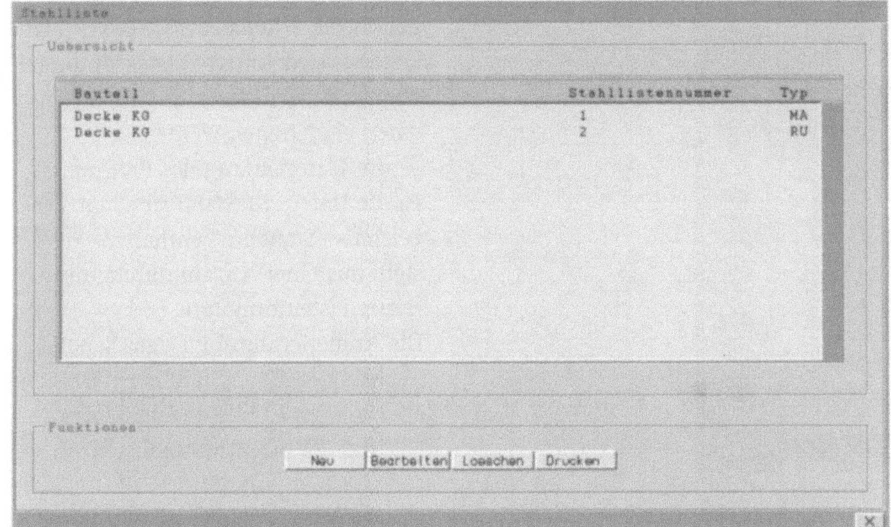

Abb. 72: Die Stahllistenübersicht

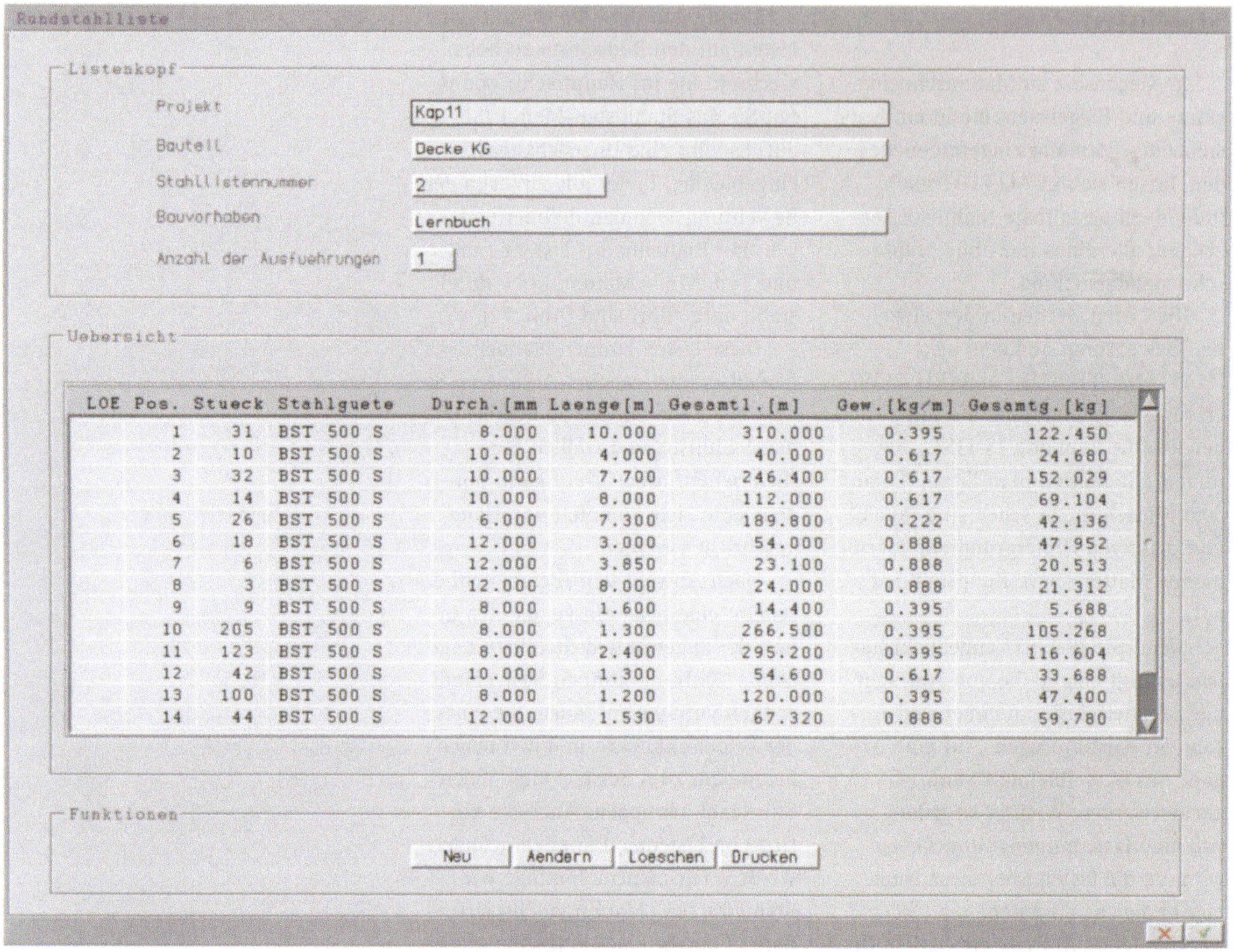

Rundstahlliste
Listenkopf
Projekt
Kap11
Bauteil
Decke KG
Stahllistennummer
2
Bauvorhaben
Lernbuch
Anzahl der Ausfuehrungen
1
Uebersicht
LOE Pos. Stueck Stahlguete Durch.[mm Laenge[m] Gesamtl.[m] Gew.[kg/m] Gesamtg.[kg]
1 31 BST 500 S 8.000 10.000 310.000 0.395 122.450
2 10 BST 500 S 10.000 4.000 40.000 0.617 24.680
3 32 BST 500 S 10.000 7.700 246.400 0.617 152.029
4 14 BST 500 S 10.000 8.000 112.000 0.617 69.104
5 26 BST 500 S 6.000 7.300 189.800 0.222 42.136
6 18 BST 500 S 12.000 3.000 54.000 0.888 47.952
7 6 BST 500 S 12.000 3.850 23.100 0.888 20.513
8 3 BST 500 S 12.000 8.000 24.000 0.888 21.312
9 9 BST 500 S 8.000 1.600 14.400 0.395 5.688
10 205 BST 500 S 8.000 1.300 266.500 0.395 105.268
11 123 BST 500 S 8.000 2.400 295.200 0.395 116.604
12 42 BST 500 S 10.000 1.300 54.600 0.617 33.688
13 100 BST 500 S 8.000 1.200 120.000 0.395 47.400
14 44 BST 500 S 12.000 1.530 67.320 0.888 59.780
Funktionen
Neu
Aendern
Loeschen
Drucken

Abb. 73: Die Rundstahlliste für die Kellerdecke

Listenauswahl
Verzeichnis
STANDARD
BUERO
Datei
18 Stahllisten
Liste
11 Rundstahlliste1
12 Rundstahlliste2
Ausdruck ab Seite
1

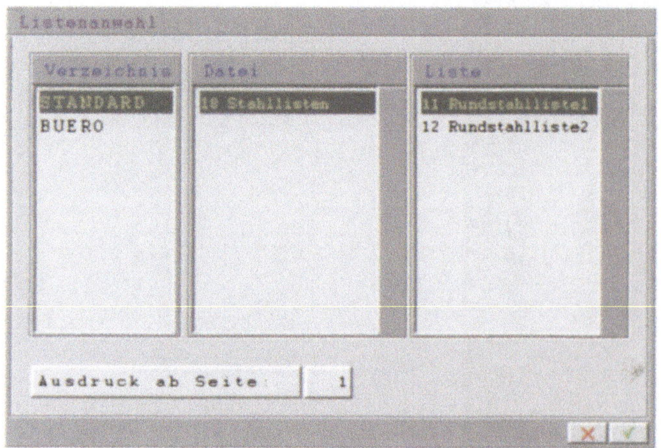

Abb. 74: Die Listenauswahlmaske

Zum Ausdrucken einer Liste klicken Sie /Drucken/ an. Sie gelangen in die Listenauswahlmaske. Darin können vordefinierte Listenformulare abgerufen werden, in die die Listendaten eingetragen werden.

Im Lieferumfang des Programms ist die Datei „18 Stahllisten" im Verzeichnis „Standard" enthalten. Sie besteht aus einer Anzahl durchnumerierter Listenformulare.

Die Numerierung folgt dem Schema:

Nr.	1-10	Stahllistenübersicht
Nr.	11-20	Rundstahllisten
Nr.	21-30	Mattenlisten

Das bedeutet, daß nur die Listen 1-10 aufgeführt werden, wenn Sie /DRUCKEN/ in der Listenübersichtsmaske angeklickt haben, bzw. nur 11-20, wenn Sie aus der Rundstahllistenmaske kommen. Nicht alle Nummern sind belegt, so daß Sie eigene Formulare ergänzen können. Voraussetzung dafür ist jedoch der Kauf des Listengenerators /LIS/, der nicht im Lieferumfang der ALLPLOT-Pakete enthalten ist.

Aktivieren Sie eines der Formulare und bestätigen Sie Ihre Wahl. Sie sehen nun auf dem Bildschirm die Ausgabeliste, d.h. das ausgefüllte Formular (Abb. 75). Über /DRUCKEN/ schicken Sie den Druckauftrag ab. Oder aber Sie brechen noch einmal mit /4/ ab und ändern Ihre Einstellungen.

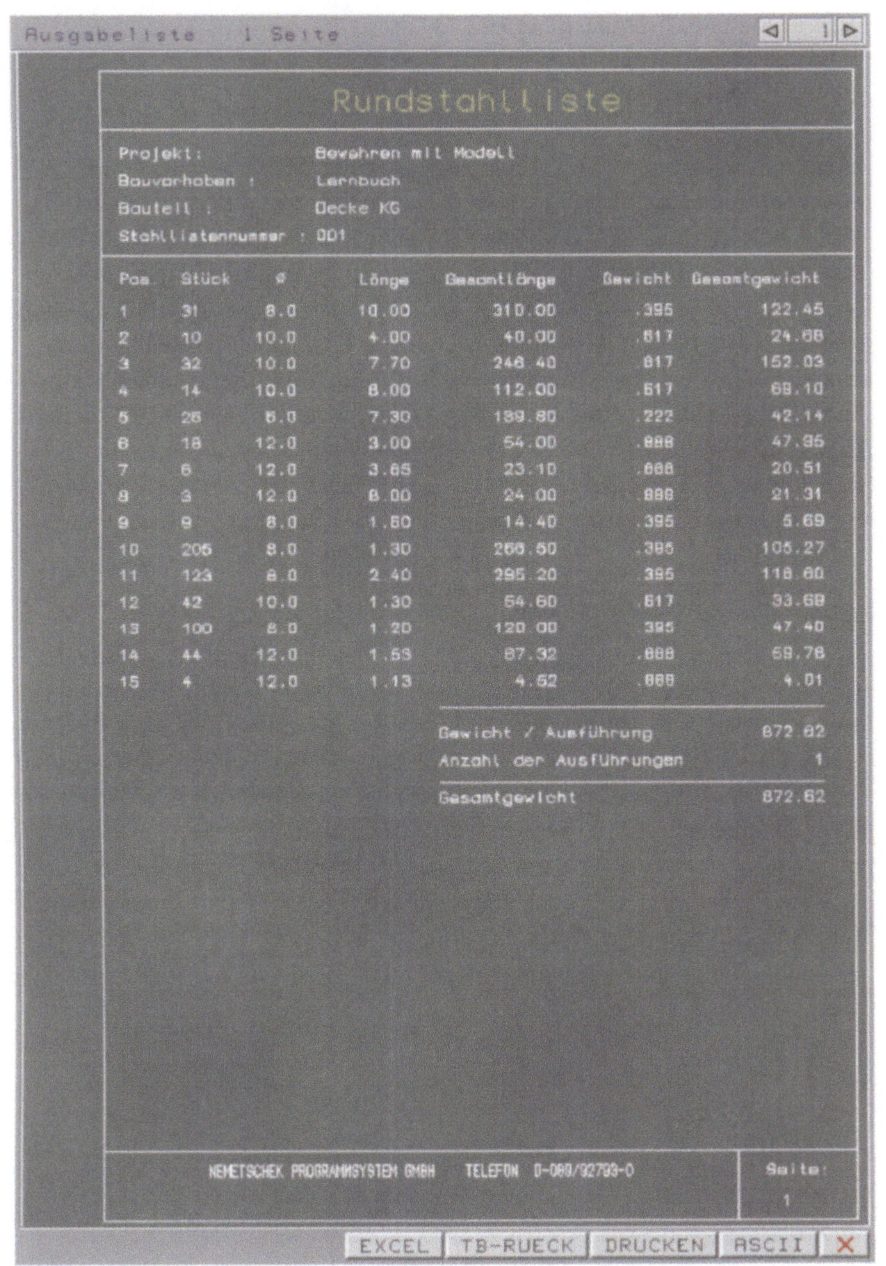

Ausgabeliste 1 Seite

Rundstahlliste

Projekt: Bewehren mit Modell
Bauvorhaben : Lernbuch
Bauteil : Decke KG
Stahllistennummer : 001

Pos.	Stück	Ø	Länge	Gesamtlänge	Gewicht	Gesamtgewicht
1	31	8.0	10.00	310.00	.395	122.45
2	10	10.0	4.00	40.00	.617	24.68
3	32	10.0	7.70	246.40	.617	152.03
4	14	10.0	8.00	112.00	.617	69.10
5	26	6.0	7.30	189.80	.222	42.14
6	18	12.0	3.00	54.00	.888	47.95
7	6	12.0	3.85	23.10	.888	20.51
8	3	12.0	8.00	24.00	.888	21.31
9	9	8.0	1.60	14.40	.395	5.69
10	205	8.0	1.30	266.50	.395	105.27
11	123	8.0	2.40	295.20	.395	116.60
12	42	10.0	1.30	54.60	.617	33.69
13	100	8.0	1.20	120.00	.395	47.40
14	44	12.0	1.53	67.32	.888	59.78
15	4	12.0	1.13	4.52	.888	4.01

Gewicht / Ausführung 872.62
Anzahl der Ausführungen 1

Gesamtgewicht 872.62

NEMETSCHEK PROGRAMMSYSTEM GMBH TELEFON 0-089/92793-0
Seite: 1

EXCEL TB-RUECK DRUCKEN ASCII X

Abb. 75: Die Ausgabeliste

BASICS

Listen konvertieren

Die Stahllisten können aus der Ausgabeliste nicht nur ausgedruckt, sondern auch für die Übernahme in andere Programme gespeichert werden.

/EXCEL/ dient der Konvertierung in das Tabellenkalkulationsprogramm Excel. Geben Sie nach Aufforderung den gewünschten Dateinamen ohne Dateinamenerweiterung ein. Die Datei wird im Verzeichnis \NEM\v11\USR\LOCAL\I_O\ mit der Erweiterung .txt gespeichert.

/ASCII/ speichert die Liste als ASCII-File. Geben Sie ebenfalls nach Aufforderung den gewünschten Dateinamen ohne Erweiterung ein. Die Datei wird im Verzeichnis \NEM\v11\USR\LOCAL\ mit der Erweiterung .asc gespeichert.

/TB-RUECK/ ermöglicht es, die Liste in einem Teilbild abzusetzen. Nach Anklicken des Schalters hängt die Liste am Fadenkreuz.

Bewehrungsplan drucken

Auch beim Bewehrungsplan funktioniert das Ausdrucken wie schon beim Positionsplan beschrieben. Um einen schnellen Bildschirmausdruck zu erhalten, klicken Sie auf /ZEI/ → /PLOT/.

Um einen Plan zusammenzustellen und abzuspeichern, wählen Sie in der Hauptmaske /PLAN/, tippen Sie den Namen des Plans ein, und bestätigen Sie mit /3/. Wählen Sie im linken Menü der Hauptmaske /PLANPLOT/ und definieren Sie über /PLADEF/ die Blattgröße, die Rahmenart usw. Setzen Sie dann über /RAHMEN/ den Planrahmen und über /PL-EL/ die Zeichnungen bzw. Teilbilder auf dem Planblatt ab.

Um eine Mattenschneideskizze oder Biegeliste mit auf den Plan zu drucken, sind zwei Wege gangbar. Entweder Sie haben die Skizze bzw. Liste beim Erstellen schon auf dem Bewehrungsteilbild abgesetzt. Dann ist sie mit dem Teilbild zwangsläufig auf dem Plan.

Oder Sie haben die Skizze/Liste in extra Teilbildern gespeichert. In diesem Fall kann der Plan sowohl mit als auch ohne Skizze/Liste ausgedruckt werden. Wenn Sie die Skizze/Liste im Plan haben wollen, setzen Sie das entsprechende Teilbild ebenfalls über /PL-EL/ auf dem Plan ab.

Zum Plotten des Plans klicken Sie auf /PLOT/. Es wird eine Maske eingeblendet, in der die Druckparameter geändert werden können. Mit der Bestätigung über /3/ wird der Auftrag an den Drucker abgeschickt.

Datensicherung

Zum Abschluß dieses Kapitels seien noch einige Worte zu einem wichtigen Thema angefügt, das - weil lästig - oft vernachlässigt wird, der Datensicherung.

Auch zum Thema Datensicherung ist eine weit ausführlichere Anleitung im Band „ALLPLAN/ALLPLOT für Einsteiger" nachzulesen.

Damit Sie vor Datenverlusten wirklich geschützt sind, sollten Sie ein Sicherungskonzept aufstellen, das auf Ihre Arbeitsbedingungen zugeschnitten ist und unter allen Umständen eingehalten werden kann.

Ein Vorschlag für solch ein Konzept wird im folgenden skizziert. Es besteht aus den Komponenten

- Tages- oder Projektsicherung,
- wöchentliche Sicherung aller Daten.

Die Tagesicherung

Ständige Verfügbarkeit aktueller Daten wird durch die tägliche Sicherung gewährleistet. Sollte es zu einem Datenverlust auf der Festplatte kommen, kann höchstens die Arbeit eines Tages verloren gehen.

Jedes Projekt, an dem im Laufe des Tages gearbeitet wurde, sollte also gesichert werden. Empfehlenswert (unter UNIX unumgänglich) ist dabei, für jedes Projekt einen eigenen Datenträger (Diskette, Band) anzulegen.

Die Sicherung eines Projekts erfolgt über das ALLmenü. Wählen Sie zunächst über /Konfiguration/ → /Sicherungsgerät/ den Datenträger aus (Diskette oder Band).

Beachten Sie beim Betriebssystem UNIX, daß nur eine Sicherungsdatei pro Band bzw. Diskette aufgespielt wird. Bereits auf dem Datenträger befindliche Daten werden überspielt. Eine Sicherung über mehrere Disketten ist nicht möglich.

Für die eigentliche Sicherung klicken Sie auf /Datensicherung/. Unter UNIX muß nun das Sicherungsformat gewählt werden, Standard ist das cpio-Format. Bei den Betriebssystemen DOS/WINDOWS NT muß kein Sicherungsformat benannt werden. Klicken Sie nun auf /Datenaustausch/ → /benanntes Projekt/, und wählen Sie das zu sichernde Projekt aus der eingeblendeten Liste aus. Schieben Sie auf Anforderung den Datenträger ein, und befolgen Sie die weiteren Anweisungen.

Das Projekt wird nun als komprimierte Datei auf der Diskette gespeichert. Das Komprimierungsprogramm ist in dieser Datei ebenfalls enthalten. Wenn mehrere Projekte zu sichern sind, wiederholen Sie den Vorgang für die weiteren Projekte.

Die Daten können im Verlustfall wieder eingespielt werden über /Datensicherung/→/Sicherung einspielen/→/Benanntes Projekt/.

Die Wochensicherung

Wöchentlich sollte der gesamte Datenbestand im CAD gegen Totalverlust gesichert werden. Dabei werden alle Projekte, Standardwerte, Symbole, Makros usw. auf den Datenträger gespielt. Aufgrund der zu erwartenden Datenmenge ist ein Band als Datenträger zu empfehlen.

Wählen Sie wie bei der Tagessicherung über /Konfiguration/ den Datenträger. Klicken Sie dann beim Betriebssystem DOS/WINDOWS NT auf /Datensicherung/ → /Beliebiges Verzeichnis/ → /Mit Unterverzeichnissen/, und geben Sie den Verzeichnispfad C:\NEM\V11 ein.

Unter UNIX ist /Datensicherung/ anzutippen, das Sicherungsformat (cpio) auszuwählen und /'/usr/nem/v11' sichern/ anzuklicken.

Das Rückspielen der Wochensicherung wird nur bei totalem Datenverlust empfohlen, da der gesamte CAD-Datenbestand auf der Festplatte einschließlich aller Einstellungen überschrieben wird.

Zurückgespielt wird die Wochensicherung über /Datensicherung/ → /Sicherung einspielen/ → /Allgemein/. Nun ist der Pfad C:\nem\v11 einzugeben und den folgenden Anweisungen zu folgen.

TIPS

- Überschreiben Sie nie die zuletzt erstellte Sicherung. Bei einem Absturz während des Sicherns könnten Sie weder auf die aktuellen Daten noch auf die zuletzt gesicherten zurückgreifen. Sichern Sie also ein Projekt/eine Gesamtsicherung immer wechselweise auf zwei verschiedene Datenträger.
- Bewahren Sie doppelte Sicherungen an unterschiedlichen Orten auf, um sie zum Beispiel vor Diebstahl oder Brand zu schützen.
- Beschriften Sie die Datenträger klar und eindeutig mit
  - Datum, Uhrzeit
  - Inhalt der Sicherung
  - Art der Sicherung

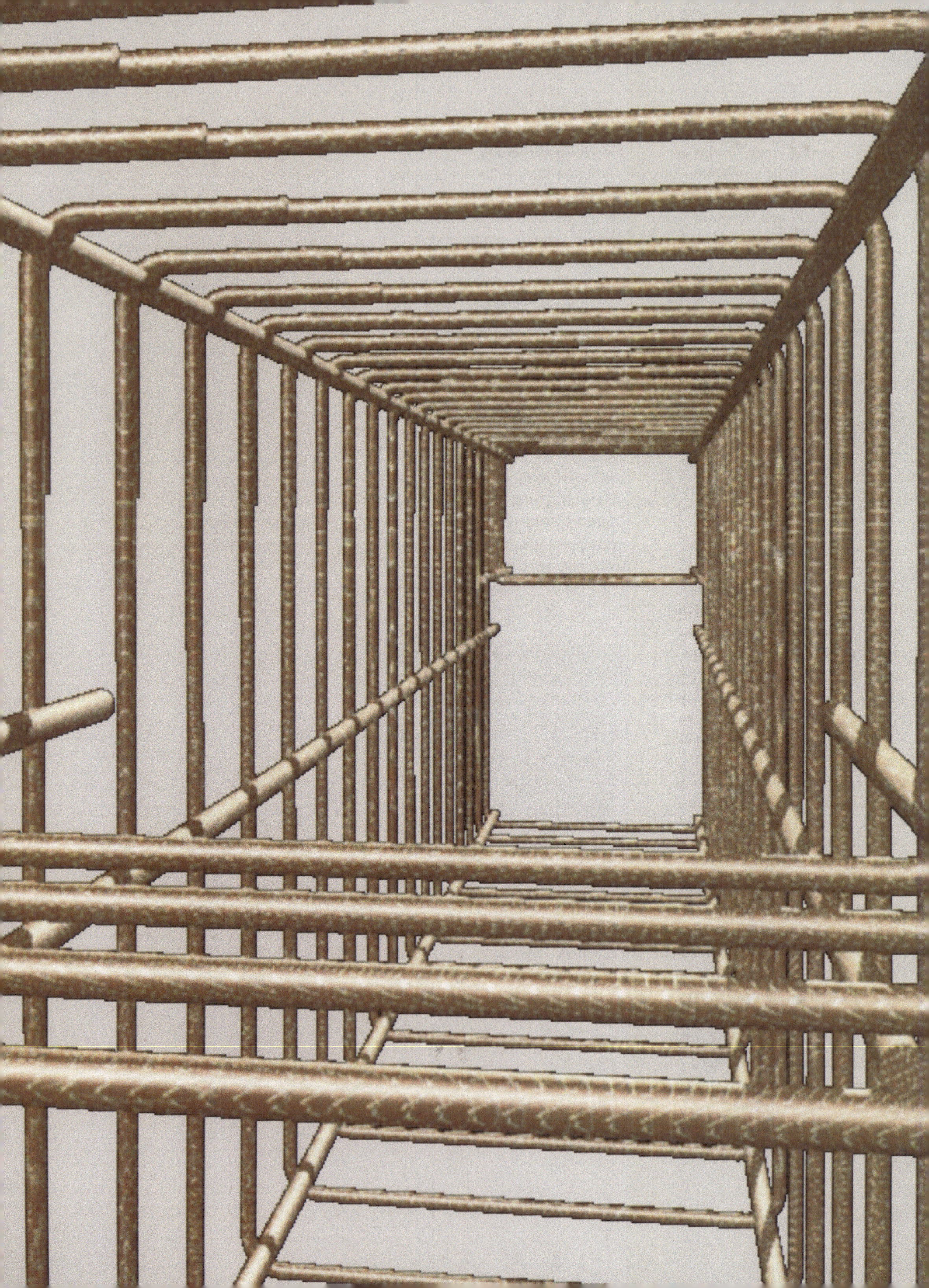

Wandbewehrung mit Modell

Im vorangegangenen Kapitel haben Sie gelernt, wie eine Decke mit ALLPLOT bewehrt wird - eine Aufgabe, bei der ausschließlich im Grundriß gearbeitet werden muß. Beim Arbeiten in mehreren Ansichten müßten bei der beschriebenen Arbeitsweise die verlegten Eisen manuell in die zusätzlichen Ansichten übertragen werden. Diese Zusatzarbeit kann Ihnen ALLPLOT abnehmen, wenn Sie mit eingeschaltetem Modell bewehren. Die Eisen werden dann automatisch in allen Ansichten dargestellt.

Als Demonstrationsobjekt für das Bewehren mit Modell dient der Bewehrungsplan für die Wände eines Dachgeschoßbereichs (Abb. 1). Auch dieser Plan ist im „Lernprojekt" auf der ALLPLOT-CD enthalten.

Die Planerstellung wird Schritt für Schritt im Lauf des Kapitels erläutert. Sie können diese Schritte nachvollziehen, haben aber auch die Möglichkeit, einzelne Erklärungen zu überspringen, um später wieder einzusteigen. Zu diesem Zweck sind mehrere Stufen des Planerstellungsprozesses als Teilbilder im Lernprojekt enthalten, so daß Sie immer den aktuellen Stand der Beschreibung auf den Bildschirm holen können.

Idealerweise arbeiten Sie beim Bewehren mit Modell auf der Basis eines bereits vorhandenen räumlichen Schalungsmodells. Dieses Schalungsmodell kann vom Architekten mit dem Architektur-Modul erstellt worden sein (vergleiche das Kapitel „Erstellen eines Schalplans"). Aber Sie können auch selbst ein Modell erzeugen. Dafür stehen das 3D-Modul oder das Paket „Architektur für Tragwerksplaner" zur Verfügung. Letzteres ist allerdings nicht im Standardlieferumfang von ALLPLOT enthalten.

Aber auch wenn kein räumliches Schalungsmodell zur Verfügung steht, sondern nur eine 2D-Zeichnung mit mehreren Ansichten, kann mit Modell bewehrt werden.

Sie müssen in diesem Fall zusätzlich bei einigen der zu verlegenden Eisen die Blickrichtung angeben, bis das Programm „sich orientiert" hat, wo im Teilbild welche Ansicht liegt.

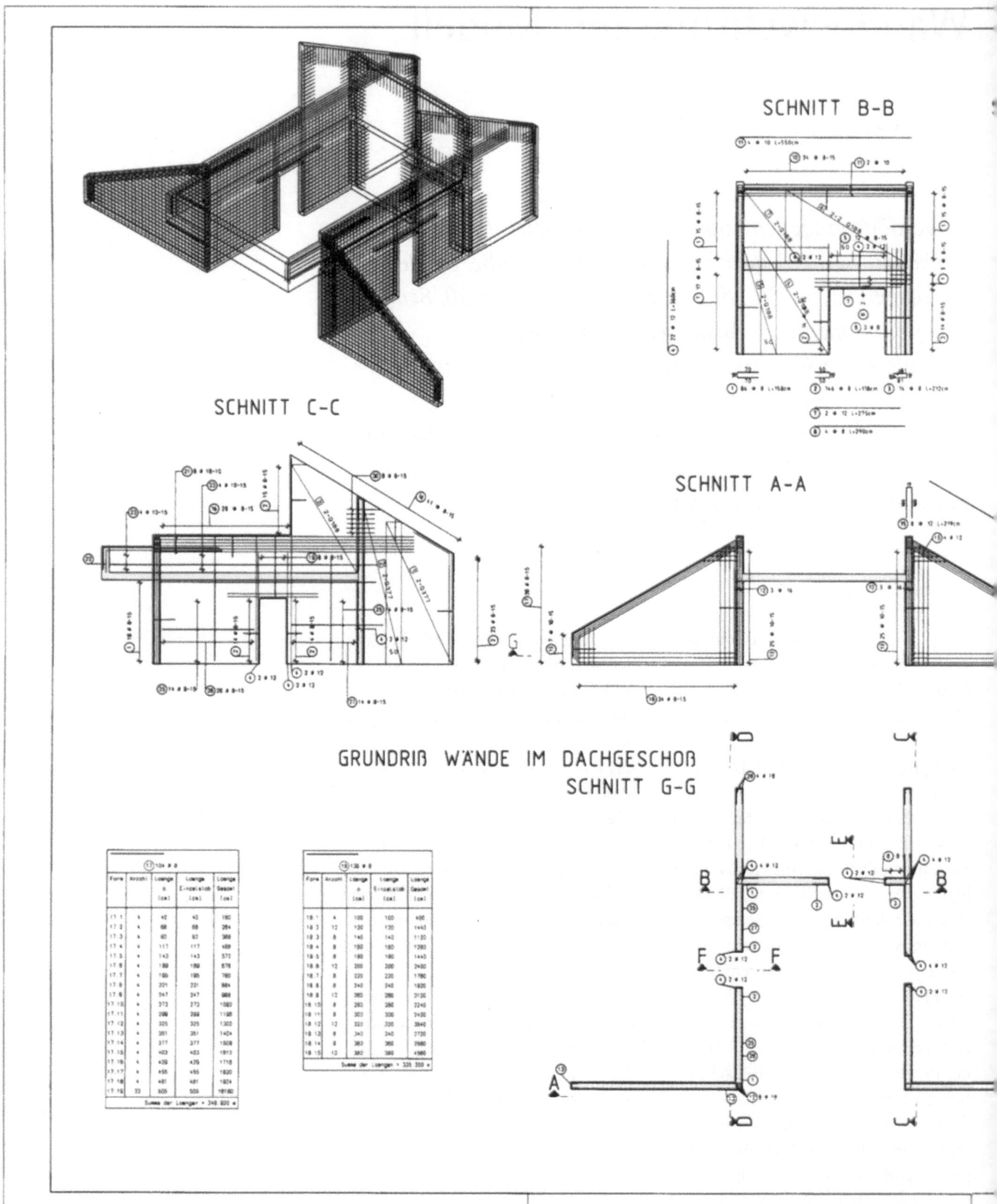
SCHNITT B-B
SCHNITT C-C
SCHNITT A-A
GRUNDRIß WÄNDE IM DACHGESCHOß
SCHNITT G-G

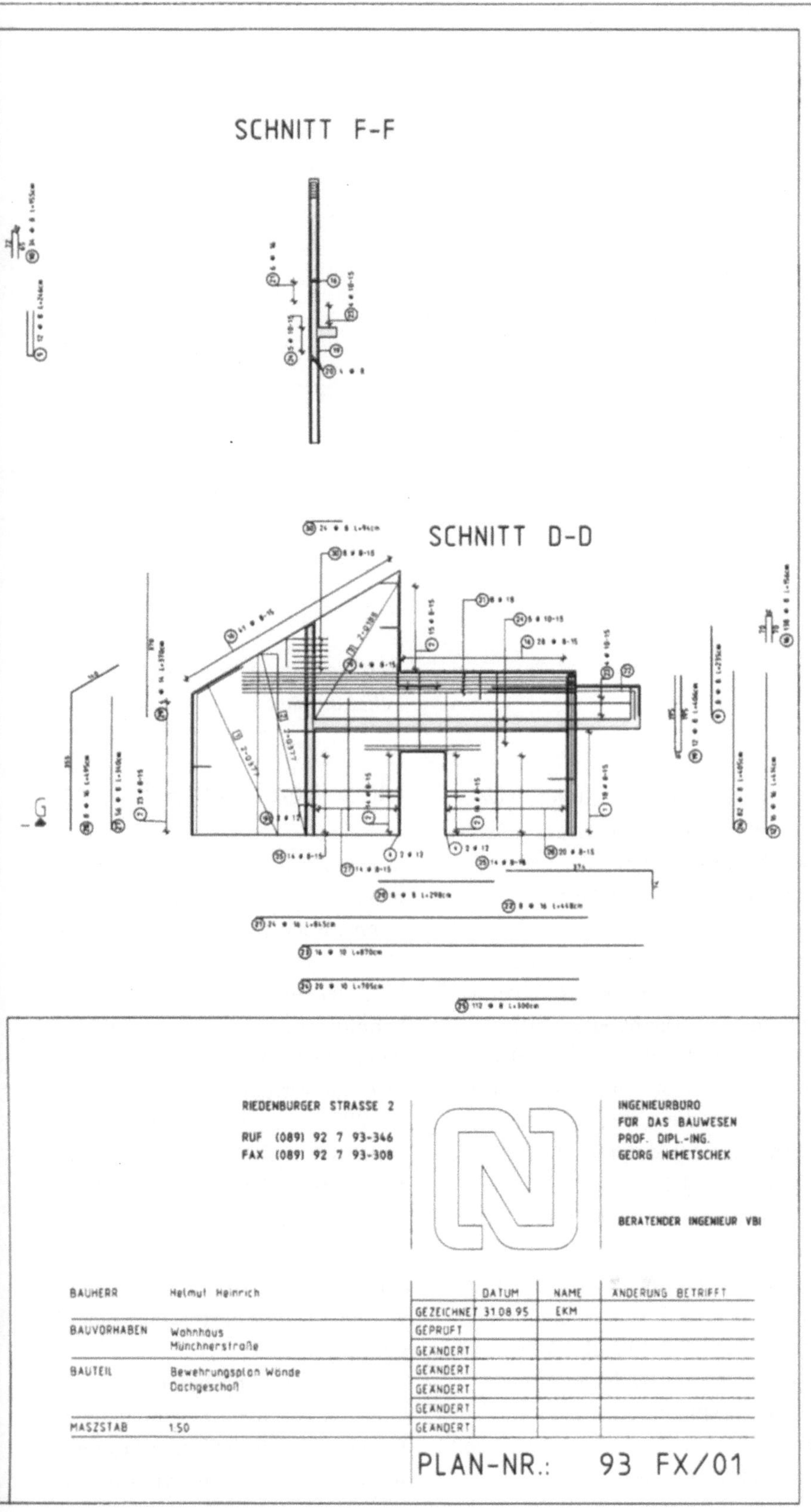

Abb. 1: Bewehrungsplan der Dachgeschoßwände als Übungsbeispiel für das Bewehren mit Modell

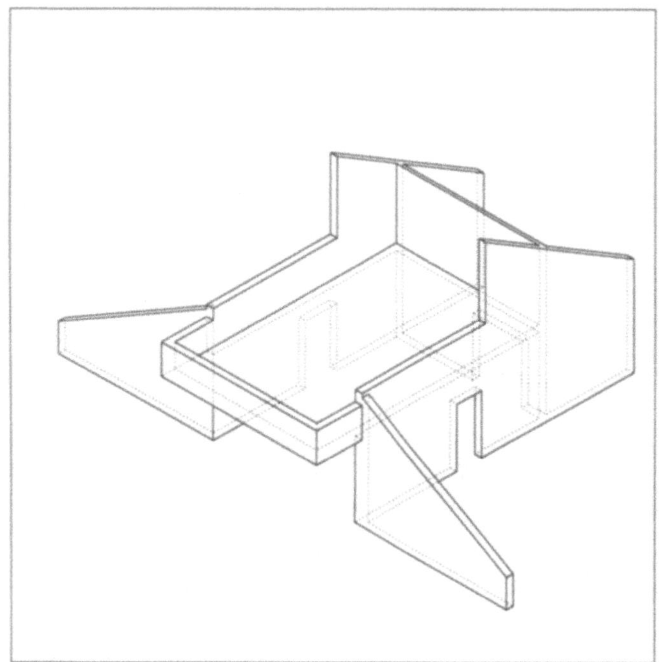

Abb. 2: Schalungsmodell der zu bewehrenden Dachgeschoßwände

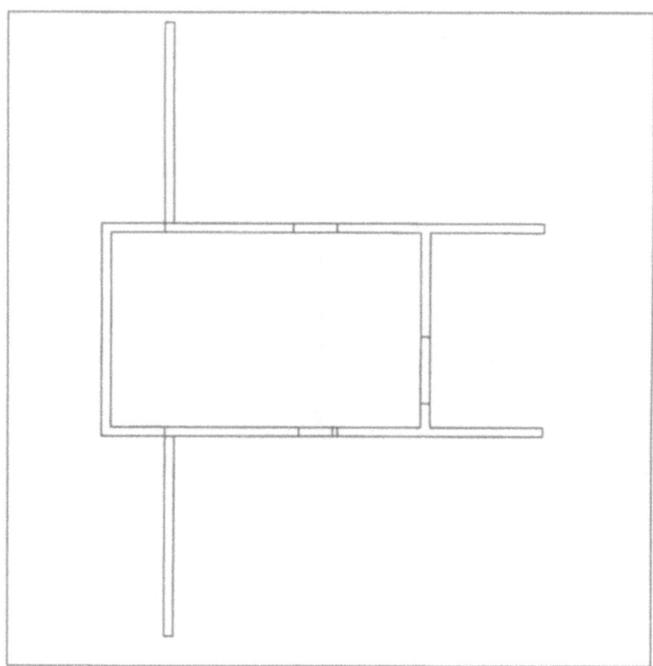

Abb. 3: Draufsicht auf das Schalungsmodell

Wenn Sie das Modellieren überspringen und gleich mit dem Bewehren beginnen wollen, lesen Sie nur den Abschnitt „Arbeiten in mehreren Ansichten" des Teilkapitels „Modellieren der Schalung" und springen Sie dann gleich weiter zu „Ansichten und Schnitte". Das Schalungsmodell befindet sich in Teilbild 2300 des Lernprojekts.

Das räumliche Modell der Bewehrung entsteht dann sozusagen selbsttätig. Allerdings muß jeder neue Schnitt und jede neue Ansicht der Schalung ganz konventionell manuell gezeichnet werden, da nach wie vor kein räumliches Modell der Schalung vorhanden ist. Die bereits verlegten Eisen jedoch, für die ja ein Modell existiert, lassen sich durch einfaches Anklicken in die neuen Ansichten übertragen, sobald deren Blickrichtung definiert ist.

Doch nun zur Praxis: Damit Sie wissen, wie Sie ein räumliches Schalungsmodell erzeugen können, ist im folgenden zunächst das Modellieren mit dem 3D-Modul beschrieben.

Wenn Sie am Modellieren nicht interessiert sind, überspringen Sie diesen Abschnitt einfach und steigen Sie direkt beim Bewehren ein.

Modellieren der Schalung

Zunächst wird also ein Schalungsmodell erzeugt, mit dem die Schalung räumlich dargestellt werden kann (Abb. 2). Daraus können per Mausklick beliebige Ansichten und Schnitte erzeugt werden. Zum Modellieren steht Ihnen das Programmodul /3D/ zur Verfügung.

Wählen Sie /3D/ im linken Menü an. Das Modul /3D/ ist ein Konstruktionswerkzeug wie /KONS/ auch. Allerdings wird mit /3D/ im Raum statt in der Ebene konstruiert. Daraus resultiert eine etwas andere Arbeitsweise als vom Konstruktionsmodul gewohnt.

Zwei Grundregeln sind dabei vor allem zu beachten. Erstens muß jeder Punkt eindeutig im Raum bestimmt werden, da ja zu den zwei Dimensio-

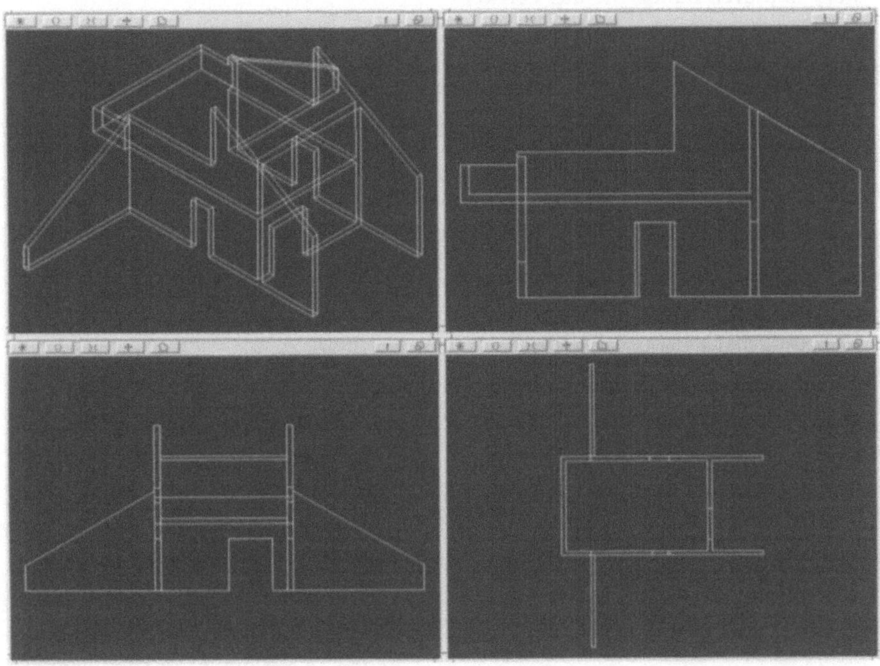

Abb. 4: Anordnung von vier Fenstern mit verschiedenen Blickrichtungen

nen der Zeichenebene als dritte noch die Tiefe hinzukommt.

Zum anderen wird beim 3D-Modellieren vor allem mit Flächen und Körpern statt mit Linien operiert. Warum das so ist und wie man diese Regeln handhabt, wird beim praktischen Arbeiten schnell klar.

Arbeiten in mehreren Ansichten

Normalerweise befinden Sie sich in der Grundrißdarstellung, wenn Sie bisher in der Ebene gearbeitet haben. Das heißt, Sie blicken von oben auf Ihre Zeichenebene.

Laden Sie das Teilbild 2300 aus dem Lernprojekt, um das Wechseln der Blickrichtung auszuprobieren. Im Normalfall müßten Sie die Schalung nun in der Draufsicht sehen (Abb. 3). Wenn nicht, klicken Sie in der linken Menüleiste auf / □ /, um in die Draufsicht zu gelangen. Um diesen Knopf sind weitere acht Knöpfe gruppiert, mit deren Hilfe sich die Blickrichtung ändern läßt. Über / ▭ / zum Beispiel wird das Modell in der Seitenansicht von links dargestellt, während sich über / ▱ / die perspektivische Ansicht aus Abb. 2 herstellen läßt (zur gestrichelten Darstellung verdeckter Linien siehe „Ansichten und Schnitte").

Fenstertechnik

Auch mehrere Ansichten gleichzeitig lassen sich am Bildschirm darstellen. Klicken Sie zum Beispiel auf / ⊞ /. Der Bildschirm wird dadurch in vier Fenster aufgeteilt. In jedem der vier Fenster ist eine andere Ansicht des Modells zu sehen (Abb. 4). Um die Blickrichtung in einem der Fenster zu ändern, klicken Sie zunächst auf / ⧉ / in der rechten oberen Ecke des betreffenden Fensters. Dadurch haben Sie das Fenster aktiviert und können für dieses Fenster verschiedene Blickrichtungen einstellen.

Zur gewohnten Darstellung mit nur einem, den ganzen Bildschirm füllenden Fenster können Sie zurückkehren, indem Sie im linken Menü auf /▭/ klicken. Weitere Standard-Fensteranordnungen sind über die benachbarten Knöpfe einstellbar. Darüber hinaus können Sie Fenster auch frei erzeugen und anordnen.

> Eine ausführliche Anleitung für das Arbeiten mit der Fenstertechnik finden Sie im Band „ALLPLAN/ALLPLOT für Einsteiger".

Erzeugen einer Fläche

Doch genug der Vorrede, nun wird es konkret. Aktivieren Sie ein leeres Teilbild und schalten Sie über /▭/ auf das Vollbildfenster.

Als erstes soll eine der Seitenwände erzeugt werden. Stellen Sie dazu auf Seitenansicht / ⌂ / um.

Die Wand wird als gewöhnlicher Polygonzug erzeugt und dann zu einer Fläche umgewandelt. Aktivieren Sie /LINIE/ und erstellen Sie damit den Polygonzug aus Abb. 5. Setzen Sie als Anfangspunkt einen beliebigen Punkt auf die Zeichenebene.

An diesem Punkt erscheint ein Koordinatensystem auf dem Bildschirm, das Ihnen die Orientierung im Raum erleichtert. Sie befinden sich in der Seitenansicht, weshalb sich die X-Koordinate nach rechts, die Y-Koordinate aus dem Bildschirm heraus und die Z-Koordinate nach oben erstreckt (Abb. 5). Das müssen Sie sich jedoch nicht merken, da Sie bei jedem neuen Anfangspunkt, den Sie setzen, das

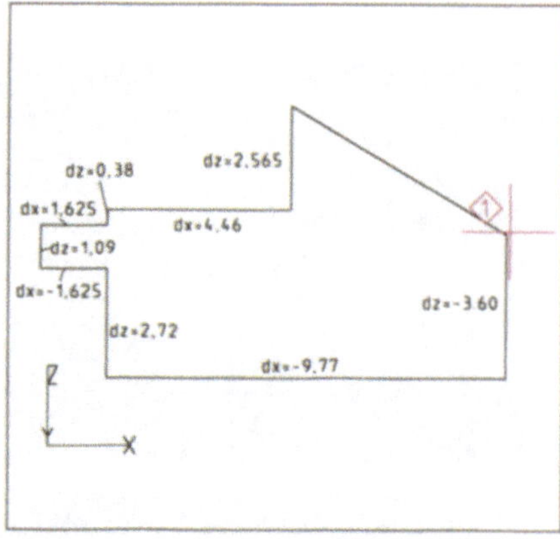

Abb. 5: Der Wandumriß als Polygonzug

objektfeste Koordinatensystem in diesem Punkt eingeblendet bekommen.

Erstellen Sie nun den Polygonzug durch Eingabe der in Abb. 5 angegebenen Koordinaten im Uhrzeigersinn. Es mag etwas ungewohnt sein, daß vom Programm 3 Koordinaten statt der gewohnten zwei für jeden Punkt abgefragt werden. Doch mit ein wenig Übung gewöhnen Sie sich schnell daran (Beachten Sie die Dialogzeile!).

Um die Abfrage aller Koordinaten zu umgehen, können Sie auch jeweils vor der Koordinateneingabe den Knopf /dx/ bzw. /dz/ anklicken, sodaß Fehleingaben ausgeschlossen sind. Schließen Sie das Polygon durch erneutes Anklicken des Anfangspunkts.

T I P S

Schalten Sie nach Absetzen des Anfangspunkts bei der Polygonzugeingabe auf perspektivische Darstellung. Dadurch merken Sie sofort, wenn versehentlich eine Linie in Y-Richtung eingegeben wurde. In der Seitenansicht würde Sie nur als Punkt erscheinen und nicht bemerkt werden.

B A S I C S

Globalpunkt:
Sie können ein Konstruktionselement, zum Beispiel eine Linie, auch an einer bestimmten Stelle des globalen Koordinatensystems absetzen. Aktivieren Sie dazu /LINIE/ (oder eine andere Konstruktionsfunktion) und wählen Sie dann im linken Menü / ⅄ /. Es erscheint eine Dialogbox, die die Koordinaten des zuletzt aktivierten Punkts anzeigt. Hier können nun die Koordinaten für den gewünschten Punkt eingegeben werden.
Nach dem Schließen der Dialogbox ist der Anfangspunkt der Linie am eingegebenen Punkt abgesetzt.

B A S I C S

Bei komplizierteren Formen kann es vorteilhaft sein, Polygonzüge zunächst im normalen Konstruktions-Modul zu konstruieren, da dieses für Linien mehr Konstruktionsmöglichkeiten bietet. Zum Beispiel können Kreise, Linien mit vorgegebenem Winkel oder das Verschneiden von Linien angewendet werden. Sie können den so erzeugten Polygonzug anschließend in das /3D/-Modul übernehmen. Da in /KONS/ nur im Grundriß gearbeitet werden kann, kann der Polygonzug ebenfalls nur im Grundriß übernommen werden. Er kann anschließend durch Drehen aufgerichtet werden, um als Basis für die Wand zu dienen.

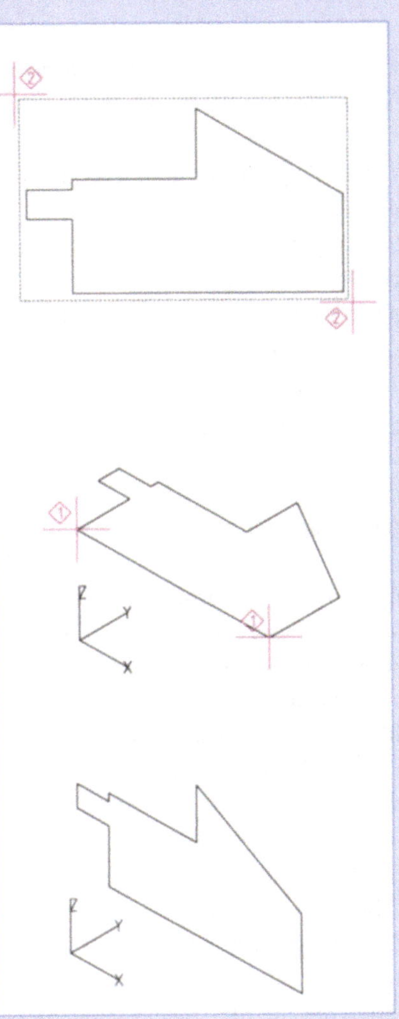

Zeichnen Sie also den Polygonzug in /KONS/ und wechseln Sie dann in /3D/. Wählen Sie /KON - 3D/ und beantworten Sie beide Abfragen mit /JA/. Aktivieren Sie nun den Polygonzug. Er wird dadurch in ein /3D/-Element umgewandelt. Beenden Sie /KON - 3D/ über /4/.

Nach einem Perspektivwechsel über / / sehen Sie, wie der Polygonzug im Raum liegt. Aktivieren Sie nun /DREHEN/ auf der 2. Seite von /3D/. Aktivieren Sie den Polygonzug, definieren Sie die Drehachse durch Anklicken der beiden Eckpunkte und geben Sie als Drehwinkel 90° ein.

Der Polygonzug wird dadurch aus der XY-Ebene in die XZ-Ebene gedreht.

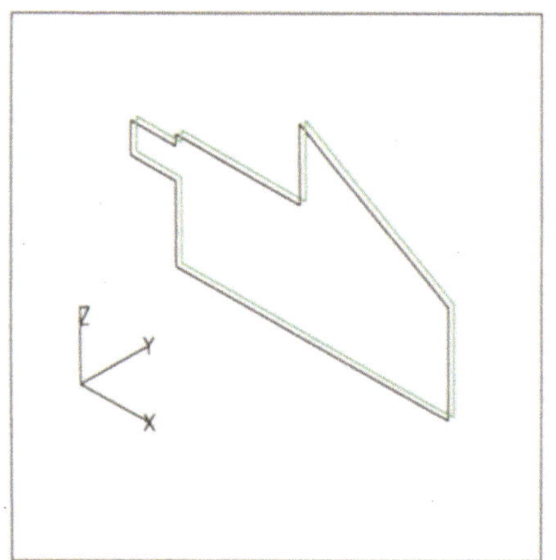

Abb. 6: Die Urfläche und ihre Kopie

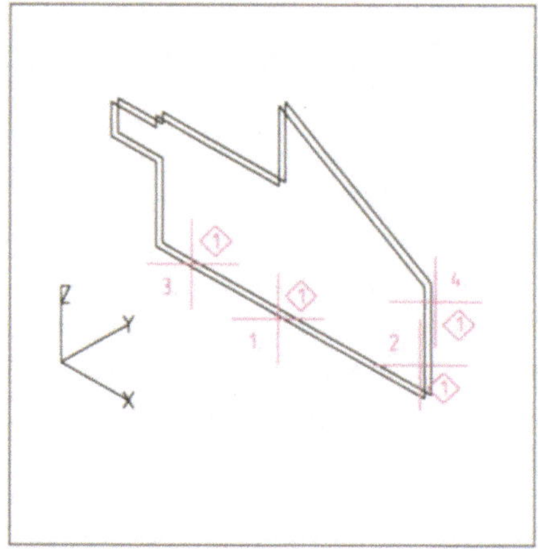

Abb. 7: Anklicken der Flächenbegrenzungslinien für das Verbinden

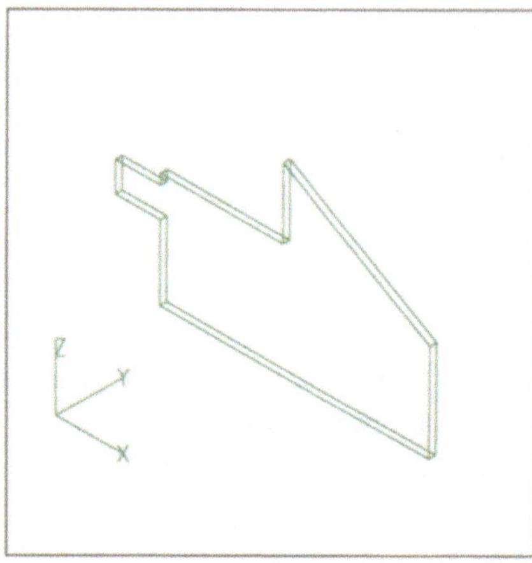

Abb. 8: Der resultierende Verbindungskörper

Eine Fläche kann auch direkt erzeugt werden, also ohne den Umweg, einen Polygonzug aus Linien zu ziehen und diesen in eine Fläche umzuwandeln.
Zu diesem Zweck aktivieren Sie /POLY-F/, klicken Sie /NEU/ an und geben Sie die Flächenbegrenzung als Polygonzug ein. Der Polygonzug wird nun automatisch - ohne manuelle Umwandlung - als Fläche verwaltet.
Allerdings muß bei diesem Verfahren der Umrißpolygonzug in einem Zug eingegeben werden. Bei einer Fehleingabe müssen Sie wieder neu beginnen.
Beim Umweg über den Polygonzug aus Linien mit manueller Umwandlung dagegen kann jederzeit unterbrochen und zusammengestückelt werden, solange die Umwandlung nicht erfolgt ist.

Der Polygonzug muß jetzt noch in eine Fläche umgewandelt werden. Dazu wählen Sie /POLY-F/. Es folgt die Dialogabfrage, ob eine Fläche neu erzeugt oder aus vorhandenen Linien übernommen wird. Klicken Sie auf /LINIEN/ und aktivieren Sie den ganzen Polygonzug über /2/ → /2/. Er liegt jetzt als Fläche vor.

Verbindungskörper

Aus dieser Fläche kann die Wand als Verbindungskörper modelliert werden. Dieser entsteht durch das Verbinden zweier paralleler Flächen.

Zunächst ist also eine zweite Fläche zu erzeugen. Dazu muß die bestehende Wandfläche um 24 cm (die Wandstärke) in Y-Richtung kopiert werden. Die /KOPIE/-Funktion findet sich im /3D/-Modul auf der 2. Seite. Wählen Sie /KOPIE/ an, klicken Sie als Ausgangspunkt einen der Eckpunkte der Fläche an und aktivieren Sie /dy/ für die Zielpunkteingabe. Geben Sie die Wandstärke 0,24 ein (Abb. 6).

Verbunden werden die beiden Flächen mit /VERB-K/ im oberen Menü. Um eine eindeutige Verbindung zu definieren, müssen dem Programm zuerst zwei sich schneidende Begrenzungslinien der einen Fläche angegeben werden. Anschließend sind die korrespondierenden Begrenzungslinien der zweiten Fläche anzuklicken (Abb. 7, beachten Sie die Dialogzeile). Die Flächen werden dadurch zu einem Körper zusammengefaßt (Abb. 8).

Da beide Seitenwände dieselben Umrisse haben, erzeugen Sie die zweite Wand durch einfaches Kopieren um 5,375 m in Y-Richtung (Abb. 9).

Translationskörper

Eine andere Möglichkeit, einen Körper zu erzeugen, ist die, eine Fläche entlang eines Verfahrwegs zu verschieben. Das überstrichene Volumen bildet einen Translationskörper. Auf diese Weise können im Übungsbeispiel die Balkonbrüstung, die Zwischendecke und ein Teil der Rückwand (Abb. 12) in einem Zug erzeugt werden.

Im ersten Schritt wird die zu verfahrende Fläche definiert. Als Ausgangskontur dient die Draufsicht der Balkonbrüstung. Sie wird mit Hilfe der Funktion /BOX/ erzeugt. Klicken Sie als Anfangspunkt den in Abb. 9 gezeigten Eckpunkt an. Geben Sie als Ausdehnung der Box dx in X-Richtung die Wandstärke von 0,24 m an. Für die Y-Richtung genügt es, den dem Anfangspunkt gegenüberliegenden Punkt anzuklicken.

Im zweiten Schritt ist der Verfahrweg der Fläche zu bestimmen. Er wird mit der Funktion /LINIE/ gezeichnet. Beginnen Sie wieder am selben Ausgangspunkt (Abb. 9) und tippen Sie die in Abb. 10 angegebenen Koordinaten ein (Nur die erste Teilstrecke kann durch direktes Anklicken definiert werden).

Damit sind alle Voraussetzungen für den Translationskörper gegeben. Wählen Sie /TRAN-K/ und aktivieren Sie als erstes den Verfahrweg (1. und 2. in Abb. 11) und dann die zu verfahrende Kontur (3.). Achten Sie dabei auf die Anweisungen in der Dialogzeile. Beantworten Sie die Frage nach Konturverwindungsausgleich mit /NEIN/. Dadurch bleibt die Kontur entlang des Verfahrwegs immer im selben Winkel zum Verfahrweg. Das Ergebnis der Aktion zeigt Abb. 12.

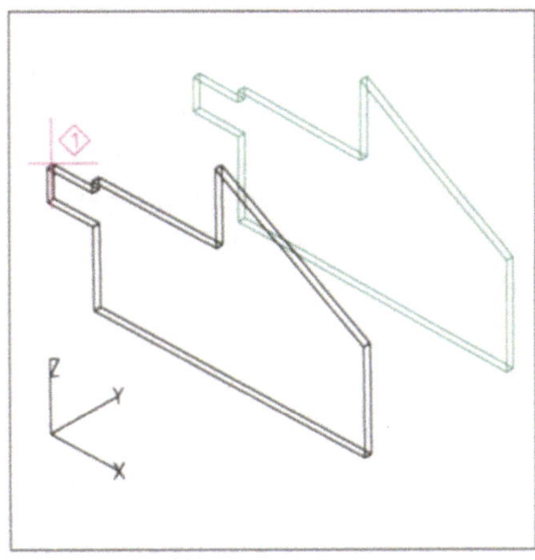

Abb. 9: Die beiden Seitenwände mit dem Anfangspunkt der Kontur

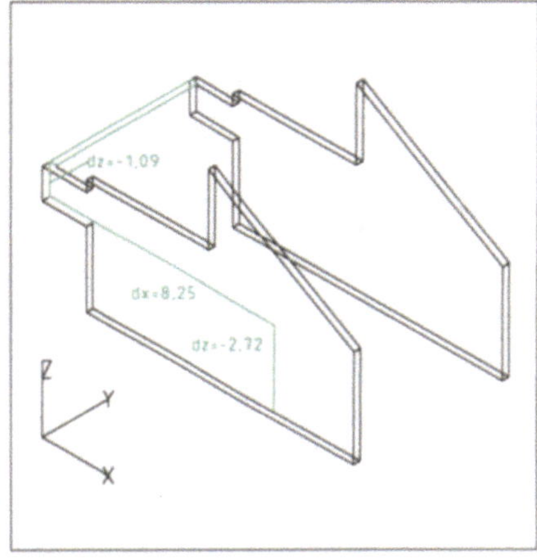

Abb. 10: Die Translationskontur und der Verfahrweg

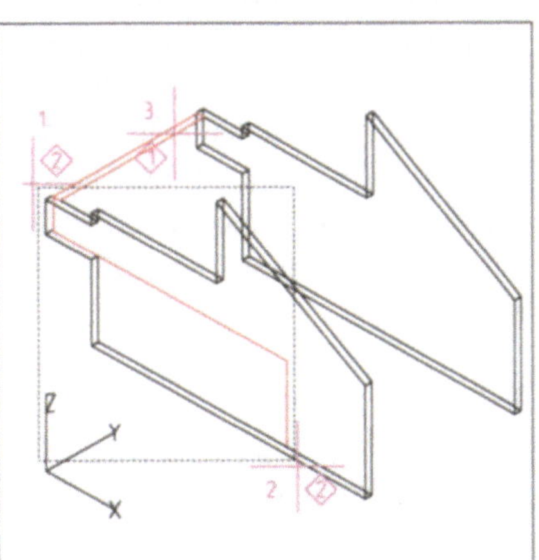

Abb. 11: Aktivieren von Verfahrweg (1.+2.) und Translationskontur (3.)

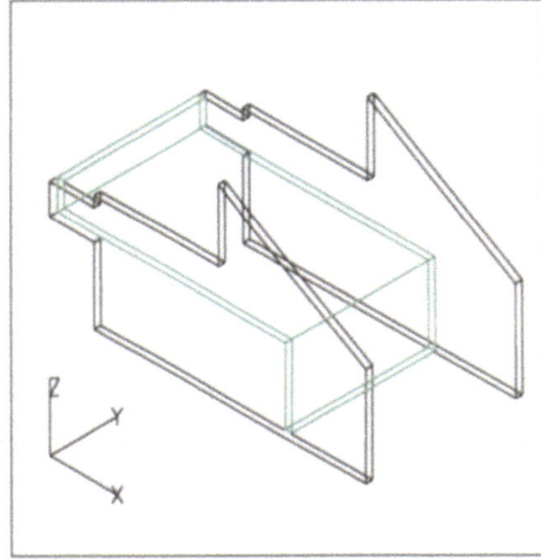

Abb. 12: Der fertige Translationskörper

B A S I C S

Konturverwindungsausgleich bei Translationskörpern:

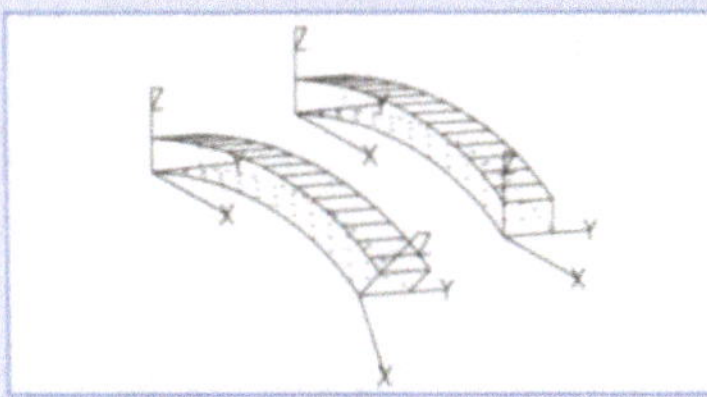

Bei eingeschaltetem Konturverwindungsausgleich behält die Kontur auf ihrem Verfahrweg stets dieselbe absolute Ausrichtung im Raum bei (rechts). Ist der Konturverwindungsausgleich ausgeschaltet, bleibt die relative Ausrichtung zum Verfahrweg konstant, die absolute Ausrichtung im Raum verändert sich also (links).

B A S I C S

/BOX/

Rechts in der Dialogzeile erscheinen unter /Box/ die Knöpfe / / (voreingestellt) und / /. Bei ersterem kann eine Box nur in der XY-Ebene eingegeben werden. Beide Koordinaten werden direkt abgefragt.
Soll die Box jedoch anders im Raum liegen, wählen Sie / / an und folgen Sie den Anweisungen in der Dialogzeile. Eine andere Möglichkeit besteht darin, eine XY-Box nachträglich aus der XY-Ebene herauszudrehen.

Additionskörper

Schnell erklärt ist das Prinzip des Additionskörpers: Man versteht darunter das Verschmelzen mehrerer Körper zu einem einzigen Körper. Wählen Sie /K\/K/ und aktivieren Sie alle drei vorhandenen Körper über /2/ → /2/ oder mit Hilfe der Summentaste. Nach der Verschmelzung verschwinden alle Trennlinien zwischen den Körpern, außer denen natürlich, die gleichzeitig Körperkanten sind (Abb. 13). Der Wandkörper ist jetzt nur noch als eine Einheit aktivierbar.

Ebenso, wie Körper addierbar sind, können sie auch subtrahiert werden /K1-K/ oder können andere Mengenoperationen wie Bilden einer Schnittmenge /K1/\K2/ durchgeführt werden. Die Symbole im oberen Menü stellen die jeweilige Funktion eines Knopfes erklärend dar.

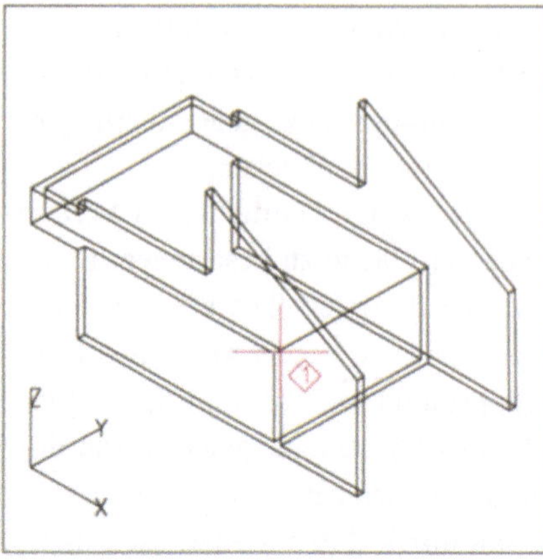

Abb. 13: Der aus der Verschmelzung resultierende Additionskörper

Trennungskörper

Der obere Teil der Rückwand wird nun zunächst als Quader modelliert, um anschließend durch die Dachschrägen-Ebene zertrennt zu werden.

Wählen Sie /QUADER/ und klicken Sie den Anfangspunkt (Abb. 13) an. Geben Sie folgende Maße für den Quader ein:

dx=-0,24

dy= 5,135 (oder gegenüberliegenden Punkt anklicken)

dz=ca. 3,50

Der resultierende Quader ragt über die Dachschräge hinaus (Abb. 14). Um ihn abzutrennen, muß die gewünschte Trennebene durch drei Punkte definiert werden. Wählen Sie /TRENN/ und klicken Sie drei Punkte der Dachschrägen-Ebene an (Abb. 14). Der Quader wird durch diese Ebene in zwei Körper zerlegt. Löschen Sie nun den oberen und verschmelzen Sie alle Körper über /K\/K/ (Abb. 15).

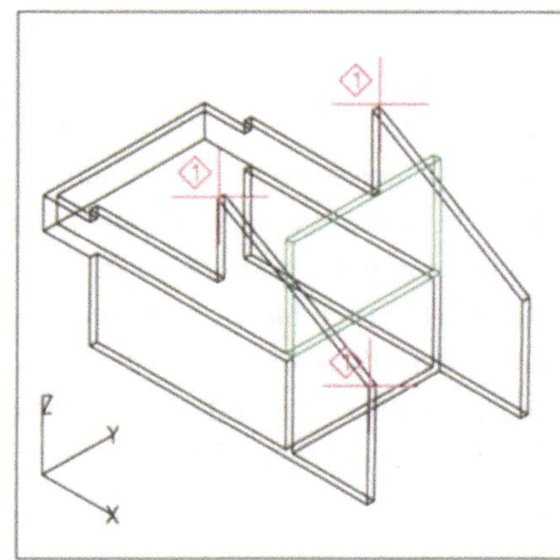

Abb. 14: Definieren der Trennebene

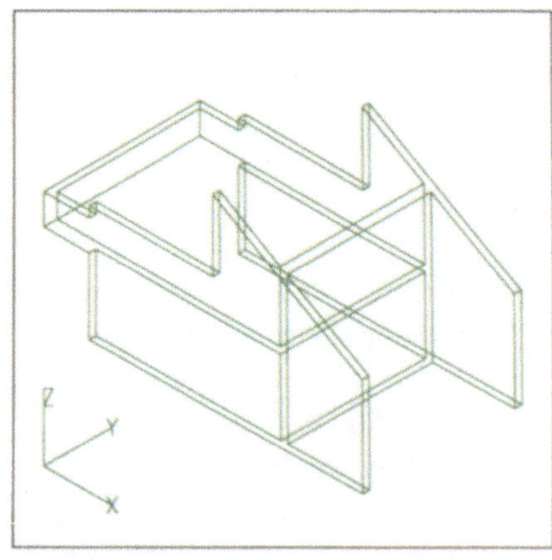

Abb. 15: Der abgeschnittene Quader

BASICS

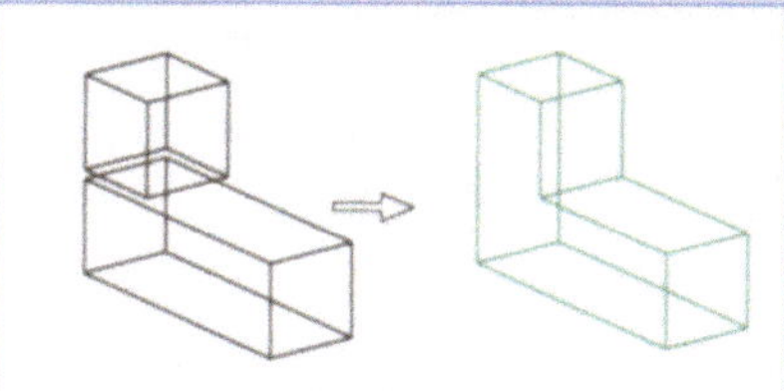

Additionskörper

Ein Additionskörper entsteht durch Verschmelzen mehrerer Körper über /K\/K/.

Verbindungskörper

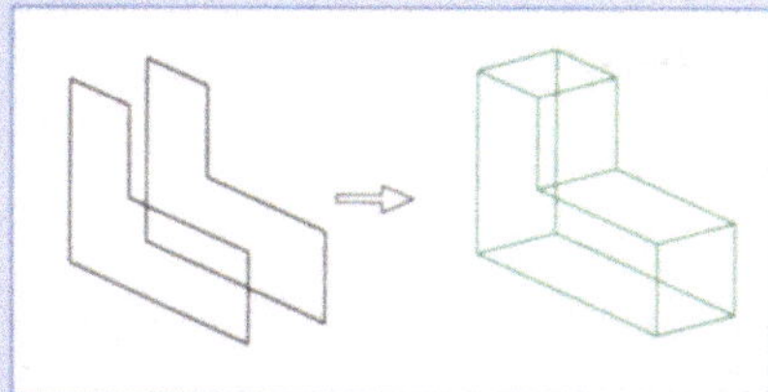

Zwei parallele Flächen mit identischem Umriß können über /VERB-K/ zu einem Körper verbunden werden.

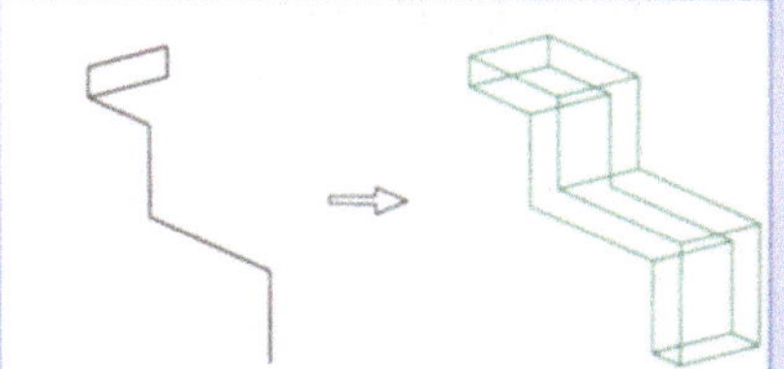

Translationskörper

/TRAN-K/ erzeugt einen Körper durch Verschieben einer Fläche entlang eines Verfahrwegs.

Rotationskörper

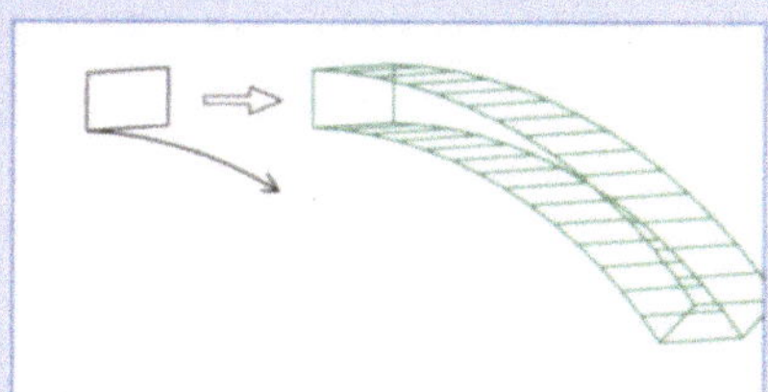

/ROT-K/ ist ein Spezialfall des Translationskörpers: Verfahrweg ist hier eine Kreislinie.

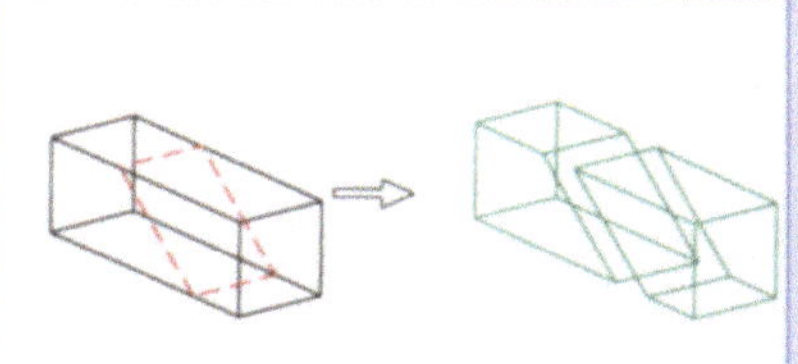

Trennkörper

Ein bestehender Körper kann über /TRENN/ entlang einer Trennfläche zerschnitten werden.

Regelkörper

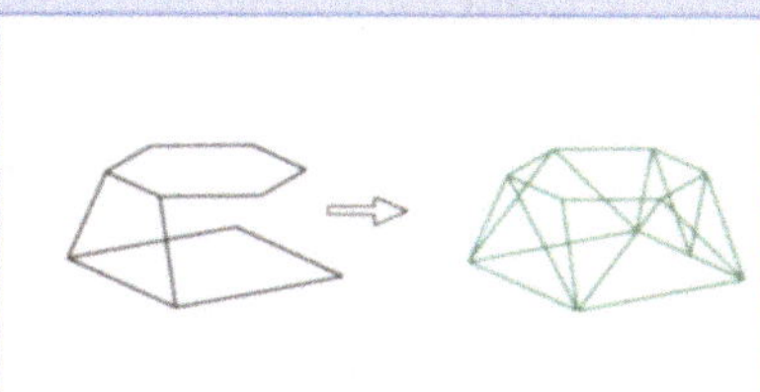

Verallgemeinerung des Verbindungskörpers: Über /REG-K/ werden allgemeine Flächen zu einem Körper verbunden (Vorgabe einiger Verbindungslinien nötig).

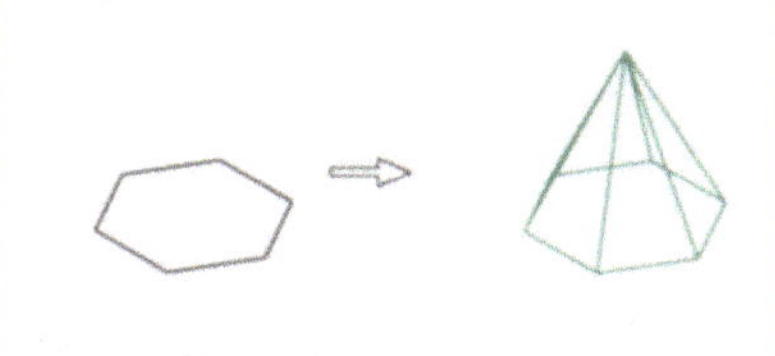

Pyramidenkörper

Mit /PYR-K/ kann ein Pyramidenkörper über einer beliebigen Grundfläche erzeugt werden

Daneben sind ebene und räumliche Elemente wie Kugel, Quader, Box, Zylinder verfügbar.

Übernahme aus dem Konstruktionsmodul

Für die seitlichen Stirnwände wird im folgenden die Vorgehensweise bei Übernahme eines Polygonzugs aus dem /KONS/-Modul demonstriert.

Schalten Sie dazu über /◫ -Z / in die Grundrißansicht und wechseln Sie über /KO/ in das Konstruktionsmodul. Zeichnen Sie die in Abb. 16 dargestellten Linien und schließen Sie den Polygonzug über /2ELE X/.

Wechseln Sie anschließend wieder nach /3D/, um den Polygonzug über /KON - 3D/ als 3D-Element zu übernehmen (aktivieren über /2/ → /2/). Wandeln Sie ihn gleich über /POLY-F/ → /LINIEN/ in eine Fläche um.

Wenn Sie jetzt die Perspektive auf / ⬡ / schalten, stellen Sie fest, daß sich die erzeugte Fläche irgendwo im Raum befindet (Abb. 17). Das ist darauf zurückzuführen, daß beim Arbeiten in der Draufsicht im /KONS/-Modul die Höhenkoordinate immer Z=0 ist. Bei Ihrem Teilbild wird der Höhenunterschied von Wandkörper und XY-Ebene natürlich anders aussehen als in Abb. 17, da Sie an einer anderen Stelle in der XZ-Ebene mit dem Erzeugen des ersten Wandpolygons begonnen haben. Verschieben Sie die Fläche über /VERSCH/ auf der 2. Seite von 1. nach 2. in Abb. 17.

Um die Wand nun aufzurichten, muß Sie mit /DREHEN/ um 90° gedreht werden. Aktivieren Sie dazu die Drehachse wie in Abb. 18 gezeigt.

Alles weitere funktioniert wie bei der ersten Seitenwand. Kopieren Sie die Wandfläche um 0,24 m in X-Richtung und verbinden Sie beide Flächen über /VERB-K/ zu einem Körper. Wählen Sie die Ansicht / ▭ / und spiegeln Sie die Wand über /SPIEG+/ an der Mittelachse (Abb. 19). Verschmelzen Sie alle Körper mit /K\/K/ (Abb. 20).

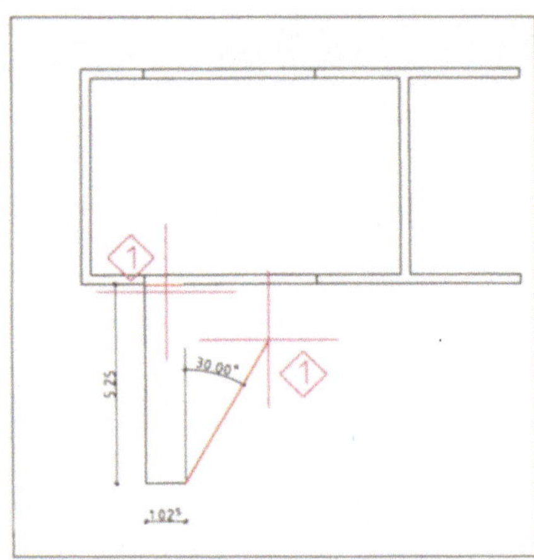

Abb. 16: Konstruktion in /KONS/, Polygon schließen über /2ELE X/

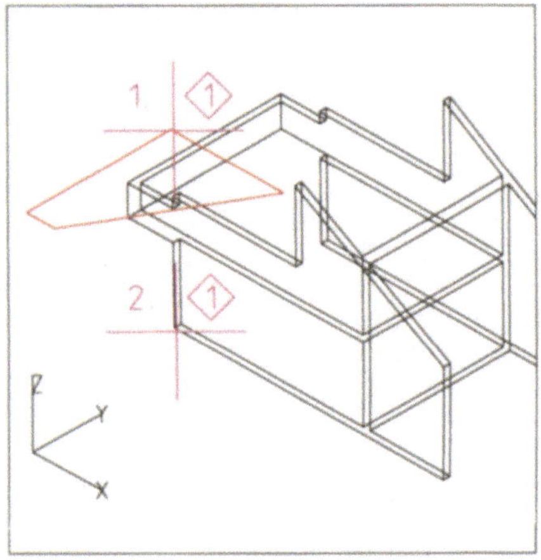

Abb17: Verschieben der Fläche

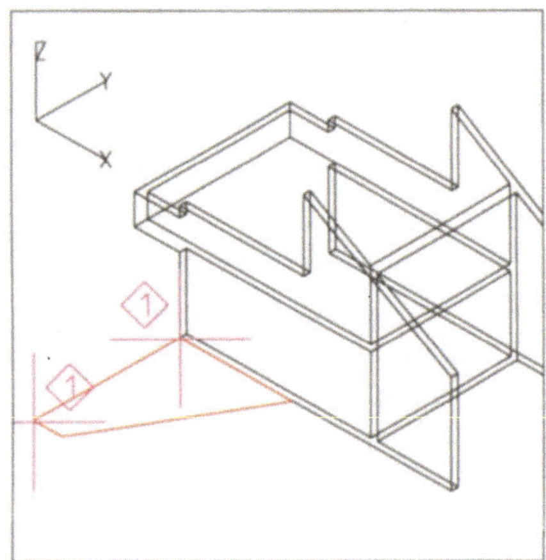

Abb. 18: Aktivieren der Drehachse zum Aufrichten der Fläche

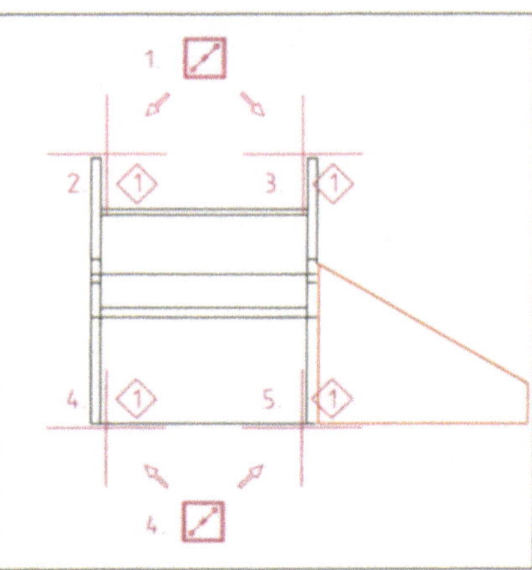

Abb19: Spiegeln der Wand

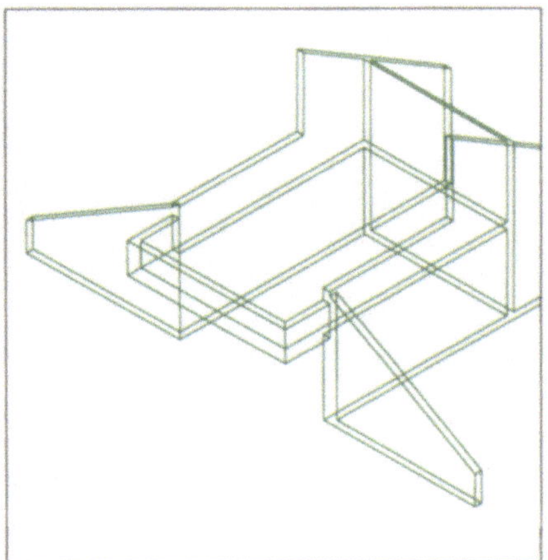

Abb. 20: Das Endergebnis aus Perspektive / ⬡ /

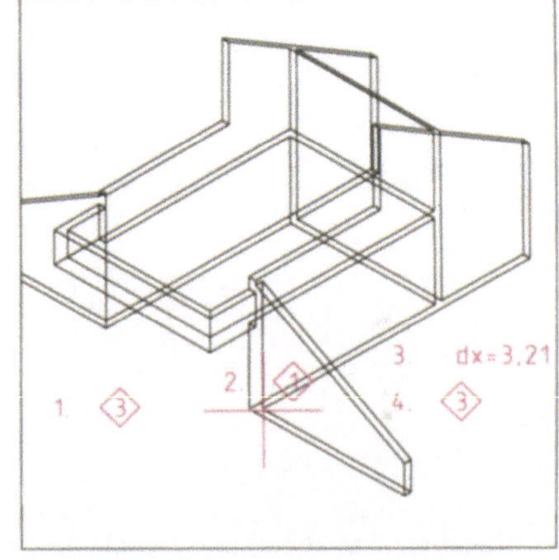

Abb. 21: Der Anfangspunkt für den Quader

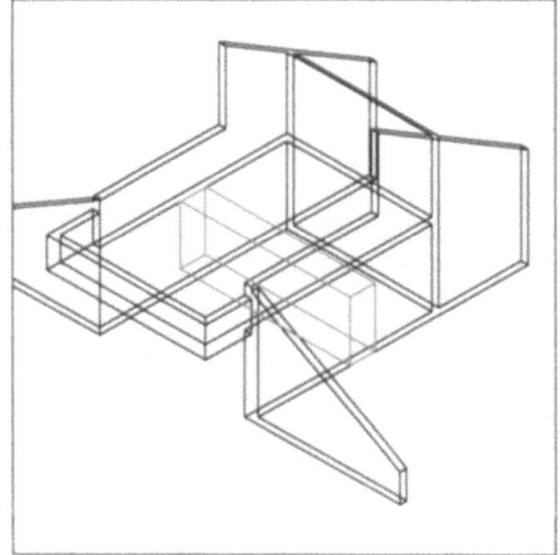

Abb. 22: Der fertige Quader

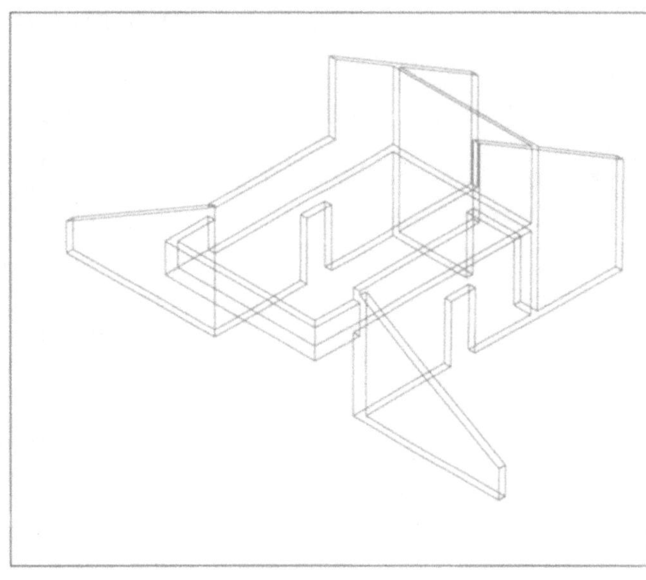

Abb. 25: Das fertige Schalungsmodell

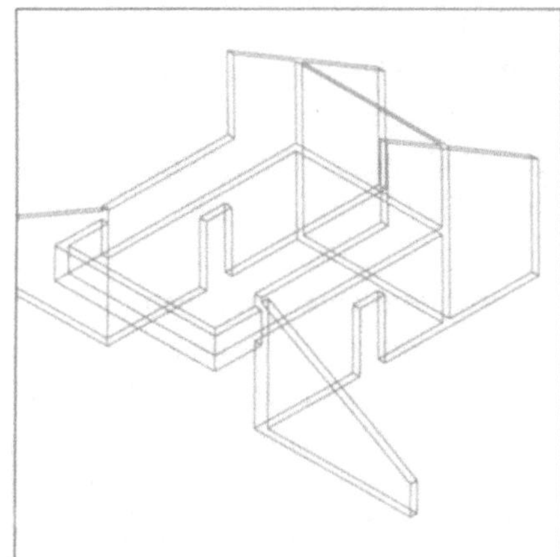

Abb. 23: Das Subtraktionsergebnis

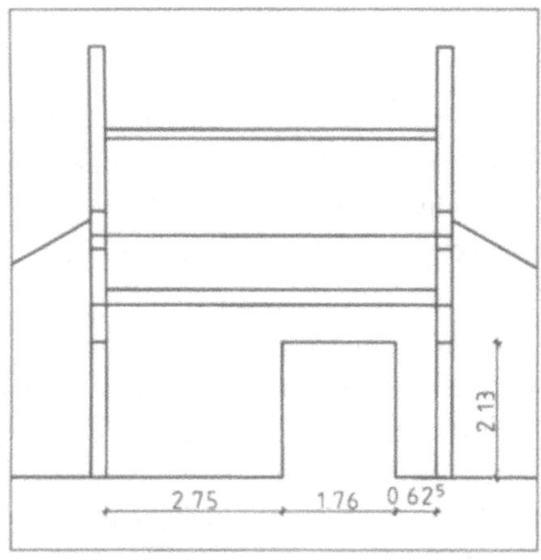

Abb. 24: Maße der Rückwandtür

Subtraktion von Körpern

Inzwischen ist das Schalungsmodell nahezu fertig, nur die Türdurchbrüche fehlen noch. Diese sind am bequemsten durch die Subtraktion von Körpern zu modellieren.

Erzeugen Sie zunächst einen Quader mit den Maßen der Seitentüren. Aktivieren Sie dazu /QUADER/ und setzen Sie den Anfangspunkt über die Summentaste wie in Abb. 21 gezeigt. Geben Sie die Quaderkoordinaten ein:

dx=0,885
dy=6,00
dz=2,13

Um diesen Quader vom restlichen Körper zu subtrahieren, wählen Sie /K1-K/ und aktivieren Sie zuerst den Wandkörper, dann den abzuziehenden Quader. Dadurch werden die Türen ausgeschnitten (Abb. 22). Auf dieselbe Weise kann der Türdurchbruch in der Rückwand erzeugt werden (Maße aus Abb. 24). Das Schalungsmodell ist fertig (Abb. 25).

Der vorangegangene Abschnitt diente dazu, die Vorgehensweise im Modul /3D/ zu demonstrieren. Manches ist bequemer im ALLPLAN-Wandmodul zu erzeugen.
Die in den folgenden Abschnitten beschriebenen Vorgehensweisen sind unabhängig davon gültig, ob das Schalungsmodell über /3D/ oder über das Architekturmodul erzeugt wurde.

Für alle, die das Modellieren übersprungen haben: Laden Sie Teilbild 2300 des Lernprojekts, um die Anleitungen dieses Kapitels nachzuvollziehen.

Ansichten und Schnitte

Nachdem das räumliche Schalungsmodell erzeugt ist, wird es in eine Planzeichnung umgesetzt. Das heißt, es müssen verschiedene Ansichten des Objekts sowie einige Schnitte auf dieselbe Zeichenebene projiziert werden. Zu diesem Zweck enthält ALLPLOT das Modul „Ansichten und Schnitte" /AN+SCH/.

Ansicht vom Modell übernehmen

Um die Ansichten und Schnitte anordnen zu können, müssen Sie das Schalungsmodell zunächst aus dem /3D/-Modul nach /AN+SCH/ konvertieren. Legen Sie dazu das /3D/-Teilbild (TB2300) aktiv in den Hintergrund und wählen Sie ein leeres Vordergrundteilbild. Wechseln Sie nach /AN+SCH/ im linken Menü der Hauptmaske und schalten Sie in die Grundrißansicht /□/ um. Im oberen Menü finden Sie das Feld /UEBERNAHME/ANSICH/. Es dient dazu, ein aktives Hintergrundteilbild in den Vordergrund zu kopieren und nach /AN+SCH/ zu konvertieren. Klicken Sie nun das Schalungsmodell an. Beenden Sie den Vorgang mit /4/ und deaktivieren Sie das Hintergrundteilbild.

TIPS

Die Schalung kann auch in ein und demselben Teilbild nach /AN+SCH/ konvertiert werden. Wählen Sie zu diesem Zweck /UMWANDLUNG/ANSICH/. Das /3D/-Modell wird in diesem Fall jedoch gelöscht!

Stiftdefinitionen

Beim Kopieren und Umwandeln haben sich eventuell die Darstellungsfarben geändert. Das hat mit den Programmteildefinitionen in /AN+SCH/ zu tun. Über /DEF/ → /STIFTE/ können den verschiedenen Linienarten verschiedene Stifte zugeordnet werden. So können etwa sichtbare Linien dicker gezeichnet werden als unsichtbare (nur im HIDDEN, siehe unten) oder Schnittkanten in einer anderen Farbe als die Sichtkanten. Das Programm erkennt diese Linienarten und verwendet automatisch den dafür definierten Stift. Die Stiftdefinitionen kommen allerdings nur dann zum Tragen, wenn die Farb-Stift-Kopplung ausgeschaltet ist (Bildschirmdarstellung /BD/ im linken Menü).

Beim Definieren von Stiften über /DEF/ → /STIFTE/ öffnet sich eine Eingabemaske. In dieser Maske ist grundsätzlich zuerst ein Stift einzustellen, der dann durch Anklicken einer Linienart zugeordnet wird. Achtung: Immer, wenn Sie eine Linienart anklicken, wird ihr der gerade eingestellte Stift zugeordnet!

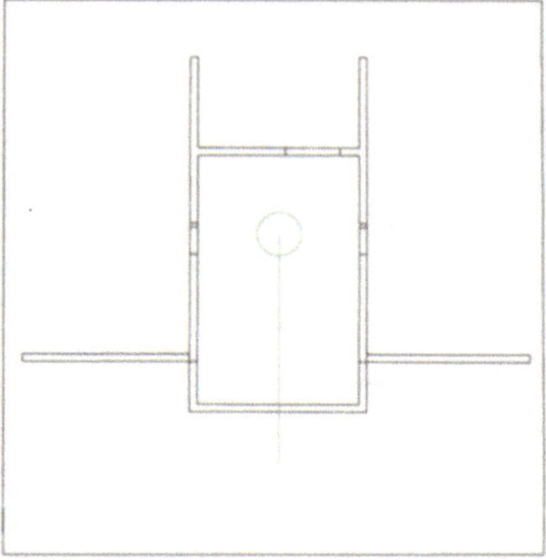

Abb. 26: Angabe der Blickrichtung für die gewünschte Ansicht

Weitere Ansichten erzeugen

Im Moment ist als einzige Ansicht die Draufsicht zu sehen. Da diese auf dem Plan (Abb. 1) hochkant angeordnet sein soll, drehen Sie sie über /AN-DRE/ (Ansicht drehen) um 90°.

Um nun weitere Ansichten in der Zeichenebene zu erzeugen, aktivieren Sie /AN-A/. Klicken Sie den vorhandenen Grundriß an, um festzulegen, wovon eine Ansicht erzeugt werden soll.

Sie müssen dem Programm mitteilen, welcher Blickrichtung die neue Ansicht entsprechen soll. Zu diesem Zweck hängt eine Blickrichtungsgerade am Fadenkreuz, deren Ende am Standort eines imaginären Beobachters abzusetzen ist (Abb. 26). Möchten Sie eine nicht orthogonale Ansicht erzeugen, wählen Sie einen der am rechten Rand der Dialogzeile eingeblendeten Optionsknöpfe. Die Blickrichtungsgerade läßt sich dann auch in anderen als 90°-Schritten drehen.

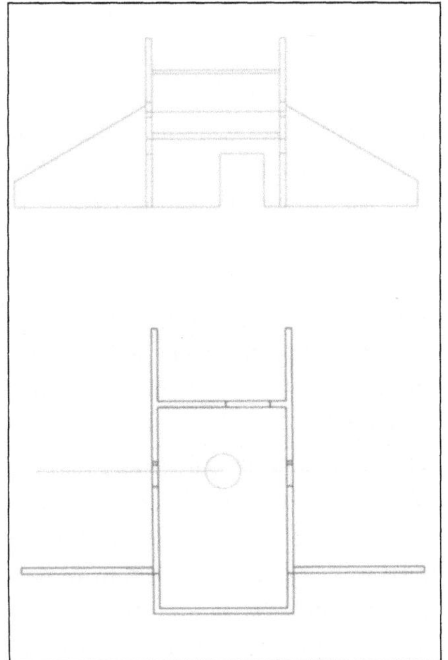

Abb. 27: Die neue Vorderansicht

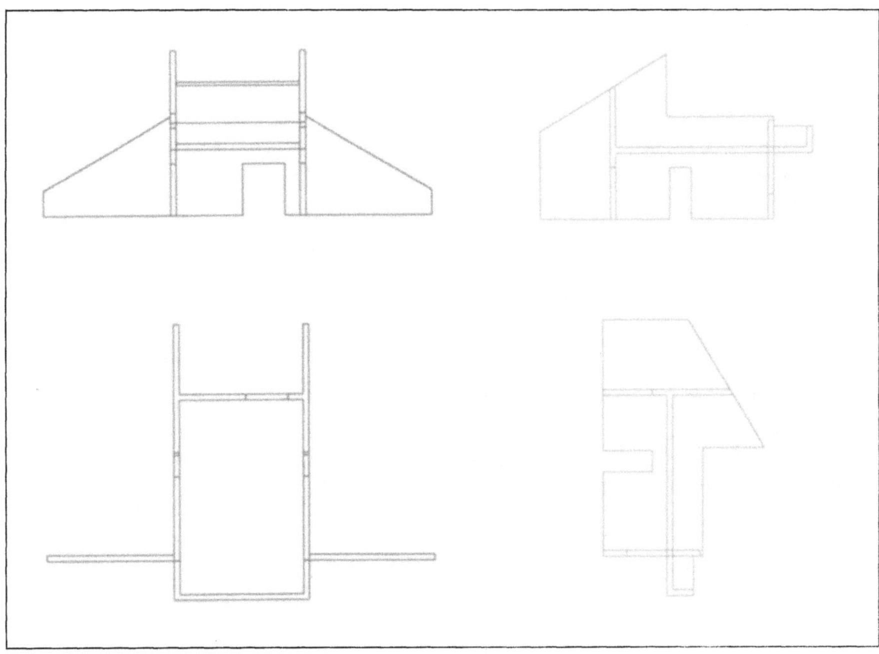

Abb. 28: Seitenansicht im Modus /KLAPPEN/ (oben) und /BLICKEN/

Nach dem Festlegen der Blickrichtung kann die neu erzeugte Ansicht an einer beliebigen Stelle der Zeichenebene abgesetzt werden (Abb. 27).

Auf dieselbe Weise werden die Seitenansichten erzeugt. Wählen Sie /AN-A/ und klicken Sie den Grundriß an. Bevor Sie die Blickrichtung jedoch festlegen, werfen Sie bitte einen Blick auf das obere Menü. Dort befindet sich der Schalter /BLICKRICHTUNG/. Er kann zwischen /BLICKEN/ und /KLAPPEN/ umgeschaltet werden. Wählen Sie zunächst /KLAPPEN/, legen Sie die Blickrichtung fest (Abb. 27) und setzen Sie die Ansicht ab (Abb. 28 unten rechts). Wiederholen Sie die Prozedur mit der Einstellung /BLICKEN/, um die Ansicht oben rechts in Abb. 28 zu erzeugen.

Im ersten Fall wurde die Darstellung bezüglich der Ursprungsansicht geklappt, während sie im zweiten Fall in der Form vorliegt, wie sie sich einem realen Beobachter böte, mit der Oberseite nach oben also.

Ansichten löschen

Eine Seitenansicht ist nun zuviel im Teilbild. Um sie wieder loszuwerden, dürfen Sie nicht mit /LOESCH/ operieren. Damit würde nicht nur diese eine Ansicht entfernt, sondern zugleich auch alle anderen Ansichten.

Die verschiedenen Ansichten gehören nach wie vor zu demselben räumlichen Modell. Mit /LOESCH/ wird aber dieses ganze Modell entfernt. Das ist vorteilhaft, wenn mehrere räumliche Objekte auf einem Teilbild liegen: Dann kann eines der Objekte komplett gelöscht werden, ohne jede Ansicht einzeln anklicken zu müssen.

Um dagegen nur eine einzelne Ansicht zu entfernen, ist /AN-/ zu verwenden und anschließend die zu löschende Ansicht anzuklicken.

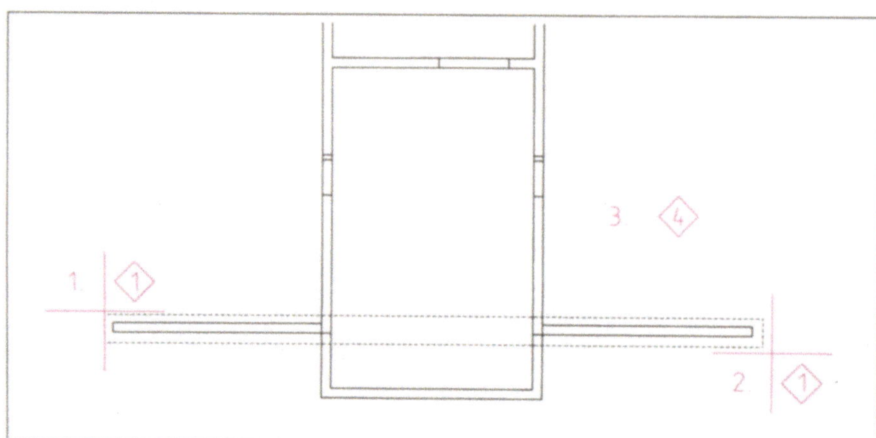

Abb. 29: *Eingabe des ersten Schnitt-polygons*

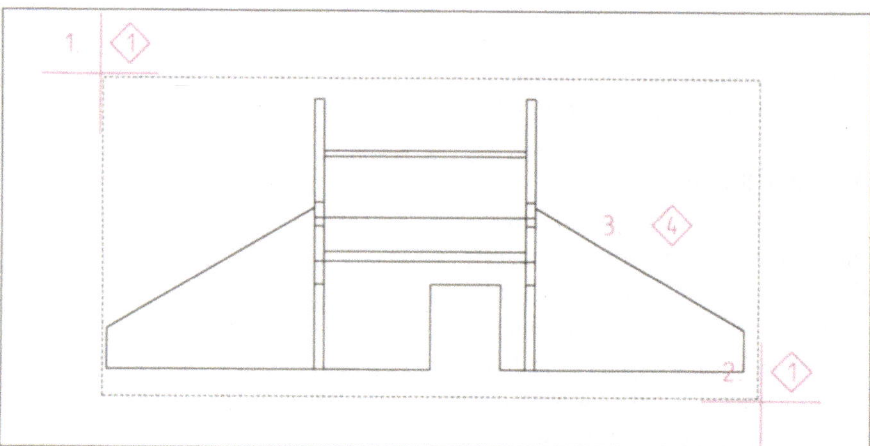

Abb. 30: *Das zweite Schalungspolygon*

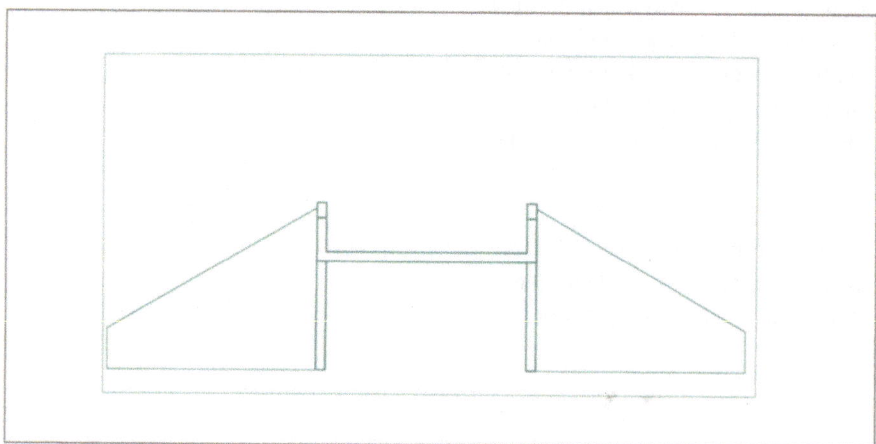

Abb. 31: *Der fertige Schnitt der Stirn-wandebene*

Übrigens: Wenn über /AN-/ alle vorhandenen Ansichten gelöscht werden, erhalten Sie das ursprüngliche /3D/-Modell zurück. Um hiervon neue Ansichten zu generieren, ist das Modell zuerst über /UMWANDLUNG/ ANSICH/ erneut zu konvertieren.

Ansicht in Schnitte umwandeln

Neben verschiedenen Ansichten können in /AN+SCH/ auch Schnitte erzeugt werden. Im vorliegenden Teilbild ist es zum Beispiel sinnvoll, die Vorderansicht in zwei Schnitte aufzuteilen: einen Schnitt in der Ebene der Stirnwände und einen Schnitt in der Rückwandebene. Nur so ist die Bewehrung in diesen Wänden vernünftig darstellbar.

Zuerst zu den Stirnwänden: Die bereits vorhandene Ansicht kann in einen Schnitt umgewandelt werden. Wählen Sie zu diesem Zweck /AN>SCH/ und klicken Sie die Vorderansicht als zu wandelnde Ansicht an. Sie werden aufgefordert, ein Schnittpolygon einzugeben.

In Abb. 29 ist die Eingabe eines rechteckigen Schnittbereichs dargestellt. Durch diese Schnittführung wird gewissermaßen aus dem Körper eine Scheibe ausgeschnitten. Die Rückseite dieser Scheibe ist die Schnittfläche hinter der Stirnwand, die Vorderseite entspricht dem Schnitt direkt davor. Alles, was zwischen den beiden Schnitten liegt, wird anschließend in der Schnittdarstellung zu sehen sein.

Das heißt für den späteren Bewehrungsplan, daß alle Eisen zu sehen sein werden, die in den Stirnwänden liegen. Das heißt aber zunächst auch, daß Eisen, die in dem kleinen Bereich zwischen Stirnwand und vorderem Schnitt in den Seitenwänden liegen, ebenfalls zu sehen sein werden. Diese können jedoch nachträglich aus dem Schnitt ausgeblendet werden.

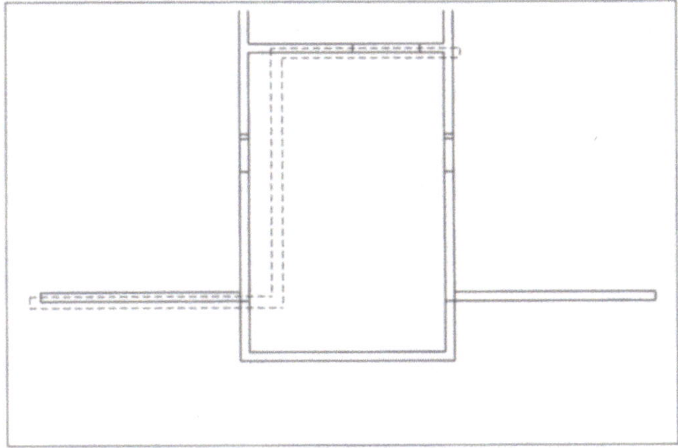

Abb. 32: Polygonale Schnittführung

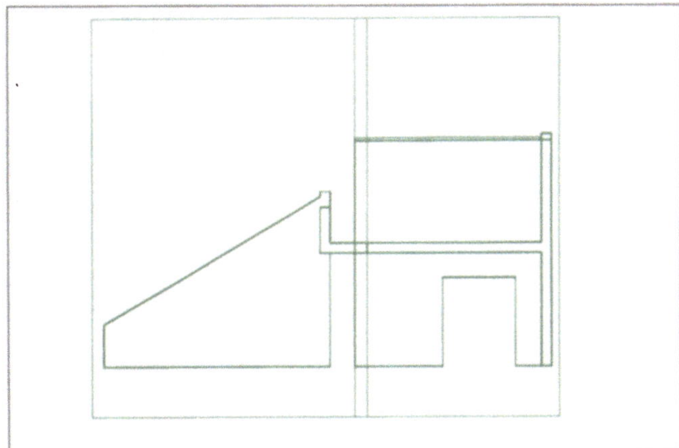

Abb. 33: Die Schnittansicht bei Schnittführung wie in Abb. 32

Durch diese Methode, eine Scheibe auszuschneiden, wird also eine „Tiefenschärfe" definiert. Sie können individuell entscheiden, wieviel im Schnitt zu sehen sein wird.

Nach der Definition des Schnittpolygons werden Sie aufgefordert, ein weiteres Schnittpolygon einzugeben. Da erst zwei (vorn/hinten und links/rechts) der drei Dimensionen des Schnittkörpers festliegen, muß die Höhenausdehnung über ein zweites Schnittpolygon in einer anderen Ansicht definiert werden (Abb. 30).

Die Schnittführung kann auch in einer Perspektivdarstellung, beispielsweise / /, betrachtet werden (Abb. 34).

> Sollte in der Perspektivansicht keine Schnittführung zu sehen sein, schalten Sie in den Programmteildefinitionen /DEF/ → /HILFEN/ → /SKD-3D/ auf /EIN/.

Natürlich sind nicht nur rechteckige Schnittpolygone möglich, sondern es können beliebige Schnittführungen realisiert werden. Ein Beispiel zeigen die Abbildungen 32 und 33.

B A S I C S

Mit diesen Funktionen können Ansichten und Schnitte erzeugt oder ineinander überführt werden:

/AN-A/	erzeugt eine zusätzliche Ansicht. Die Blickrichtung wird anhand einer bereits bestehenden Ansicht definiert.
/AN-S/	erzeugt eine zusätzliche Ansicht auf einen bereits vorhandenen Schnitt.
/SCH/	erzeugt einen Schnitt. Der Schnitt wird anhand der bestehenden Ansichten definiert.
/AN>SCH/	wandelt eine bestehende Ansicht in einen Schnitt um.
/SCH>AN/	wandelt einen Schnitt in eine ungeschnittene Ansicht um.

BASICS

Das „Ansichten und Schnitte"-Modul beinhaltet eine ganze Reihe weiterer Möglichkeiten, räumliche Daten zwischen verschiedenen in ALLPLOT gebräuchlichen Datenarten zu konvertieren. Zusammenfassend ergeben sich die nachfolgend aufgeführten Möglichkeiten. An dieser Stelle können keine Schritt für Schritt-Anleitungen für alle Varianten gegeben werden, da dies den Rahmen des Buchs sprengen würde. Beachten Sie deshalb bei allen Funktionen die Anweisungen und Abfragen in der Dialogzeile.

/UEBERNAHME/ →

/ANSICH/
bewirkt, daß ein /3D/-Modell aus einem aktiv im Hintergrund liegenden Teilbild in das Vordergrundteilbild kopiert wird. Zugleich wird es in ein /AN+SCH/-Modell gewandelt.

/LINIEN/
kopiert ebenfalls vom Hintergrund in den Vordergrund, konvertiert das Modell jedoch in eine einfache Strichzeichnung (Übernahme nur in die Grundrißansicht möglich!). Dabei gehen im Vordergrundteilbild alle räumlichen Informationen verloren.

/UMWANDLUNG/ →

/ANSICH/
wandelt ein /3D/-Modell im Vordergrundteilbild zu einem /AN+SCH/-Modell im gleichen Teilbild. Dabei bleiben die räumlichen Informationen erhalten, das Teilbild ist jedoch nicht mehr im /3D/-Modul bearbeitbar.

/LINIEN/
wandelt ein /3D/-Modell im Vordergrundteilbild zu einer Strichzeichnung im gleichen Teilbild. Alle räumlichen Informationen gehen verloren.

/ABLEITUNG/ →

/3D/
ermöglicht die Rückwandlung des /AN+SCH/-Modells in ein /3D/-Modell.

/LINIEN/wandelt ein /AN+SCH/-Modell in eine Strichzeichnung ohne räumliche Informationen.

/ABWICKLUNG/ →

/LINIEN/ erzeugt eine Abwicklung aus dem /AN+SCH/-Modell im selben Teilbild. Das Ausgangsmodell bleibt erhalten.

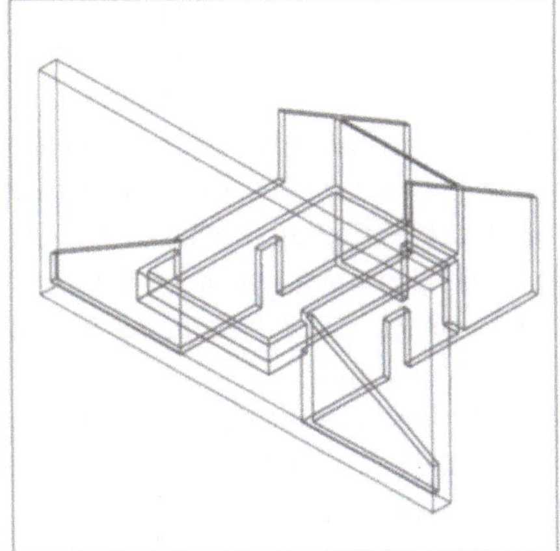

Abb. 34: Die Schnittführung in perspektivischer Darstellung

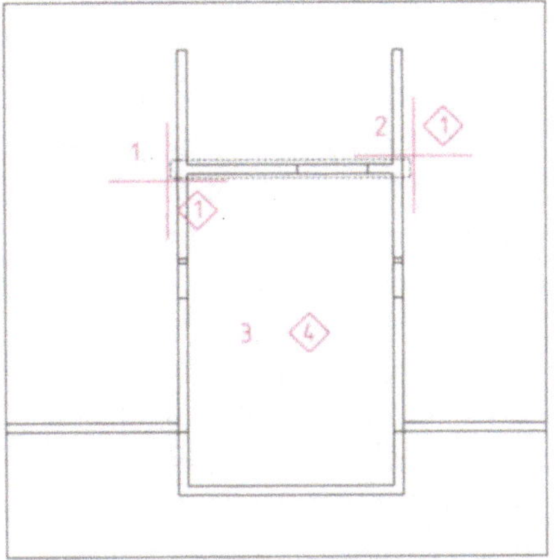

Abb. 35: Das Schnittführungspolygon im Rückwandbereich

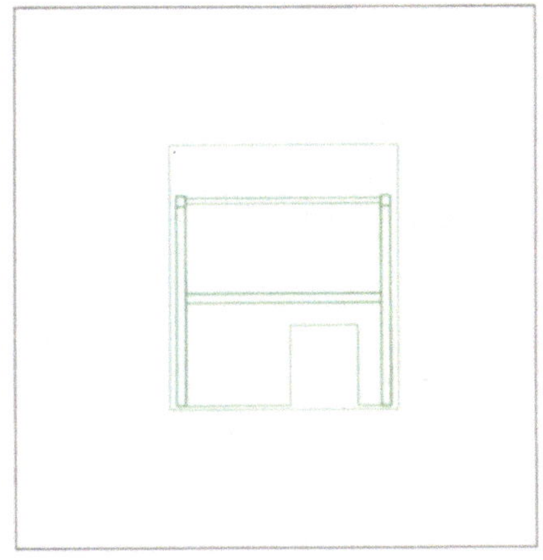

Abb. 36: Die geschnittene Darstellung der Rückwand

Schnitte erzeugen

Es wäre etwas umständlich, wenn für jeden Schnitt zuerst eine Ansicht erzeugt werden müßte, die anschließend umgewandelt werden müßte. Über /SCH/ kann ein Schnitt auch direkt definiert werden. Zum Beispiel die Rückwand:

Aktivieren Sie /SCH/ und klicken Sie den Grundriß zum Schneiden an. Dann müssen Sie wieder die Blickrichtung festlegen. Geben Sie im nächsten Schritt das Schnittpolygon ein (Abb. 35). Der Schnitt hängt nun am Fadenkreuz und kann an einer beliebigen Stelle abgesetzt werden (Abb. 36).

Im Gegensatz zur Vorgehensweise bei /AN>SCH/ haben Sie bei /SCH/ nur *ein* Schnittpolygon definiert. Soll der Schnittkörper auch hier zusätzlich durch ein zweites Schnittpolygon begrenzt werden, können Sie dieses direkt nach dem Absetzen des Schnitts definieren. Der Schnitt wird entsprechend modifiziert.

B A S I C S

Alle Schnittführungspolygone bleiben in den Ansichten erhalten. Wenn Sie sich daran stören, können Sie sie ausblenden. Wählen Sie dazu /SCHNF-/ und klicken Sie das störende Polygon an.
Wollen Sie ein Schnittführungspolygon dagegen wieder einblenden, verwenden Sie /SCHNF+/. Klicken Sie erst den Schnitt an und anschließend die Ansicht, in der sein Schnittpolygon dargestellt werden soll.
Ausnahme: Schnittführungspolygone, die den Schnitt selbst umrahmen, können nicht ausgeblendet werden. Sollen diese ebenfalls nicht auf dem Plan ausgegeben werden, wandeln Sie sie über /MODI/ → />> HK/ in Hilfskonstruktionslinien um. Sie sind dann zwar noch auf dem Bildschirm zu sehen, werden aber nicht ausgedruckt.

Plazieren einer perspektivischen Ansicht auf dem Plan

Auch perspektivische Ansichten lassen sich auf dem Plan plazieren. Schalten Sie zu diesem Zweck in eine Perspektivansicht, zum Beispiel / /. Diese Blickrichtung kann nun in die Grundrißansicht übernommen werden. Klicken Sie dazu auf /AN-FEN/, um den Fensterinhalt aufzunehmen. Wechseln Sie dann wieder in den Grundriß. Die aufgenommene Perspektive hängt nun als Rahmen am Fadenkreuz. Sie kann an einer beliebigen Stelle des Teilbilds abgesetzt werden (Abb. 37).

Vervollständigen des Schalplans

Alle Werkzeuge, die Sie brauchen, um die in Abb. 37 angeordneten Ansichten und Schnitte für den Bewehrungsplan zusammenzustellen, stehen jetzt zur Verfügung. Ergänzen Sie damit die jetzt noch fehlenden Schnitte und wandeln Sie den Grundriß in den Schnitt G-G um.

Die Beschriftung der Schnitte kann mit Hilfe des Konstruktions- bzw. Textmoduls ergänzt werden. Es empfiehlt sich, das Schnittsymbol über / / als Symbol abzulegen, sodaß es jederzeit über / / abrufbar ist.

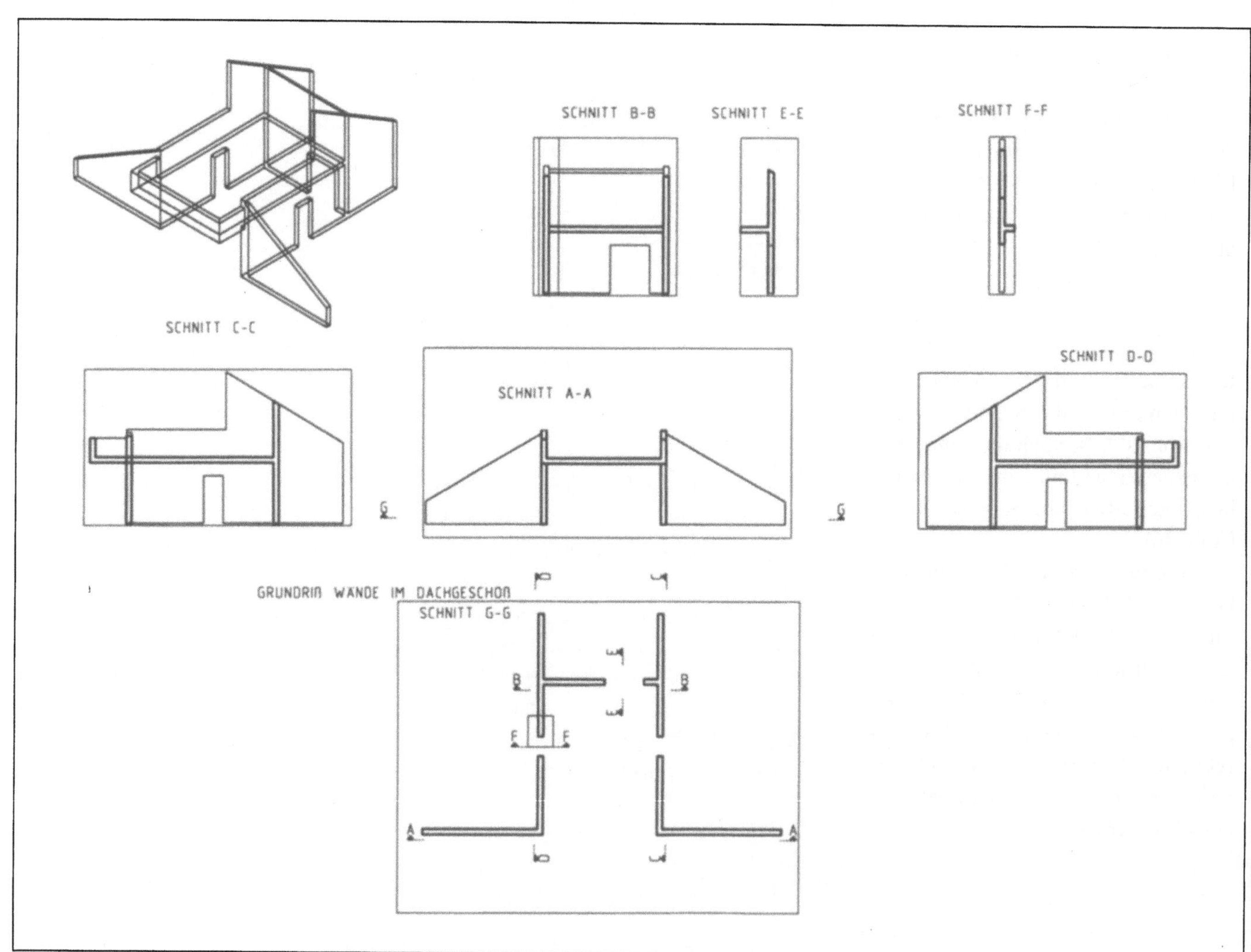

Abb. 37: Alle Ansichten und Schnitte

Modifizieren in /AN+SCH/

Stellen Sie sich vor, nachdem Sie bereits den Schalplan erstellt haben, stellt sich Änderungsbedarf heraus: Eine der beiden Seitentüren soll verbreitert werden.

Äußerst umständlich wäre es nun, wenn Sie das /3D/-Modell modifizieren und dann die notwendigen Ansichten und Schnitte neu erstellen müßten. Das ist jedoch nicht notwendig, da Modifikationen genauso in /AN+SCH/ vorgenommen werden können.

Dabei fließen Modifikationen, die Sie in einer Ansicht durchgeführt haben, automatisch auch in alle anderen Ansichten und Schnitte ein.

Um die Tür zu verbreitern, wählen Sie zum Beispiel /*MOD/. Aktivieren Sie die beiden in Abb. 38 gezeigten Punkte im Schnitt G-G und verschieben Sie sie um dy=-0.125 m. Verschieben Sie auf dieselbe Weise den gegenüberliegenden Türstock um dy=+0.125 m. Beide Änderungen werden umgehend in alle Ansichten übertragen. Messen Sie nach!

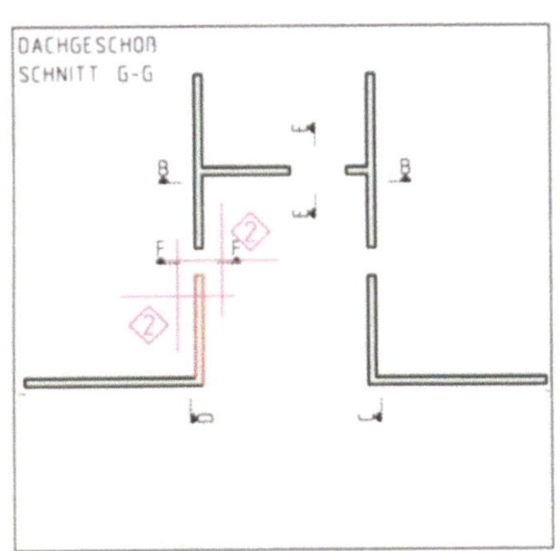

Abb. 38: Aktivieren der zu modifizierenden Punkte

Obwohl das obere Ende des Türstocks im Schnitt G-G nicht enthalten ist, wird es mit modifiziert. Das liegt daran, daß seine Punkte exakt deckungsgleich mit den Punkten des unteren Türstockendes sind, die Sie modifizieren.
Aus demselben Grund dürfen Sie diese Modifikationen nicht in der Seitenansicht durchführen. Da die Eckpunkte beider Seitentüren deckungsgleich darin sind, würden beide Türen verbreitert.
Achten Sie also beim Modifizieren in /AN+SCH/ immer darauf, daß sie nicht in einer Projektion arbeiten, in der die zu modifizierenden Punkte mit Punkten zusammenfallen, die nicht modifiziert werden dürfen.

TIPS

Wenn Sie Wert darauf legen, daß eine Modifikation nicht nur im Schalplan, sondern auch im /3D/-Modell zum Tragen kommt, etwa weil Sie das Modell an andere weitergeben, gehen Sie wie folgt vor. Wechseln Sie zum /3D/-Teilbild und nehmen Sie die Modifikationen im /3D/-Modul vor. Übernehmen Sie die Schalung dann in dasselbe Teilbild, in dem die bisherigen Ansichten und Schnitte liegen. Auf die Abfrage „Zu welchem Bewehrungskorb hinzufügen?" klicken Sie eine der alten Ansichten an. Vom neuen Modell werden jetzt alle Ansichten und Schnitte des alten Plans überlagert. Löschen Sie abschließend die alten Ansichten über /LOESCH/.

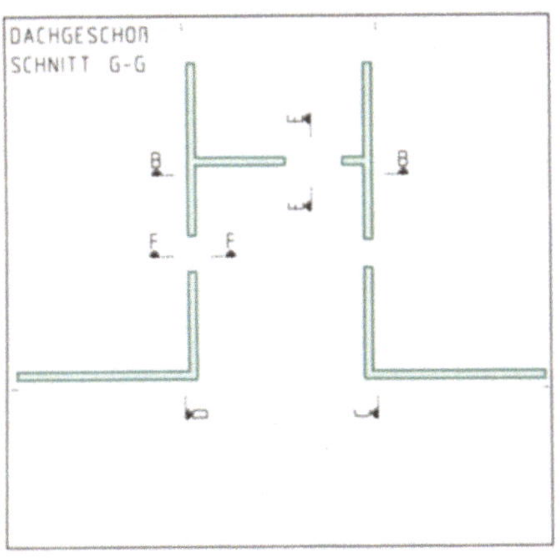

Abb. 39: Die verbreiterte Türöffnung

Solche Modifikationen funktionieren nicht nur in diesem Stadium, sondern auch später, wenn bereits Teile der Bewehrung verlegt sind. Die Modifikationen an der Schalung sind dann auch für die Bewehrung wirksam. Doch dazu später!

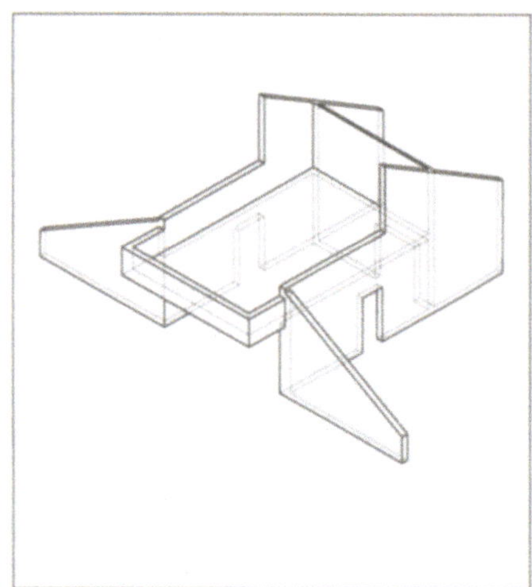

Abb. 40: Die Perspektive in Hidden-Darstellung

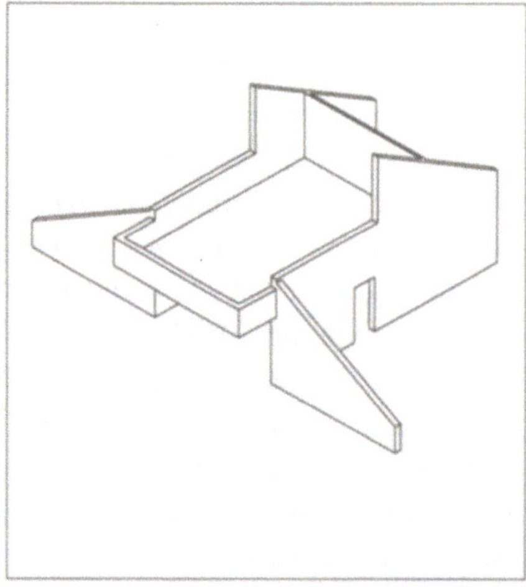

Abb. 41: Darstellung nach Übernahme in Liniendarstellung ohne verdeckte Kanten

Ansichten und Schnitte, die in Hidden-Darstellung gezeichnet sind, verlieren dadurch alle räumlichen Informationen. Das heißt, Modifikationen, die in einer Hidden-Ansicht vorgenommen wurden, werden nicht in die anderen Ansichten übertragen! Dies ist erst wieder möglich, wenn die Hidden-Darstellung in ein Drahtmodell zurückgewandelt wurde.

TIPS

Wenn Sie die Stifteinstellungen geändert haben, nachdem bereits Ansichten bestehen, wechseln Sie die Darstellungsart zwischen Hidden und Drahtmodell und wieder zurück, um die Stiftänderungen wirksam werden zu lassen.

Die Hidden-Darstellung

Alle Ansichten und Schnitte, die bisher erzeugt wurden, sind Drahtmodelle. Das bedeutet, daß alle Kanten dargestellt werden, unabhängig davon, ob sie sichtbar sind oder in der Realität verdeckt wären.

Sie können jedoch auch eine Darstellung wählen, in der die Sichtbarkeit von Kanten berücksichtigt ist. Blättern Sie dazu auf die 2. Seite in /AN+SCH/ und aktivieren Sie /AN-HID/. Jede Ansicht, die Sie anklicken, solange /AN-HID/ aktiv ist, wird in eine Hidden-Darstellung umgewandelt.

In welcher Strichart die verdeckten Linien dargestellt sind, hängt von der in /DEF/ → /STIFTE/ gewählten Einstellung ab. Es empfiehlt sich zum Beispiel, für die Darstellung verdeckter Kanten strichlierte Linien einzustellen (Abb. 40).

Die Rückwandlung einer Hidden-Darstellung in ein Drahtmodell geschieht über /AN-DRA/.

Auch ein völliges Ausblenden unsichtbarer Linien ist möglich. Legen Sie dazu das /3D/-Modell aktiv in den Hintergrund, wählen Sie als gewünschte Perspektive zum Beispiel / / und aktivieren Sie /UEBERNAHME/LINIEN/. Klicken Sie das Modell an und beantworten Sie die Abfragen dahingehend, daß Hidden-Line durchgeführt werden soll, verdeckte Kanten und Flächenstöße jedoch nicht dargestellt werden sollen. Wechseln Sie in den Grundriß und setzen Sie die Ansicht ab (Abb. 41).

Diese Darstellung ist allerdings ausschließlich eine Strichzeichnung, die keinerlei räumlichen Informationen mehr enthält und nicht zurückgewandelt werden kann!

Die Randbewehrung

Nun sind die Vorarbeiten endgültig abgeschlossen, sodaß es an die Hauptsache, das Bewehren gehen kann. Im vorhergehenden Kapitel haben Sie das Modul „Flächenbewehrung" /FL-BEW/ kennengelernt. Während es dort um flächige Bauteile ging, kann mit dem Modul „Rundstahlbewehren" /RU-BEW/ jede allgemeine Bewehrung vorgenommen werden.

Im folgenden wird am Beispiel der in den vorangegangenen Abschnitten vorbereiteten Dachgeschoßwände die Anwendung beider Module demonstriert.

Sollten Sie erst hier in die Übungen einsteigen, laden Sie bitte das Teilbild 2301. Es enthält den zu bewehrenden Schalplan.

Vorgehen beim Rundstahlbewehren

So wie Sie beim Flächenbewehren die grundsätzliche Vorgehensweise „Bewehrungsbereich festlegen → Eisen definieren" kennengelernt haben, gibt es auch beim Rundstahlbewehren eine Vorgehensreihenfolge, von der nie abgewichen wird.

- Zunächst wird ein Eisen in einer Ansicht erzeugt, in der seine Biegeform zu sehen ist.
- Im zweiten Schritt wird es in einer dazu orthogonalen Ansicht verlegt.

Warum dieses Vorgehen vorteilhaft ist, erschließt sich leicht, wenn Sie zum Beispiel an den Bewehrungskorb einer einfachen Betonstütze denken (Abb. 42). Die Biegeform der Bewehrungsbügel ist ausschließlich in der Draufsicht der Stütze zu erkennen (1. Schritt), während die Höhenlage der Eisen nur in der Seitenansicht zu sehen ist (2. Schritt).

Beim Erzeugen eines Eisens ist es übrigens nicht notwendig, dieses bereits lagerichtig zu definieren. Durch das Verlegen wird seine Lage in der Erzeugeansicht automatisch korrigiert, wenn notwendig. Außerdem wird die Verlegung automatisch in alle weiteren vorhandenen Ansichten übertragen.

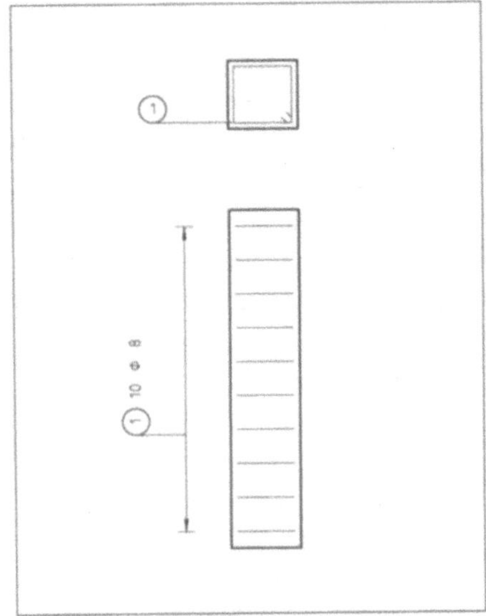

Abb. 42: Definieren der Eisen in der Draufsicht und Verlegen in der Seitenansicht

Randbewehrung mit U-Bügeln

Die erste Anwendung des Rundstahlbewehrens wird die Randbewehrung der zuvor vorbereiteten Dachgeschoßwände sein.

Wechseln Sie zunächst in das Rundstahl-Modul, indem Sie im linken Menü aus der Hauptmaske auf /RU-BEW/ bzw. aus einer Modulmaske auf /RB/ klicken.

Im oberen Menü können Sie zwischen /MODELL/AUS/ und /MODELL/EIN/ umschalten. Im ersten Fall nutzen Sie die Vorteile des zuvor erstellten Modells nicht. Das heißt, Sie arbeiten im Grunde wie am Zeichen-

Parameter:	
/POS/	1
/∅/	8
/□ /	---
/ ⁞— /	0.000
/ —⁞ /	0.000
/ ⇹ /	0.030
/HW-A/	0
/HL-ANF/	---
/HW-E/	0
/HL-END/	---
/STAHLG/	IV S

brett, wo Sie die Eisen manuell in alle notwendigen Ansichten übertragen müssen. Schalten Sie das Modell also ein, um sich die Arbeit zu erleichtern.

Erzeugen des Bügels Pos. 1

Zum Erzeugen des ersten Bügels klicken Sie auf /EINGAB/ im unteren Menü. Daraufhin werden im oberen Menü eine Reihe von Eisenformen eingeblendet, aus denen Sie auswählen können.

Für den U-Bügel wählen Sie den Knopf /BLS/ für „beliebig gebogenen Stab". Nach Anklicken von /BLS/ verändert sich das obere Menü. Nun können eine Reihe von Parametern für das zu erzeugende Eisen eingestellt werden. Ganz links im Menü ist die Positionsnummer aufgeführt. Sie ist auf die kleinste, noch unbelegte Positionsnummer voreingestellt. Sie können nach Anklicken des Felds auch eine andere Nummer vergeben. Daneben wird unter /∅/ der Eisendurchmesser eingestellt.

Es folgen vier Eingabefelder für die Betondeckung und vier für die Definition eventueller Haken (siehe BASICS). Ganz rechts kann die Stahlgüte eingestellt werden. Mit der angegebenen Einstellung wird festgelegt, daß eine Betondeckung von 3 cm längs des Stabs einzuhalten ist. Der Anfangs- und Endabstand des Stabs ist auf Null gesetzt, Haken sind nicht vorgesehen.

Für den Durchmesser und andere Parametereinstellungen in den Bewehrungsmodulen gibt es drei verschiedene Eingabemöglichkeiten:

- Klicken Sie direkt auf das /∅/-Zeichen und es öffnet sich eine Auswahlbox, aus der durch Anklicken ein Durchmesser gewählt werden kann.
- Durch Antippen der seitlichen Pfeile dagegen springt die Anzeige zum nächst höheren bzw. niedrigeren verfügbaren Wert.
- Um den Durchmesser per Tastatur einzugeben, klicken Sie direkt auf /∅/ oder auf die Durchmesserangabe darunter und tippen Sie die gewünschte Zahl ein.

Geben Sie nun die Biegeform des Stabs ein, indem Sie nacheinander die dem Anfangspunkt, den Eckpunkten und dem Endpunkt des Stabes entsprechenden Schalungspunkte anklicken (Abb. 43). Auf die Länge des ersten und des letzten Schenkels brauchen Sie dabei keine Rücksicht zu nehmen. Klicken Sie als Anfangs- und Endpunkt einen bereits vorhandenen Punkt an, der in der Flucht des jeweiligen Schenkels liegt.

Worauf Sie jedoch achten sollten ist, daß der Bügel gegen den Uhrzeigersinn eingegeben werden muß. Der Stab wird nämlich in Eingaberichtung links vom Eingabepolygon um die Betondeckung versetzt. Würden Sie den Stab im Uhrzeigersinn abgreifen, würde er außerhalb der Wand liegen. Natürlich können Sie, wenn die Situation es erfordert, auch eine negative Betondeckung einstellen und den Stab rechts herum eingeben.

Brechen Sie die Stabeingabe nach dem Endpunkt mit /4/ ab. Das Programm fragt nun über die Dialogzeile

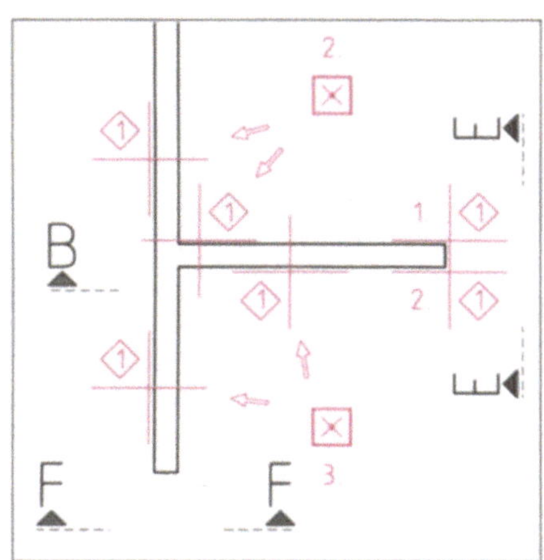

Abb. 43: Definition des Bügels über Schalungspunkte...

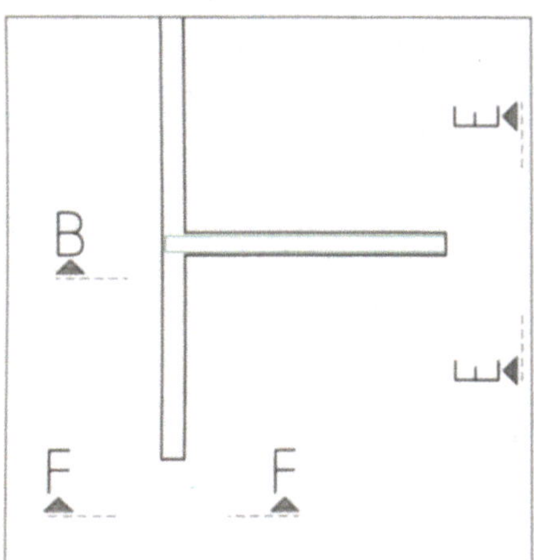

Abb. 44: ... und resultierendes Eisen

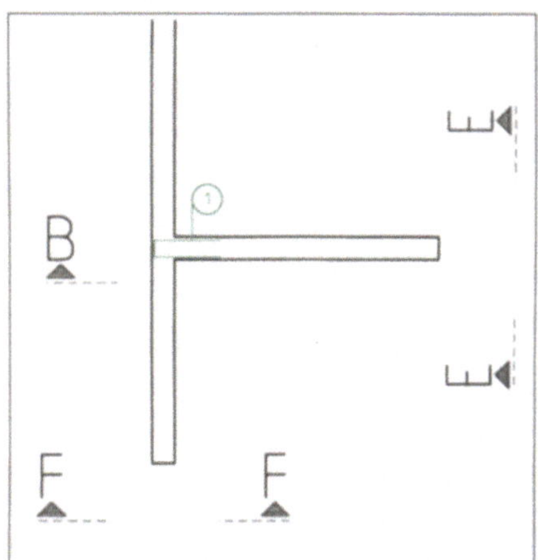

Abb. 45: Das Eisen nach Korrektur der Anfangs- und Endschenkellänge sowie Absetzen des Positionstexts

die Länge des ersten und des letzten Schenkels ab. Geben Sie jeweils 0,7 m ein.

Schließlich ist noch der Positionstext abzusetzen. Zuvor können im oberen Menü dessen Parameter eingestellt werden. Der Bügel ist nun fertig erzeugt (Abb. 45).

Natürlich wäre es auch möglich gewesen, von vornherein die richtigen Schenkelmaße mit Hilfe der Summentaste einzugeben. Sie hätten dann jedoch die Betondeckung an der linken Seite des Bügels berücksichtigen müssen, da Sie die Schenkelmaße des Eingabepolygons und nicht die des resultierenden Eisens hätten angeben müssen. Die Eingabelänge hätte also jeweils 0.73 m betragen. Bei der anschließenden Abfrage, die die tatsächliche Schenkellänge betrifft, hätte dann die 0,7 m nur bestätigt werden brauchen.

Verlegen des Bügels Pos. 1

Nachdem die Eisengeometrie definiert ist, folgt jetzt als zweiter Schritt das Verlegen in einer orthogonalen Ansicht. In diesem Fall eignet sich dazu besonders der Schnitt B-B.

ALLPLOT schaltet nach dem Erzeugen eines Eisens automatisch in den Verlegemodus um. Haben Sie jedoch bereits abgebrochen oder wollen Sie ein früher definiertes Eisen verlegen, wählen Sie /VERLEG/.

Zunächst müssen Sie nun die Verlegeart bestimmen. Klicken Sie dazu /SCHK B/ für „schalkantenbezogen" an und bestätigen Sie mit /3/ (weitere Verlegearten siehe weiter unten).

B A S I C S

Parameter für die Eiseneingabe:

/POS/	Hier ist die Positionsnummer einzustellen, die das erzeugte Eisen erhalten soll. Vorgeschlagen wird die kleinste unbelegte Positionsnummer.
/ø/	In diesem Feld wird der Durchmesser des zu erzeugenden Eisens eingegeben.
/□ /	Dies ist das Eingabefeld für die allseitige Betondeckung. Dieser Wert wird in die folgenden drei Felder übertragen. Ist die Betondeckung nicht einheitlich, sind die jeweiligen Werte dort einzutragen.
/⁝— /	Die Betondeckung am Stabanfang,
/—⁝ /	am Stabende und
/-+++- /	längs des Stabs wird hier festgelegt.
/HW-A/	Hier kann der Hakenwinkel am Stabanfang eingestellt werden. Steht er auf Null, wird kein Haken vorgesehen.
/HL-ANF/	Zum Hakenwinkel kann die Hakenlänge am Stabanfang festgelegt werden.
/HW-E/	Hakenwinkel am Stabende
/HL-END/	Hakenlänge am Stabende
/STAHLG/	Aus dem Pulldown kann die Stahlgüte gewählt werden. Sie wird den in /QU/ definierten Daten entnommen.

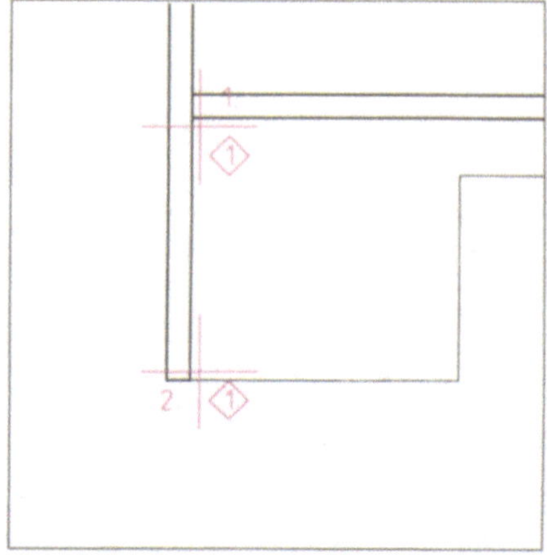

Abb. 46: Eingabe der Verlegegeraden

Geben Sie nun die Verlegegerade ein (Abb. 46). Die Verlegegerade darf parallel zur eigentlichen Bezugsschalkante verschoben sein. Im vorliegenden Fall wurde zum Beispiel nicht die Wandaußenseite, sondern die Innenseite gewählt, da hier bereits identifizierbare Punkte vorhanden sind.

Denken Sie bei der Eingabereihenfolge für die Verlegegerade daran, daß die Eisen links davon verlegt werden!

Sie sehen nun ein Preview der Verlegung (Abb. 47), gleichzeitig ist im oberen Menü die Option /FLUCHTEN/ aktiviert (falls nein: Klicken Sie /FLUCHTEN/ an). Diese Option bedeutet, daß die verlegten Eisen genau in der orthogonalen Projektion des Erzeugeeisens verlegt werden, unabhängig davon, wo die Verlegegerade liegt. Diese dient nur noch der Bestimmung der Verlegelänge und -richtung.

Außerdem kann in diesem Stadium noch die Betondeckung am Anfang der Verlegegeraden /⁝— /, an ihrem Ende /—⁝ / oder gleich beidseitig /⁝□⁝ / eingestellt werden. Nach dem Anklicken eines dieser Knöpfe erscheint im Preview ein kleines Kreuzchen auf der Seite der Verlegegeraden, die dadurch beeinflußtwird. Durch die Änderung der Beton-

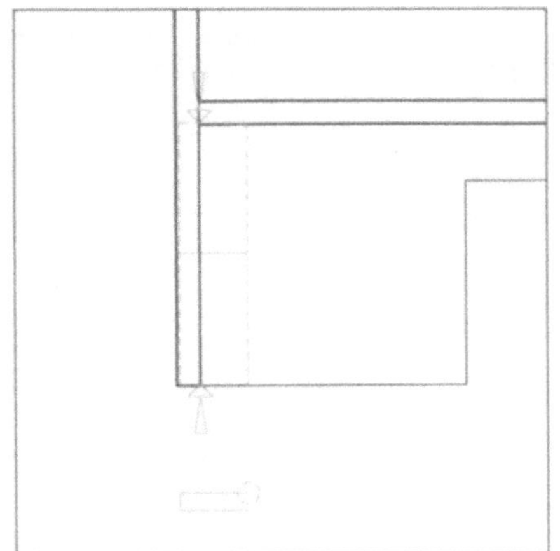

Abb. 47: *Das Preview der Verlegung*

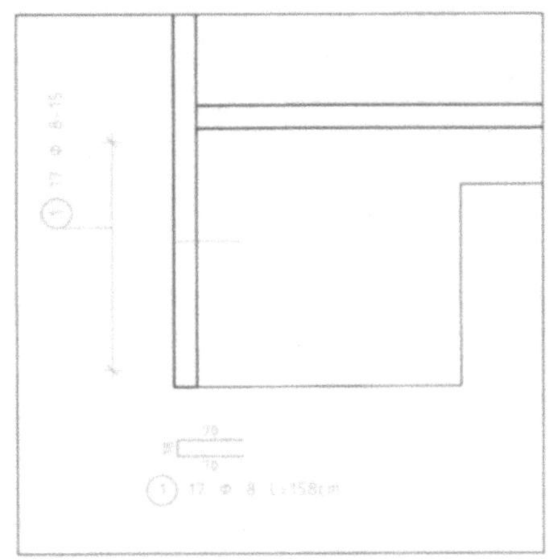

Abb. 48: *Die fertiggestellte und bemaßte Verlegung*

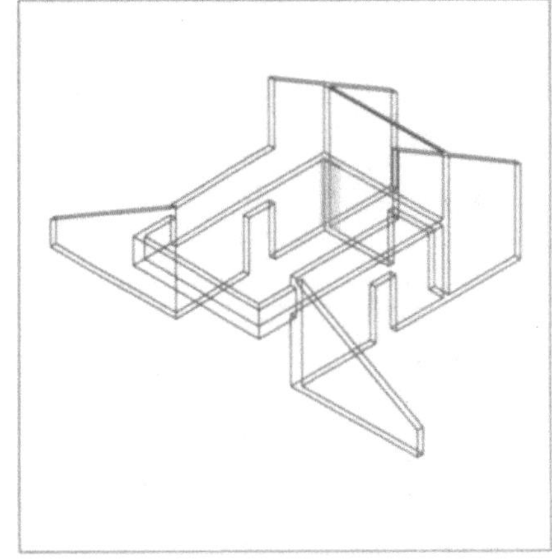

Abb. 49: *Die verlegten Eisen in der Perspektivdarstellung*

deckung wandert der jeweilige Pfeil im Preview um den geänderten Betrag in die jeweilige Richtung.

Eine weitere Kontrolle bietet das Preview durch eine geklappte Darstellung des verlegten Eisens. Dadurch können Sie sehen, ob die Ausrichtung des Bügels tatsächlich stimmt. Ein kleiner Kreis an einem Stabende des Previews wird auch am gleichen Stabende in der Erzeugeansicht eingeblendet, sodaß eine eindeutige Erkennung der Ausrichtung möglich ist.

Wenn die Einstellungen stimmen und das Preview sich dort befindet, wo die Eisen liegen sollen, bestätigen Sie mit /3/. Im oberen Menü erscheinen nun die Verlegeparameter, die denen aus der Feldverlegung weitgehend gleichen. Nehmen Sie die notwendigen Einstellungen vor und bestätigen Sie mit /3/. Bei der Abfrage nach einer weiteren Verlegung der Position brechen Sie mit /4/ ab.

Sie werden nun aufgefordert, die Maßlinie und den Positionstext abzusetzen. Beide Funktionen wurden bereits bei der Deckenbewehrung im vorangegangenen Kapitel besprochen.

Auch hier können individuelle Parameter eingestellt werden.

ALLPLOT springt nun zur Eingabe eines neuen Eisens. Soll kein neues erzeugt werden, brechen Sie mit /4/ ab.

Die Erstellung des Auszugs funktioniert ebenfalls unverändert gegenüber dem im letzten Kapitel beschriebenen Vorgehen. Wenn Sie darauf Wert legen, daß der Auszug genauso ausgerichtet ist wie die Verlegung in einer bestimmten Ansicht, so bestimmen Sie die Positionsnummer, für die der Auszug erstellt werden soll, nicht über die Tastatur, sondern durch Anklicken der Verlegung in der gewünschten Ansicht.

Die erste Verlegung von Pos. 1 ist damit abgeschlossen. Sie sehen, daß die Eisen nun auch in alle andere Ansichten und Schnitte übertragen wurden, soweit sie dort sichtbar sind (Abb. 49).

Sollten die verlegten Eisen nicht in anderen Ansichten zu sehen sein, prüfen Sie, ob /DEF/ →/V-AN/ auf /AUS/ steht. Wenn ja, schalten Sie um. Die nächste Verlegung wird dann in allen Ansichten eingeblendet.

BASICS

Verlegearten:

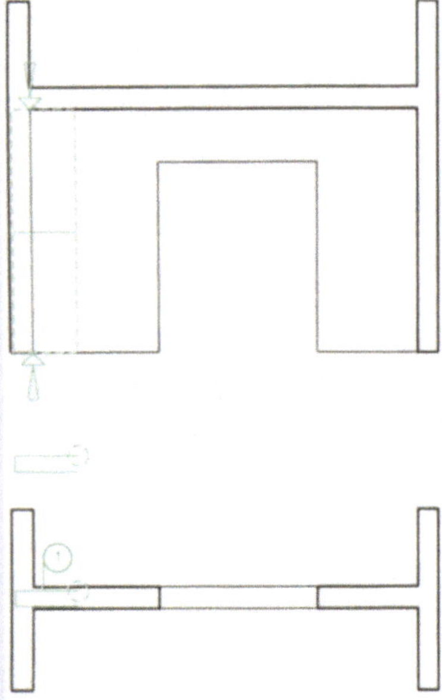

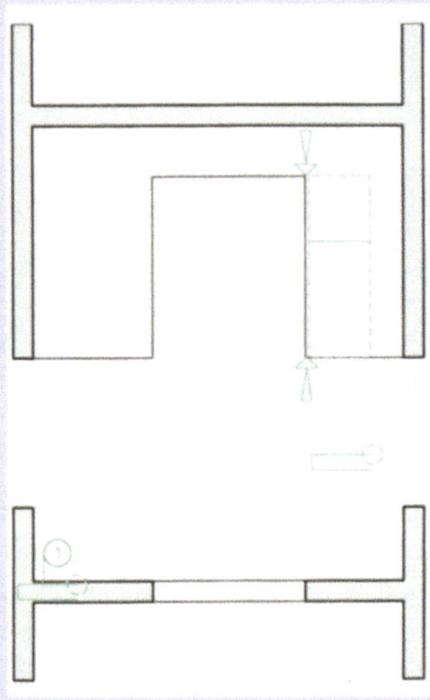

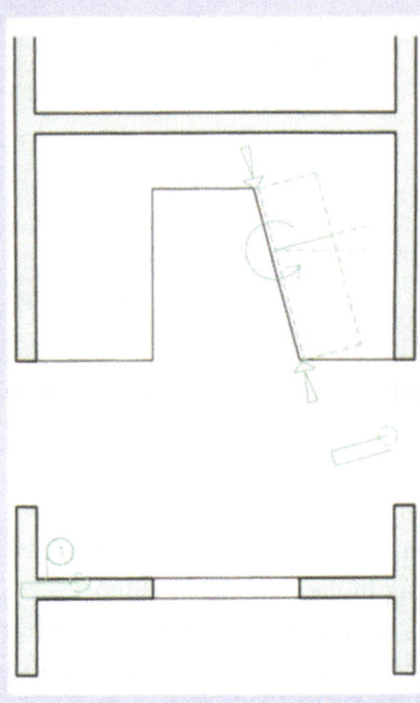

/FLUCHTEND/

Bei fluchtender Verlegung entspricht die Verlegeposition allen bei der Erzeugung des Eisens festgelegten Maßen. Die Verlegegerade dient nur der Festlegung der Verlegelänge bzw. deren Anfangs- und Endpunkt. Im obigen Preview ist deutlich zu sehen, daß die Eisen nicht entlang der Verlegegeraden, sondern fluchtend zum Eisen in der Erzeugeansicht verlegt ist.
Wenn das Erzeugeeisen also in seiner Ansicht bereits lagerichtig eingetragen ist, darf die Verlegegerade beliebig weit parallel verschoben werden, ohne die Verlegeposition zu verändern. Sie ist also dort abzusetzen, wo günstige Punkte identifiziert werden können.

/VERSCH/

Werden die Eisen dagegen an einer anderen Stelle verlegt, werden sie gegenüber der Position in der Erzeugeansicht bis zur Verlegegeraden verschoben. Sie fluchten also nicht mit dem Erzeugeeisen, sondern mit der Verlegegeraden.
Diese Verlegeart hat den Vorteil, daß die Lage eines Eisens nur in der in der Verlegeansicht nicht sichtbaren Richtung festgelegt werden muß, so daß günstige Punkte zur Eingabe genutzt werden können.
Bei verschobener Verlegung wird also die Eisenlage beim Erzeugen in einer Richtung und beim Verlegen in den beiden anderen Raumrichtungen festgelegt, während die fluchtende Verlegung eine Lagefestlegung beim Erzeugen in zwei Raumrichtungen benötigt, dafür nur in eine beim Verlegen.

/GEDREHT/

Eine gedrehte Verlegung entspricht prinzipiell der verschobenen. Zusätzlich können die Eisen um eine senkrecht zur Bildschirmfläche liegende Achse gedreht werden. Jedes Eisen besitzt dabei seine eigene Drehachse am Schnittpunkt zur Verlegegeraden.

BASICS

Verlegeparameter:

/POS/ Positionsnummer

/Ø/ Durchmesser der zu verlegenden Eisen

/LAGE/ Zahl deckungsgleicher Lagen

/STCK/ Anzahl der zu verlegenden Eisen, wird nach Eingabe des Stababstands automatisch aus der Verlegelänge errechnet (nur bei /V-TYP/REIHEN/).

/ABST/ Stababstand der zu verlegenden Eisen, wird nach Eingabe der Stückzahl automatisch aus der Verlegelänge errechnet (nur bei /V-TYP/REIHEN/).

/AS/M/ Bewehrungsgehalt in cm2/m, errechnet aus eingestelltem Durchmesser und Stababstand.

/SCH/ Schnittigkeit, mit der der Bewehrungsgehalt für /AS/M/ multipliziert wurde. Die Schnittigkeit ist bei geraden Stäben auf 1, bei Bügeln auf 2 voreingestellt.

/>/ Klicken Sie hier an, um den Anfangsabstand des ersten Eisens auf Null zu setzen.

/V-A/ Nach Aktivierung dieses Felds kann der Anfangsabstand über die Tastatur eingegeben werden.

/*/ bewirkt, daß beide Endabstände auf denselben Wert gestellt, die Verlegung also mittig ausgerichtet wird

/V-E/ Eingabe des Endabstands.

/</ setzt den Endabstand auf Null.

/V-TYP/REIHEN/ ermöglicht das Absetzen mehrerer Verlegungen eines Eisens hintereinander in der Flucht der Verlegegeraden. Dabei sind unterschiedliche Verlegelängen realisierbar.

/V-TYP/EINZEL/ ermöglicht ein mehrfaches Absetzen einer Verlegung in der Flucht der Verlegegeraden. Alle Verlegungen haben also dieselbe Verlegeglänge.

/III/ Bei jeder Verlegung werden alle enthaltenen Eisen dargestellt

/-I-/ Nur das in der Mitte einer Verlegung liegende Eisen wird dargestellt.

/II-/ Nach dem Absetzen einer Verlegung erscheinen alle Eisen in Warnfarbe. Klicken Sie nacheinander diejenigen Eisen ein, die im Plan dargestellt werden sollen und brechen Sie mit /4/ ab.

/ _/ / Die Vorgehensweise entspricht der unter /II-/. Die Eisen, die zur Darstellung ausgewählt wurden, werden geklappt dargestellt, damit die Biegeform erkennbar ist.

Weitere Verlegung von Pos. 1

Oberhalb der Zwischendecke soll eine weitere Verlegung des Bügels Pos. 1 erfolgen. Es empfiehlt sich, diese Verlegung in der Seitenansicht vorzunehmen, um sicher zu gehen, daß kein Eisen aus der Dachschräge ragt.

Aktivieren Sie /VERLEG/ und klicken Sie eines der bereits verlegten Eisen Pos. 1 an, um die neu zu verlegende Position zu bestimmen. Stellen Sie im oberen Menü die schalkantenbezogene Verlegung /SCHK B/ ein und bestätigen Sie mit /3/. Geben Sie nun die Verlegegerade durch Anklicken von Anfangs- und Endpunkt ein (Abb. 50).

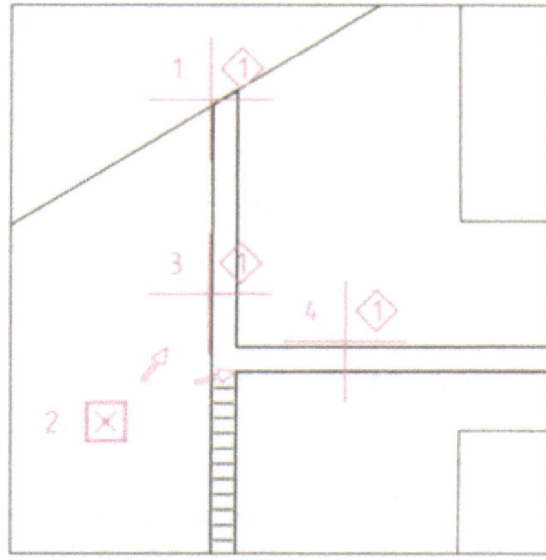

Abb. 50: Eingabe der Verlegegeraden

Auf dem Bildschirm erscheint das Preview der Verlegung. Stellen Sie fluchtende Verlegung /FLUCHTEND/ ein mit einem Endabstand von 10cm und bestätigen Sie mit /3/. Die Verlegeparameter brauchen Sie nicht zu ändern, da sie noch von der letzten Verlegung der Pos. 1 stammen. Bestätigen Sie diese also mit /3/. Die Verlegung erscheint in allen Ansichten.

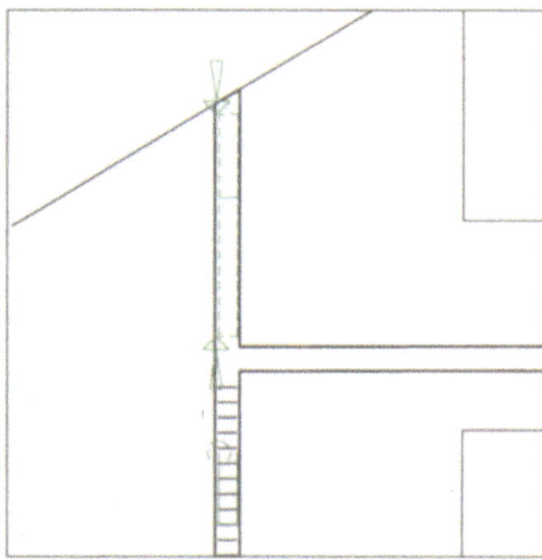
Abb. 51: Das Preview der Verlegung

Sie soll jedoch nicht in der Seitenansicht, in der sie gerade gearbeitet haben, dargestellt und vermaßt werden, sondern, wie bereits die erste Verlegung, im Schnitt B-B. Verzichten Sie deshalb hier auf Bemaßung und Beschriftung, indem Sie mit /4/ abbrechen.

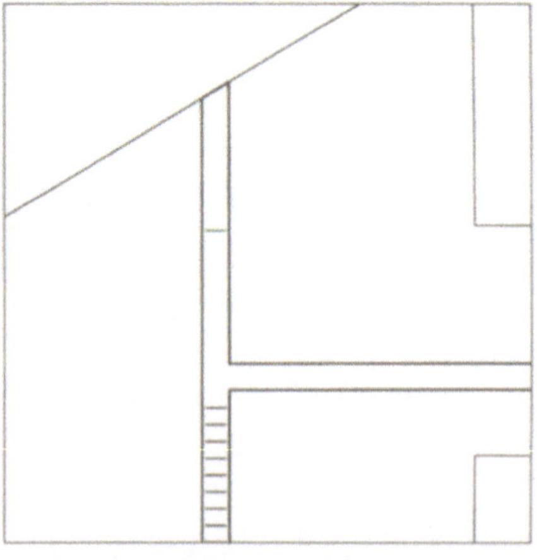
Abb. 52: Die fertige, unbeschriftete Verlegung

Ein- und Ausblenden von Eisen

Prinzipiell werden die aus der Verlegeansicht in andere Ansichten übertragenen Eisen vollständig dargestellt. In Abb. 50 zum Beispiel sind alle Eisen der ersten Verlegung einzeln zu sehen. Die Eisendarstellung läßt sich aber auch nachträglich noch beeinflussen.

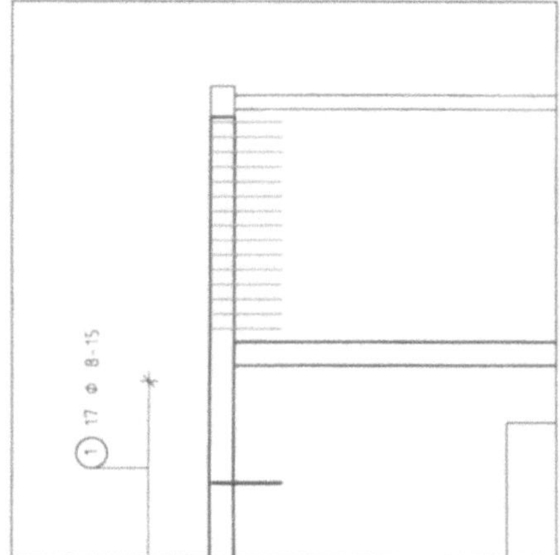

Abb. 53: Darstellung aller Eisen im Schnitt B-B

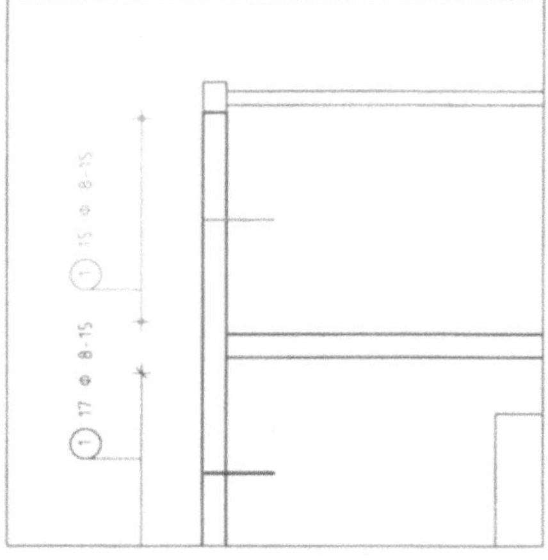

Abb. 54: Darstellung derselben Verlegung nach der Modifikation

Wie bereits gesagt, sollen die beiden bisherigen Verlegungen nur in den Schnitten B-B und G-G dargestellt werden, nicht in der Seitenansicht. Um Verlegungen auszublenden, wählen Sie /VD-MOD/ auf der 2. Seite von /RU-BEW/. Rechts in der Dialogzeile erscheinen fünf Knöpfe, von denen vier den Darstellungsarten im Menü „Verlegeparameter" entsprechen, zum Beispiel /III/ für die Darstellung aller Eisen oder /-I-/ für die alleinige Darstellung des mittigen Eisens. Der fünfte Knopf ist leer und damit für die Ausblendung von Verlegungen zuständig. Aktivieren Sie ihn und klicken Sie danach die beiden Verlegungen in der Seitenansicht an, um sie auszublenden.

Auch im Schnitt B-B ist die zweite Verlegung mit allen Eisen dargestellt (Abb. 53). Aktivieren Sie, noch immer unter /VD-MOD/, den Knopf /-I-/ und klicken Sie diese Verlegung an. Nun ist nur noch das mittlere Eisen zu sehen.

Nachträgliche Beschriftung und Vermaßung

Jetzt fehlt noch die Beschriftung der zweiten Verlegung. Sie kann über /ML/TE/, nun wieder auf der 1. Seite, ergänzt werden. Klicken Sie die zu vermaßende Verlegung an und setzen Sie die Maßlinie und den Positionstext ab.

Soll nur ein Positionstext ohne Bemaßung ergänzt werden, wählen Sie stattdessen den Knopf /TE/.

Spiegeln einer Verlegung

Wenn eine Position häufig zu verlegen ist, wie Pos. 1, ist es oft einfacher, eine bereits erstellte Verlegung zu spiegeln oder zu kopieren, als mit der Verlegefunktion zu arbeiten. Eine durch Spiegeln verdoppelte Eisenzahl wird genauso verwaltet, als wäre die Verlegung mit /VERLEG/ entstanden.

Haben Sie versehentlich eine Eisendarstellung ausgeblendet, die Sie wiederhaben möchten? Dann blättern Sie auf die 2. Seite in /RU-BEW/ und aktivieren Sie im oberen Menü /V-AN/. Identifizieren Sie die einzublendende Verlegung in einer anderen Ansicht und klicken Sie dann die Ansicht an, in der sie wieder eingeblendet werden soll.
Die Verlegung ist in keiner Ansicht mehr zu sehen, also nicht mehr identifizierbar? Dann wählen Sie /AN-DAR/ und klicken Sie eine Ansicht an. In dieser Ansicht werden nun alle vorhandenen Verlegungen eingeblendet.

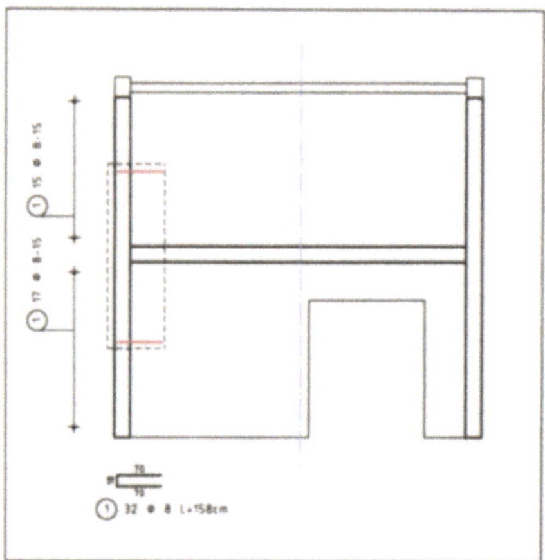

Abb. 55: Spiegeln der Verlegungen an der Mittelachse

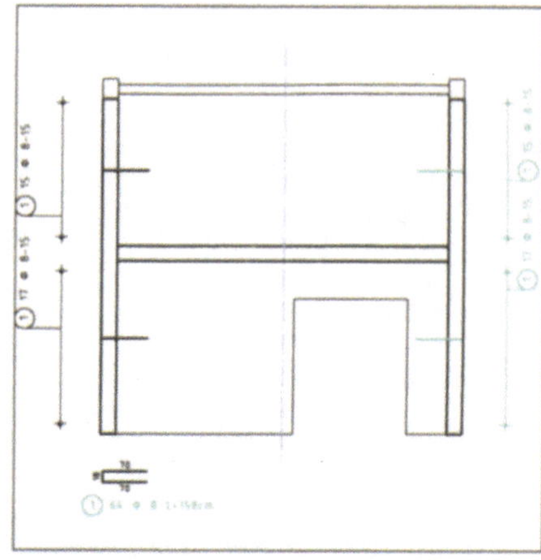

Abb. 56: Die gespiegelten und vermaßten Verlegungen

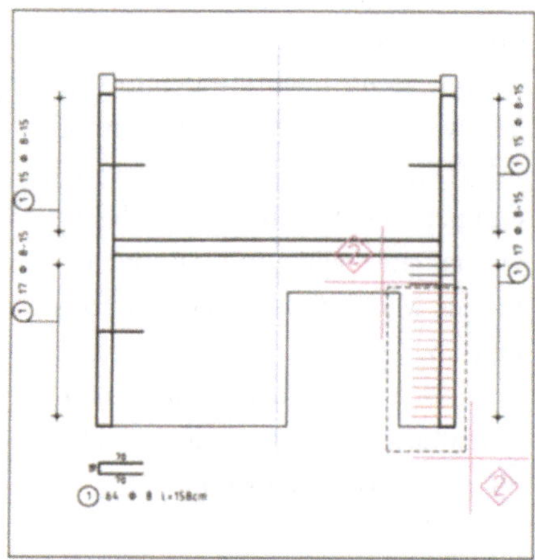

Abb. 57: Löschen der überzähligen Eisen

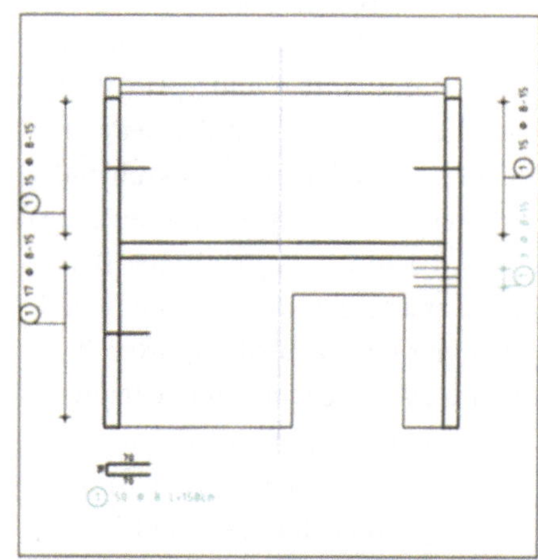

Abb. 58: die fertige Verlegung mit automatisch angepaßter Vermaßung

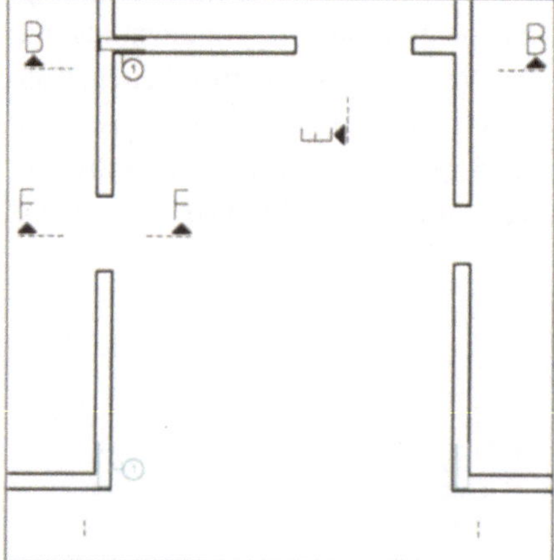

Abb. 59: Pos. 1 im Stirnwandbereich

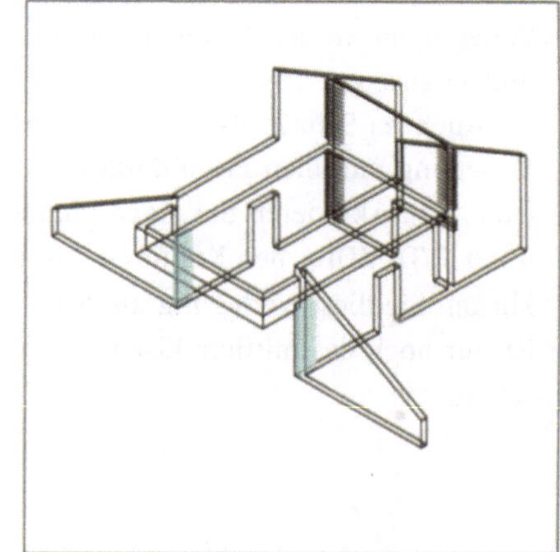

Abb. 60: Dieselbe Verlegung perspektivisch

Dies bietet sich für die bereits erstellten Verlegungen geradezu an, da sie (fast) symmetrisch auf der gegenüberliegenden Seite wieder vorkommen. Bevor Sie jedoch mit dem Spiegeln beginnen, empfiehlt es sich, über /KO/ ⟶ /LINIE/ eine Mittelachse in die symmetrischen Ansichten einzutragen. Da das Spiegeln im weiteren häufiger von Nutzen ist, erleichtert dies das Arbeiten deutlich. Wählen Sie /SPIEG+/, aktivieren Sie beide Verlegungen und klicken Sie die Mittelachse als Spiegelachse an (Abb. 55). Schon ist die gegenüberliegende Seite identisch bewehrt. Die Eisenanzahl im Auszug wird verdoppelt. Sie brauchen die beiden neuen Verlegungen nur noch über /ML/TE/ zu beschriften.

Löschen einzelner Eisen

Genauso wie das Spiegeln sind auch andere Funktionen des Grundmoduls in /RU-BEW/ verfügbar. /LOESCH/ beispielsweise ist im nächsten Schritt von Nutzen.

Die eben gespiegelte Verlegung soll nämlich noch modifiziert werden. Das Wandstück rechts von der Tür soll mit geschlossenen Bügeln bewehrt werden. Ein Teil der gerade verlegten Eisen muß also wieder entfernt werden.

Um die zu entfernenden Eisen identifizieren zu können, modifizieren Sie die Darstellung über /VD-MOD/ ⟶ /III/, so daß alle Eisen sichtbar sind. Wählen Sie dann /LOESCH/ und aktivieren Sie die im Bereich des Türstocks liegenden Eisen (Abb. 57). Mit der Entfernung der Eisen passen sich sowohl die Bemaßung als auch der Auszug der veränderten Verlegung an (Abb. 58).

Weitere Randbewehrungen

In bestimmten Fällen kann es günstiger sein, ein schon einmal erzeugtes Eisen ein zweites Mal zu definieren, anstatt das vorhandene zu verlegen. Ein solcher Fall ist die Verlegung von Pos. 1 im Bereich der Stirnwände (Abb. 59/60).

Die Eisen müßten erst in der ursprünglichen Ausrichtung verlegt und dann gedreht und verschoben werden. Eine Neuerzeugung ist bei dieser einfachen Geometrie schneller durchgeführt. Definieren Sie das Eisen daher über /EINGAB/ ⟶ /BLS/ im Schnitt G-G mit denselben Parametern wie zuvor neu (Abb. 59). Das Eisen bekommt jetzt zwar die Positionsnummer 2 zugeordnet, was jedoch leicht nachträglich korrigierbar ist.

Verlegen Sie das Eisen in der Seitenansicht und spiegeln Sie die Verlegung anschließend auf die gegenüberliegende Seite. Korrigieren Sie die Positionsnummer über /VERPOS/, so daß wieder die Positionsnummer 1 zugeordnet wird.

Auch die Pos. 2 (Abb. 61) kann mit dem bis hier beschriebenen Funktionsumfang erzeugt und verlegt werden. Damit können Sie das nun Gelernte üben.

> Falls Sie sofort mit dem nächsten Abschnitt weitermachen wollen, können Sie Teilbild 2302 laden, das die Pos. 1 und 2 bereits enthält.

Abb. 61: Alle Verlegungen der Pos. 2; Die Anordnung der Ansichten und Schnitte wurde im Interesse besserer Lesbarkeit für diese Abbildung geändert.

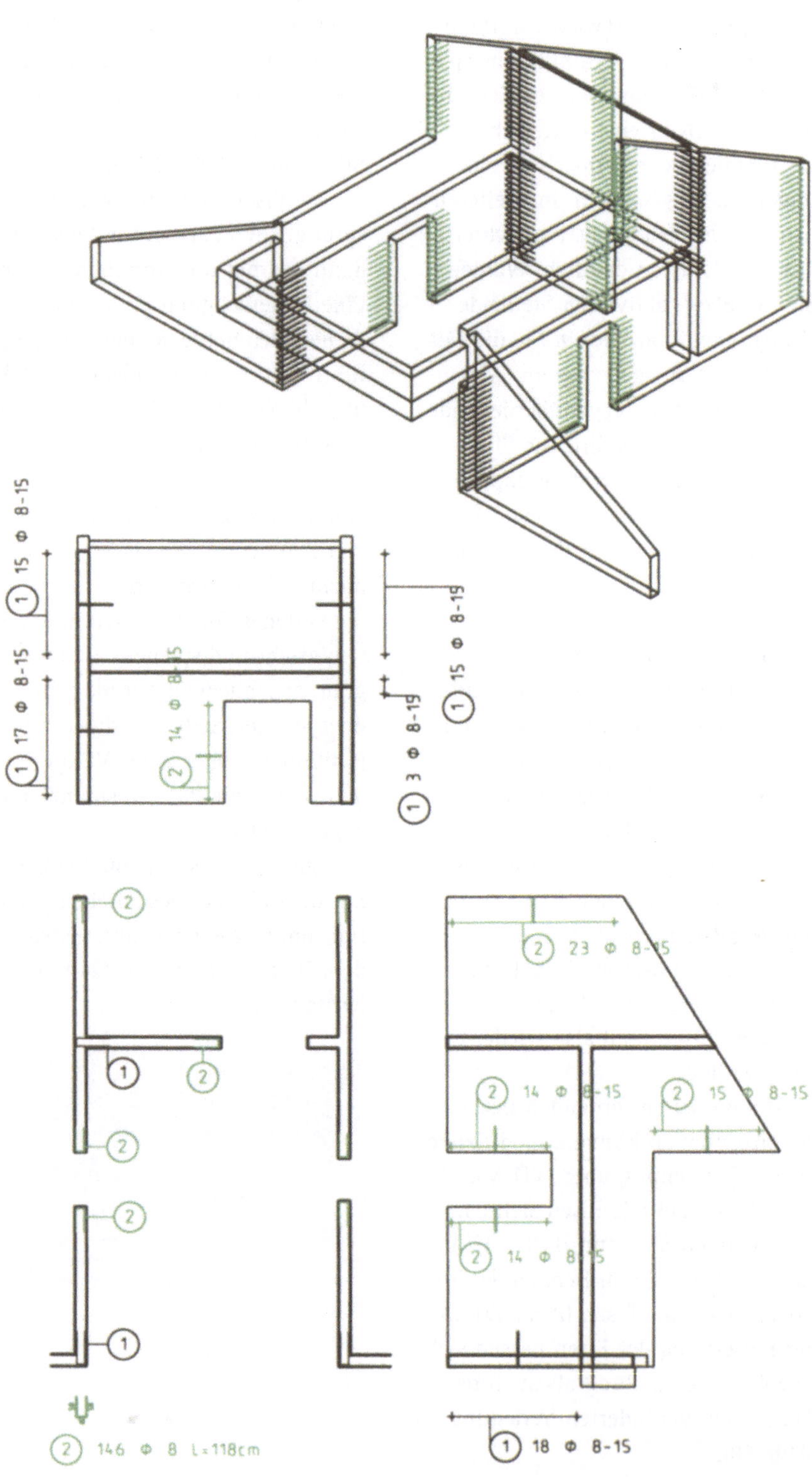

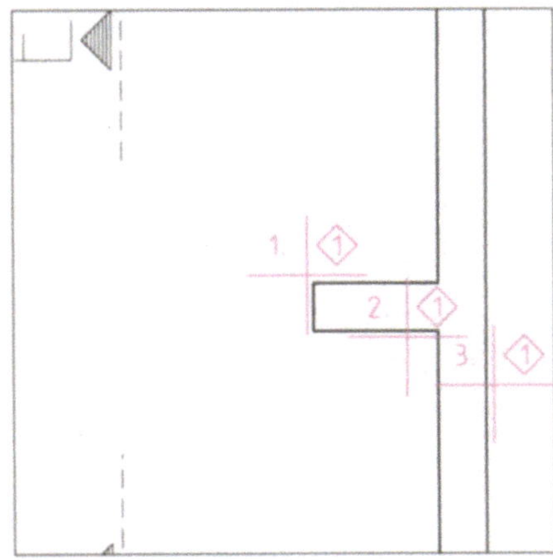

Abb. 62: Anklicken der Diagonalenpunkte...

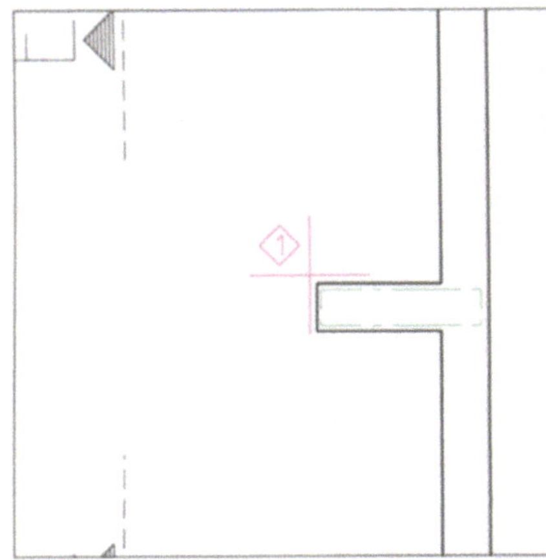

Abb. 63: ...und des Hakenpunkts

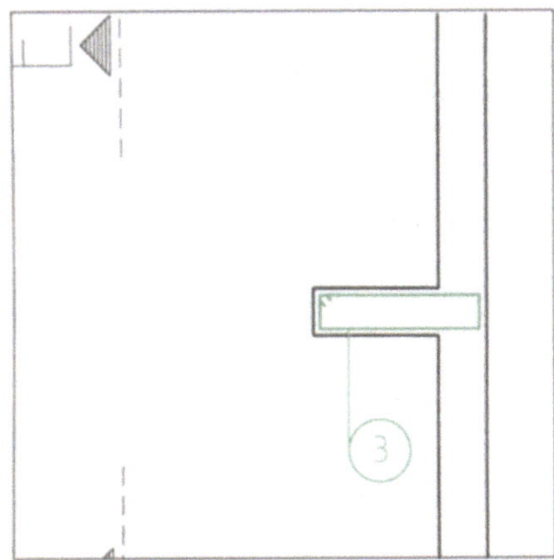

Abb. 64: Die Verlegung von Pos. 3 im Schnitt B-B

Erzeugen und Verlegen eines geschlossenen Bügels

Das nächste Eisen, das nun verlegt werden soll, ist der schon erwähnte Rechteckbügel im Bereich rechts der rückwärtigen Türöffnung. Dies leitet über - nach der Definition beliebiger Eisen über /BLS/ - zu den vordefinierten Eisenformen.

Die Handhabung aller Eisendefinitionsfunktionen ist prinzipiell dieselbe, der Ablauf entspricht dem bei /BLS/. Für Pos. 3 eignet sich die Funktion / □ /. Nach ihrer Aktivierung sind im oberen Menü die Eisenparameter Durchmesser, Betondeckung und Hakenwinkel einzustellen. Zusätzlich können Sie unter /FORM/ zwischen einem offenen und einem - in diesem Fall einzustellenden - geschlossenen Bügel wählen.

Klicken Sie zwei diagonale Eckpunkte der Schalung an, in der der Bügel erzeugt werden soll, hier im Schnitt G-G. Wenn, wie beim zweiten Diagonalenpunkt in Abb. 62, kein Punkt zum Anklicken vorhanden ist, klicken Sie statt dessen nacheinander beide Bauteilränder an. Das Programm sucht sich den Schnittpunkt dann selbsttätig. Die Schnittpunktfunktion / · / muß nicht extra angewählt werden.

Auf dem Bildschirm erscheint nun ein Preview des Bügels (Abb. 63). Gleichzeitig werden Sie aufgefordert (Dialogzeile!), den Eckpunkt zu bestimmen, an dem ein Haken liegen soll. Setzen Sie nun die Beschriftung ab (Abb. 64) und verlegen Sie die Eisen im Schnitt B-B (Abb. 65).

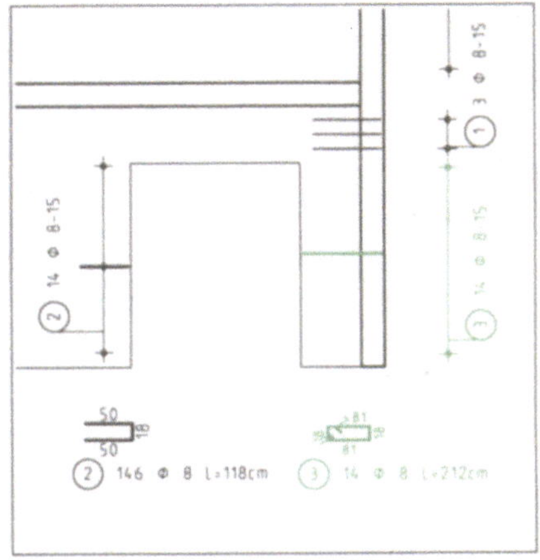

Abb. 65: Der fertige Bügel mit Beschriftung

Parameter:

/POS/	3
/∅/	8
/▢/	0.030
/—/	0.030
/—/	0.030
/—/	0.030
/HW/	135
/HL/	0.070
/FORM/	zu
/STAHLG	IV S

BASICS

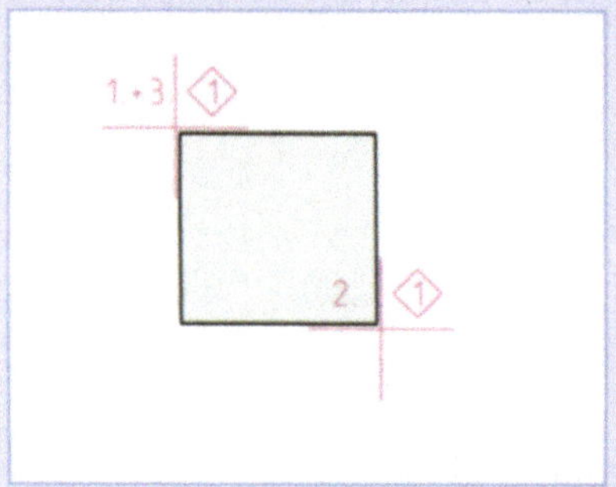

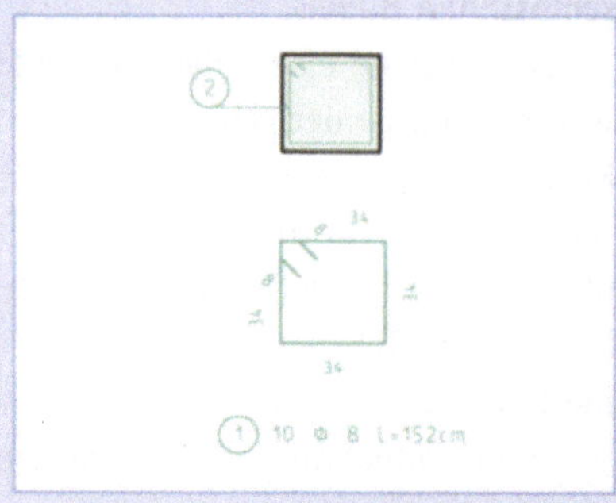

/ □ / Rechteckbügel

Der Bügel wird durch Anklicken zweier Diagonalenpunkte der Schalung erzeugt. Anschließend ist der Eckpunkt anzuklicken, an dem Haken vorgesehen werden sollen.

Sollten sich die Schalungsränder an einem anzuklickenden Eckpunkt nicht überschneiden, klicken Sie statt dessen beide Schalungsränder an. ALLPLOT übernimmt dann deren Schnittpunkt (siehe Übungsbeispiel Pos. 4)

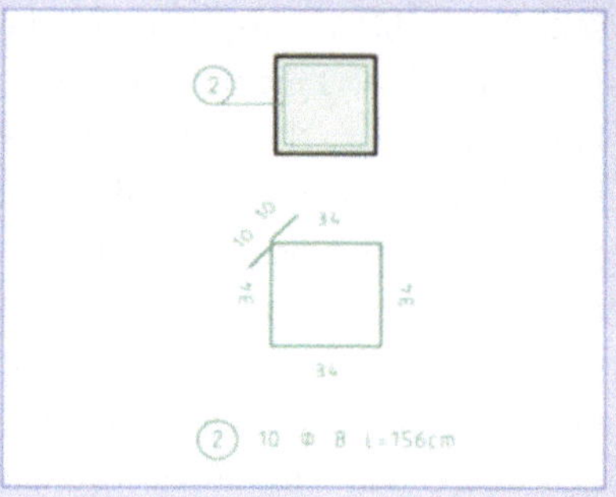

/ □ / Bügel mit Übergreifung

Die Handhabung erfolgt analog zu / □ /. Vor dem Anklicken des Hakeneckpunkts ist unter /LUE/ die Übergreifungslänge einzustellen.

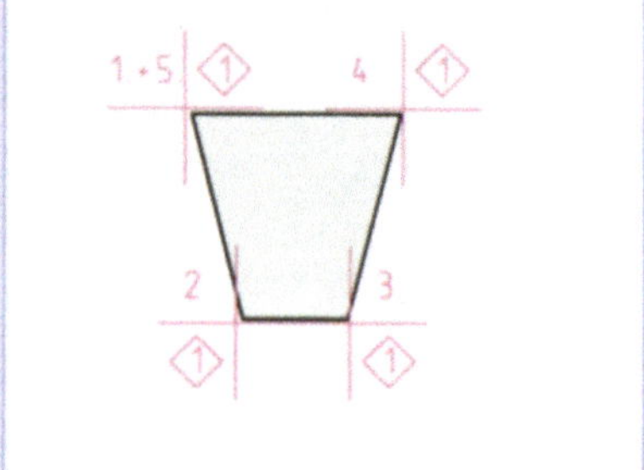

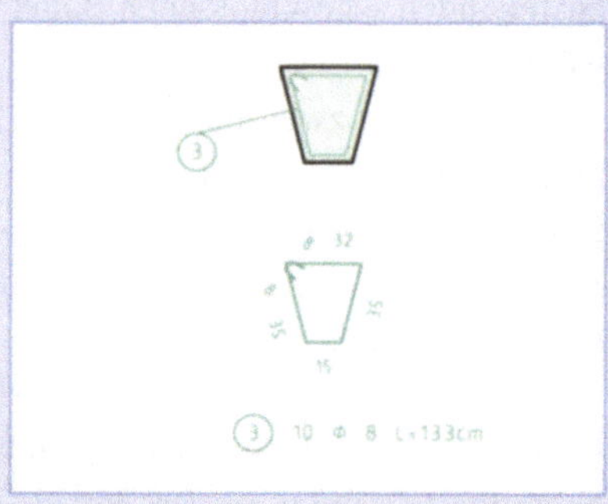

/ ▽ / Bügel für Plattenbalken

Mit dieser Funktion ist es möglich, beliebige viereckige Bügel zu erzeugen. Dazu sind nacheinander alle vier Eckpunkte anzuklicken. Abschließend wird auch hier der Hakeneckpunkt festgelegt.

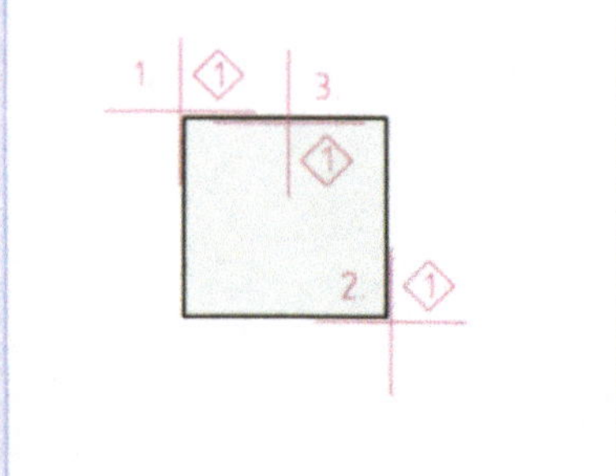

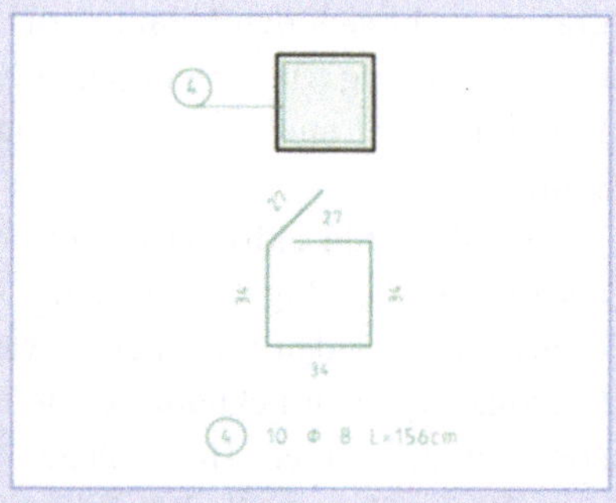

/ □ / Bügel mit Übergreifung

Bei diesem Bügel übergreifen sich die Schenkel an einer Längsseite. Deshalb ist statt des Hakeneckpunkts die Übergreifungsseite anzuklicken.

Die beiden Bügel ohne Übergreifung können auch in offener Biegeform dargestellt werden. Dazu ist /FORM/ auf /OFFEN/ zu stellen und statt dem Hakenpunkt die offen darzustellende Seite anzuklicken.

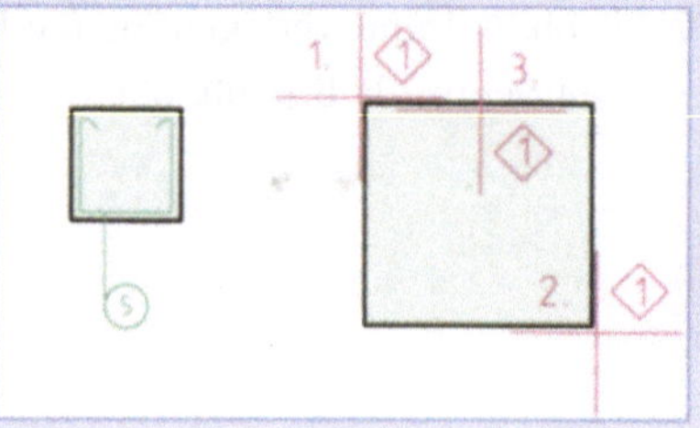

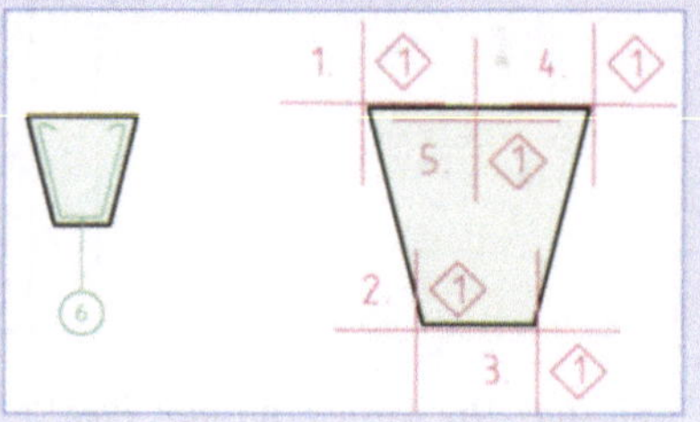

B A S I C S

/ / abgebogener Stab

Hierfür wird in einem ersten Schritt der Schalungsrand durch Anklicken der Diagonalpunkte (1.+2.) definiert. Der Stab erscheint als Preview. Anschließend wird der Anfangspunkt des Stabs (3.) und der Knickpunkt (4.) im Preview angeklickt.

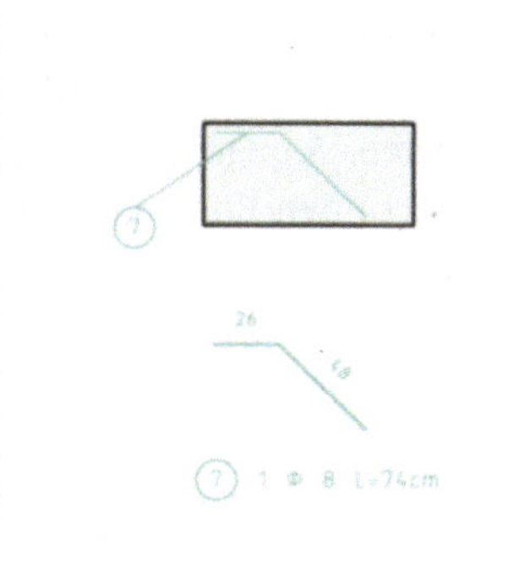

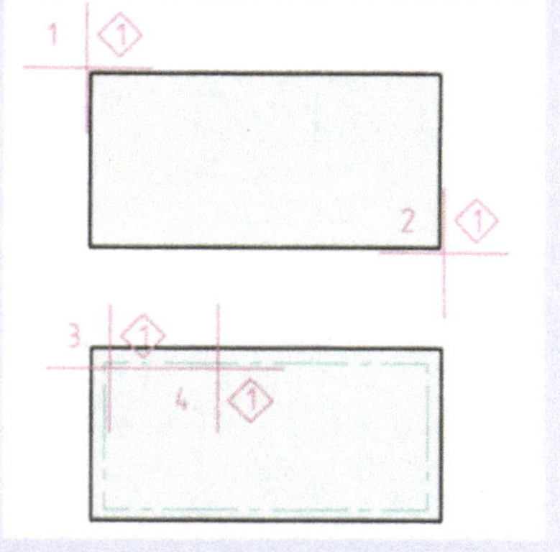

/ / abgebogener Stab

Dieser Stab wird analog zu /dxf339/ definiert. ALLPLOT ergänzt dabei einen weiteren Schenkel bis zum Ende des Schalungsrands.

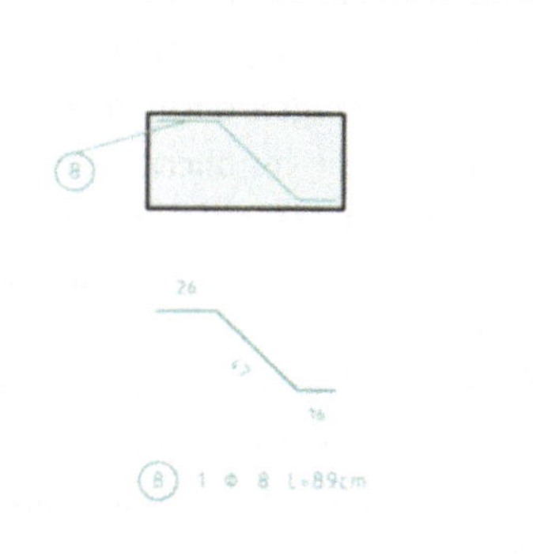

Statt den Knickpunkt anzuklicken, kann er auch über die Tastatur als Entfernung zum Anfangspunkt (bzw. zum ersten Knickpunkt) eingegeben werden.

Der Knickwinkel ist bei beiden Funktionen über /WINKEL/ einstellbar.

/ / abgebogener Stab

Auch hier wird analog vorgegangen. Es ist lediglich ein zweiter Knickpunkt einzugeben.

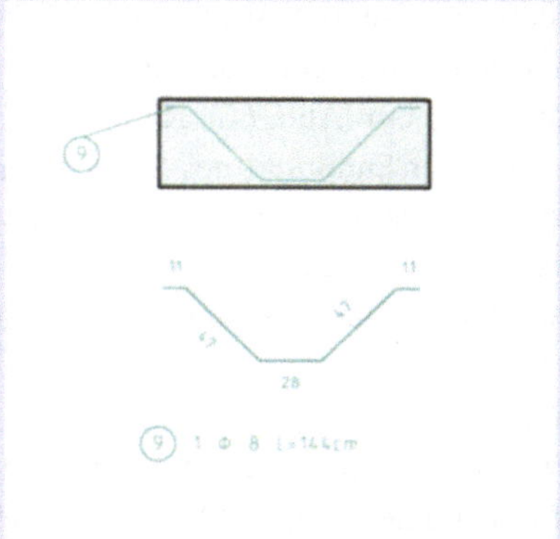

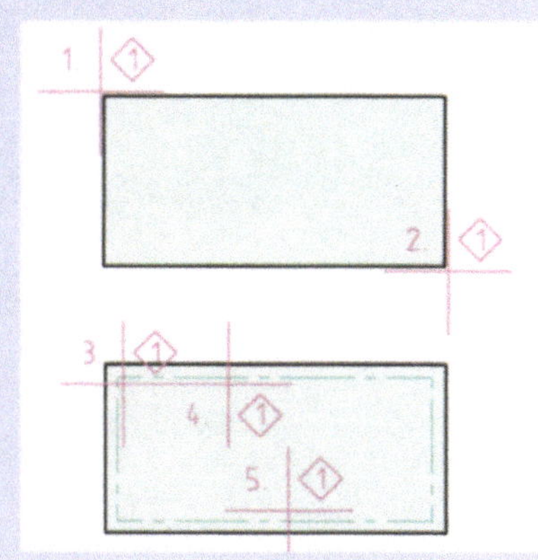

/ / Kreiswendel
/ / Kreis

Für beide Stabarten wird erst der Kreismittelpunkt, dann der Schalungsrand dort angeklickt, wo der Stab beginnen soll.

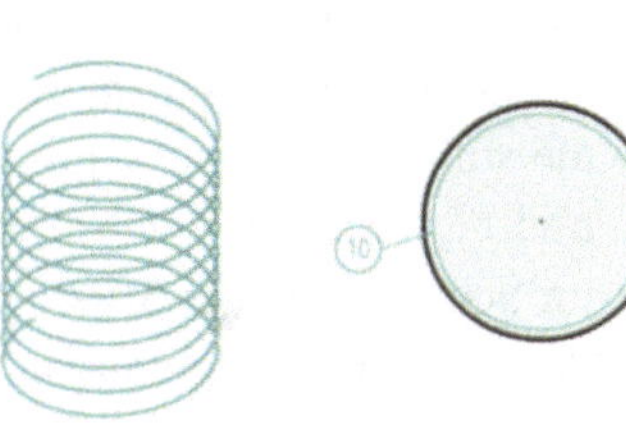

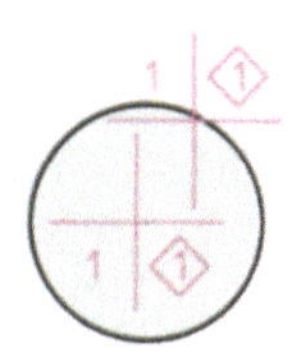

Eingabe gerader Stäbe

Zur Vervollständigung der Randbewehrungen werden im nächsten Schritt senkrechte Stäbe in die Bügel eingefügt. Deren Verlegung erfolgt, im Gegensatz zu den Bügeln, nicht schalkantenbezogen, sondern ihre Lage wird bezüglich der vorhandenen Eisen bestimmt. Das erspart ein Herumrechnen mit Betondeckungen und Stabdurchmessern zur Lagefestlegung.

Doch zunächst müssen die zu verlegenden Eisen erst einmal definiert werden. Wählen Sie dazu den Schnitt D-D. Aktivieren Sie /EINGABE/ → / ⟷ / zum Erzeugen eines geraden Stabs. Stellen Sie im oberen Menü den Stabdurchmesser ein. Betondeckungen brauchen in diesem Fall nicht berücksichtigt zu werden, da die Stablage ausschließlich bezüglich vorhandener Eisen definiert wird. Die Betondeckung kann also allseitig auf Null gestellt werden.

Parameter:

/POS/	4
/Ø/	12
/▢ /	0.000
/— /	0.000
/— /	0.000
/⟷ /	0.030
/HW-A/	0
/HL-ANF/	---
/HW-E/	0
/HL-END/	---
/STAHLG/	IV S

Klicken Sie als Anfangspunkt des Stabs den unteren Abschluß des Türstocks an und geben Sie die Länge /dy=3,60/ ein (Abb. 66). Natürlich könnte der Endpunkt des Stabs auch direkt angeklickt werden, vorausgesetzt, es ist an dieser Stelle bereits ein Punkt vorhanden. Stellen Sie nun die Beschriftungsparameter ein und setzen Sie den Positionstext ab (Abb. 67). Die Definition des Stabs ist damit abgeschlossen und ALLPLOT wechselt in den Verlegemodus.

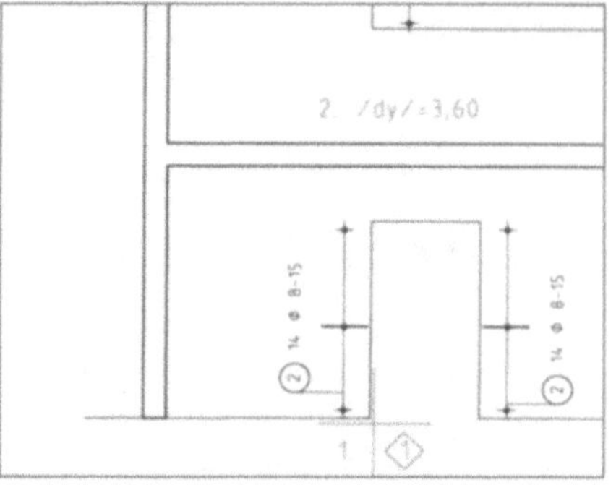

Abb. 66: Anfangspunkt und Stablänge von Pos. 4

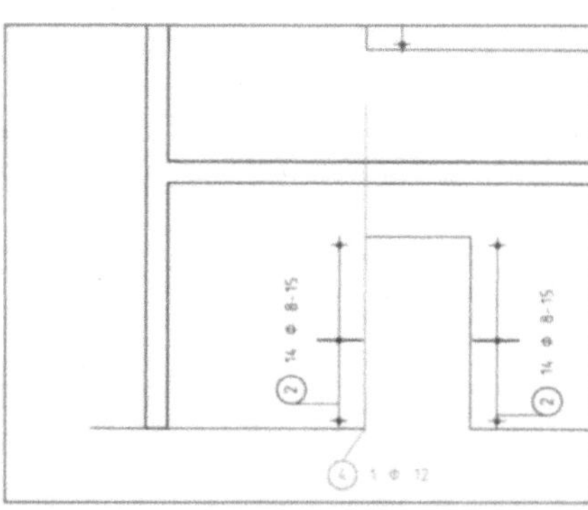

Abb. 67: Das Ergebnis der Staberzeugung

Beachten Sie bei der Eingabe der Verlegegeraden unbedingt, daß die Eisen in Eingaberichtung links von ihr verlegt werden. Bei verkehrter Eingabereihenfolge würden die Stäbe auf der Außenseite des Bügels verlegt!

Stabbezogenes Verlegen von Pos. 4

Wählen Sie jetzt im oberen Menü die stabbezogene Verlegung /STAB B/ und bestätigen Sie mit /3/. Geben Sie im Schnitt G-G die Stirnseite von Pos. 2 als Verlegegerade an (Abb. 68).

Weil der Verlegeort erst durch den Stabbezug hergestellt wird, wird das Erzeugeeisen meist noch nicht lagerichtig eingetragen, sondern erst durch das Verlegen in die richtige Lage verschoben. Deshalb schaltet ALLPLOT nun automatisch auf

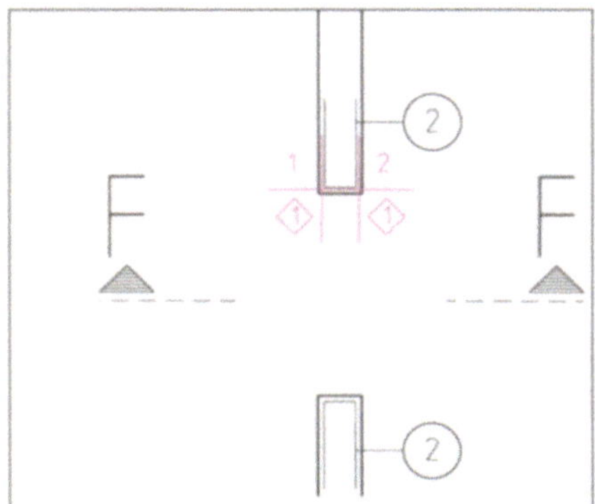

Abb. 68: Eingabe der Verlegegerade

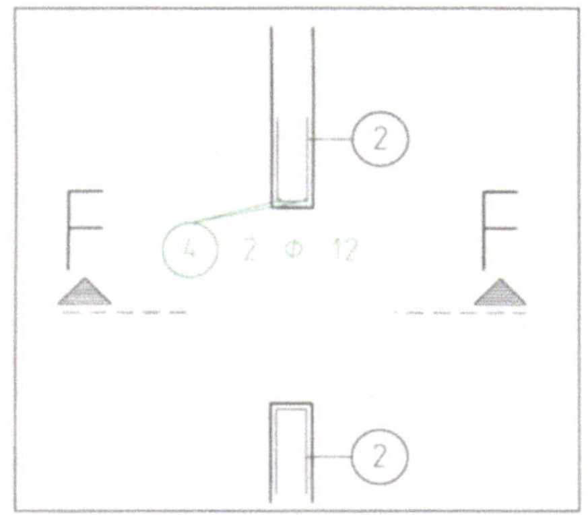

Abb. 69: Die erste Verlegung von Pos. 4

BASICS

Gerade Stäbe erzeugen:
Neben der im Text beschriebenen Stabeingabe sind in ALLPLOT weitere Varianten für gerade Stäbe verfügbar:

/——/ Der Stab wird in der Erzeugeansicht durch Anklicken von Anfangs- und Endpunkt definiert. Statt Anklicken des Endpunkts kann auch über /dx/ und /dy/ die Länge und Ausrichtung des Stabs definiert werden. Eine detaillierte Beschreibung ist dem Praxisbeispiel zu entnehmen.

/•——•/ Bei dieser Variante sind bei den Erzeugeparametern zusätzlich Verankerungslängen über /⁻—/ und /—⁻/ definierbar. Die Handhabung entspricht ansonsten /——/.

/•/ Wenn Stäbe nur als Punktverlegung dargestellt werden sollen, ist /•/ zum Erzeugen zu wählen. Der Stab kann entweder einfach durch Eintippen der Stablänge oder durch Abgreifen definiert werden. Er wird beim Erzeugen nicht dargestellt, sondern erst nach der Verlegung in der Verlegeansicht.

/LFM/ Gerade Stäbe können über /LFM/ ⟶ /•——•/ bzw. /LFM/ ⟶/•/ auch als laufende Meter verlegt werden. Die Handhabung unterscheidet sich nicht von den zuvor beschriebenen entsprechenden Funktionen. Als Erzeugeparameter können zusätzlich die Lagerlänge /LAGERL/ und ein Längenfaktor /L FAKT/ eingegeben werden. Im Auszug wird die Gesamteisenlänge in laufenden Metern angegeben.

/VERSCH/. Die Betondeckung sollte auf Null gestellt sein, damit sich das neue Eisen tatsächlich an das Bezugseisen anschmiegt.

Sollte aber ein Eisen in einem bestimmten Abstand vom Bezugseisen verlegt werden müssen, können Sie dies über die Betondeckung einstellen.

Bestätigen Sie nun wieder mit /3/. Stellen Sie bei den Verlegeparametern die Stückzahl /STCK/ auf 2. Der Eisenabstand wird dadurch automatisch eingestellt, vorausgesetzt /V-TYP/ ist auf /REIHEN/ eingestellt. Für die Eisendarstellung aktivieren Sie /III/, weil in der Punktdarstellung alle Eisen sichtbar sein sollen. Bestätigen Sie nun die Parameter mit /3/ und brechen Sie die Verlegung mit /4/ ab, da kein weiterer Verlegebereich definiert werden soll.

Da die Eisen im Schnitt G-G nur beschriftet, aber nicht bemaßt werden sollen, wechseln Sie den Maßlinientyp /MSLTYP/ auf /⩚/, bestätigen Sie mit /3/ und setzen Sie die Beschriftung ab (Abb. 69).

Damit sind die ersten beiden Stäbe Pos. 4 verlegt. Der in der Erzeugeansicht definierte Stab wird durch die Verlegung automatisch in die korrekte Position gerückt. Außerdem wird die Eisendarstellung in allen anderen Ansichten ergänzt.

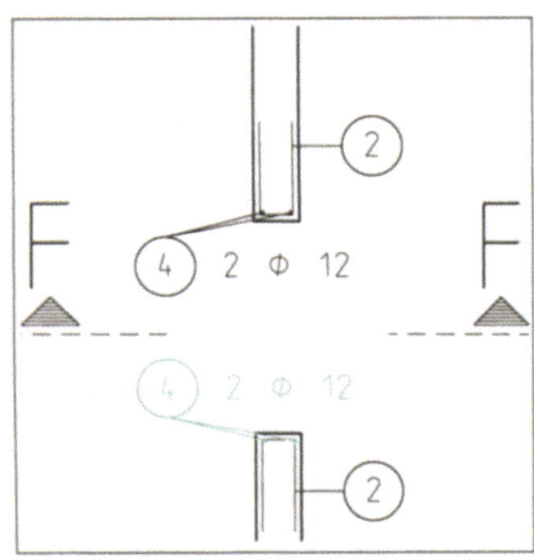

Abb. 70: Pos. 4 nach Spiegelung an der Türmitte

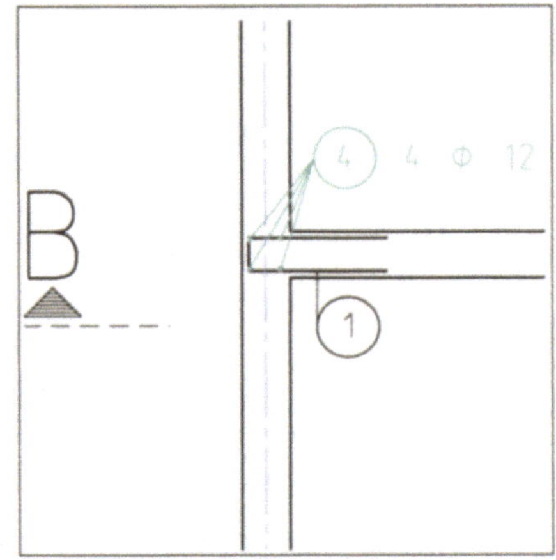

Abb. 71: Verlegen der zwei linken Stäbe und Spiegeln an der Wandmitte

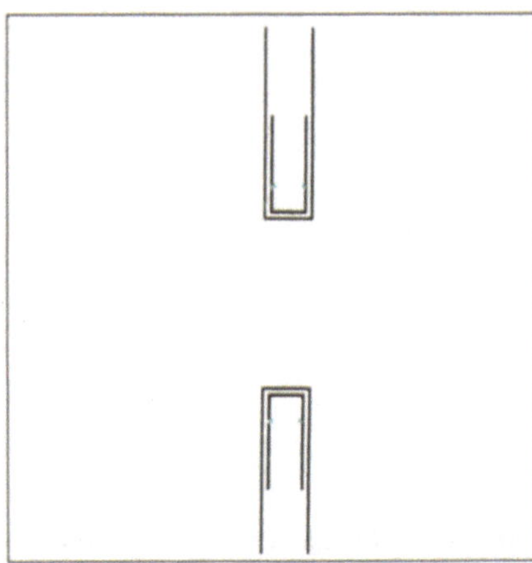

Abb. 72: Die rechte Tür nach Spiegelung der Stäbe an der Mittelachse

B A S I C S

Beschriftungsfunktionen:

/ML/TE/
ergänzt eine Verlegung mit Maßlinie und Positionstext.

/TE/
ergänzt nur den Positionstext.

/TE-MOD/
ermöglicht eine Modifikation der Textparameter und des Textorts.

/ML-AUT/
führt /ML/TE/ für alle Positionen einer Ansicht der Reihe nach aus. Um eine Position zu umgehen, klicken Sie auf /4/. Es geht dann mit der nächsten Position weiter.

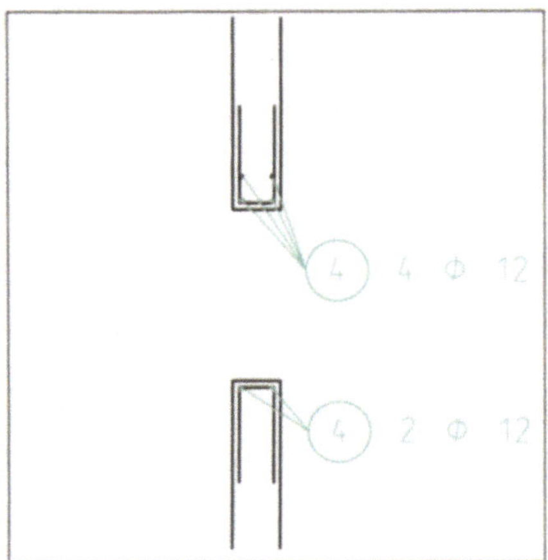

Abb. 73: Nach Verschieben der vorderen und Kopieren der hinteren Stäbe

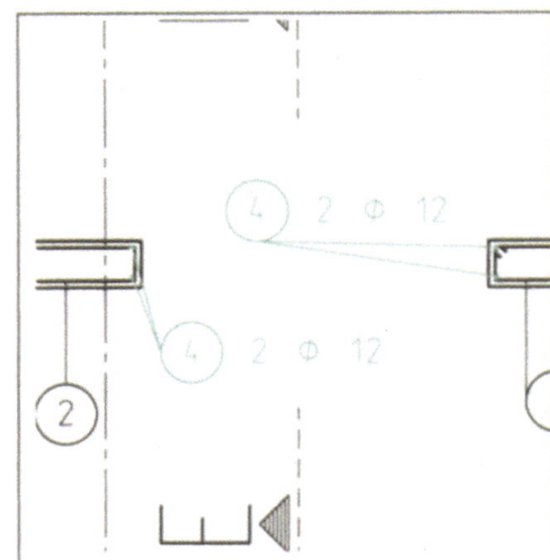

Abb. 74: Pos. 4 links und rechts der Rückwandtür

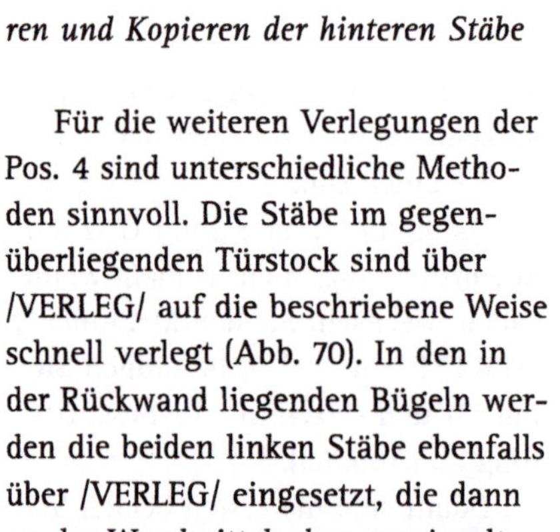

Für die weiteren Verlegungen der Pos. 4 sind unterschiedliche Methoden sinnvoll. Die Stäbe im gegenüberliegenden Türstock sind über /VERLEG/ auf die beschriebene Weise schnell verlegt (Abb. 70). In den in der Rückwand liegenden Bügeln werden die beiden linken Stäbe ebenfalls über /VERLEG/ eingesetzt, die dann an der Wandmittelachse gespiegelt werden können (Abb. 71).

Spiegeln Sie nun alle bereits verlegten Stäbe Pos. 4 an der Mittelachse auf die gegenüberliegende Seiten (Nutzen Sie die Summentaste zum Aktivieren). Die Stäbe im Bereich der rechten Tür müssen nun noch nachbearbeitet werden, da diese Tür schmaler ist als die linke (Abb. 72). Verschieben Sie die vorderen Stäbe also über /VERSCH/ bis zum Türstock (Abb. 73). Die hinteren werden dagegen an ihrem Platz belassen und beispielsweise über /KOPIE/ durch zwei weitere Stäbe am Türstock ergänzt (Abb. 73). Ergänzen Sie als letztes die Stäbe im Türstock der Rückwandtür über /VERLEG/.

Beschriften Sie nun mit /ML/TE/ die Stäbe in den anderen Ansichten und erstellen Sie den Auszug für Pos. 4.

BASICS

Verlegearten:

Aus der Auswahl der Verlegemöglichkeiten haben Sie bis jetzt die schalkanten- und die stabbezogene Verlegung kennengelernt. Die Übersicht auf dieser und den beiden folgenden Seiten zeigt Ihnen, auf welche Art Sie sonst noch Eisen verlegen können. Das Erzeugeeisen ist in den Abbildungen jeweils rot dargestellt.

/SCHK B/

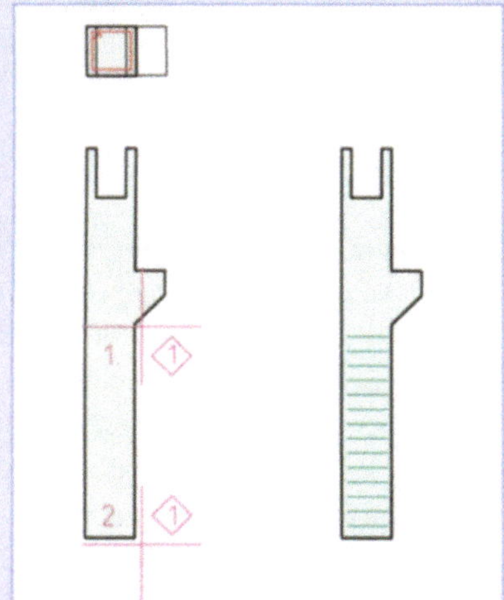

Bei schalkantenbezogener Verlegung werden die Eisen entlang einer Geraden verlegt, die durch Anklicken von Schalungsrandpunkten definiert wird. Die Eisen werden unter Berücksichtigung der Betondeckung in Eingaberichtung links von der Verlegegeraden verlegt. Eine ausführliche Anleitung ist dem Fließtext zu entnehmen.

/POLY-V/

Ein Beispiel für polygonale Verlegung sind die unterschiedlich langen Bügel in einer Stützenkonsole.
Dazu muß zunächst ein Schnitt durch den Erzeugebügel gelegt werden (1.+2.). Alle Schenkel, die dabei geschnitten werden, werden bei der Verlegung in ihrer Länge dem Verlegepolygon angepaßt.
Im nächsten Schritt ist das Verlegepolygon abzugreifen (3.-7.).

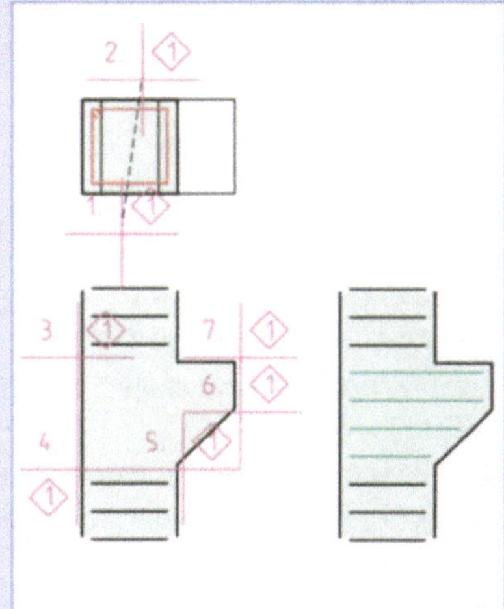

Den verschiedenen Polygonseiten können dabei unterschiedliche Betondeckungen zugeordnet werden. Abschließend besteht die Möglichkeit, eine Abtreppung für die Verlegung zu definieren (hier nicht gezeigt). Beachten Sie die Anweisungen in der Dialogzeile!

Die polygonale Verlegung ist nur bei Eisen möglich, die noch nicht anderweitig verlegt wurden!
Wollen Sie ein bereits verlegtes Eisen zu diesem Zweck neu erzeugen, wählen Sie /EINGABE/ —> /E-DEF/ und klicken Sie das Eisen an. Das neue Erzeugeeisen hängt nun am Fadenkreuz und kann am gewünschten Ort abgesetzt werden.
Wählen Sie jetzt /VERLEG/, klicken Sie dieses Eisen an und verlegen Sie es polygonal.

BASICS

/STAB B/

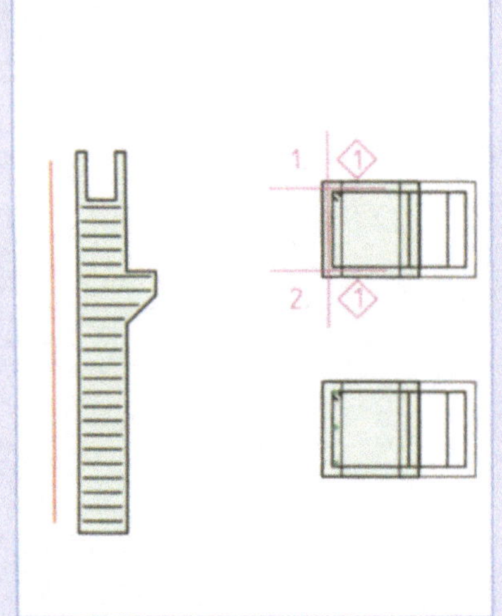

Sind bereits einige Eisen verlegt, zum Beispiel die Bügel in einer Stütze, so kann die Verlegung weiterer Eisen auf die Lage der bestehenden bezogen werden.
Im abgebildeten Beispiel wurde das Erzeugeeisen absichtlich außerhalb der Stütze dargestellt. Für die Verlegegerade werden Punkte der bestehenden Eisen angeklickt (1.+2.). Die neuen Stäbe werden links von der Verlegegeraden an die bestehenden Eisen angeschmiegt. Das Erzeugeeisen wird in die richtige Position verschoben. Auch hierfür ist eine ausführliche Anleitung im Fließtext nachzulesen.

/FREIE/

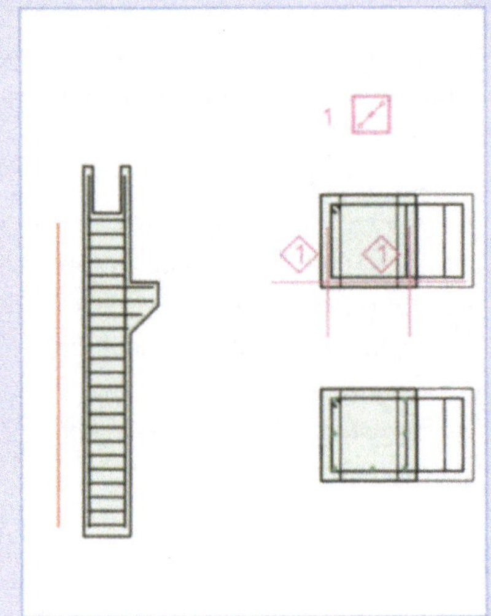

Zum Absetzen einzelner Eisen dient die freie Verlegung. Dabei ist lediglich der Absetzpunkt des zu verlegenden Eisens anzuklicken, in der Abbildung zum Beispiel über die Mittelpunktfunktion.
Bei dieser Verlegeart kann der Fixpunkt - der Punkt an dem das Eisen am Fadenkreuz hängt - über / / gewählt und über / / und / / verschoben werden, um die Positionierung zu erleichtern.

/ANSICH/

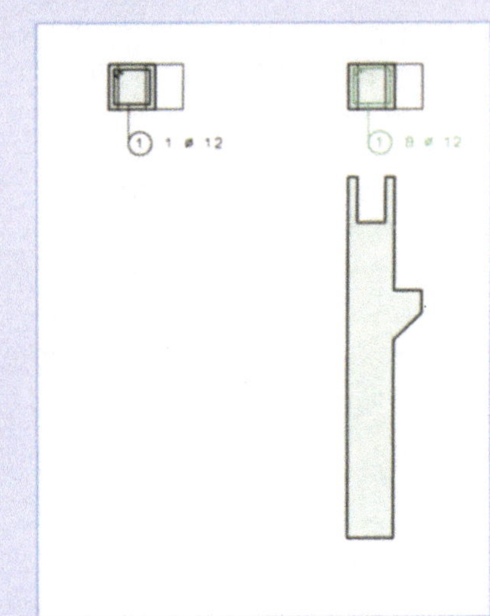

Sollte es vorkommen, daß eine Verlegung nur in einer Ansicht dargestellt ist, in der das vordere Eisen die anderen verdeckt, können Sie diesem Eisen über /ANSICH/ eine Stückzahl zuordnen, die auch in die Eisenverwaltung einfließt. Auch weitere Parameter wie Durchmesser, Abstand usw. können hier eingegeben werden.

BASICS

/STRANG/

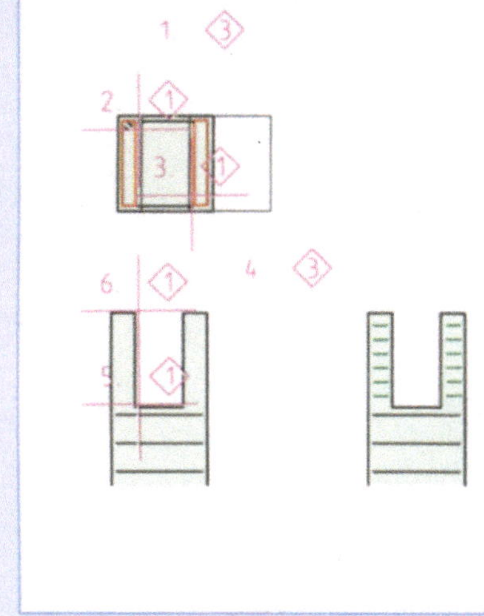

/ROT V/

/WENDEL/

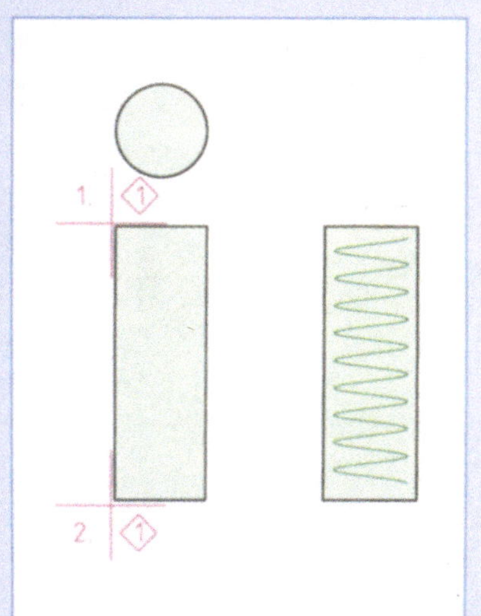

Strangverlegung bedeutet, daß mehrere Eisen zusammengefaßt werden, um sie in einem Zug verlegen zu können.
Bevor es jedoch an das Verlegen geht, sind die Eisen über /STR-DE/ zu einem zusammenzufassen. Sie bilden einen Strang. Dazu werden alle zusammenzufassenden Eisen gemeinsam aktiviert, entweder über /2/ → /2/ oder, wie in der Abbildung, mit Hilfe der Summentaste (1.-4.).
Nun wird der Strang über /VERLEG/ /STRANG/ verlegt. Die Vorgehensweise entspricht der schalkantenbezogenen Verlegung (5.+6.).
Zu einem Strang zusammengefaßte Eisen können jedoch nach wie vor auch einzeln angesprochen werden.

Um Eisen entlang einer kreisförmigen Bahn zu verlegen, wählen Sie die Rotationsverlegung.
Die Kreisbahn wird beim Verlegen auf dieselbe Weise definiert wie beim Zeichnen eines Mittelpunktskreises. Als erstes ist also der Mittelpunkt der Verlegebahn anzuklicken (1.), dann ein Bahnpunkt (2.).
Im nächsten Schritt wird der Rotationswinkel festgelegt, entweder durch Eintippen von Anfangs- und Endwinkel oder durch Anklicken (3.+4.).
Abschließend können eine Reihe speziell auf die Rotationsverlegung zugeschnittene Verlegeparameter eingestellt werden, bevor die Verlegung mit /3/ bestätigt wird.

Mit dieser Funktion kann eine einteilige Wendel verlegt werden. Die Vorgehensweise entspricht der schalkantenbezogenen Verlegung. ALLPLOT berechnet für die Beschriftung und den Auszug aus der Verlegelänge die Gesamtlänge des Eisen. Wendeln sind aber ebenso über die anderen Verlegefunktionen, beispielsweise schalkantenbezogene, verlegbar. Die Verlegung besteht dann, abhängig von der Verlegelänge aus mehreren einzelnen Wendeln.

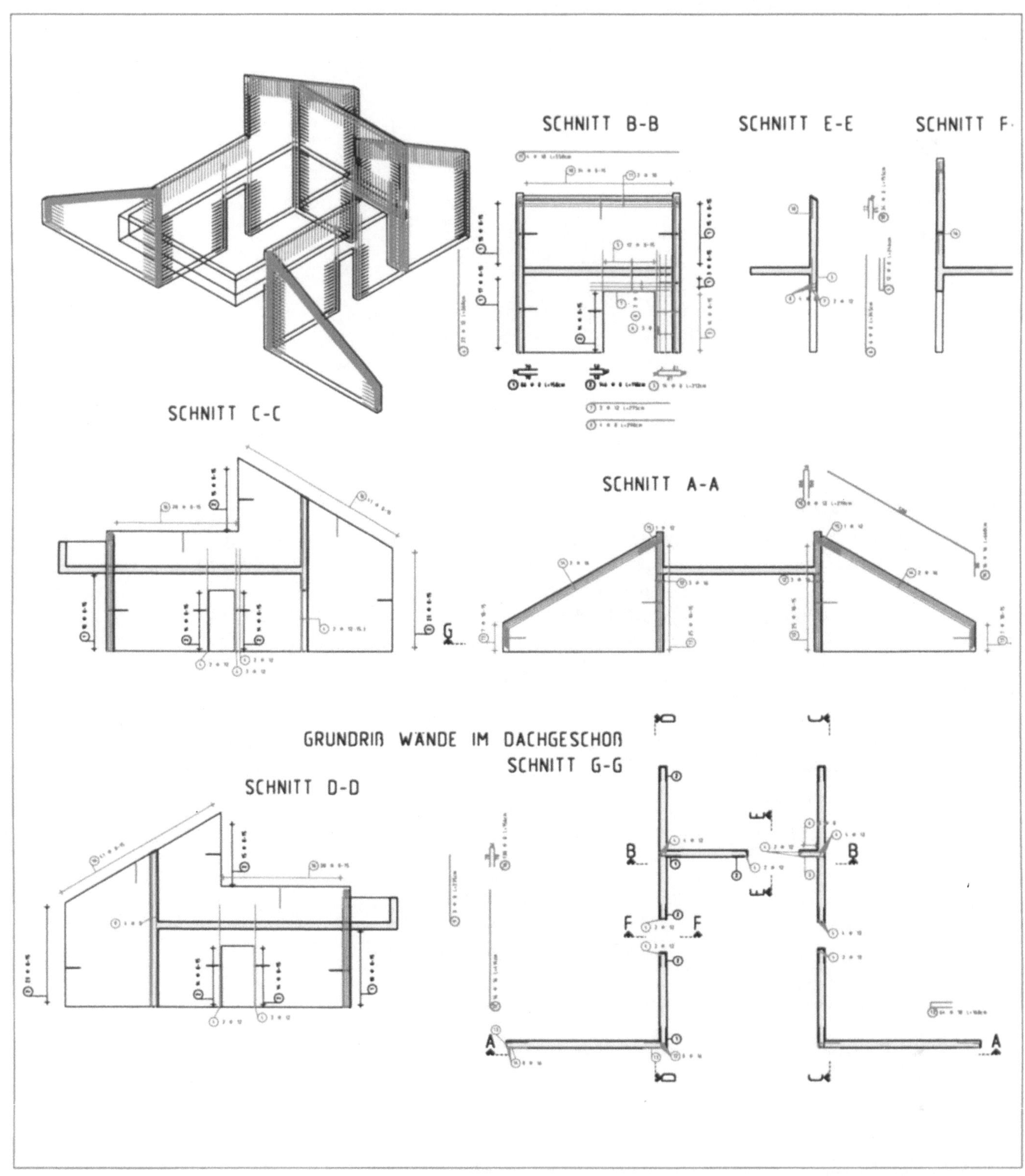

Abb. 75: Die Bewehrung Pos. 1-15. Auch hier wurde aus Platzgründen die Anordnung der Ansichten verändert

Weitere Verlegungen

Das meiste, was Sie brauchen, um die Eisen Pos. 5 bis 15 zu erzeugen und zu verlegen, wurde bereits besprochen. In Abb. 75 sind diese Positionen abgebildet. Für einige der Eisen sind jedoch zusätzliche Informationen nötig oder zumindest nützlich. Nur deren Verlegung wird im folgenden noch erläutert.

Die Bewehrung mit den im weiteren nicht mehr erklärten Eisen können Sie als Übung durchführen. Sie können aber auch das Teilbild 2303 des Lernprojekts laden, das alle Eisen bis Pos. 15 enthält.

Um in diesem Fall die folgenden Erklärungen für einzelne Verlegungen nachzuvollziehen, löschen Sie die jeweilige(n) Verlegung(en) aus Teilbild 2303 über /POS-/ oder über /LOESCH/. Zur Erinnerung: Über /POS-/ werden alle Eisen einer Position gelöscht, während über /LOESCH/ einzelne Eisen oder Verlegungen gelöscht werden können.

Einzelverlegung von Pos. 6

Bis jetzt wurden alle Eisen mit der Parametereinstellung /V-TYP/REIHEN/ verlegt. Die Alternative /EINZEL/ wird nun für Pos. 6 nützlich.

Doch zunächst erzeugen Sie erst das Eisen über /EINGAB/ → / — / im Schnitt B-B (Abb. 76). Verlegen Sie es nun im Schnitt G-G stabbezogen /STAB B/. Geben Sie die Verlegegerade wie in Abb. 77 ein. Achten Sie dabei darauf, daß Sie tatsächlich das gewünschte Eisen Pos. 3 als Bezugseisen identifizieren und nicht versehentlich das innerhalb des Bügels verlegte Eisen Pos. 4. Die korrekte Identifizierung wird gewährleistet, wenn Sie den Bügel über /[ ]/ ausreichend vergrößern und den äußeren Rand des Bügelecks anklicken (siehe BASICS). Für das Ende der Verlegegeraden nutzen Sie die Linealtaste /2/, damit es auf Höhe des ersten Stabs Pos. 4 liegt. Bestätigen Sie nun die Einstellung /VERSCH/ im oberen Menü.

Schalten Sie bei den Verlegeparametern /V-TYP/ auf /EINZEL/. Eine Auswirkung davon sehen Sie, wenn Sie den Vorgabewert unter /STCK/ oder /ABST/ ändern. Der jeweils andere Wert bleibt unverändert. Dafür paßt sich die Verlegelänge der Kombination aus Stückzahl und Abstand an. Bei /REIHEN/ dagegen bleibt die Verlegelänge konstant und Abstand oder Stückzahl werden angepaßt.

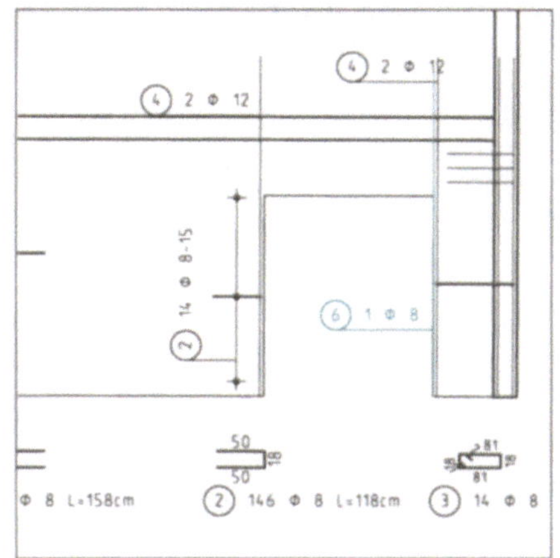

Abb. 76: Das über /EINGAB/ erzeugte Eisen Pos. 6 vor dem Verlegen

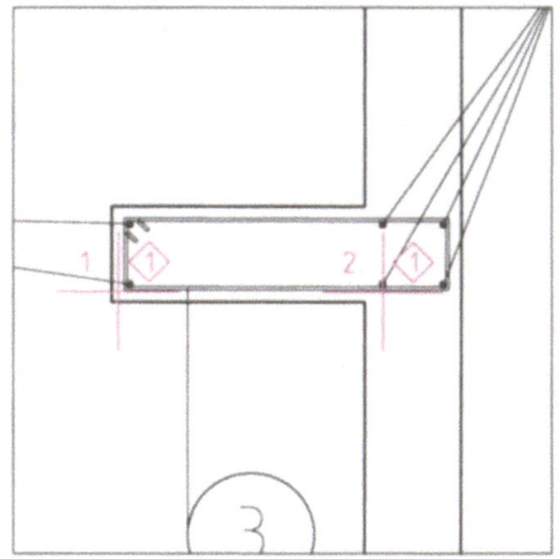

Abb. 77: Eingabe der Verlegegeraden

B A S I C S

Eisendarstellungen und Aufgreifen von Eisen

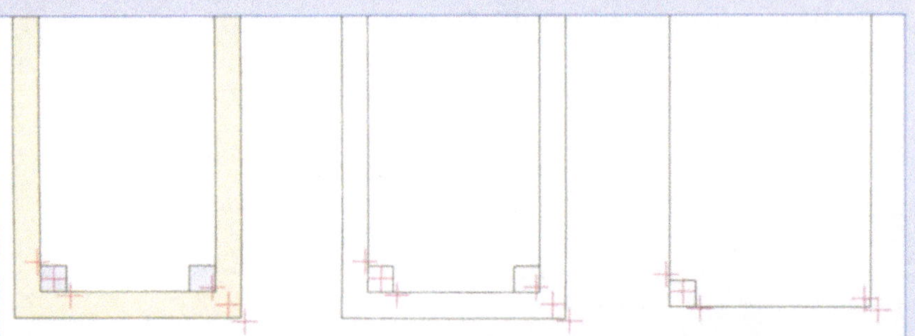

Unterschiedliche Bildschirmmaßstäbe haben unterschiedliche Darstellungen der Bewehrungseisen zur Folge. Bei starker Vergrößerung werden die Eisen gefüllt dargestellt (links), so daß sie eindeutig von anderen Linien unterscheidbar sind, auch wenn man nur einen kleinen Abschnitt des Eisens sieht.
In mittleren Maßstäben dagegen sind die Eisen als Umrißdarstellungen zu sehen (Mitte), während sie bei kleinen Darstellungen nur noch als Linie dargestellt sind.
Beim Kopieren, Spiegeln, Verschieben usw. können die Eisen an unterschiedlichen Punkten aufgegriffen werden: an inneren Eckpunkten der Mittellinie und äußeren Eckpunkten, in der Abbildung jeweils als rote Kreuze markiert - links für Punktdarstellung, rechts für Stabdarstellung der Eisen.
Es empfiehlt sich also, beim Aufgreifen eines Eisens, dieses erst am Bildschirm „heranzuholen", damit ein exaktes Aufgreifen und Absetzen möglich ist.
Zwar ist es auch bei Liniendarstellung möglich, innen oder außen anzugreifen. Die Gefahr ist jedoch groß, daß man statt dessen etwa ein im Knick liegendes Eisen in Punktdarstellung erwischt.

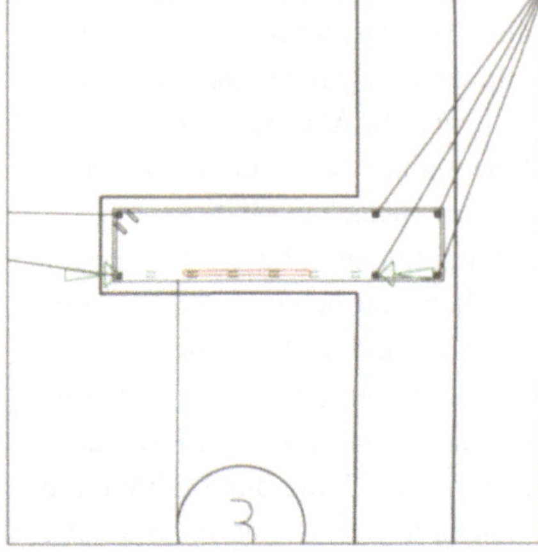

Abb. 78: Das Preview der Verlegung

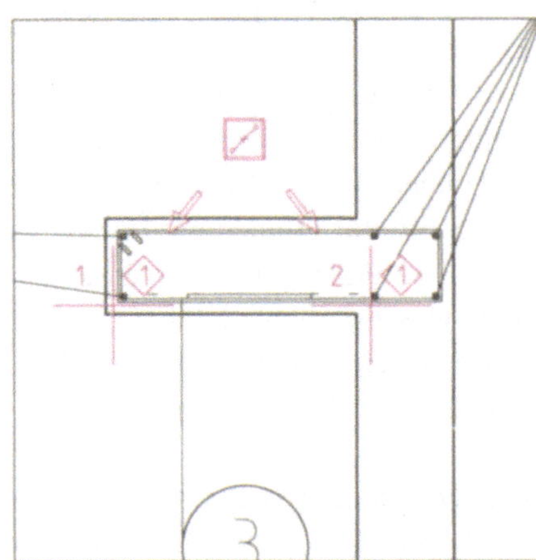

Abb. 79: Absetzen der Verlegung

Dies läßt sich auch am Preview der Verlegung ablesen. Stellen Sie für Pos. 6 einen Abstand von 0,15 m und die Stückzahl 3 ein. Sie sehen nun weiterhin in gestrichelter Darstellung die Verlegegerade mit den Verlegepfeilen. Außerdem ist der tatsächliche Umriß der Verlegung als Rechteck zu sehen (in Abb. 78 rot dargestellt).

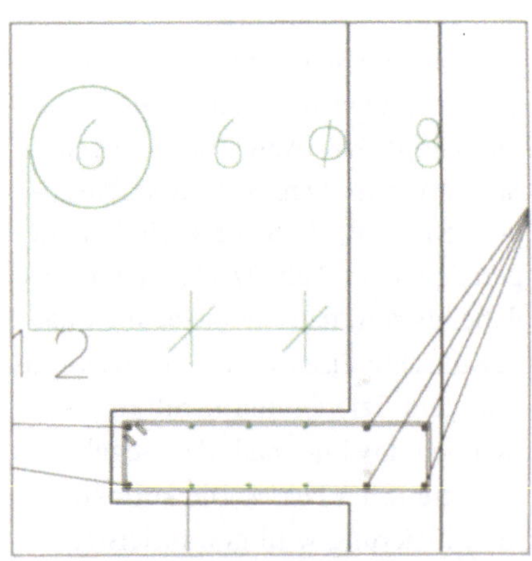

Abb. 80: Fertige Verlegung auf beiden Seiten des Bewehrungskorbs

BASICS

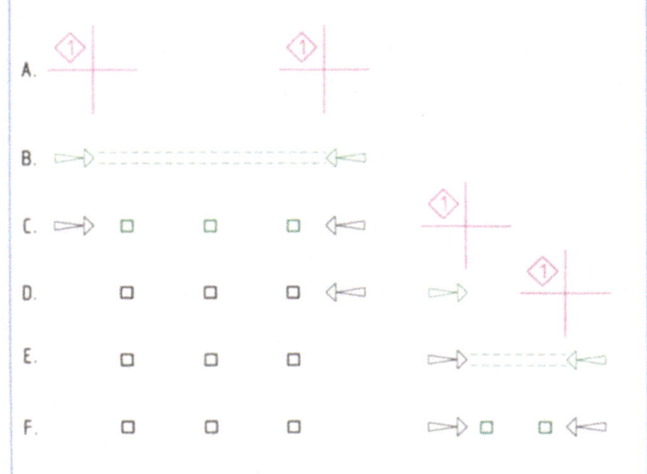

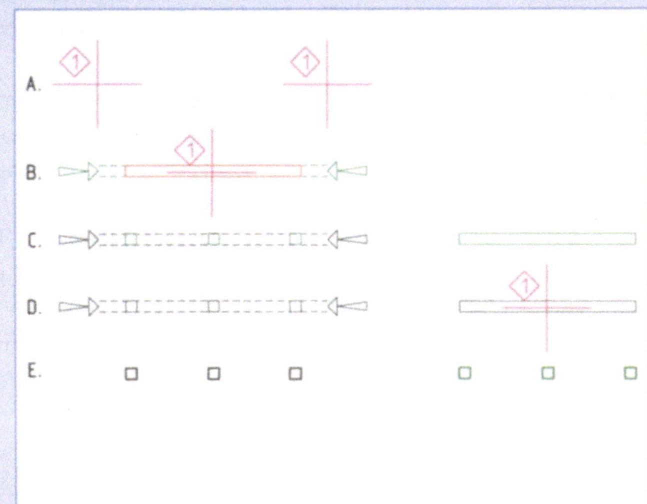

Dieser Umriß hängt am Fadenkreuz und läßt sich zum Absetzen in Richtung der Verlegegeraden verschieben. Als Hilfe für das Absetzen haben bei Einzelverlegung auch die Knöpfe />/V-A/*/V-E/</ eine veränderte Funktion. Damit kann der Fixpunkt der Verlegung verschoben werden: Bei Aktivierung von />/ hängt der Anfangspunkt der Verlegung am Fadenkreuz, bei /*/ die Mitte usw.

Schalten Sie für Pos. 6 den Knopf auf /*/ und setzen Sie die Verlegung über / [illegible] / mittig zwischen den Stäben Pos. 4 ab (Abb. 79). Bestätigen Sie mit /3/ und brechen Sie mit /4/ ab.

Verlegen Sie nun noch die drei gegenüberliegenden Stäbe - zum Beispiel mit /SPIEG+/ - und vermaßen und beschriften Sie das Ganze zum Abschluß (Abb. 80).

/V-TYP/REIHEN/

Nach dem Absetzen der Verlegegeraden (A.) erscheint ein Preview der Verlegung am Bildschirm (B.). Bei den Verlegeparametern im oberen Menü ist /V-TYP/REIHEN/ voreingestellt. Stellen Sie nun die Eisenzahl oder den Stababstand ein. Der jeweils andere Wert wird aus der Länge der eingegebenen Verlegegeraden errechnet, so daß die Stäbe gleichmäßig entlang der Verlegegeraden verteilt werden.
Bestätigen Sie dann die Parametereinstellungen mit /3/. Die errechnete Stabverteilung wird verlegt. Gleichzeitig werden Sie aufgefordert, einen neuen Verlegebereich einzugeben. Wollen Sie das nicht tun, brechen Sie mit /4/ ab. Ansonsten geben Sie einen neuen Anfangs- (C.) und Endpunkt (D.) in der Flucht der Verlegegeraden ein. Das ganze Verfahren wiederholt sich.

/V-TYP/EINZEL/

Schalten Sie nach Erscheinen des Previews unter /V-TYP/ auf /EINZEL/ um. Im Preview erscheint zusätzlich ein Umriß der Verlegung, der am Fadenkreuz hängt (B., rot dargestellt). Stellen Sie nun Eisenzahl und -abstand ein. Beide sind unabhängig voneinander veränderbar. Aus beiden wird eine neue Verlegelänge errechnet, sichtbar an der Veränderung der Umrißlänge im Preview.

Über />/V-A/*/V-E/</ kann der Fixpunkt zum Absetzen der Verlegung verändert werden:

/>/ Anfangspunkt
/V-A/ Abstand zum Anfangspunkt
/*/ Mitte usw.

Setzen Sie nun die Verlegung ab. Auch hier werden Sie aufgefordert, einen neuen Verlegebereich einzugeben. Stellen Sie erneut Stückzahl und Abstand ein und setzen Sie eine Verlegung in der Flucht der Verlegegeraden ab. Brechen Sie, wenn keine weitere Verlegung gewünscht ist, mit /4/ ab.

Stab mit Verankerungslänge - Pos. 7

Die Querstäbe über den Türen werden am einfachsten über /EINGAB/ → / ⟵ / erzeugt. Die auf den Durchmesser bezogene Verankerungslänge wird vom System für den Verbundbereich I automatisch unter / ⇆ / und / ⇆ / als Vorschlagswert eingetragen. Natürlich kann sie beidseitig manuell geändert werden. Nach Antippen der oberen Türeckpunkte (Ab. 81) wird die Stablänge automatisch ermittelt (Abb. 82).

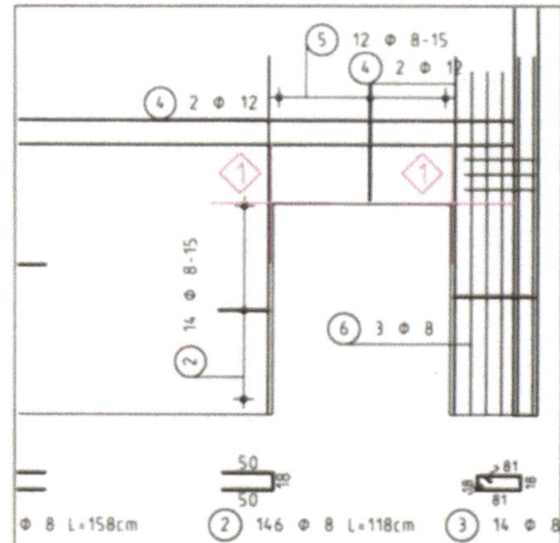

Abb. 81: Absetzen des Erzeugeeisens Pos. 7

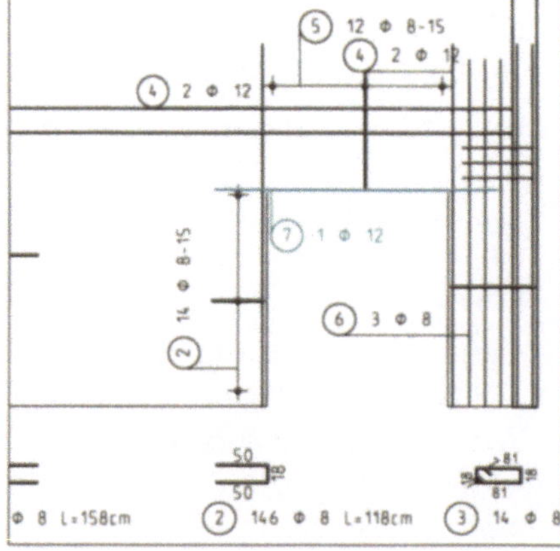

Abb. 82: Der Stab Pos. 7 mit beidseitigen Verankerungslängen vor der Verlegung

Verlegen Sie nun Pos. 7 stabbezogen im Bügel Pos. 5 im Schnitt E-E. Auf dieselbe Weise werden Pos. 8, sowie später die Stäbe über den Seitentüren erzeugt.

Freies Eisen Pos. 14

Nicht nur vordefinierte Eisenformen sind in ALLPLOT realisierbar, sondern es lassen sich auch beliebige, freie Biegeformen erzeugen. Ein Beispiel dafür ist Pos. 14.

Verwenden Sie zum Erzeugen des Stabs /EINGAB/ → /BLS/, eine Funktion, die ja schon am Anfang dieses Kapitels beim Erzeugen der U-Bügel stand. Stellen Sie die Betondeckung allseitig auf Null und greifen Sie die Biegeform des Stabs wie im Schnitt A-A (Abb. 83) am Schalungsrand ab. Auf die Schenkellänge braucht dabei keine Rücksicht genommen zu werden, da diese nach dem Abgreifen ohnehin noch einmal abgefragt wird. Geben Sie dann für den ersten Schenkel eine Länge von 5,80 m und für den zweiten von 0,80 m ein. Die Schenkel werden vom Programm entsprechend gekürzt (Abb. 84).

Verlegen Sie nun zwei Stäbe Pos. 14 stabbezogen in der Draufsicht innerhalb des Bügels Pos. 13 (Abb. 85). Die Eisen werden dadurch gegenüber dem Erzeugeeisen ein Stück nach innen gerückt, jedoch nicht so weit, daß eine ausreichende Betondeckung am oberen, abgeschrägten Schalungsrand entstünde (Abb. 86). Deshalb müssen sie über /VERSCH/ noch um dz=-0,03 m nach unten verschoben werden (Abb. 87).

Um die weiteren Stäbe der Position zu verlegen, kopieren Sie die beiden vorhandenen über /KOPIE/ dreifach um dx=-0,05 m und dy=-0,05 m nach links unten (Abb. 88) und spiegeln Sie die ganze Verlegung über /SPIEG+/ an der Mittelachse.

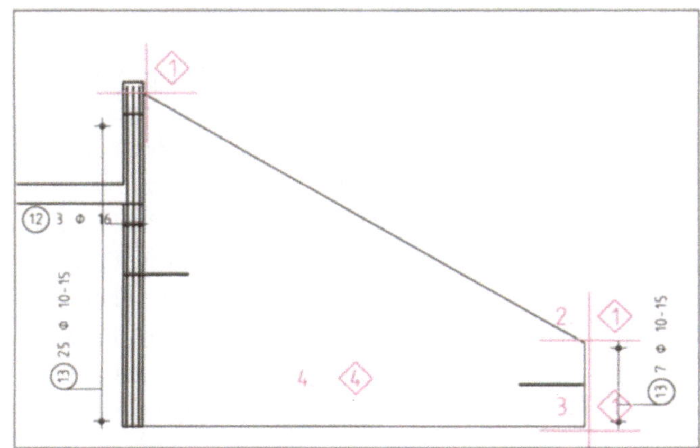

Abb. 83: Abgreifen der Biegeform vom Schalungsrand

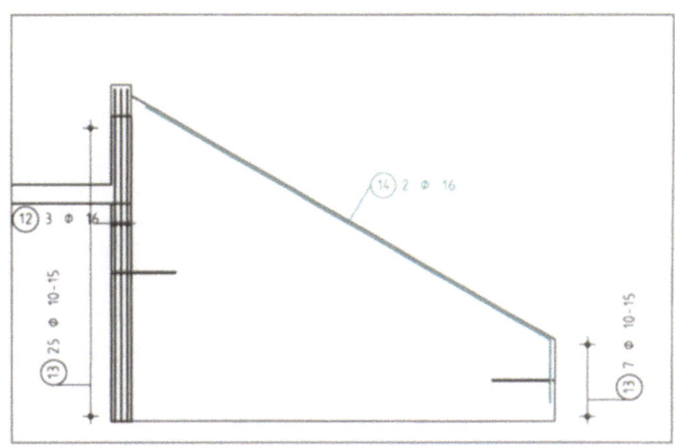

Abb. 86: Der Stab nach der Verlegung...

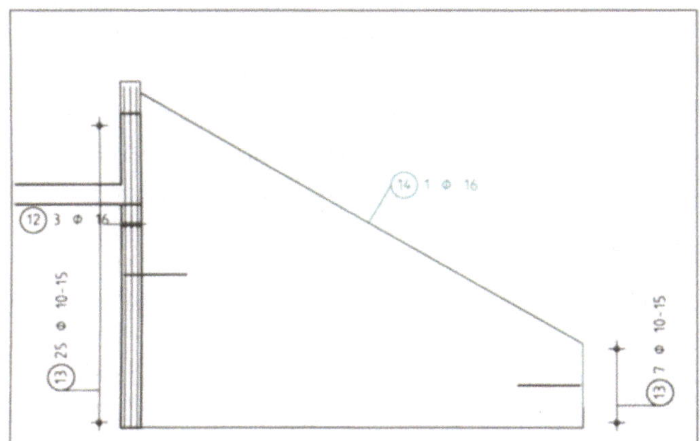

Abb. 84: Der dadurch erzeugte Stab Pos. 14 mit korrigierter Schenkellänge

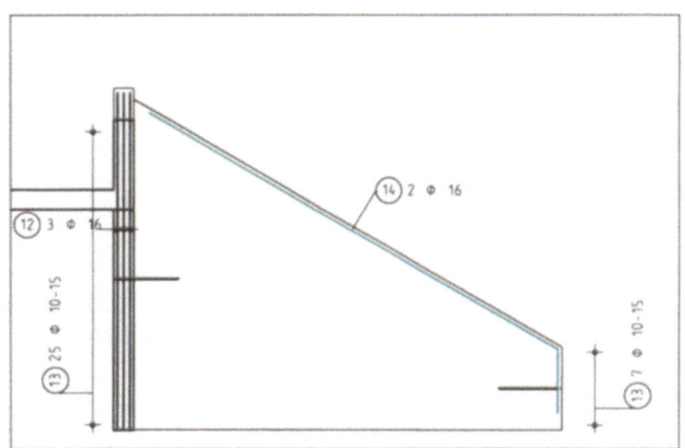

Abb. 87: ...und nach dem Verschieben

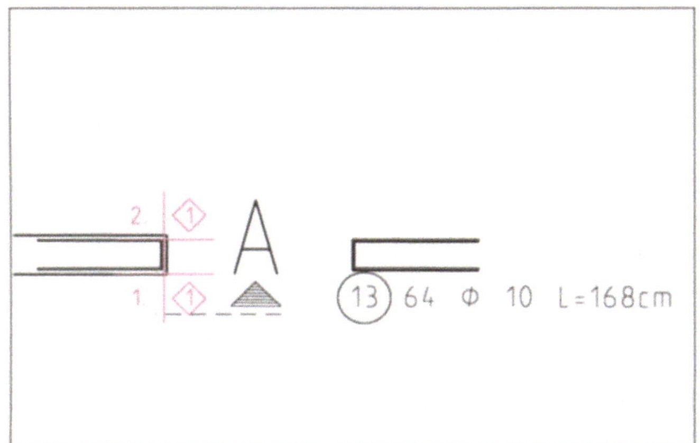

Abb. 85: Absetzen der Verlegegerade

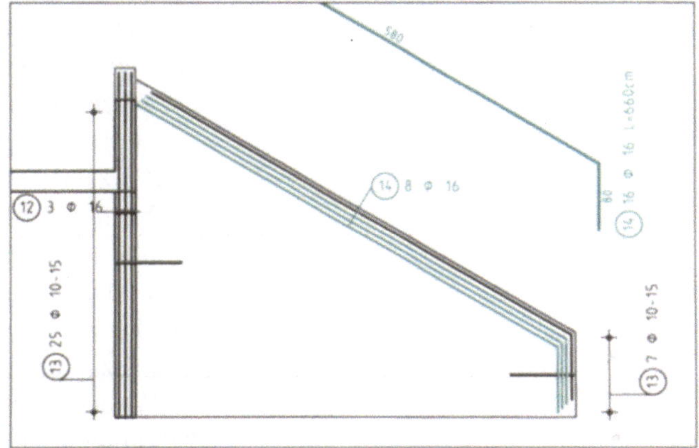

Abb. 88: Die fertige Verlegung nach dem Kopieren

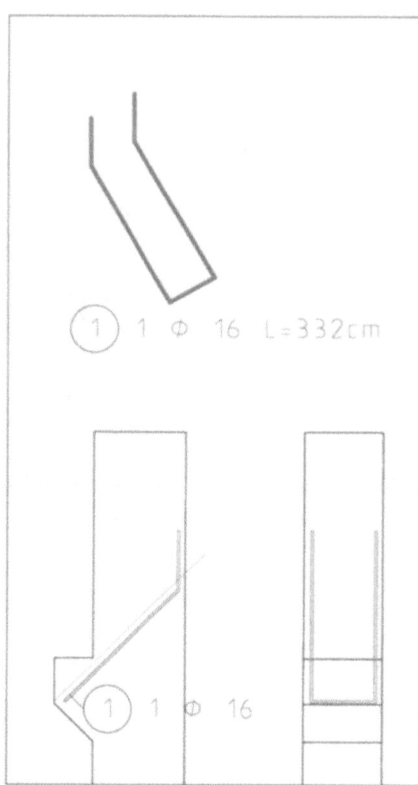

Abb. 89: Das räumlich gebogene Konsoleisen

Erzeugen und Verlegen von räumlichen Eisen

Im beschriebenen Praxisbeispiel sind nur eben gebogene Eisen zu verlegen. Wie räumliche Eisen in ALLPLOT erzeugt werden, sei deshalb am Beispiel eines Konsoleisens in einer Sütze ausgeführt (Abb. 89).

Zunächst wird dafür über /KO/ ⟶ /HK/ ⟶ /LINIE/ eine Hilfslinie gezeichnet, und zwar in einem Winkel von 45° ausgehend vom Punkt 3.) in Abb. 90. Diese Hilfskonstruktion hilft, nachher die Biegeform des Konsoleisens abzugreifen.

Wieder in /RU-BEW/ erfolgt die Definition des Eisens über /EINGAB/ ⟶ /BLS/: Zunächst wird eine allseitige Betondeckung / / von 0,04 m eingestellt, um die ersten beiden Punkte abzugreifen (Abb. 90). Vor dem Abgreifen des dritten Punkts wird / / auf -0,04 m umgestellt, damit das Eisen in diesem Abschnitt rechts der Hilfslinie zu liegen kommt, statt, wie bei positiver Betondeckung, links vom Erzeugepolygon.

Nach Absetzen von Punkt 3.) wird wieder auf / / = 0,04 m zurückgestellt. Das Eisen soll nun senkrecht „in den Bildschirm hinein" führen. Dazu muß bei der Dialogabfrage „dz=" die Schenkellänge dieses Schenkels eingegeben werden; (steht die Dialogzeile auf dx oder dy, geben Sie so oft Null ein, bis dz abgefragt wird). Im Beispiel ist für dz die Stützenbreite abzüglich der beidseitigen Betondeckung einzugeben, hier 0,50 - 2 * 0,04 = 0,42 (natürlich können auch alle anderen Schenkel über die Tastatur eingegeben werden).

Nun kann die Eingabe über /4/ abgebrochen werden. Das Programm fragt automatisch - vorausgesetzt die letzte eingegebene Koordinate war dz - ob Symmetrie entwickelt werden soll. Nach Anklicken von /JA/ wird das Erzeugeeisen symmetrisch zur XY-Ebene ergänzt. Die Länge des dz-Schenkels bleibt dabei unverändert. Schließlich wird, wie immer unter /BLS/, die erste und die letzte Schenkellänge noch einmal abgefragt, so daß beide auf 0,40 m korrigiert werden können. Die Eingabe des räumlichen Eisens ist damit, abgesehen von der Beschriftung, abgeschlossen (Abb. 91).

Verlegt wird das Konsoleisen über /VERLEG/ ⟶ /FREIE/. Dabei muß zunächst die Verlegeansicht durch Anklicken bestimmt werden. Dann kann ein Verlegefaktor eingestellt werden, der mit /3/ bestätigt wird. Im oberen Menü wird der Angreifpunkt auf / / gelegt und das Eisen über / / mittig in der Konsole abgesetzt.

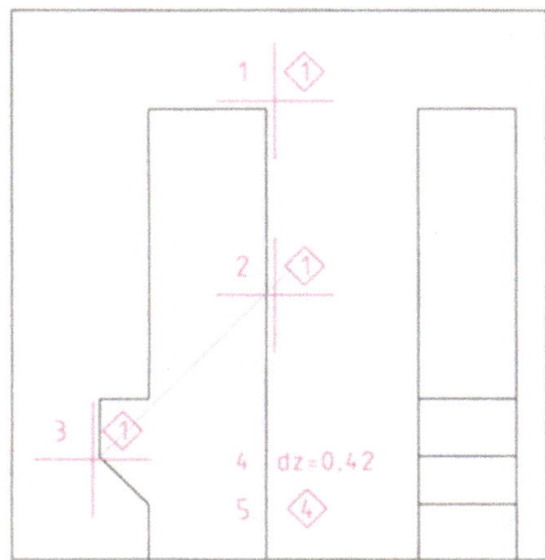

Abb. 90: Abgreifen der Biegeform

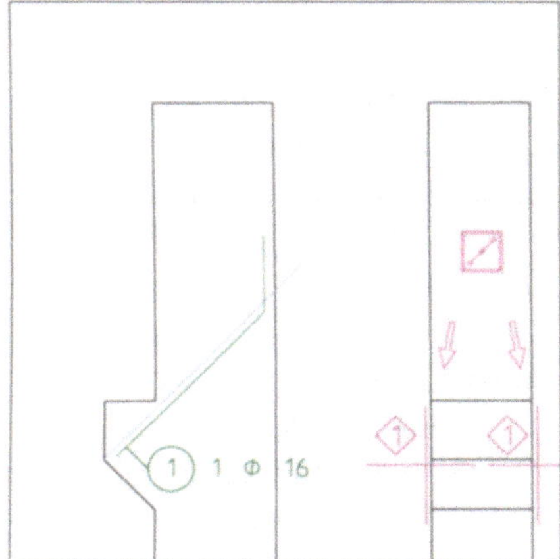

Abb. 91: Verlegen des Eisens über /FREIE/

Beim Erstellen des Auszugs (Abb. 89) wurde / / aktiviert, um eine räumliche Darstellung des Eisens im Auszug zu erhalten.

Auch wenn es beim ersten Lesen etwas kompliziert erscheint, ist die Definition räumlicher Eisen im Grunde nicht schwieriger als die von eben gebogenen. Wichtig ist dabei, ständig ein Auge auf die Dialogzeile zu haben und sich an die dortigen Abfragen zu halten.

BASICS

Modifikationsfunktionen:

/E-MARK/ fügt Stabendmarkierungen an ein Eisen. Beide Stabenden werden dabei mit der Positionsnummer beschriftet. Dies ist besonders dann hilfreich, wenn unterschiedliche Eisen in derselben Ansicht deckungsgleich zu sehen sind.

/P-MOD/ ermöglicht die nachträgliche Änderung von Stabparametern wie Positionsnummer, Durchmesser, Stahlgüte, Verhältnis Stab-/Biegerollendurchmesser usw.

/V-MOD/ erlaubt die nachträgliche Änderung der Verlegeparameter. Das Menü entspricht dem unter /VERLEG/.

/BF-MOD/ Für Eisen, die nur einmal, zum Beispiel in einem Detail, dargestellt, aber mehrfach verlegt werden sollen, kann ein Bauteilfaktor eingegeben werden, sodaß die Eisenverwaltung stimmt.

/H-MOD/ dient der Modifikation von bestehenden Haken und dem Hinzufügen oder Entfernen von Haken.

/S-ANF/ fügt einem bestehenden Eisen einen zusätzlichen Schenkel an.

/S-LOE/ löscht einzelne Stabschenkel oder Haken wieder.

/VD-MOD/ dient der Modifikation der Verlegedarstellung (siehe Seite 131).

/ED-MOD/ verändert die Stabdarstellung. Zum Beispiel kann hier festgelegt werden, ab welchem Maßstab Eisen gefillt dargestellt werden oder ob Stäbe in Punktdarstellung rund oder eckig gezeigt werden usw.

/A-AUFK/ ermöglicht das Aufbiegen einzelner Stabschenkel im Auszug.

/RU=>AL/ übernimmt Schalung und Bewehrung von einem aktiven Hintergrundteilbild unverwaltet in den Vordergrund.

Für genaue Anleitungen zu den Modifikationsfunktionen aktivieren Sie die jeweilige Funktion und klicken Sie dann /?/ an, um die entsprechende Online-Hilfe einzublenden.

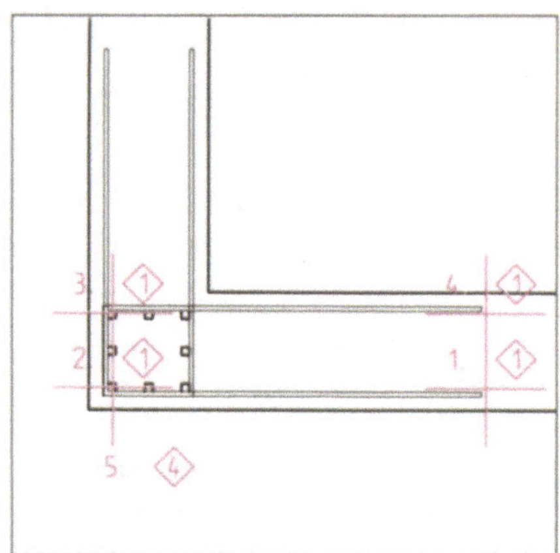

Abb. 92: Abgreifen der Biegeform für Pos. 15

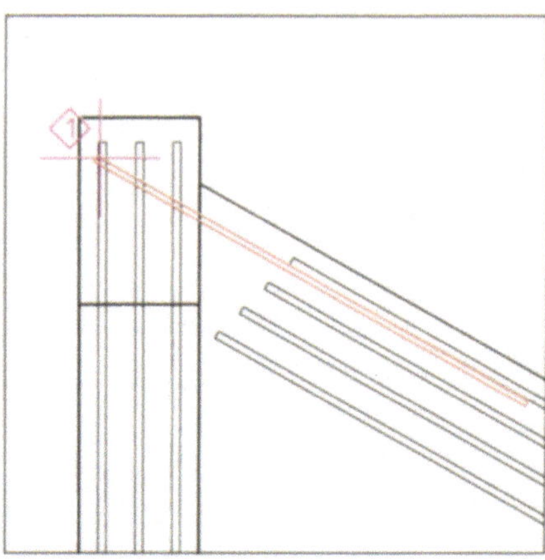

Abb. 93: Verlegen des ersten Bügels, Preview rot dargestellt

Gedrehter Bügel - Pos. 15

Doch nun zurück zu den Dachgeschoßwänden mit einigen Erläuterungen zu den geneigt verlegten Bügeln Pos. 15: Man könnte diese in einem Zug über /VERLEG/ ⟶ /STAB B/ ⟶ /GEDREHT/ verlegen. Doch müßte dazu der genaue Abstand der Stäbe Pos. 14 ausgerechnet werden (d=2*0,05) und es wäre auch nicht ganz einfach, das Preview so abzusetzen, daß die neuen Bügel genau an den Stäben Pos. 14 anliegen würden.

Oft ist der vermeintlich umständlichere in Wirklichkeit der schnellere und effizientere Weg. Deshalb wird im folgenden für Pos. 15 ein anderes Verfahren vorgeschlagen, nämlich die freie Verlegung eines einzelnen Eisens und anschließendes Kopieren.

Doch muß der Bügel natürlich erst erzeugt werden und zwar über /EINGAB/ ⟶ /BLS/. Greifen Sie die Biegeform im Schnitt G-G anhand von Pos. 13 ab, da beide Positionen bei gleicher Biegeform die senkrechten Stäbe Pos. 4 umfassen (Abb. 92). Klicken Sie dabei jeweils die innenliegenden Eckpunkte von Pos. 13 im Gegenuhrzeigersinn nacheinander an. So wird gewährleistet, daß der Innenrand des Bügels trotz des größeren Durchmessers (12 mm) genau auf dem Innenrand von Pos. 13 liegt, sich also an die senkrechten Stäbe anschmiegt. Geben Sie auf die Dialogabfrage nach den Schenkellängen jeweils 1 m für Anfangs- und Endschenkel ein.

Verlegen Sie das Eisen nun über /FREIE/, indem Sie zunächst den Schnitt A-A als Verlegeansicht anklicken. In der Dialogzeile wird neben dem Absetzpunkt der Drehwinkel abgefragt, der -30° betragen soll.

Stellen Sie / / als Angreifpunkt ein und geben Sie unter / / -0,012 m ein. Das entspricht der Stabdicke, so daß der Innenrand des Querschenkels am Fadenkreuz hängt (Abb. 93). Der Bügel kann jetzt so abgesetzt werden, daß er sich sowohl an Pos. 4, den senkrechten Stab, wie an Pos. 14, den geneigten Stab, anschmiegt.

Im letzten Schritt ist das Eisen nun dreifach zu kopieren (Abb. 94) und über /SPIEG+/ an der Mittelachse in die gegenüberliegende Stirnwand zu übertragen. Abschließend sind die Verlegungen wie immer zu beschriften und ein Auszug zu erstellen.

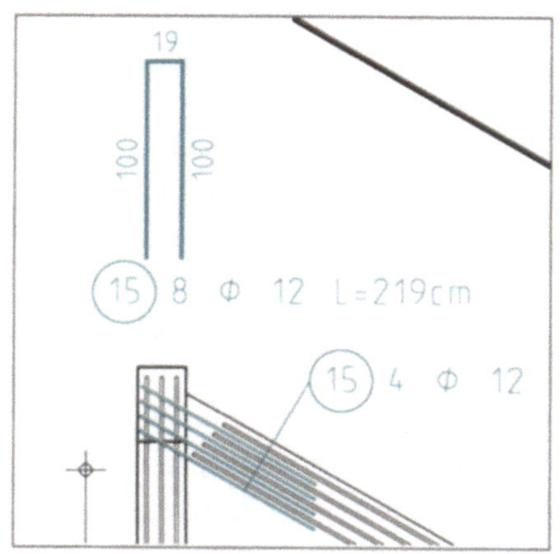

Abb. 94: Die fertige Verlegung mit Auszug

Die Flächenbewehrung

Bis jetzt haben Sie das Flächenbewehren /FL-BEW/ ohne Modell kennengelernt (im Kapitel „Bewehren einer Decke") und das Rundstahlbewehren in /RU-BEW/ mit Modell (in diesem Kapitel). Doch damit sind nicht alle Möglichkeiten ausgeschöpft, die ALLPLOT bietet. Beide Module können nämlich sowohl mit als auch ohne zugrundeliegendes Modell angewandt werden.

Deshalb sei im folgenden als Nachtrag zu /FL-BEW/ das Flächenbewehren mit Modell beschrieben. Als Beispiel dafür fungieren die beiden abgeschrägten Stirnwände des Dachgeschosses.

Wechseln Sie über /FL/ oder - falls Sie im Hauptmenü sind - über /FL-BEW/ zum Flächenbewehren und aktivieren Sie im unteren Menü /V-FELD/. Das Programm fragt zunächst, in welcher Ansicht Eisen verlegen werden sollen. Klicken Sie den Schnitt A-A an. Der Verlegevorgang selbst verläuft nun prinzipiell auf dieselbe Weise wie beim Flächenbewehren ohne Modell.

Die waagerechten Stäbe Pos. 17

Zunächst ist das Schalungspolygon abzugreifen (Abb. 95). Bevor Sie damit beginnen, tippen Sie jedoch für die Auflagertiefe den Wert Null ein (siehe Dialogzeile). Klicken Sie die vier Eckpunkte an und geben Sie für die letzte Seite des Polygons die Auflagertiefe -0,2 ein, bevor Sie die Polygoneingabe mit /4/ abschließen. Abb. 96 zeigt das resultierende Schalungspolygon.

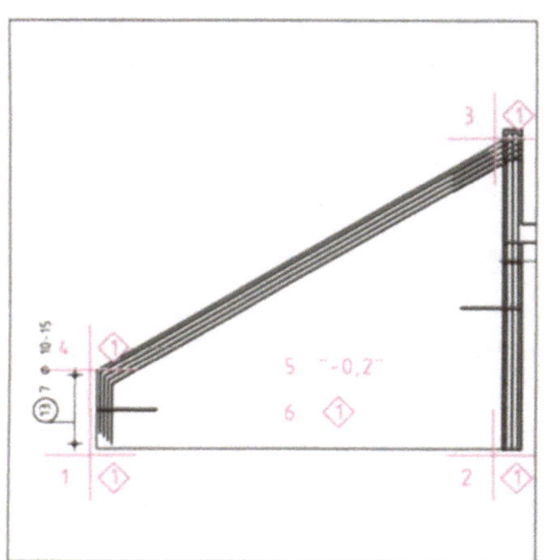

Abb. 95: Eingabe des Schalungspolygons

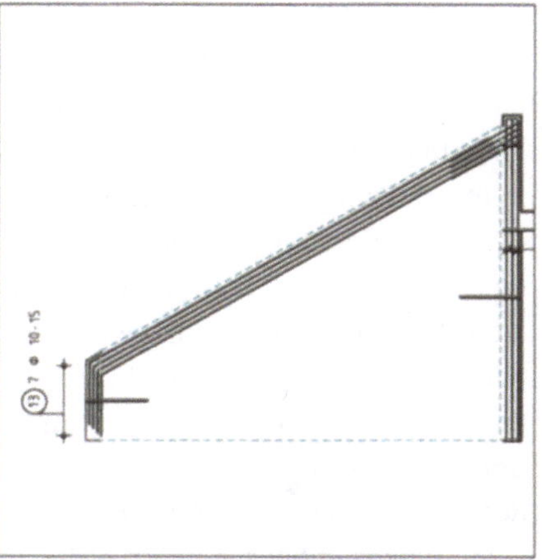

Abb. 96: Das resultierende Schalungspolygon

Verlegeparameter für Pos. 17:

/Ø/	8
/STAB-L/	12.00
/CM^2/M/	3.351
/V-ABST/	0.150
/UEB-L/	0.320
/VERL-L/	5.05
/V-A/	0.074
/V-E/	0.074
/VERL-W/	0.000
/FORM/	
/OPTIONEN/	

/1/+/ /PV/ / /

Unter / / ist /zusammengefaßt/ einzustellen.

Zusätzlich muß nun, da mit räumlichem Modell gearbeitet wird, die Lage der Verlegung senkrecht zum Schalungspolygon bestimmt werden, damit die Eisen nicht vor oder hinter der Wand verlegt werden.

Diesem Zweck dienen die gegenüber dem Flächenbewehren ohne Modell neu hinzugekommenen vier Funktionen rechts im oberen Menü. Aktivieren Sie zunächst / /. Sie werden aufgefordert, die Lagentiefe der Verlegung anzugeben. Dazu ist in einer zum Schalungspolygon orthogonalen Ansicht ein Punkt des Schalungsrands anzuklicken, zum Beispiel im Schnitt G-G (Abb. 97). Auf dem Bildschirm erscheint das in Abb. 97 gezeigte Lagentiefensymbol, das aus drei Elementen besteht:

- einer gestrichelten Linie, die die aktuelle Lagentiefe unter Berücksichtigung der Betondeckung anzeigt,
- einem Höhenkotensymbol, das die Lagentiefe des für / / angeklickten Definitionspunktes wiedergibt sowie
- einem Pfeil, der die positive Koordinatenrichtung des verlegungseigenen Koordinatensystems anzeigt.

Der Zahlenwert bei / / zeigt den Abstand senkrecht zur Schalungspolygonebene zwischen Verlegung und globalem Nullpunkt an.

Geben Sie nun unter / / als Betondeckung 0,03 m ein. Die gestrichelte Linie verschiebt sich um diesen Wert und gibt die tatsächliche Lagentiefe der Verlegung an (Abb. 98).

Wenn Sie statt der hinteren die vordere Lage der Stirnwand erstellen wollen, ändern Sie die Einstellung wie folgt: Tragen Sie unter / / die Wandstärke von 0,24 m ein und unter / / die vordere Betondeckung von ebenfalls 0,03 m. Das Lagentiefensymbol verändert sich gemäß Abb. 99.

Klicken Sie als Definitionspunkt für / / immer einen Schalungspunkt an, der auf der Rückseite der Polygonansicht liegt. Dadurch wird erreicht, daß der Pfeil des Lagentiefensymbols immer zu Wandmitte hin zeigt, somit die Betondeckungen also als positive Werte eingetragen werden können. Bei Anklicken eines Punkts der Vorderseite müßte die Betondeckung dagegen entgegen der Pfeilrichtung, also mit negativem Vorzeichen eingegeben werden.

Was bei der Bewehrung einer Wand vielleicht nicht ganz einsichtig ist, erklärt sich aus der Betrachtung einer Decke: Die Lagentiefe / / ist hier als Höhe der Deckenunterkante definiert. Da eine Decke jedoch im Plan immer im Grundriß zu sehen ist, liegt der Definitionspunkt für die Lagentiefe immer auf der Darstellungsrückseite.

Dementsprechend fungiert / / als Lagentiefe für die untere und / / als Lagentiefe für die obere Lage.

Die Tabelle zeigt die Bedeutung der Lagentiefensymbole für Decken bzw. Wände:

	Decke	Wand
/ /	Unterseite	Rückseite
/ /	Deckenstärke	Wanddicke
/ /	untere Lage	hintere Lage
/ /	obere Lage	vordere Lage

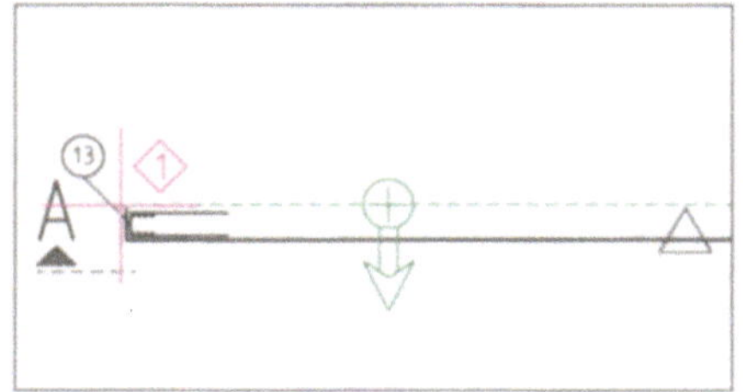

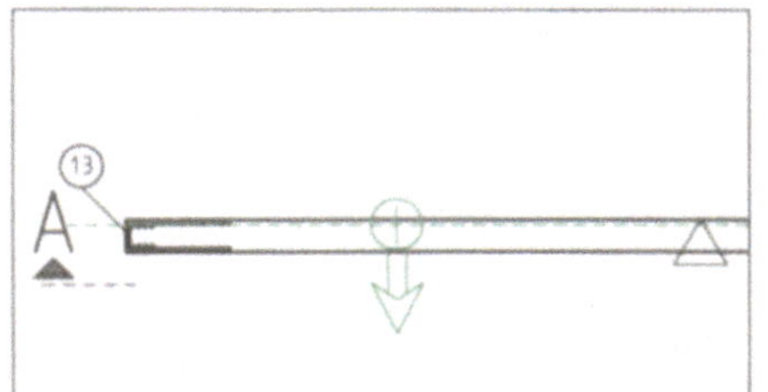

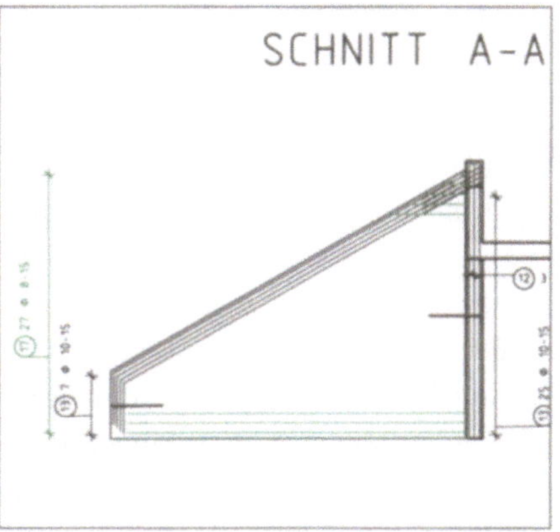

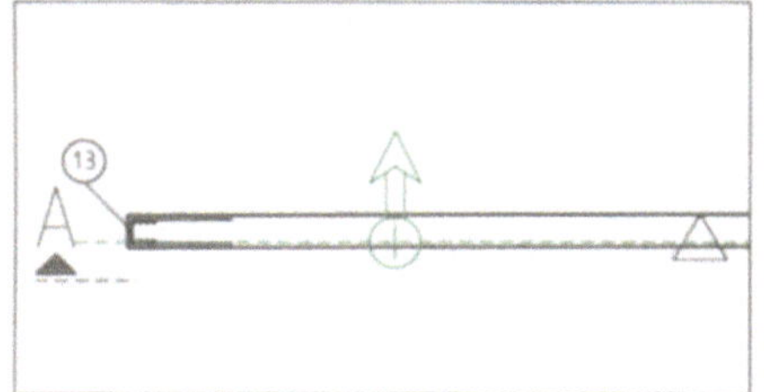

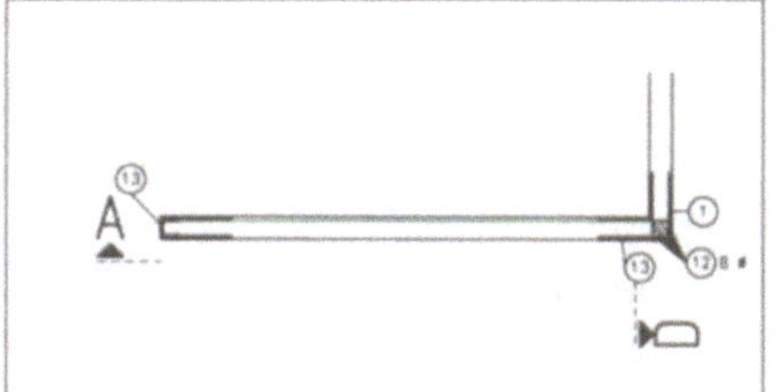

Abb. 97-99 (links): Eingabe der Lagentiefe und das Lagentiefensymbol (oben), das Lagentiefensymbol nach Festlegen der Betondeckung (Mitte) und Lagentiefensymbol für die vordere Lage (unten)

Abb. 100-101 (rechts): Pos. 17 in den Schnitten A-A und G-G

Wechseln Sie nun wieder zurück zur hinteren Lage, indem Sie / / anklicken und bestätigen Sie Schalungspolygon und Lagentiefe mit /3/. Die weitere Handhabung entspricht exakt derjenigen beim Flächenbewehren ohne Modell. Stellen Sie im oberen Menü die Verlegeparameter ein (als erstes Verlegewinkel = 0°) und bestätigen Sie diese ebenfalls mit /3/. Setzen Sie Bemaßung und Beschriftung ab.

Die senkrechten Stäbe Pos. 18

Das Programm springt nun zur Schalungspolygoneingabe zurück und bietet Ihnen damit eine bequeme Möglichkeit, gleich die zweite Bewehrungsrichtung zu erledigen:

Aktivieren Sie rechts in der Dialogzeile den /ÜBERNAHME/-Knopf und klicken Sie den Rand des vorigen Schalungspolygons an, um es zu übernehmen. Beobachten Sie dabei den Wert / /: Die Betondeckung springt von 0,030 m auf 0,038 m. Das Programm gibt also für die zweite Bewehrungsrichtung automatisch den Stabdurchmesser der waagerechten Stäbe zur Betondeckung zu, so daß die Querverlegung ohne weiteres Zutun direkt hinter der bestehenden Verlegung angefügt wird.

Die automatische Anpassung der Betondeckung funktioniert nur dann sinnvoll, wenn die Verlegereihenfolge von unten nach oben (Decke) bzw. von hinten nach vorne (Wand) eingehalten wird. Der Grund ist, daß das Programm, ausgehend vom Definitionspunkt von / /, immer positive Werte zugibt, um die Betondeckung anzupassen. Es „weiß" ja nicht, in welcher Reihenfolge Sie vorgehen wollen.

Verlegeparameter für Pos. 18:

/Ø/	8
/STAB-L/	12.00
/CM^2/M/	3.351
/V-ABST/	0.150
/UEB-L/	0.320
/VERL-L/	5.05
/V-A/	0.046
/V-E/	0.046
/VERL-W/	90.000
/FORM/	•——

/OPTIONEN/
/1/+/≡≡ /PV/ ▥² /—+——/

Unter /≡≡/ ist /zusammengefaßt/ einzustellen. /▥²/ beträgt 0,20 m.

Die senkrechten Stäbe sollen an der Dachschräge abgetreppt werden, damit sich die Zahl unterschiedlich langer Stäbe in Grenzen hält. Dies wird nachher durch die Aktivierung des Verlegeparameters /▥²/ erreicht. Dies wiederum hat zufolge, daß einige Stäbe über das Verlegepolygon herausragen werden, weil die Abstufung durch Verlängerung von Stäben erreicht wird (sonst wäre nicht gewährleistet, daß das ganze Verlegepolygon abgedeckt ist). Deshalb muß der Rand des Verlegepolygons an der Oberseite etwas zurückgenommen werden. Aktivieren Sie zu diesem Zweck /AUFL-T/, stellen Sie die Auflagertiefe auf -0,2 ein und klicken Sie den oberen Rand des Polygons an (Abb. 102). Bestätigen Sie die Polygoneinstellungen mit /3/.

Bei den Verlegeparametern sehen Sie jetzt, daß das Programm auch hier „mitgedacht" hat und den Verlegewinkel um 90° erhöht hat (natürlich kann er auch auf einen anderen Wert geändert werden). Bestätigen Sie die Verlegeparameter, plazieren Sie Bemaßung und Beschriftung und brechen Sie die Feldverlegung mit /4/ ab (Abb. 103).

Entfernen Sie nun den überflüssigen obersten, in Abb. 103 rot markierten, Stab über /LOESCH/. Spiegeln Sie die hintere Lage zuerst an der Wandmitte und dann beide Lagen an der Mittelachse, um die Verlegungen zu vervollständigen. Wenn Sie die Auszüge auf dem Plan absetzen, erhalten Sie automatisch eine vollständige Tabelle aller Maße (Abb. 104).

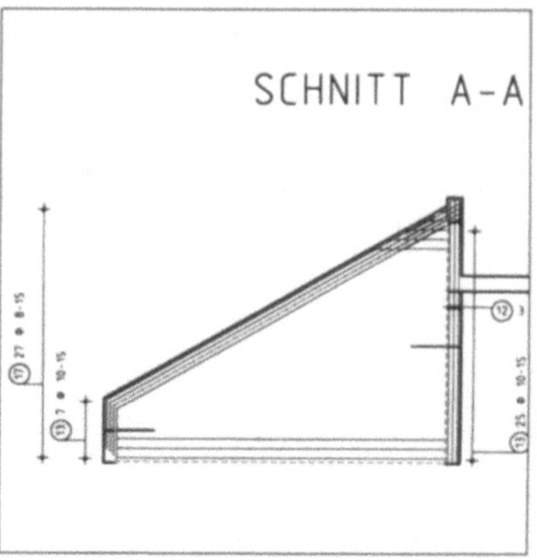

Abb. 102: Das modifizierte Schalungspolygon

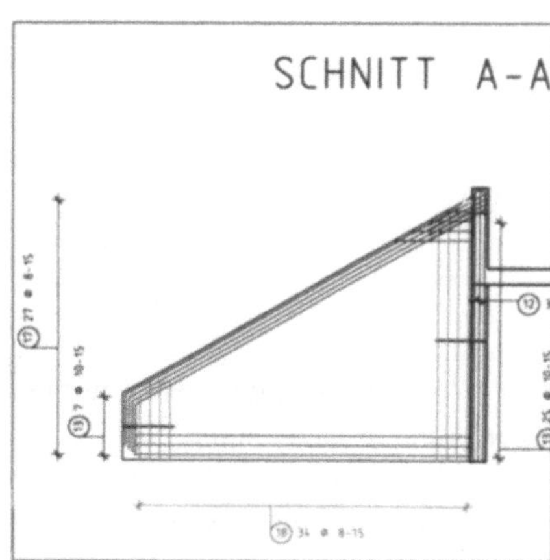

Abb. 103: Die senkrechten Stäbe der hinteren Lage

(18) 136 Ø 8

Form	Anzahl	Laenge a [cm]	Laenge Einzelstab [cm]	Laenge Gesamt [cm]
18.1	4	100	100	400
18.2	12	120	120	1440
18.3	8	140	140	1120
18.4	8	160	160	1280
18.5	8	180	180	1440
18.6	12	200	200	2400
18.7	8	220	220	1760
18.8	8	240	240	1920
18.9	12	260	260	3120
18.10	8	280	280	2240
18.11	8	300	300	2400
18.12	12	320	320	3840
18.13	8	340	340	2720
18.14	8	360	360	2880
18.15	12	380	380	4560

Summe der Laengen = 335.200 m

Abb. 104: Der Auszug von Pos. 18

Die Kollisionskontrolle

Wenn die Zahl der Eisen wächst, wird es insbesondere bei komplexen räumlichen Objekten schwierig, den Überblick über die genaue Raumlage der Bewehrungseisen zu behalten. Da kann es schon mal passieren, daß neu verlegte Eisen mit bereits bestehenden kollidieren, ohne daß dies sofort bemerkt wird.

Um dies zu verhindern, sollte hin und wieder eine Kollisionskontrolle durchgeführt werden. Wechseln Sie dazu nach /AN+SCH/. Zur Kollisionskontrolle dient der Knopf /KOLKON/. Nach dessen Aktivierung wird abgefragt, welche Eisen kontrolliert werden sollen. Setzen Sie die „verdächtigen" Eisen über /2/ ⟶ /2/ oder mit Hilfe der Summentaste aktiv. Alle Kollisionspunkte im aktiven Bereich werden nun mit einem Kreuz in Signalfarbe gekennzeichnet.

> Die Kollisionskontrolle überprüft nur diejenigen Eisen, die vollständig im aktivierten Bereich liegen! Denken Sie daran, wenn Sie den Überprüfungsbereich über /2/ ⟶/2/ definieren.

Abb. 105 zeigt zum Beispiel die Kollision der Positionen 14 und 17, die in derselben Ebene verlegt wurden. Die Kollision wurde in diesem Fall bewußt in Kauf genommen, da die senkrechten Stäbe auf der Baustelle problemlos etwas nach innen gebogen werden können.

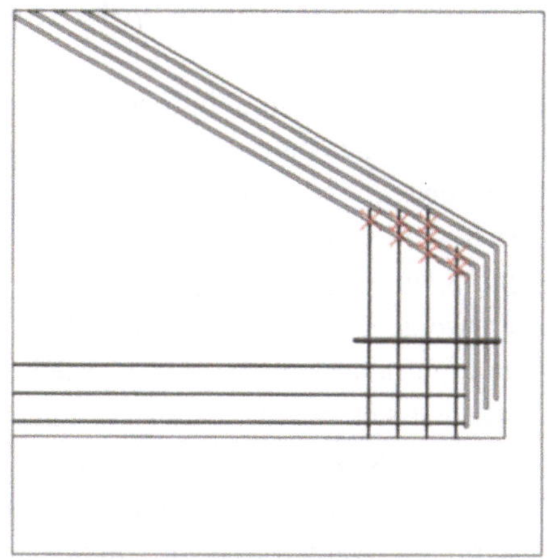

Abb. 105: Kollisionskontrolle

Die weiteren Positionen

Im Verlauf der bis jetzt verlegten achtzehn Positionen haben Sie nun alle Verlegewerkzeuge und einige Kniffe für das Bewehren mit Modell kennengelernt. Mit diesem Wissen sind Sie jetzt in der Lage, auch die restlichen Positionen 19-30 zu erzeugen (Abb. 1). Deren Erstellung wird im folgenden daher nicht mehr beschrieben. Sie können sie als Übung nun entweder selbst verlegen oder aber Teilbild 2304 laden, das die komplette Bewehrung enthält.

Dasselbe gilt für die Mattenbewehrung. Alles dafür notwendige wurde im Kapitel „Bewehren einer Decke" beschrieben. Um die Matten zu verlegen, ist ein neues Teilbild zu wählen. Das bisher verwendete Teilbild wird in den Hintergrund gelegt.

Beim Mattenbewehren kann das räumliche Modell nicht genutzt werden. Sie gehen also so vor, als hätten Sie eine einfache Strichzeichnung vor sich. Die Matten können deshalb auch nicht in der Perspektive dargestellt werden.

Modifizieren der Bewehrung

Schon einmal mußten Sie eine nachträgliche Änderung des Plans einarbeiten. Sie erinnern sich sicher: Nach dem Erzeugen der Ansichten und Schnitte sollte eine Tür verbreitert werden. Nun, nachdem der Bewehrungsplan komplett fertiggestellt ist, stellt sich heraus, daß noch immer nicht alle Maße stimmen. Jetzt soll die rückwärtige Tür noch um 20 cm verbreitert werden. Das läßt aufwendige Änderungen erwarten: Schalung modifizieren, Stäbe verschieben, ergänzen, verlängern, Matten modifizieren.

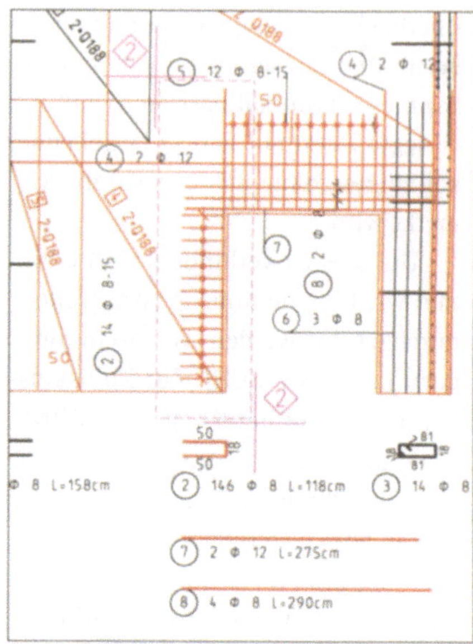

Abb. 106: Der für die Türverbreiterung zu modifizierende Bereich. Um besser sichtbar zu machen, was beim Modifizieren geschieht, wurden alle Stäbe dargestellt.

Doch die Modifikation läßt sich auch am fertigen Bewehrungsplan noch in einem einzigen Arbeitsschritt bewerkstelligen. Legen Sie dazu das Mattenteilbild teilaktiv in den Hintergrund und das Rundstahlteilbild in den Vordergrund (geht natürlich auch umgekehrt) und wählen Sie /* MOD/. Aktivieren Sie den in Abb. 106 dargestellten Bereich und verschieben Sie das Ganze um dx = -0,2. Das Resultat sehen Sie in Abb. 107. Es braucht nichts weiter getan zu werden, außer vielleicht die eine oder andere Beschriftung zu verschieben, weil sich eine Überlappung ergeben hat.

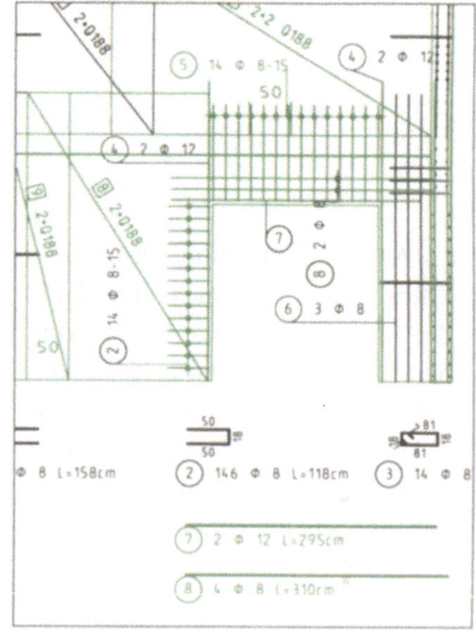

Abb. 107: Die Tür nach der Modifikation

Sie sehen also, daß das Modifizieren mit verlegter Bewehrung genauso möglich ist wie bei der Schalung, da die Bewehrung zum räumlichen Modell der Schalung hinzugefügt wird. Die Änderungen werden damit auch in alle Ansichten und Schnitte automatisch übertragen.

Um erfolgreich mit dieser Möglichkeit arbeiten zu können, sollten allerdings einige Regeln beachtet werden. Im einzelnen erfolgen beim Modifizieren einer Bewehrung folgende Vorgänge:

- Verlegungen, die vollständig im aktivierten Bereich liegen, werden komplett verschoben. Ein Beispiel dafür ist Pos. 2, die mit dem Türstock komplett um 20 cm nach links verschoben wurde.
- Verlegungen, deren Eisen sich nur zum Teil im aktivierten Bereich befinden, erfahren eine Formänderung. Die außerhalb liegenden Punkte bleiben fest, während die aktivierten Punkte verschoben werden. Dies ist an den Pos. 7 und 8 zu beobachten. Beide sind um 20 cm verlängert worden (beachten Sie deren Auszüge!).
- Verlegungen, bei denen einige Eisen komplett innerhalb des Aktivierungsbereichs sind, andere komplett außerhalb, werden stückzahl- oder abstandsmäßig angepaßt. Pos. 5 zeigt dies. Beim Verlegen der Bügel war der Stababstand vorgegeben worden. Deshalb wird dieser beibehalten und die Stückzahl von angepaßt. Wäre die Stückzahl vorgegeben worden, würde nun der Abstand vergrößert.
- Geometrische Modifikationen von Bewehrungseisen wirken sich auf alle Eisen mit derselben Positionsnummer aus, auch wenn diese nicht im Aktivierungsbereich liegen.
- Über /VD-MOD/ völlig ausgeblendete Eisen werden von der Modifikation überhaupt nicht betroffen.

Wenn diese Funktionsmechanismen nicht beachtet werden, läßt sich unter Umständen großer Schaden anrichten. Die Modifikation im räumlichen Modell ermöglicht große Arbeitserleichterungen, birgt aber bei unsachgemäßer Anwendung auch Gefahren. Daraus ergeben sich folgende Regeln:

- Sichern Sie das Teilbild vor dem Modifizieren über /SICH/, damit über /T-LESE/ der vorherige Stand restauriert werden kann. (/DEF/ → /Programmteildefinitionen/ → /KONS/ → /SICH/ sollte auf /*AUS */ stehen)

- Wenn Sie ganz sicher sein wollen, kopieren Sie das Teilbild vorher über /T-KOP/ auf ein anderes Teilbild, damit auf das alte Teilbild zurückgegriffen werden kann.

- Überlegen Sie vor dem Modifizieren gut, welche Positionen auf welche Weise von einer Modifikation betroffen sein werden. Wenn Sie vor dem Modifizieren gesichert haben, können Sie das Ergebnis natürlich auch ausprobieren und mit /RF/ zurückholen. Zu häufiges Probieren ist jedoch zeitraubend, da spürbare Berechnungszeiten auftreten.

- Blenden Sie über /VD-MOD/ → /III/ die betroffenen Verlegungen komplett ein, um das Ergebnis kontrollieren zu können.

- Bei komplexeren Operationen, also wenn viele Positionen betroffen sind, schleichen sich trotz aller Sorgfalt oft Denkfehler ein. Deshalb ist immer noch am besten und effektivsten gearbeitet, wenn solche Änderungen erst gar nicht nötig werden!

Bewehren mit oder ohne Modell?

Wenn Sie beide Bewehrungskapitel ganz oder überwiegend durchgearbeitet haben, haben Sie nahezu alle Funktionen kennengelernt. Dennoch sind noch nicht alle Möglichkeiten ausgeschöpft.

Im Kapitel „Bewehren einer Decke" wurde eine Decke *ohne* Modell bewehrt, während in diesem Kapitel eine räumliche Bewehrungsaufgabe *mit* Modell bearbeitet wurde.

Oft ist eine Bewehrungsaufgabe zu bearbeiten, die mehrere Ansichten und Schnitte erfordert, ohne daß dafür ein räumliches Schalungsmodell von vornherein zur Verfügung steht.

Man kann nun völlig ohne Modell arbeiten (BASICS linke Spalte) oder man könnte selbst ein Schalungsmodell erzeugen, um *mit* Modell bewehren zu können (rechte Spalte).

Als effektive Alternative zu beidem kann ein räumlicher Bewehrungskorb auch ohne Schalungsmodell erzeugt werden (mittlere Spalte). Dazu muß bei den ersten Eisen zusätzlich die Projektions- bzw. Blickrichtung angegeben werden. Sind dadurch erst einmal die Ansichten definiert, unterscheidet sich das Vorgehen nicht mehr vom Bewehren mit Schalungsmodell.

Einen Überblick über alle drei Arbeitstechniken geben folgende BASICS am Beispiel eines Unterzugs (aus Platzgründen halbiert).

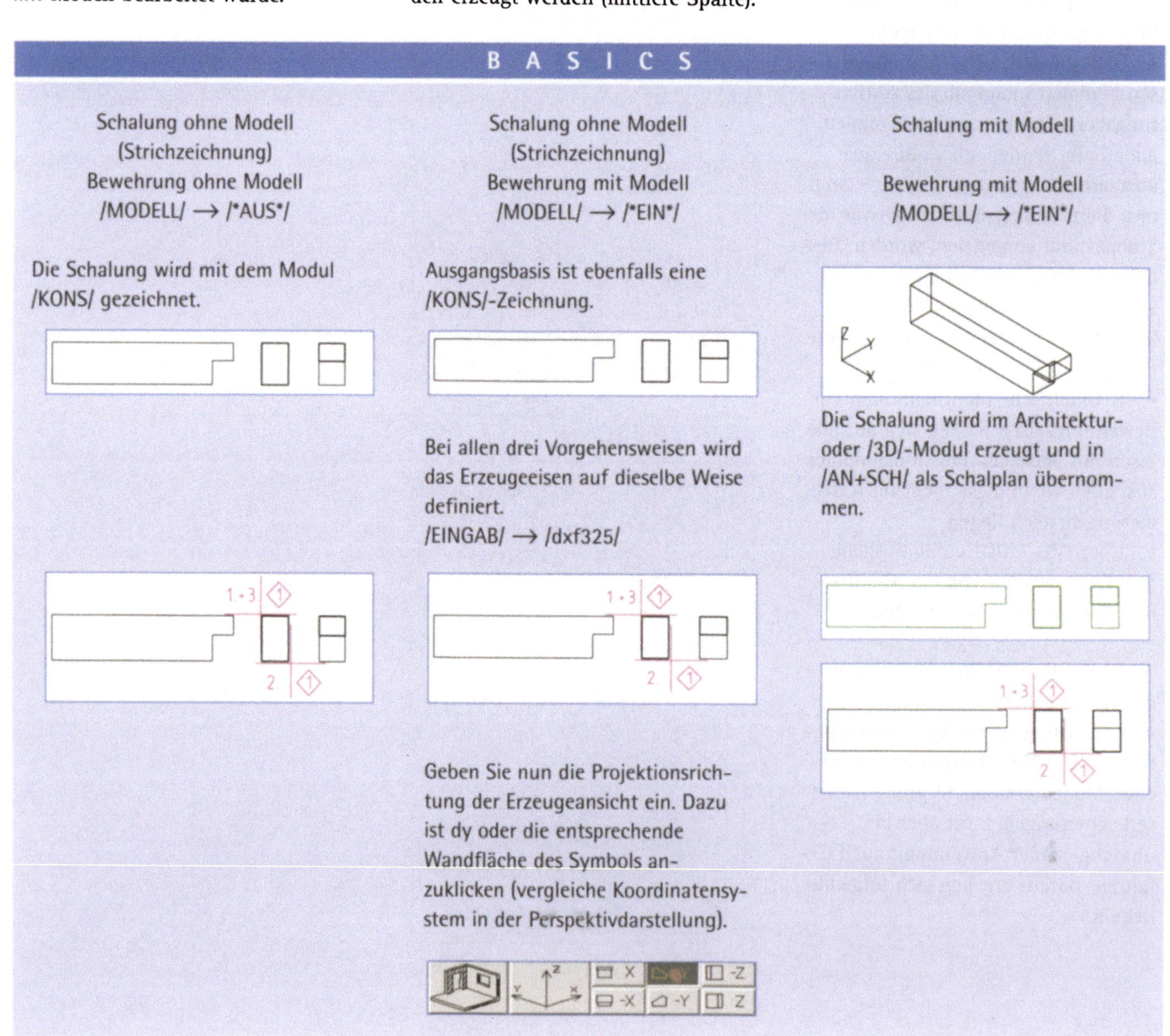

BASICS

Das Programm verlangt nun nach der Blickrichtung, aus der der Bügel in der Verlegeansicht zu sehen sein soll. Anschließend wird über /SCHK B/ die Verlegegerade eingegeben.

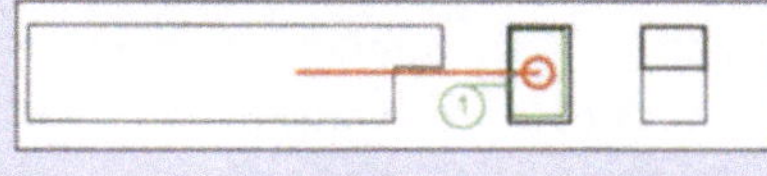

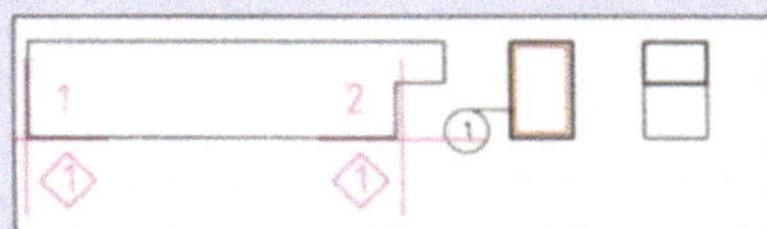

Pos. 2 wird genauso erzeugt und verlegt wie Pos. 1:
/EINGAB/ ⟶ /☐ / ⟶ Blickrichtung eingeben ⟶ /SCHK B/ ⟶ Verlegegerade eingeben.

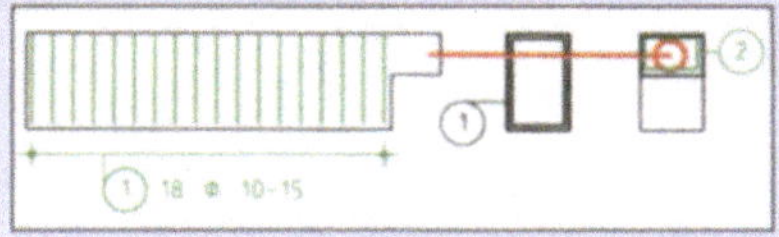

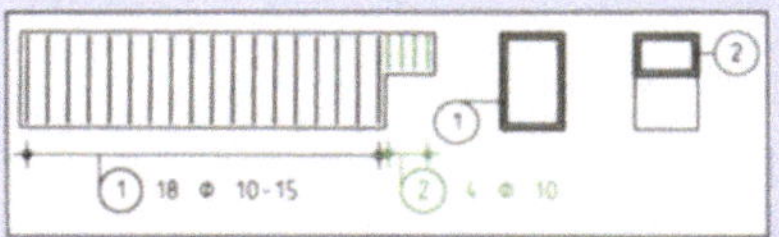

Hier liegt ohnehin keine räumliche Information vor.

Hier wird umgekehrt vorgegangen: Erst über /SCHK B/ Verlegegerade abgreifen, dann Blickrichtung angeben.

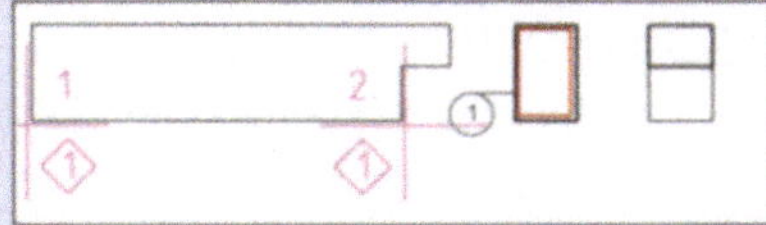

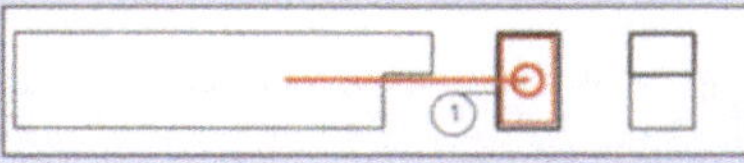

Pos. 2 muß hier in der gleichen Ansicht wie Pos. 1 erzeugt werden. Da Pos. 1 bereits als räumliches Modell definiert ist, muß keine Blickrichtung mehr angegeben werden. Aus demselben Grund müssen die weiteren Eisen in der korrekten Lage dazu verlegt werden. Der rechte Schnitt ist nur Strichzeichnung ohne räumliche Information. Würde Pos. 2 dort definiert und Projektion dy zugeordnet, läge sie außerhalb des Unterzugs.

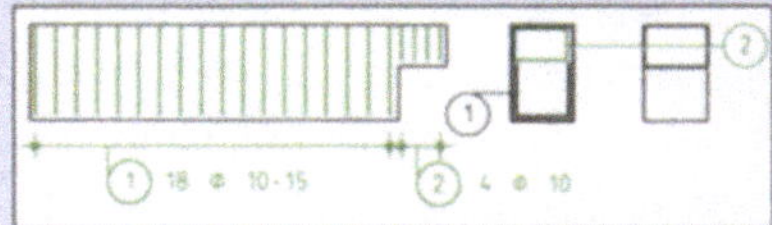

Über /AN+SCH/ können nun die mittlere Ansicht zum Schnitt umgewandelt und der rechte Schnitt erzeugt werden. Beim Absetzen des rechten Schnitts ist darauf zu achten, daß Deckungsgleichheit mit der Schalungszeichnung besteht.

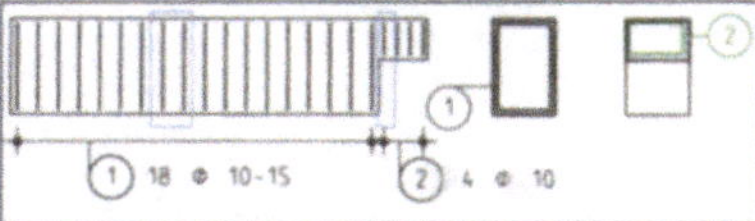

Beim Bewehren mit Modell müssen keine Projektions- und Blickrichtungen angegeben werden. Die Eingabe der Verlegegeraden über /SCHK B/ genügt.

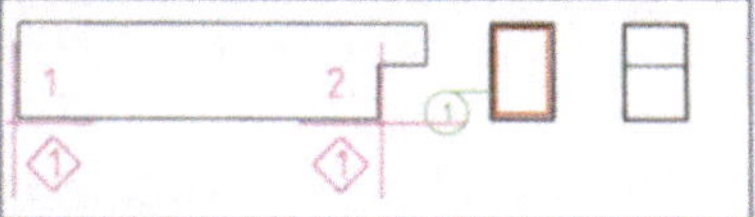

Kein Umdenken ist hier nötig. Alle Ansichten und Schnitte sind bereits definiert und in in allen Ansichten und Schnitten kann gearbeitet werden.

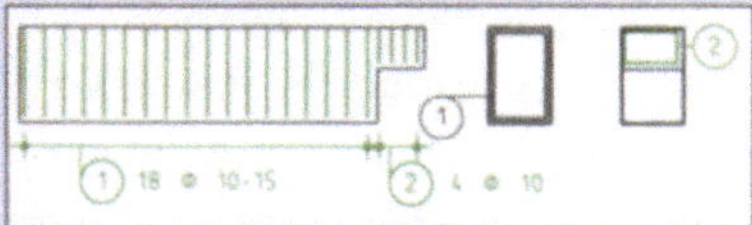

Die Ansichten und Schnitte sind bereits definiert (sie können natürlich geändert werden).

BASICS

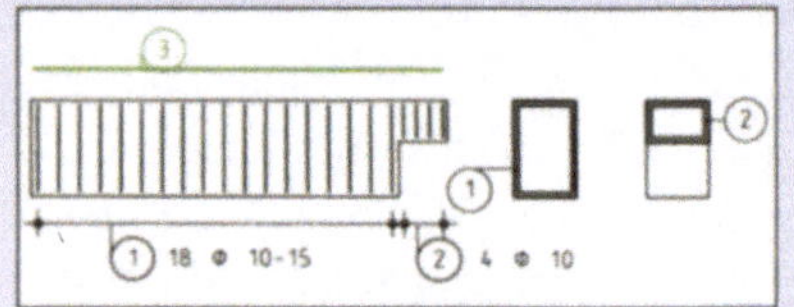

Nun werden gerade Stäbe in den Bewehrungskorb eingefügt. Beim Verlegen über /STAB B/ werden die Stäbe in der Verlegeansicht korrekt dargestellt, der Erzeugestab jedoch wird lagemäßig nicht angepaßt, da keine räumlichen Informationen verfügbar sind. Er muß manuell verschoben werden!

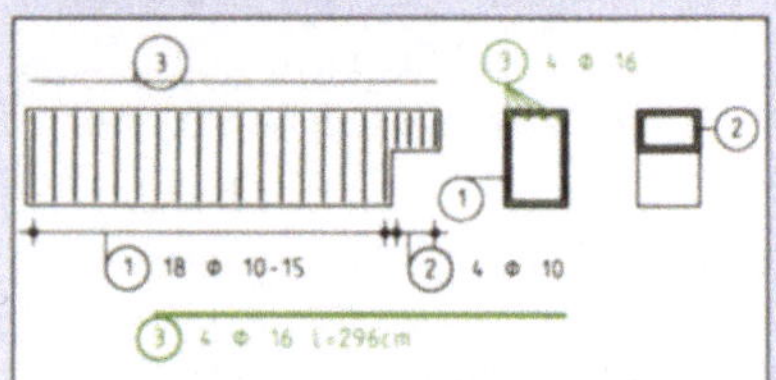

Da kein Raummodell vorliegt, müssen die Stäbe außerdem manuell in den zweiten Schnitt übertragen werden. Dies geschieht in einem weiteren Verlegevorgang über /VERLEG/ —> /STAB B/. Dabei muß in den Verlegeparametern (oberes Menü) von /+/ auf /-/ umgeschaltet werden, sonst wird die Darstellung wie in der Abbildung unten als weitere Verlegung gezählt (Stückzahl im Auszug!).

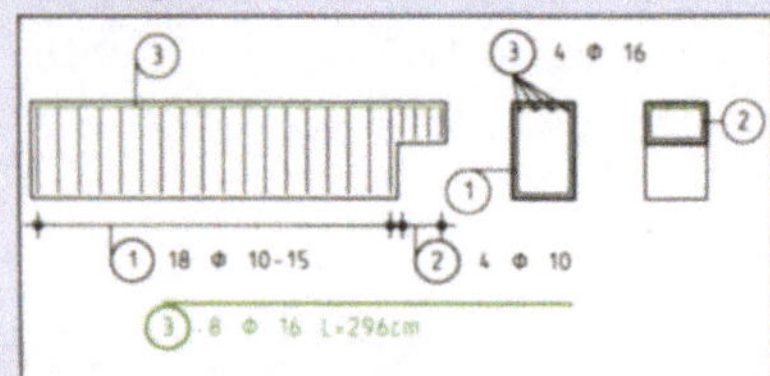

Auch alle weiteren Eisen müssen mit Angabe der Blickrichtung, eventuell manuellem Verschieben des Erzeugestabs, manueller Übertragung in weitere Ansichten und Beachtung des /+/-/-Schalters verlegt werden.

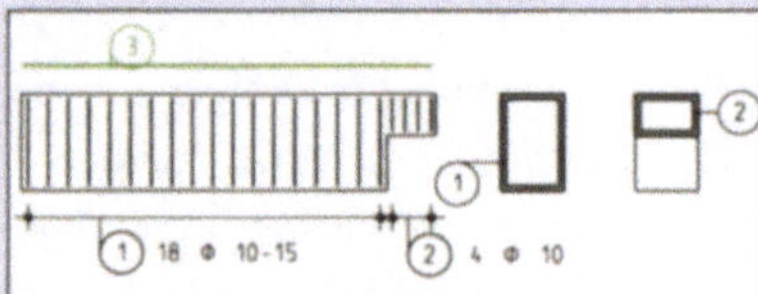

Der Stab wird über /STAB B/ /FLUCHTEND/ verlegt. Da hier jetzt ein räumliches Modell vorliegt, wird der Erzeugestab automatisch angepaßt.

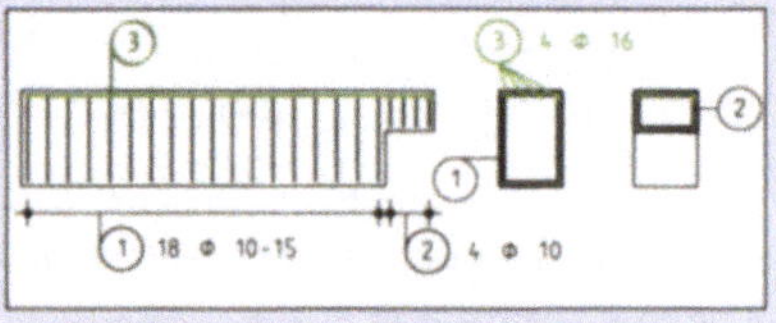

Alle Stäbe weren in allen Ansichten und Schnitten automatisch dargestellt und richtig verwaltet.

Die weitere Verlegung unterscheidet sich nicht von derjenigen mit Schalungsmodell. Um am Anfang den Überblick zu haben, welche Ansichten schon definiert sind, können in /AN+SCH/ über /DEF/ —> /HILFEN/ die ansichtseigenen Achsenkreuze und eine farbige Hinterlegung der Ansichten eingeblendet werden.

Das Endergebnis ist ein räumlicher Bewehrungskorb.

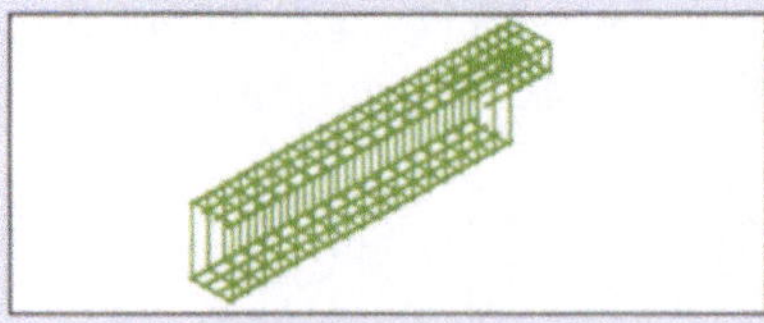

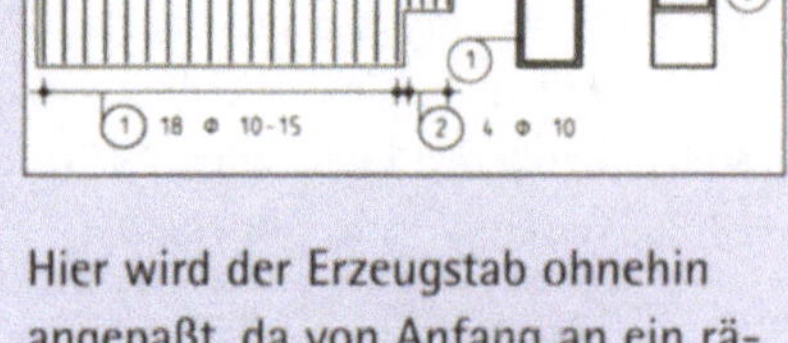

Hier wird der Erzeugstab ohnehin angepaßt, da von Anfang an ein räumliches Modell vorliegt.
/STAB B/ —> /FLUCHTEND/

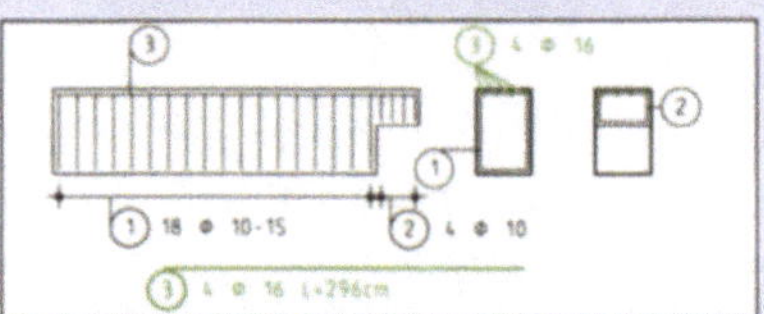

Auch hier natürlich automatisch richtige Darstellung und Verwaltung.

Endergebnis ist hier eine räumliche Schalung mit Bewehrungskorb.

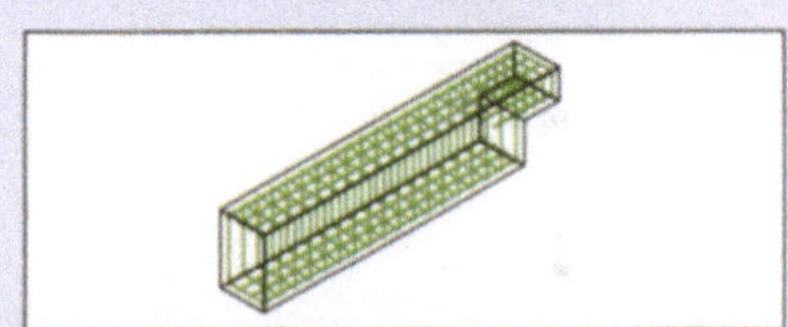

Empfehlenswerte Strategien

Durch den Vergleich der drei Arbeitsweisen am gleichen Anwendungsbeispiel dürfte deutlich geworden sein, welche Vor- und Nachteile jede der Techniken besitzt. Daraus läßt sich folgende Regel ableiten, unter welchen Anforderungen welches Vorgehen für effektives Arbeiten zu wählen ist:

- Bei Vorliegen eines Schalungsmodells wird selbstverständlich mit Modell bewehrt. Dadurch ist eine korrekte Stahlverwaltung gewährleistet, Eisendarstellungen in verschiedenen Schnitten können auf einfache Weise ein- oder ausgeblendet werden und zusätzliche Ansichten und Schnitte können noch nachträglich mit wenig Aufwand erzeugt werden.

- Bei einfachen Bauteilen wie Unterzügen und Stützen ist die räumliche Geometrie im /3D/-Modul recht schnell erzeugt. Es kann sich hierbei also lohnen, vor dem Bewehren erst ein Schalungsmodell zu erzeugen, um die Vorteile des Bewehrens mit Modell voll zu nutzen.

- Bei aufwendigeren Schalplänen ist zu empfehlen, ohne Schalungsmodell, aber mit Modell des Bewehrungskorbs zu arbeiten. Hier stünde der Nutzen der Erzeugung des Schalungsmodell in keinem vernünftigen Verhältnis zum Aufwand. Schließlich können die Vorteile des Bewehrens mit Modell auch ohne Schalungsmodell genutzt werden. Lediglich am Anfang des Bewehrungsvorgangs sind Projektionen und Blickrichtungen anzugeben, bis die Ansichten einmal definiert sind.
- Das Bewehren ohne Modell schließlich ist für Sonderfälle zu empfehlen. Etwa wenn ein Eisen in einer Schnittdarstellung anders geschnitten werden soll als die restlichen Stäbe, läßt sich dies durch Verlegen eines zusätzlichen Eisens mit ausgeschalteter Zählfunktion realisieren. Ein weiterer Anwendungsfall ist das Arbeiten mit Symboltechnik (siehe nächster Abschnitt).

Gemischte Arbeitsweise

Die verschiedenen Arbeitsweisen sind beliebig kombinierbar. In einen Bewehrungskorb mit Modell lassen sich ohne weiteres Eisen einfügen, die ohne Modell erzeugt wurden. Ebenso ist eine ohne Modell begonnene Bewehrung durch ein Bewehrungsmodell fortführbar.

Um bei gemischter Arbeitsweise nicht den Überblick zu verlieren, kann der Status der einzelnen Bewehrungseisen über den /INFO/-Schalter auf der 1. Seite von /RU-BEW/ und /FL-BEW/ überprüft werden. Nach Anklicken von /INFO/ erscheinen vier Schalter, die folgende Funktionen haben:

/M+/ Es werden nur Positionen mit Modell dargestellt.
/M-/ Analog sind hier nur Eisen, die ohne Modell erzeugt wurden, zu sehen.
/+/ Nur Eisendarstellungen, die in der Stahlverwaltung mitgezählt wurden, bleiben sichtbar.
/-/ Eingeblendet bleiben nur die Darstellungen, die bei ausgeschalteter Zählfunktion verlegt wurden.

BASICS

Um im Bewehrungsmodus ohne Modell Schnittdarstellungen von Eisen zu erhalten, muß bei der Verlegung /PUNKTV/ auf /JA/ gestellt werden. Die Bügel des dargestellten Unterzugs wurden für die Seitenansicht oben mit /PUNKTV/ → /NEIN/ und /+/ verlegt, für den darunter abgebildeten Schnitt dagegen mit /PUNKTV/ → /JA/ und /-/.

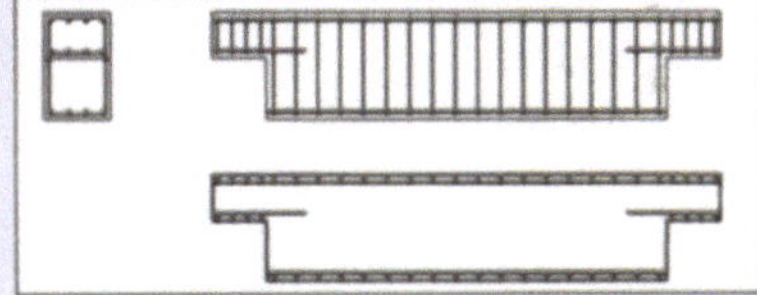

Symboltechnik

Wenn Sie bestimmte Bewehrungselemente häufig benötigen, können Sie die Arbeit erheblich rationalisieren, indem Sie diese Elemente als Symbol ablegen, das jederzeit wieder abrufbar ist.

Diese Arbeitsweise empfiehlt sich zum Beispiel für oft verwendete Unterzüge, Stützen, Köcherfundamente oder ähnliches.

> Die Symboltechnik ist nur anwendbar für Bewehrungskörbe, die ohne Modell erzeugt wurden. Da die Bewehrungen mit und ohne Modell jedoch gemischt werden können, sind trotzdem auch bei einem räumlichen Bewehrungskorb Symbole einsetzbar.

Abb. 108: Aktivieren der Elemente, die als Symbol gespeichert werden sollen (1.+2.) und definieren des Angreifpunkts (3.)

Symbol speichern

Um beispielsweise einen Unterzug als Symbol zu speichern, klicken Sie im linken Menü auf / /. Wählen Sie aus dem nun eingeblendeten Pulldown /SYMBOL/ aus. Sie werden aufgefordert einzugeben, welche Elemente als Symbol gespeichert werden sollen. Aktivieren Sie sie über /2/ → /2/ oder mit Hilfe der Summentaste (Abb. 108). Im nächsten Schritt ist der Angreifpunkt anzugeben, an dem das Symbol beim Abrufen am Fadenkreuz hängen wird.

Nun klappt ein weiteres Pulldown auf, das der Einordnung der Symbole in verschiedene Symbolgruppen dient. Durch Anklicken kann eine Zeile aktiviert werden. Geben Sie einen Gruppennamen, zum Beispiel „Unterzüge".

Es öffnet sich ein zweites Pulldown, in dem auf dieselbe Weise der Symbolname festgelegt werden kann, hier etwa „UZ 1 Seitenansicht".

Symbol abrufen

Um das Symbol nun wieder abzurufen, gehen Sie auf dieselbe Weise vor. Aktivieren Sie / /, und klicken Sie Symbolgruppe und Symbolname an. Das Symbol hängt nun am bei der Symboleingabe definierten Angreifpunkt am Fadenkreuz, so daß es am gewünschten Ort abgesetzt werden kann (Abb. 109 und 110).

Natürlich kann das Symbol noch den gegebenen Randbedingungen angepaßt werden. Hier wurde der Unterzug zum Beispiel verlängert, indem über /* MOD/ der in Abb. 110 gezeigte Bereich bis zur zweiten Stütze hin verschoben wurde.

Mit Hilfe der Symboltechnik können Sie sich also eine eigene Bibliothek aus Standardelementen anlegen, die in verschiedenen Varianten immer wieder verwendet werden können.

Abb. 109: Absetzen des Symbols

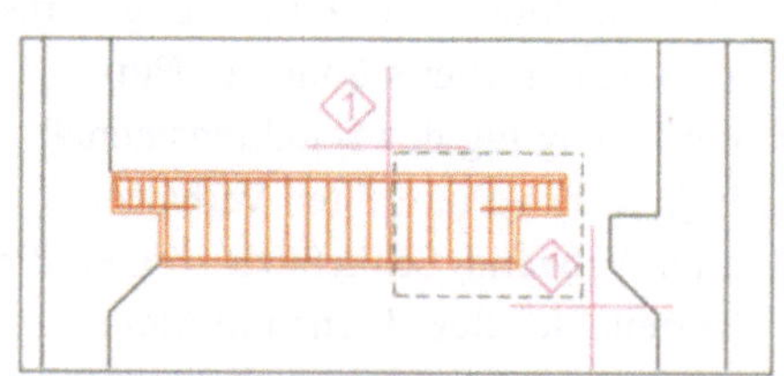

Abb. 110: Modifizieren des Symbols

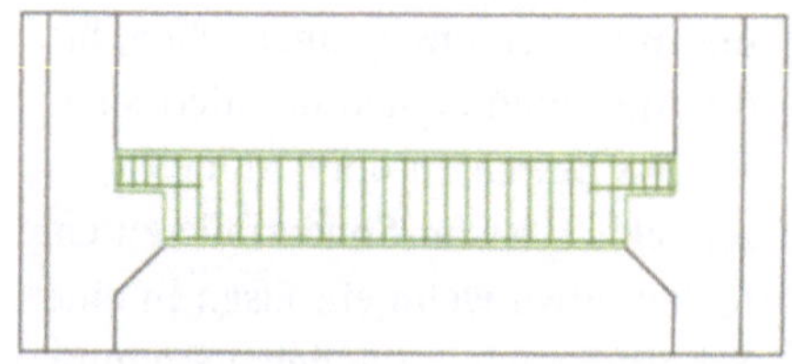

Abb. 111: Das angepaßte Symbol

Listen und Ausdrucke

Kein Unterschied zwischen den Bewehrungsarten mit oder ohne Modell besteht, was die Themen Biegeliste, Stahlliste und Ausdrucken betrifft. Das jeweilige Vorgehen kann in den entsprechenden Abschnitten des Kapitels „Bewehren einer Decke" nachgelesen werden. Einige Stichworte seien zur Erinnerung noch einmal genannt.

Biegeliste

Zur Erzeugung der Biegeliste sind alle Teilbilder, deren Bewehrung aufgeführt werden soll, aktiv zu setzen. Die Biegeliste wird erstellt über /B-LIST/ im oberen Menü. Je nachdem, welche Einstellung in der Programmteildefinition getroffen wurde, kann sie nun entweder direkt auf dem Vordergrundteilbild abgesetzt werden, oder es wird ein neues Fenster geöffnet, in dem die Liste über /BILDEN/ erzeugt werden kann.

Die Daten können außerdem an eine Schnittstelle zu Biegemaschinen weitergegeben werden.

Stahllisten

Klicken Sie in /RU-BEW/ oder in /FL-BEW/ auf /S-LIST/ und geben Sie eine neue Listennummer ein, um eine Stahlliste zu erzeugen. Die Bewehrung aller eingeblendeten (auch inaktiven) Teilbilder wird in die Liste aufgenommen.

Um die Stahllisten auf den Bildschirm zu holen und nachzubearbeiten, ist in das Modul /SL/ zu wechseln. Die Auswahl einer Liste und deren Änderungen geschieht über verschiedene Auswahl- bzw. Eingabemasken.

Ausdrucke

Wie immer auch das Ausdrucken von Plänen: als Kontrollausdruck über /ZEI/ oder als vollständiger Plan über /PLANPLOT/. Um einen neuen Plan anzulegen, wird vor Anwahl von /PLANPLOT/ über /PLAN/ Plannummer und -name definiert.

In /PLANPLOT/ können Blattdefinitionen über /PLADEF/ eingestellt und beliebige Teilbilder über /PL-EL/ auf dem Plan zusammengestellt werden. Das Ausdrucken erfolgt über /PLOT/.

TIPS

Stahllisten können auch in /PLANPLOT/ → /PLOT/ erstellt werden. Aktivieren Sie dazu in der /PLOT/-Maske /Rundstahlliste/ bzw. /Mattenliste/. Dies hat den Vorteil, daß mit einem Klick eine genau für diesen Plan gültige Liste erstellt wird.

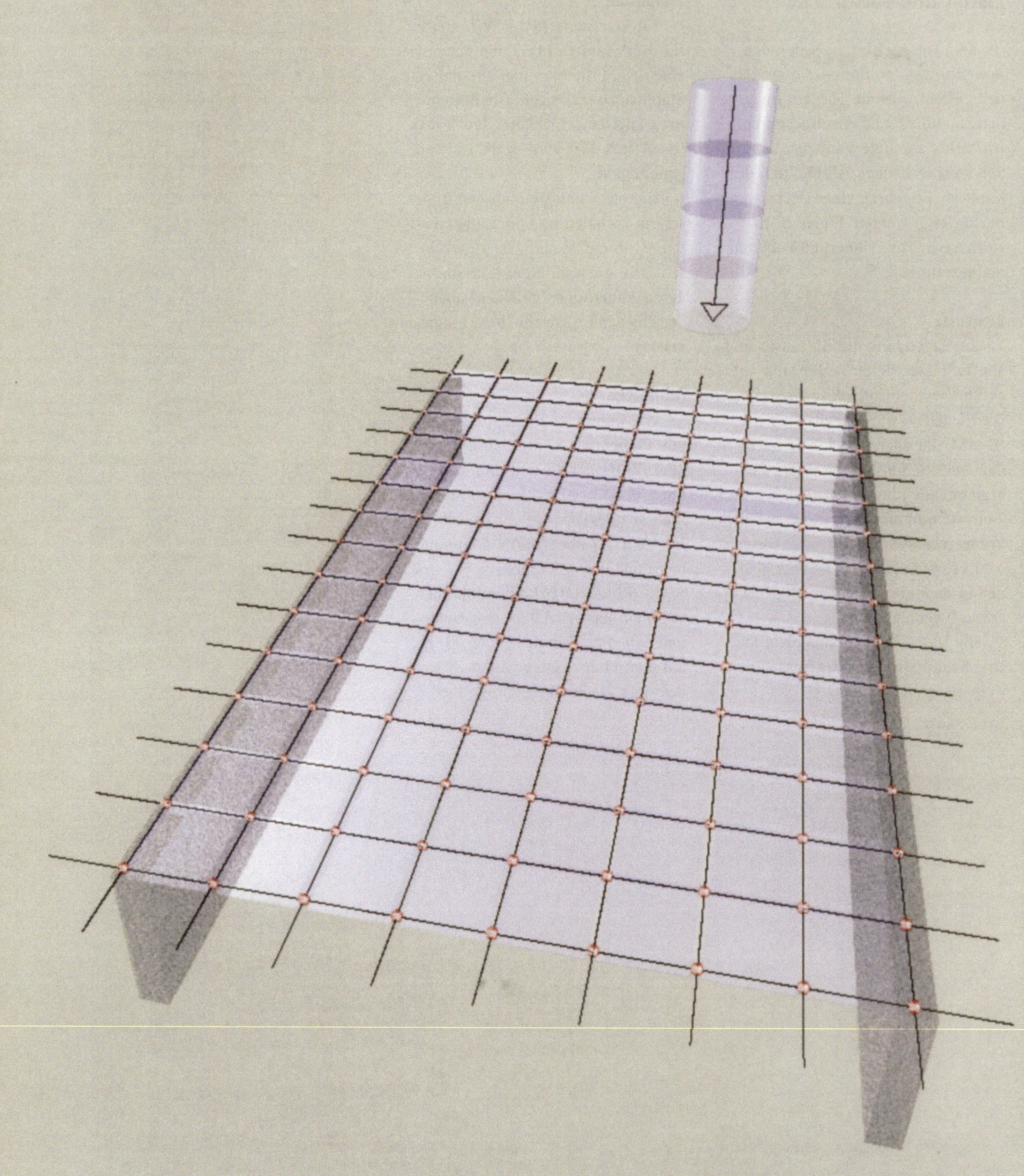

FEM-Berechnung einer Decke

Am Beispiel einer Deckenberechnung wird im folgenden Kapitel die Anwendung des Finite-Element-Moduls ALLFEM erläutert. Schritt für Schritt wird das FEM-Netz erzeugt. Es folgt die Definition verschiedener Lastfälle und die Berechnung des Systems. Abschließend sind die vielfältigen Möglichkeiten der Ergebnisausgabe beschrieben.

Die Statikberechnung nach der Finite-Elemente-Methode (FEM) beruht auf dem Prinzip, ein Bauteil in geometrisch einfache, einzeln zu berechnende Grundelemente aufzuteilen (Abb. 1). Kräfte und Momente werden dabei in den Eckpunkten der einzelnen Elemente, den Knoten, abhängig von umliegenden Knotenreaktionen und äußeren Lasteintragungen berechnet und auf die Schwerpunkte der einzelnen Elemente interpoliert. Dadurch ist die Berechnung von Verformungen und Spannungen an jeder beliebigen Stelle möglich.

Anhand der Deckenplatte aus Abb. 1 wird im folgenden exemplarisch die Vorgehensweise einer Berechnung mit ALLFEM demonstriert. Analog zum Vorgehen bei der Plattenberechnung ist mit ALLFEM die Berechnung von Scheiben möglich, die aus Platzgründen hier nicht beschrieben wird. Sie ist nach Durcharbeiten des Plattenbeispiels jedoch ohne zusätzlichen Lernaufwand durchführbar.

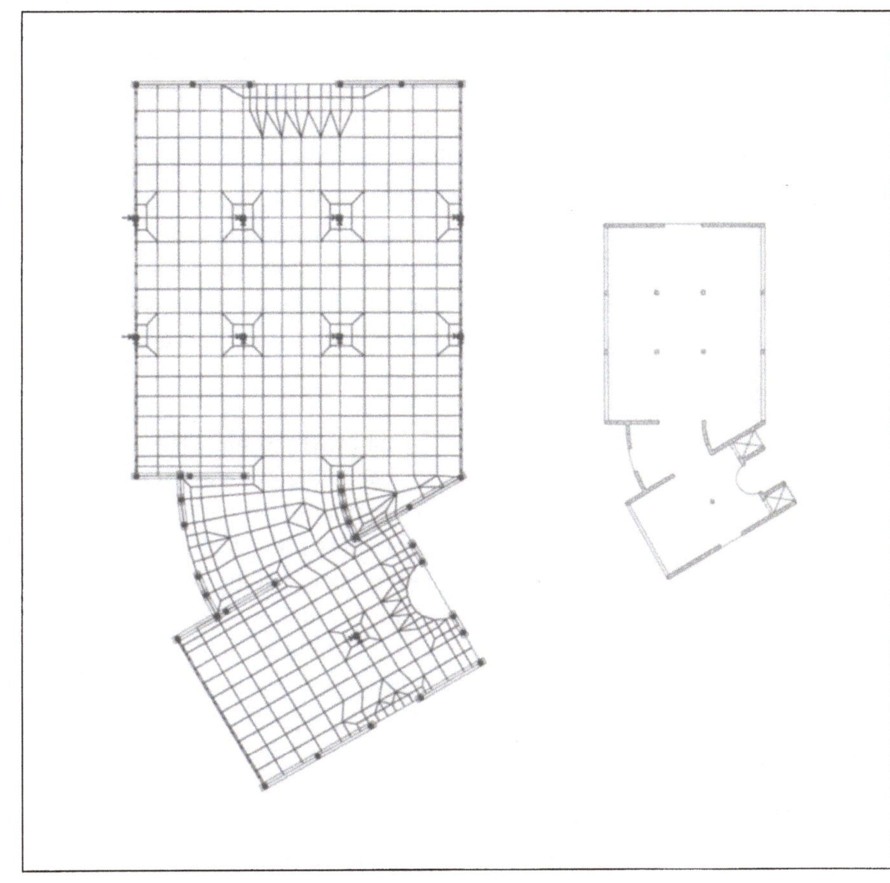

Abb. 1: Deckenplatte mit zugehörigem FEM-Netz

Parametereingabe für das Beispiel:

Material:	B25
Dicke:	0.200
BETT-M:	----
BWB-Nr.	1

TIPS

Verwenden Sie verschiedene Farben für Schalung und Netz, um eine Verwechslung von Netzelementen mit dem Schalungsrand zu vermeiden.

Erzeugen des FEM-Netzes

Die Genauigkeit einer FEM-Berechnung hängt von der Feinheit der FE-Rasterung sowie der Geometrie der einzelnen Elemente ab. Je feiner ein Bauteil gerastert wird, desto höher ist im Prinzip die Genauigkeit der Ergebnis. Gleichzeitig steigt aber auch der Rechenaufwand. Bei einer extrem feinen Netzaufteilung kann sich sogar die Qualität des Rechenergebnisses wieder verschlechtern. Deshalb sollte das Netz nicht feiner als nötig ausfallen.

Auch die Geometrie beeinflußt die Berechnung. Beachten Sie deshalb die Netzgenerierungsregeln im Kasten auf der rechten Seite.

Wesentlich hängt die Qualität eines FEM-Netzes von der Erfahrung und dem Wissen des Erstellers ab. Deshalb kann die Netzgestaltung variieren, ohne daß deshalb das Rechenergebnis falsch wird. In diesem Sinn ist das im folgenden beschriebene FEM-Netz als Vorschlag zu betrachten, neben dem andere Rastergeometrien natürlich ebenso gültig sind.

Automatische Grobrasterung

Laden Sie nun den Grundriß der Deckenplatte, der im Teilbild 2900 des Lernprojekts abgelegt ist.
Legen Sie es passiv sichtbar in den Hintergrund und wählen Sie ein neues Teilbild für die Erstellung des FEM-Netzes. Wechseln Sie über /ALLFEM/ → /PL/ in das Programm-Modul „FEM-Platten".

Sie erstellen nun zunächst eine Grobrasterung der Deckenplatte. Diese wird anschließend an kritischen Stellen verfeinert und angepaßt.

Ein Grobraster kann entweder über den automatischen Netzgenerator oder aber manuell erstellt werden. Die folgende Anleitung zeigt Ihnen zuerst die Handhabung des Netzgenerators anhand eines Ausschnitts des Übungsbeispiels, um anschließend bei den übrigen Plattenbereichen die manuelle Rasterung zu erklären.

Nach Anklicken von /NETGEN/ im Modul /PL/ erscheinen im oberen Menü die Netzgeneratorfunktionen. Im rechten Bereich können Sie verschiedene Parameter einstellen. Wenn es Ihnen lieber ist, können Sie aber auch zuerst das Netz generieren und über /ELEMOD/ alle Parameter nachträglich bestimmen.

BASICS

Wenn Sie unter /MAT-NR/ den gewünschten Baustoff nicht finden, können Sie ihn über folgenden Weg zusätzlich in die Materialliste aufnehmen:
/DEF/ - /MA-DEF/ - /EINFUEGEN/
Sie können nun nach den Anweisungen in der Dialogzeile Ihre Eintragungen vornehmen.

Vor dem Start des Netzgenerators müssen Sie den zu rasternden Bereich festlegen. Wählen Sie dazu die Schalungsfunktion /SCHAL/.

In der Dialogzeile erscheint die Aufforderung „1. Punkt/Abstand". Damit die Ränder des FEM-Netzes mit der Mittellinie der tragenden Außenwände zusammenfallen, geben Sie als Abstand die halbe Wandstärke d/2 ein und klicken dann die inneren Wandecken des Schalungsbereichs nacheinander im Gegenuhrzeigersinn an (Abb. 2). Für die Identifizierung der Ecken 3 und 4 verwenden Sie die Schnittpunktfunktion. Die halbrunde Treppenaussparung wird später angepaßt.

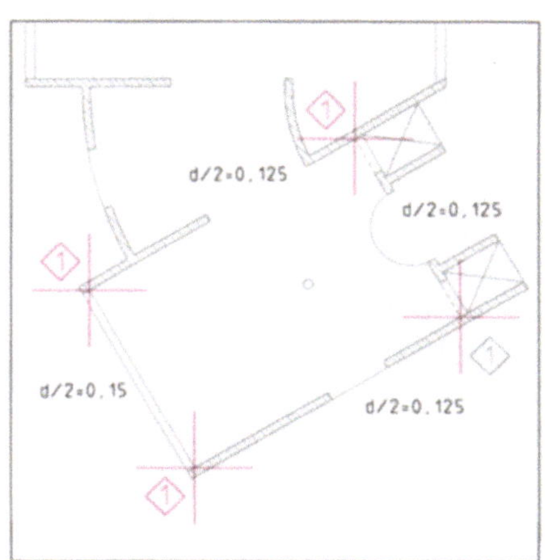

Abb. 2: Eingabe des Schalungspolygons mit Randabstand d/2

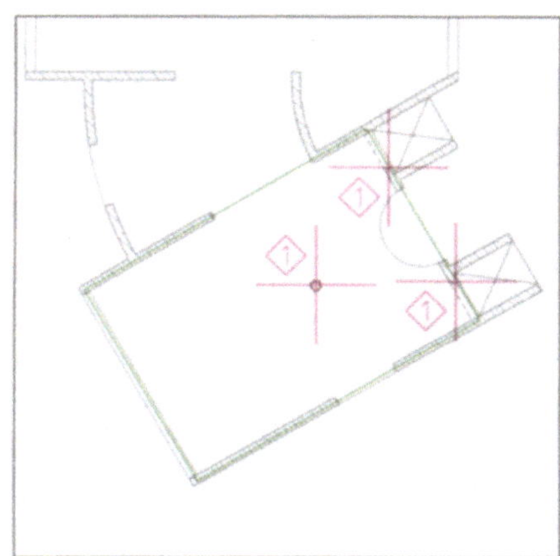

Abb. 3: Definieren der Zwangspunkte

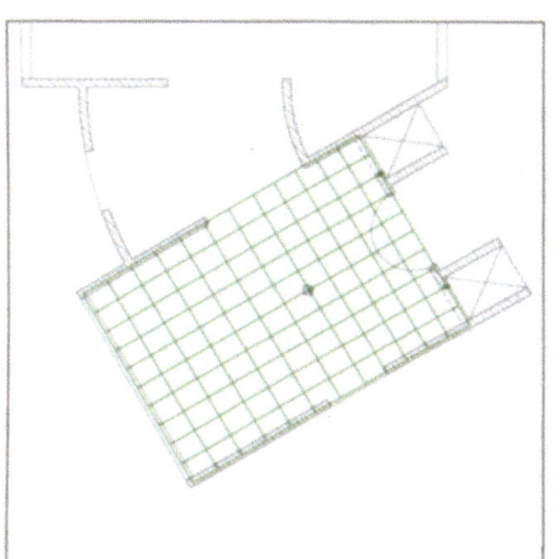

Abb. 4: Ergebnis der automatischen Netzgenerierung

Im nächsten Schritt ergänzen Sie über /ZW-PKT/ die Schalung durch Zwangspunkte. Dadurch werden Punkte definiert, in denen vom Netzgenerator ein Knoten vorgesehen werden muß, z.B. an einem Stützenauflager. Klicken Sie die in Abb. 3 gezeigten Zwangspunkte an. Verwenden Sie für die Punkte 2 und 3 die Schnittpunktfunktion zwischen Schalung und Wandende. Es kann sonst leicht passieren, daß Sie die Wandecke erwischen, was eine veränderte Netzgeometrie zur Folge hat.

Wechseln Sie nun die Stiftfarbe, und stellen Sie Netzwinkel und Elementgröße ein (s. rechts). Starten Sie den Netzgenerator über /EL-GEN/. Das FEM-Netz wird automatisch erstellt.

Parametereingabe für das Beispiel:

Winkel	30.000
EL-GR	0.900

BASICS

Regeln für die Netzgenerierung:

- Unterteilen Sie das Netz zwischen zwei Stützungen in mindestens fünf, besser sieben Elemente, um den Schnittkraftverlauf ausreichend genau zu erhalten. In jedem Fall sollte die Zahl der Elemente ungerade sein.
- Nur bei Platten von untergeordneter Bedeutung und kurzen Spannweiten ist eine Beschränkung auf drei Elemente sinnvoll.
- An Stellen, an denen eine starke Änderung der Schnittkräfte zu erwarten ist, z.B. im Bereich von Stützen oder einspringenden Ecken, sollte das Netz verdichtet werden. In Bereichen mit flachem Schnittkraftverlauf ist eine grobe Rasterung völlig ausreichend.
- Als Finite Elemente sind nur Vierecke und Dreiecke zulässig. Die günstigste Form besitzen Quadrate und Rechtecke, deren Seitenlängen um nicht mehr als den Faktor zwei differieren sollten. Extrem schiefwinklige Vier- oder spitzwinklige Dreiecke haben unbrauchbare Ergebnisse zur Folge.

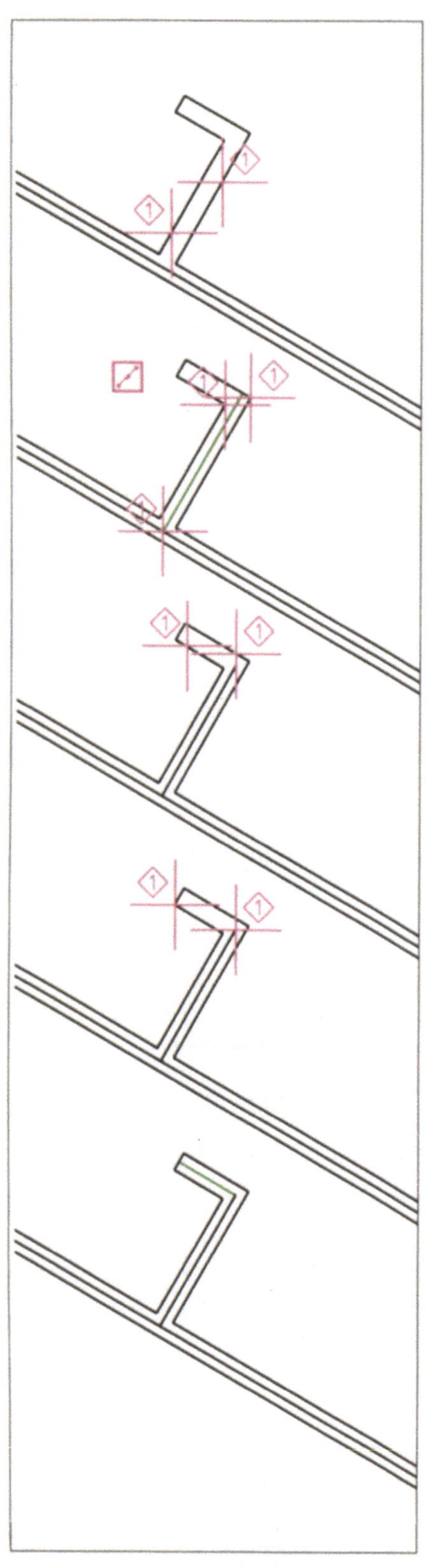

B A S I C S

Wissenswertes zum Netzgenerator:

- Funktionsweise:
  Der Netzgenerator teilt einen Schalungsbereich so auf, daß unter Berücksichtigung von Zwangspunkten und -linien eine ganzzahlige Aufteilung der Schalungsseiten erreicht wird.

- Elementgröße /EL-GR/:
  Die Elementgröße wird vom Netzgenerator so gewählt, daß der von Ihnen eingestellte Wert nicht überschritten wird. Dadurch kann eine Netzaufteilung mit gerader Elementanzahl zwischen zwei Stützungen auftreten. Variieren Sie in diesem Fall die Elementgröße, um zu einer passenden Aufteilung zu kommen.

- Zwangspunkte /ZW-PKT/:
  Gehen Sie sparsam mit Zwangspunkten um, da sich sonst ein sehr ungleichmäßiges Netz ergeben kann. In vielen Fällen ist eine nachträgliche Netzkorrektur der Vorgabe von Zwangspunkten vorzuziehen.

- Zwangslinien /ZW-LIN/:
  Neben Zwangspunkten können Sie dem Netzgenerator auch Zwangslinien vorgeben, auf denen eine Kette von Netzknoten liegen soll, z.B. bei einspringenden Wänden. Klicken Sie dafür zuerst beide Wandlinien an, um die Zwangslinie in der Wandmitte zu erzeugen (Abb.5). Anschließend bestimmen Sie durch Anklicken die Endpunkte der Linie. Alternativ können Sie auch - wie beim Zeichnen von Linien - sofort die Endpunkte angeben.

- Aussparungen /AUSPAR/:
  Polygonförmige Aussparungen können Sie ebenfalls vor der Netzgenerierung vorgeben. Die Eingabe erfolgt analog zum Schalungspolygon.

- Nachträgliche Modifikationen:
  Sie können, wenn Sie die Arbeit an der Schalung über /4/ unterbrochen haben oder noch nachträglich z.B. Zwangspunkte einfügen wollen, jederzeit wieder in /NETGEN/ → /SCHAL/ zurückkehren. Aktivieren Sie die bereits vorhandene Schalung und bearbeiten Sie sie weiter. Daneben stehen Ihnen nach Verlassen des Netzgenerators alle Modifikationsfunktionen des Basismoduls über /KO/ im linken Menü zur Verfügung. Damit können Sie auch ein bereits erstelltes FEM-Netz modifizieren. Darüber hinaus stehen Ihnen spezielle Netzmodifikationsfunktionen zur Verfügung, die in einem späteren Kapitel vorgestellt werden.

Abb. 5: Erstellen von Zwangslinien

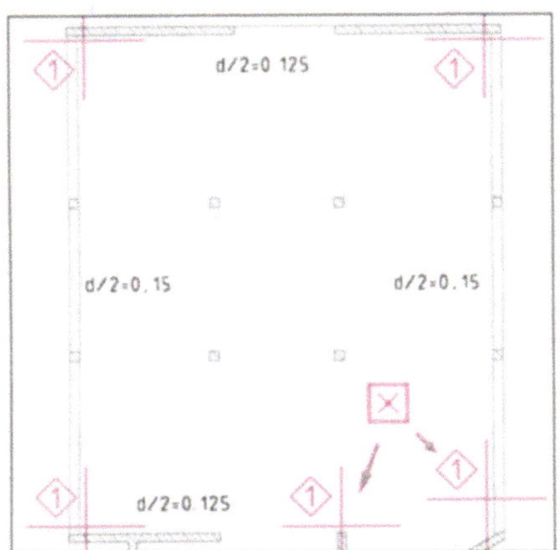

Abb. 6: Eingabe der Schalung mit Randabstand d/2

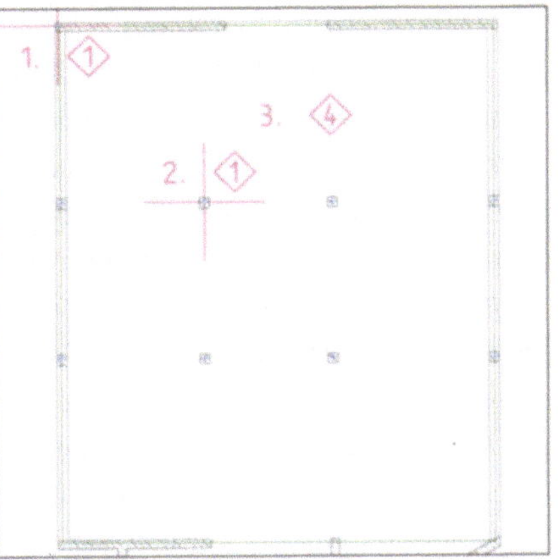

Abb. 8: Eingabe des ersten Elements

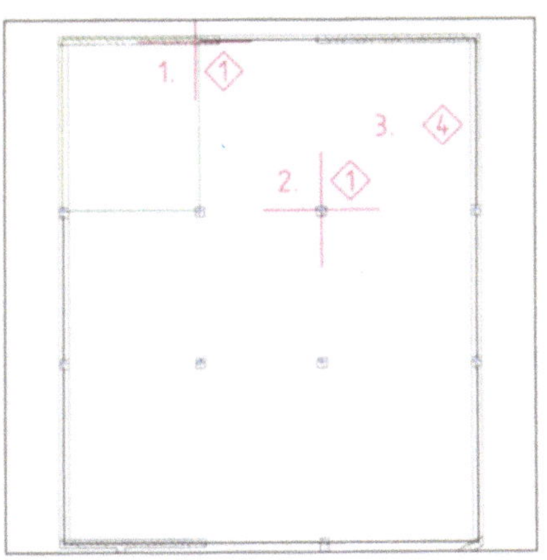

Abb. 9: Das erste Element und Erzeugen des zweiten

Manuelle Grobrasterung

Nachdem Sie den ersten Bereich mit Hilfe des Netzgenerators gerastert haben, geht es nun mit „Handarbeit" weiter: Sie werden sehen wie ein FEM-Netz manuell erzeugt wird. Grundsätzlich gehen Sie dabei immer so vor, daß zunächst einige wenige große Elemente erzeugt werden, die anschließend zu unterteilen sind.

Prinzipiell brauchen Sie dafür kein Schalungspolygon zu erstellen, sondern können die Elemente beliebig plazieren. Da jedoch wieder die Wandmitte für den Netzrand benötigt wird, erspart Ihnen die Erstellung einer Schalung sonstige Hilfskonstruktionen (Abb.6). Achten Sie dabei auf die unterschiedlichen Randabstände und die farbliche Unterscheidung vom eigentlichen Netz.

Als weitere Vorbereitung benötigen Sie die Stützenmittelpunkte. Wechseln Sie dazu in das Teilbild 2900, und wählen Sie /KONS/. Setzen Sie mit /HK/ ⟶ /E-PKT/ jeweils Einzelpunkte in die Stützenmitte (Abb.7).

Damit sind alle Vorarbeiten gemeistert, und Sie können ans Rastern gehen. Wechseln Sie dafür wieder in Ihr FEM-Teilbild (mit Grundriß im Hintergrund) sowie in das Programm-Modul /PL/.

Die manuelle Elementeingabe erfolgt nun über /PLATT/. Auch hier können Sie wie beim Netzgenerator zunächst einige Plattenparameter im oberen Menü einstellen. Anschließend klicken Sie die Diagonalenendpunkte des ersten Elements an (wie in Abb. 8 gezeigt) und schließen mit /4/, um ein rechteckiges Element zu erzeugen (Abb.9).

Natürlich können Sie auch unregelmäßig geformte Vier- und Dreiecke durch Anklicken der gewünschten Eckpunkte generieren.

Analog definieren Sie die weiteren acht Elemente und verlassen /PLATT/ über /4/. Das FE-Netz sollte nun so aussehen wie in Abb.10.

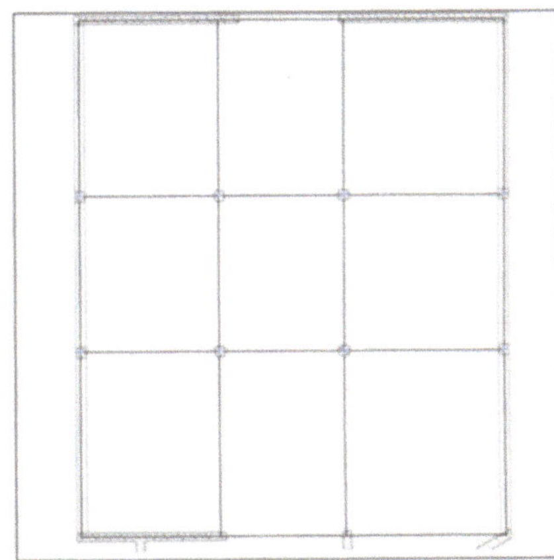

Abb. 10: Die Grundeinteilung des Netzes

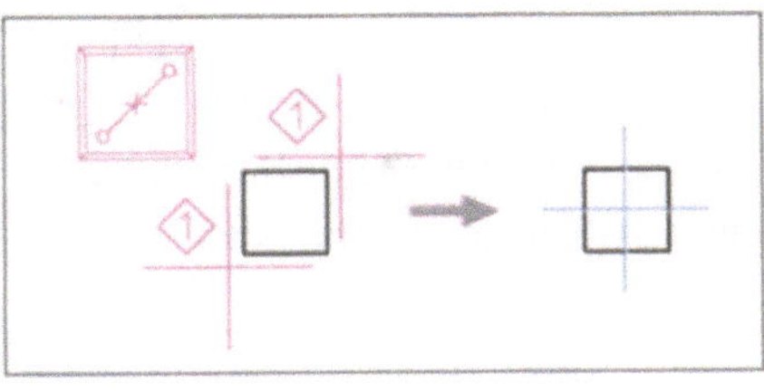

Abb. 7: Stützenmittelpunkt als Hilfskonstruktion

Parameter:
EL-GR: 1.000
RASTER *MAN*

Rastern der Grundeinteilung

Im nächsten Schritt werden diese neuen Einzelelemente feiner gerastert. Verwenden Sie dazu die Funktion /#/. Im oberen Menü können Sie wiederum die gewünschte Elementgröße einstellen. Ist der daneben liegende Schalter /RASTER/ auf /*AUTO*/ gestellt, wird jedes angeklickte Element in Abhängigkeit von der eingestellten Elementgröße automatisch gerastert. In Stellung /*MAN*/ können Sie dagegen direkt Einfluß auf die Elementteilung nehmen, und zwar so:

Aktivieren Sie durch Anklicken das zu rasternde Element (Abb. 11) und anschließend eine Elementseite (Abb. 12). Sie werden in der Dialogzeile aufgefordert, Unterteilungspunkte oder die Anzahl der Seitenunterteilungen anzugeben. Gleichzeitig wird eine Teilungszahl abhängig von der eingestellten Elementgröße vom Programm vorgeschlagen. Als Faustregel gilt, wenn die Seitenlänge der Stützweite entspricht: Akzeptieren Sie den Vorschlag bei ungerader Teilungszahl, erhöhen Sie sonst um eins.

Als nächstes wird die gegenüberliegende Teilung abgefragt. Wiederholen Sie die Teilungseingabe für diese (Abb. 13) und die beiden restlichen Elementseiten (Abb. 14). Auf dieselbe Art und Weise sind die restlichen acht Elemente zu rastern (Abb. 15).

Wie Sie sehen, geht das manuelle Rasten schnell und einfach, ist aber mit mehr Arbeitsaufwand verbunden als die automatische Netzgenerierung. Dafür haben Sie jederzeit die volle Kontrolle über die Netzerzeugung, z.B. was die Elementzahl zwischen zwei Stützungen betrifft. Bei einiger Übung erreichen Sie auch damit eine hohe Arbeitsgeschwindigkeit.

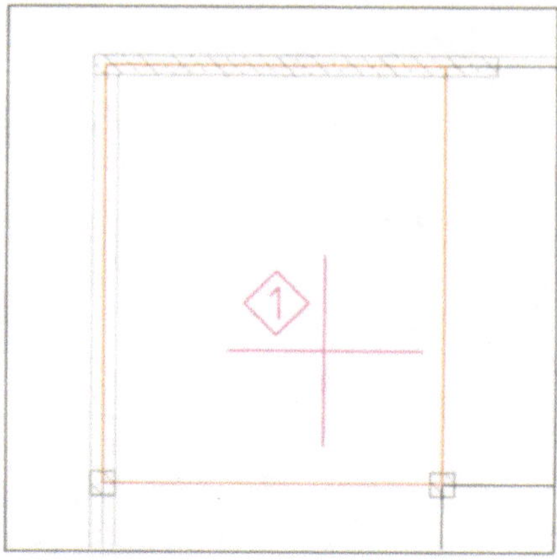

Abb. 11: Aktivieren des zu rasternden Elements

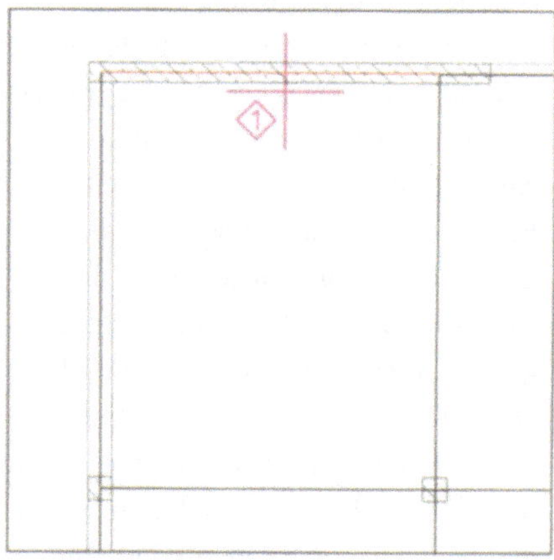

Abb. 12: Aktivieren der zu unterteilenden Elementseite

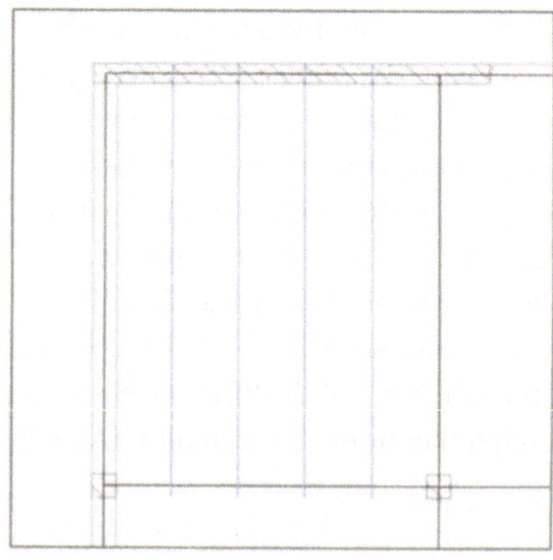

Abb. 13: In einer Richtung unterteiltes Element ...

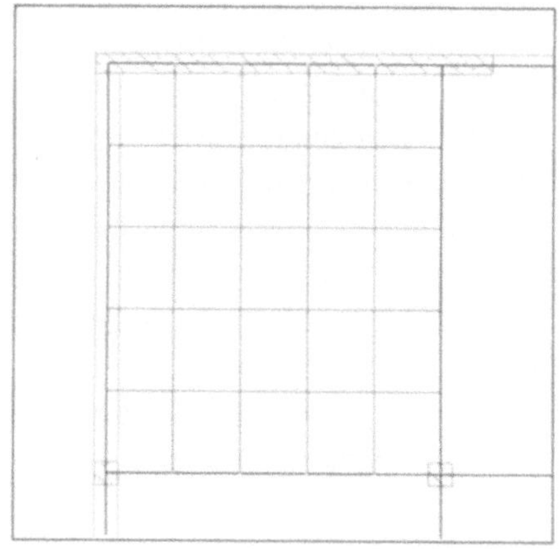

Abb. 14: ... und die fertige Rasterung des Elements

Nahezu unentbehrlich ist die manuelle Rasterung noch, wenn es darum geht, unregelmäßige Elemente möglichst parallel zu den Elementrändern auszurichten. Dies wird über /#/ in Stellung /*MAN*/ dadurch erreicht, daß für gegenüberliegende Seiten die gleiche Unterteilungszahl angegeben wird (Abb.16C). In Stellung /*AUTO*/ dagegen ist die eingestellte Elementgröße maßgeblich (Abb.16B), während sich der automatische Netzgenerator am eingestellten Netzwinkel orientiert (Abb.16A). Dieses kann z.B. vorteilhaft sein, um eine große Rechteckplatte mit kleinen abgeschnittenen Ecken zu rastern.

Welches Werkzeug - Netzgenerator oder manuelles Rastern - besser zum Ziel führt, ist also vor allem eine Frage des jeweiligen Anwendungsfalls und der Erfahrung des Anwenders. Spielen Sie am besten ein bißchen mit beiden Funktionen, um ein Gefühl dafür zu bekommen.

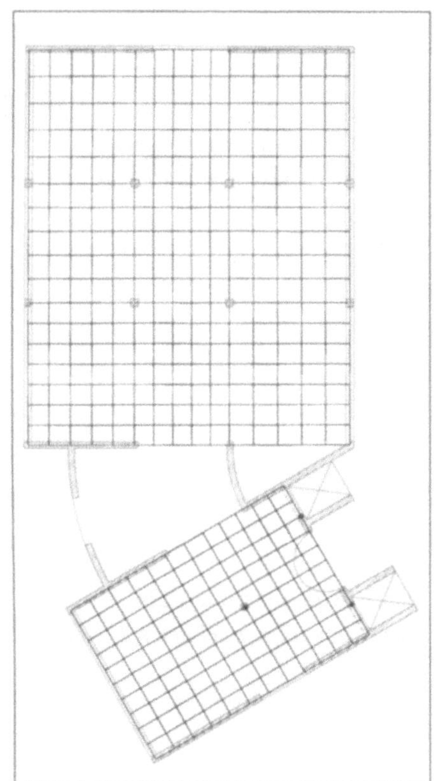

Abb. 15: Grobrasterung des zweiten Deckenbereichs

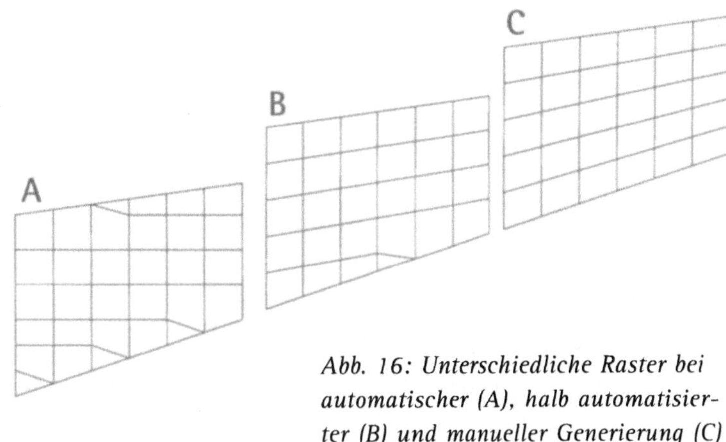

Abb. 16: Unterschiedliche Raster bei automatischer (A), halb automatisierter (B) und manueller Generierung (C)

Rastern des Mittelteils

Die Rasterung des mittleren, dreieckigen Deckenbereichs erfolgt prinzipiell auf dieselbe Weise. Erstellen Sie zwei Einzelelemente über /PLATT/ durch polygonale Eingabe der Eckpunkte (Abb. 17, 18). Eine Schalung muß nicht erzeugt werden, da alle benötigten Punkte schon im Teilbild vorhanden sind. Die Polygone wurden so gewählt, daß die Elementteilung der angrenzenden Raster übernommen werden kann, um den Aufwand für nachträgliche Knotenanpassungen an den Bereichsgrenzen möglichst gering zu halten. Stören Sie sich nicht an der überstehenden Dreieckspitze, sie wird später angepaßt.

Rastern Sie die beiden Elemente über /#/ —> /*MAN*/. Geben Sie diesmal aber die Unterteilung der an die bestehenden Raster grenzenden Seiten nicht numerisch über die Tastatur ein, sondern klicken Sie nacheinander alle Knoten an (Abb.19). Über /4/ schließen Sie die Unterteilung einer Seite ab. Bei den Seiten, deren Unterteilung nicht durch angrenzende Raster vorgegeben werden, tippen Sie die Teilungszahl ein. Wenn, wie bei dem dreieckigen Element, eine Seite gar nicht unterteilt werden soll, geben Sie die Teilungszahl „1" ein.

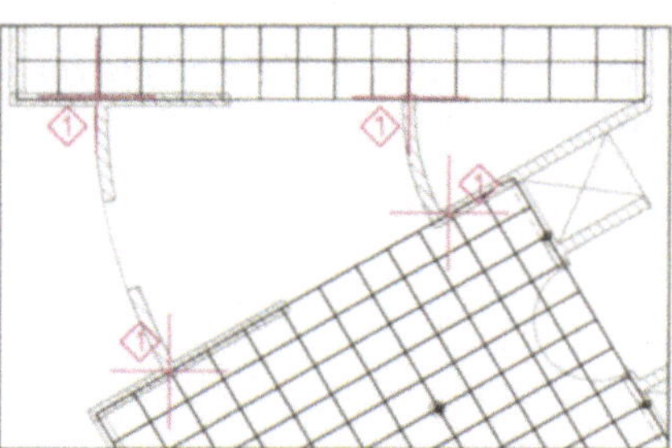

Abb. 17: Polygonale Eingabe des ersten Elements des Mittelbereichs

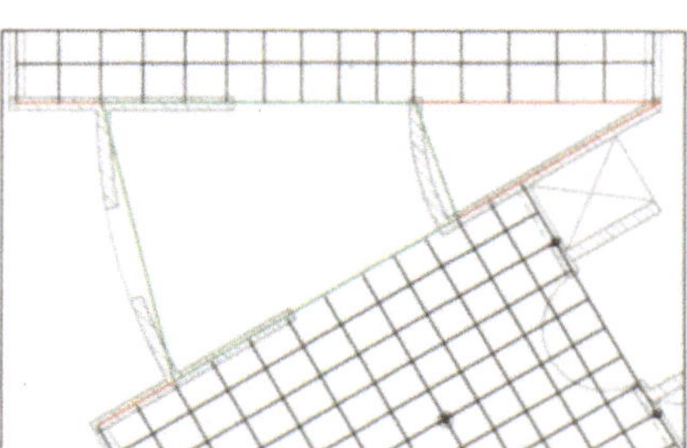

Abb. 18: Die Spitze des zweiten Elements wird konstruiert als Schnittpunkt der rot gezeichneten Linien

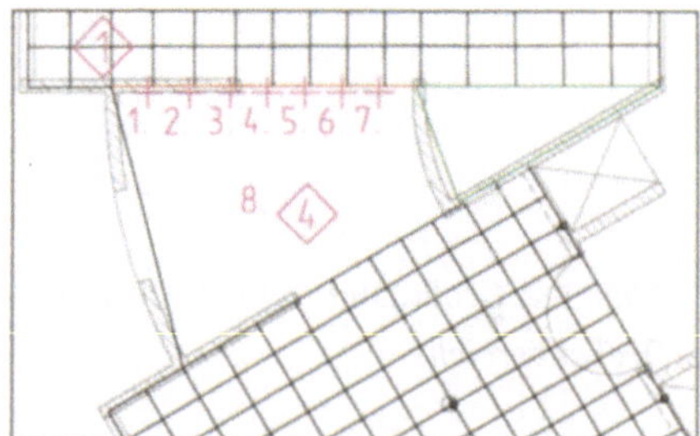

Abb. 19: Unterteilung einer Elementseite durch Anklicken der Teilungspunkte

Abb. 20: Das Grobraster der Deckenplatte vor Beginn der Netzverfeinerung

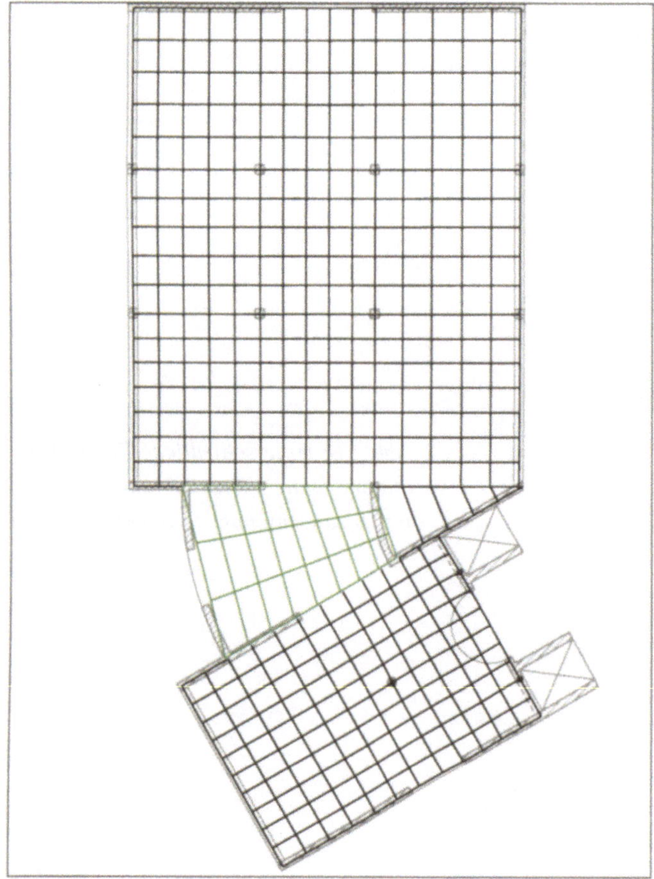

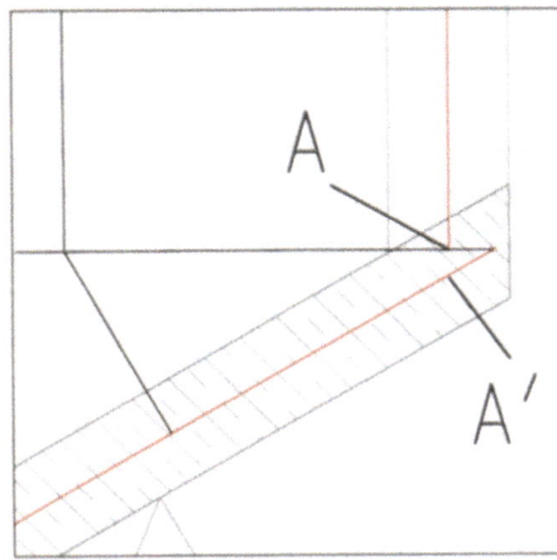

Abb. 21: Netzkorrektur über / MOD/, Ausgangssituation ...*

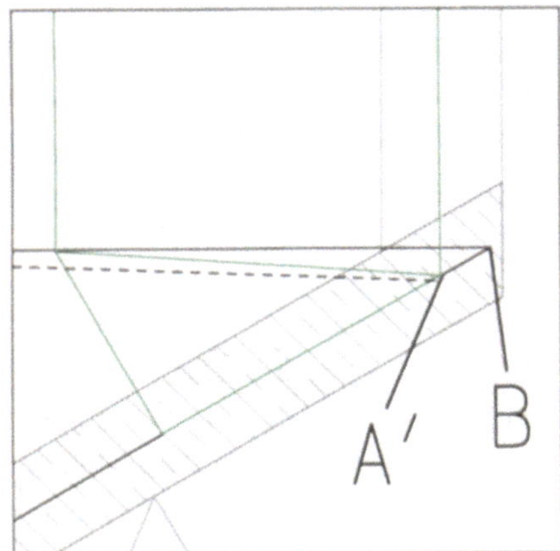

Abb. 22: ... Zwischenschritt ...

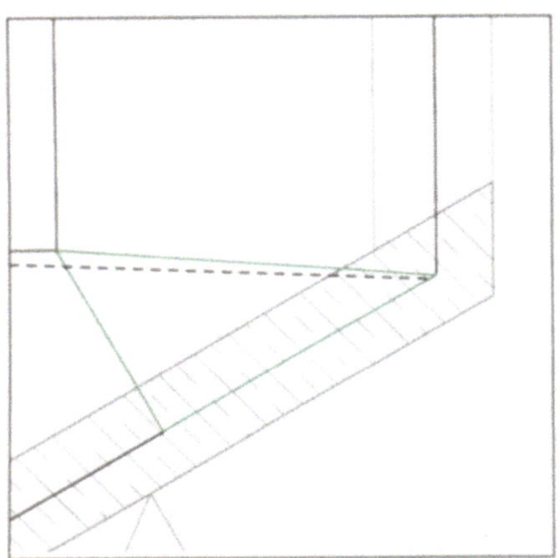

Abb. 23: ... und fertig angepaßte Elemente, Schalungsrand gestrichelt dargestellt

Netzverdichtung und -anpassung

Geometrien von Decken, die bei der Netzeingabe nicht berücksichtigt werden können - vor allem Rundungen - erfordern eine nachträgliche Anpassung des Netzes. Um aussagekräftige Berechnungsergebnisse zu erhalten, sollte das Netz in Bereichen, an denen starke Schnittkraftänderungen wie bei Stützen oder einspringenden Ecken zu erwarten sind, verdichtet werden. Für beides stellt ALLFEM eine große Zahl an Werkzeugen zur Verfügung (siehe Basics), die im folgenden erläutert werden.

Bekannt sind Ihnen schon die Modifikationsfunktionen des Basismoduls. Sie sind auch bei FEM-Rastern einsetzbar. Zu erreichen sind sie über /KO/. Die /MOD/-Funktionen sind außerdem zusätzlich über /KNOKORR/ im unteren Menü erreichbar.

Als erste Netzanpassung soll mit Hilfe von /* MOD/ die überstehende Ecke des mittleren Netzbereichs korrigiert werden (Abb. 21-23). Verschieben Sie dazu erst Punkt A nach A'. Benutzen Sie dafür den Schnittpunkt der rot gezeichneten Elementränder. Lassen Sie sich nicht durch den Schalungsrand verwirren, der ja durch /*MOD/ ebenfalls modifiziert wird (gestrichelte Darstellung in Abb. 22, 23). Wenn unterschiedliche Farben gewählt werden, sind Schalung und Elemente leicht unterscheidbar.

Anschließend wird B nach B' über /*MOD/ verschoben.

B A S I C S

Auf folgenden Pfaden finden Sie Modifikationsfunktionen für FE-Netze:

- /PL/: Trenn- und Vereinigungsfunktionen für Finite Elemente
- /PL/ ⟶ 2. Seite : Automatische Verdichtungsfunktionen
- /KO/: Modifikationsfunktionen des Basis-Moduls
- /PL/ ⟶ /KNOKOR/: Knotenkorrekturfunktionen und /MOD/-Funktionen des Basismoduls

T I P S

Bei der Modifikation von FE-Netzen kann leicht ein - zumindest für Ungeübte - irreversibler Fehler passieren. Um mit der Netzgenerierung nicht wieder von vorn beginnen zu müssen, sollten Sie nach jedem größeren Arbeitsgang über /SICH/ den Stand Ihrer Arbeit sichern. Über /T-LESE/ in der Hauptmaske können Sie dann jederzeit zur letzten Sicherung zurückkehren.

Voraussetzung dafür ist, daß Sie das automatische Sichern entweder ausgeschaltet oder aber mit der Option „Kontrollabfrage" eingestellt haben. Die Einstellung nehmen Sie vor über:

Hauptmaske ⟶ /DEF/ ⟶ Programmteildefinitionen ⟶ /KONS/ ⟶ 2. Seite ⟶ /SICH/.

BASICS

Regeln für die Netzverdichtung:
Da zur Bemessung der Schwerpunkt eines Finiten Elements verwendet wird, sollte das FEM-Netz so gestaltet sein, daß Elementzentren auch tatsächlich an den für die Bemessung maßgeblichen Stellen liegen. Empfohlen wird folgende Gestaltung:

Bei Punktlagern, z.B. bei Stützen, ist der Schnittpunkt der Neigung des Lastausbreitungskegels mit der Deckenmitte maßgeblich. Um das Elementzentrum hier zu positionieren, beträgt die Elementgröße im Stützenbereich

b'=b+d

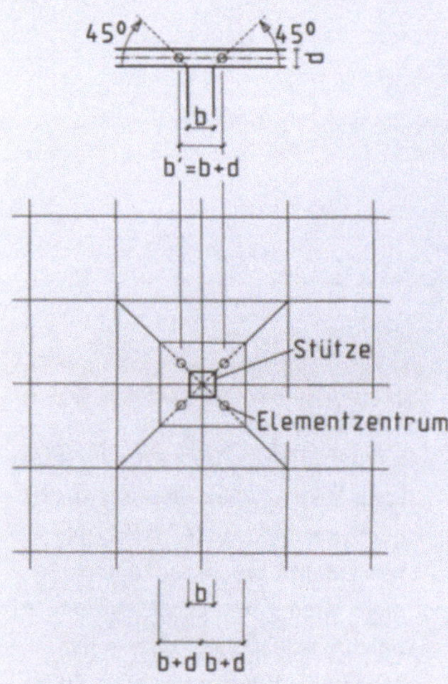

Linienlager, etwa einspringende Wände, werden nach dem Anschnittmoment bemessen (s. Biegemomentenverlauf unten), weshalb die Elementzentren auf den Wandaußenlinien liegen sollen. Die Elementgröße beträgt hier also

b'=b

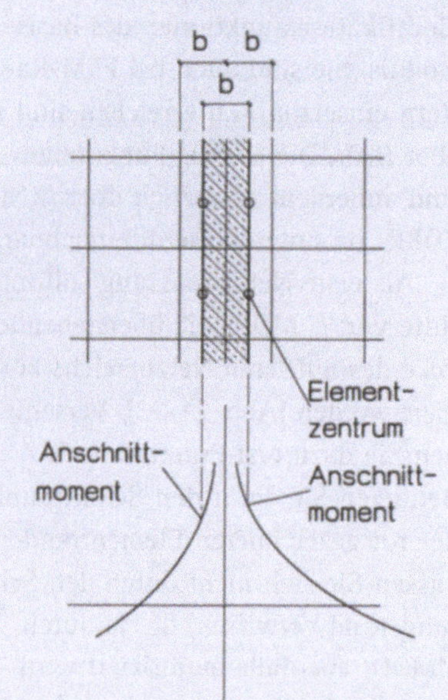

Automatische Verdichtungsfunktionen

Auf der zweiten Seite des /PL/-Moduls finden Sie zwei Funktionen, die Ihnen ein schnelles Verdichten von Punkten und Bereichen ermöglichen: /P-VERD/ und /B-VERD/. Aktivieren Sie /P-VERD/, und klicken Sie die auf den Stützen liegenden Knoten an. Das Stützenumfeld wird dadurch automatisch verdichtet (Abb. 24).

Die Verdichtung erfolgt dabei rein geometrisch durch Halbieren der bestehenden Elementgröße. Sie können die für die Berechnung optimale Elementgröße (siehe. Basics) jedoch leicht über /KO/ ⟶ /* MOD/ nachträglich einstellen. Im folgenden wird dies, da es sich um keine FEM-spezifische Funktion handelt, jedoch nicht ausgeführt.

Ähnlich einfach können Sie auch mit /P-VERD/ umgehen, wie Sie gleich am Beispiel des oberen Wanddurchbruchs sehen werden. Zuvor muß jedoch das FEM-Netz so angepaßt werden, daß jedes Wandende mit einem Knoten zusammenfällt. Benutzen Sie zu diesem Zweck /* MOD/. Aktivieren Sie die in Abb. 25 im Bereich A liegenden Knoten, und verschieben Sie diese so weit nach links, daß der linke Knoten 0,125 m (die halbe Wandstärke) links vom Wandende liegt (Abb. 26). Verwenden Sie zur Eingabe des Abstands die Summentaste. Entsprechend verschieben Sie die in B liegenden Knoten nach rechts. Wählen Sie nun /PL/ ⟶ 2. Seite ⟶ /P-Verd/, und aktivieren Sie den in Abb. 26 umrandeten Bereich. Das Ergebnis sehen Sie in Abb. 27.

Bis jetzt haben Sie noch nichts über die FEM-spezifischen Modifikationsfunktionen im oberen Menü des Moduls /PL/ erfahren. Diese werden sie im folgenden kennenlernen. Zunächst erhalten Sie eine Übersicht über alle zur Verfügung stehenden Funktionen. Im Anschluß daran werden anhand der Deckenplatte die einzelnen Funktionen am praktischen Beispiel Schritt für Schritt erklärt.

Eine kleine Netzvereinfachung

Die erste einfache Übung für die neuen Modifikationsfunktionen betrifft den zuvor mit /B-VERD/ verdichteten Bereich. Darin können überflüssige Dreieckselemente zu Vierecken zusammengefaßt werden, die für die Berechnung günstiger sind. Wählen Sie /> </, und klicken Sie die zu entfernenden Elementgrenzen an, wie in Abb. 28 gezeigt. Die aneinandergrenzenden Elemente werden dadurch miteinander vereinigt (Abb. 29).

Abb. 24: Die automatische Punktverdichtung

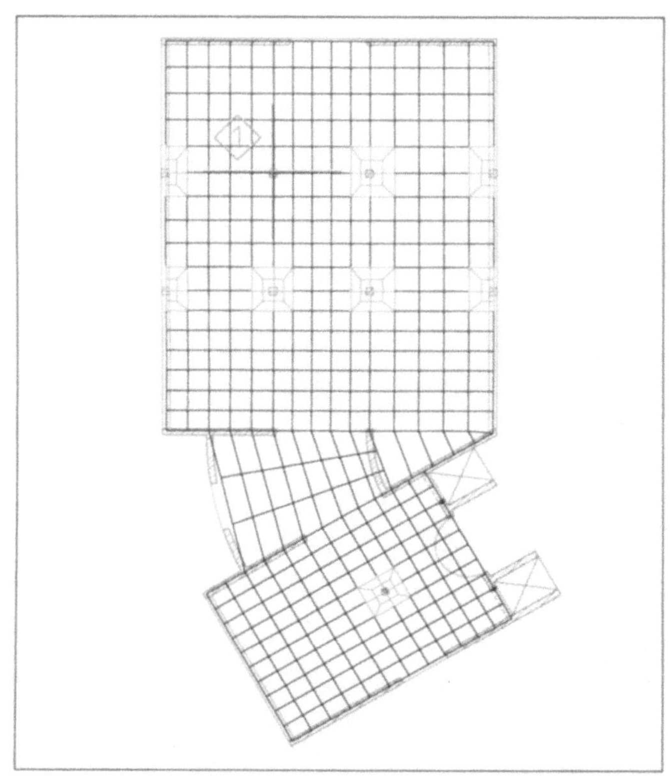

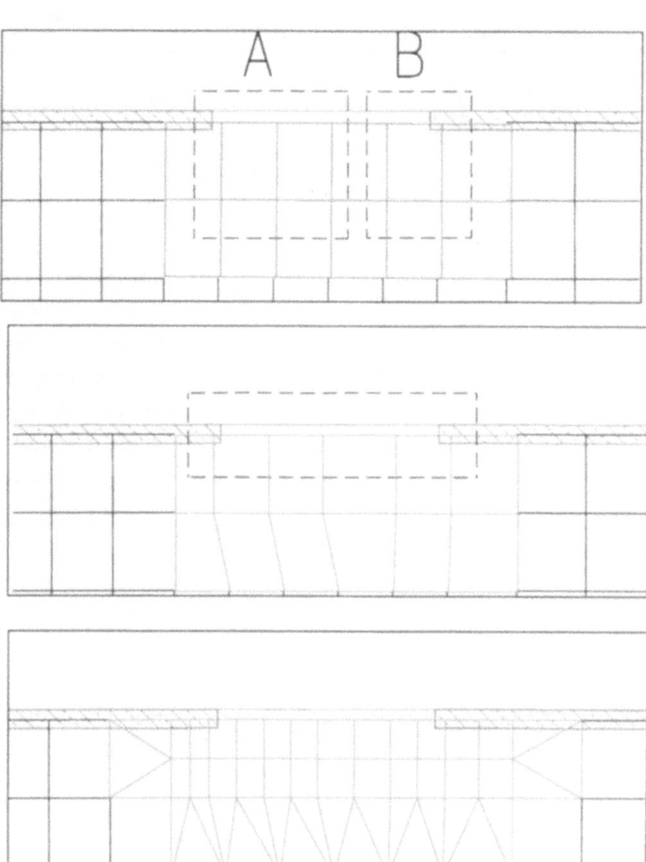

Abb. 25-27: Netzanpassung und automatische Punktverdichtung

B A S I C S

Netzmodifikationsfunktionen:

/#/ Beliebiges Feinraster

In Stellung /*MAN*/ wird zuerst das zu rasternde Element angeklickt, dann eine Elementseite. Über die Tastatur muß die Teilungszahl der Seite eingegeben oder die Position der gewünschten Teilungspunkte angeklickt werden (Abbruch mit /4/). Anschließend ist (bei Vierecken) die Teilung der gegenüberliegenden Seite zu bestimmen. Die Prozedur wird bei den weiteren Seiten wiederholt.

In Stellung /*AUTO*/ muß nur das Element angeklickt werden, um es automatisch abhängig von der eingestellten Elementgröße rastern zu lassen.

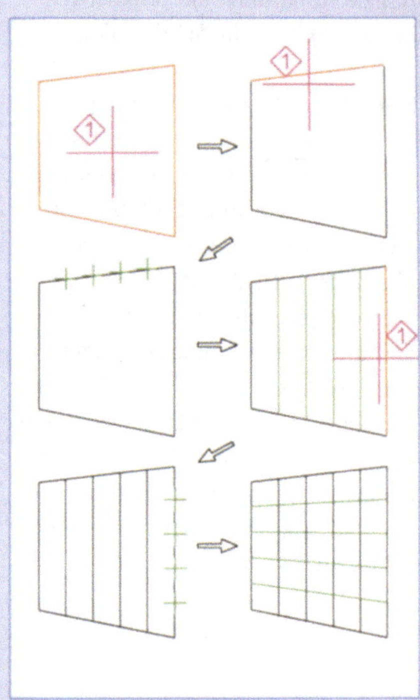

/<+>/ Viertelung von Elementen (Seitenmitten)

Um ein Element zu vierteln, wird es einfach angeklickt. Teilungspunkte sind dabei die Seitenmitten.

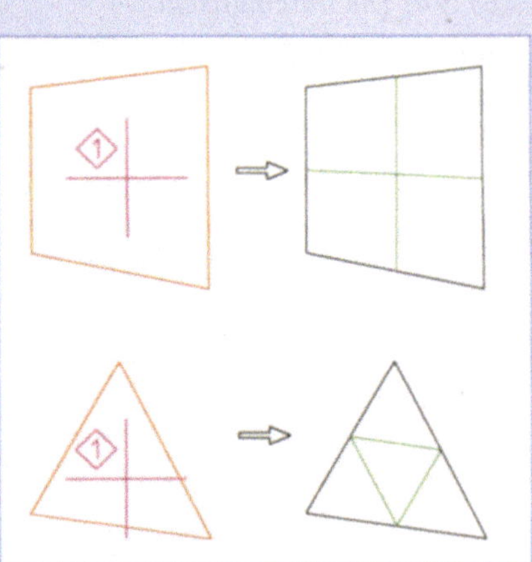

/<X>/ Viertelung von Vierecken (diagonal)

Diagonal geviertelt wird ein Element ebenfalls durch ein einfaches Anklicken.

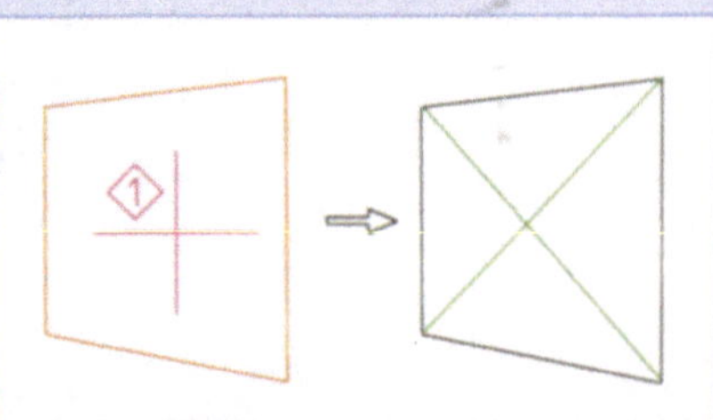

/<->/ Halbieren von Elementen (längste Seite)

Durch Anklicken wird ein Element an seiner längsten Seite halbiert.

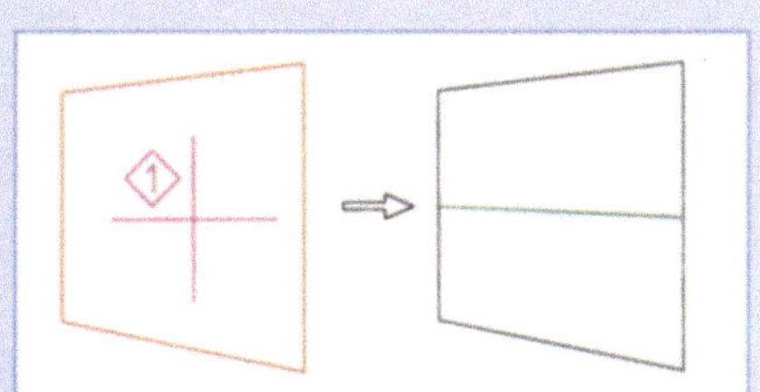

/<<->>/ Halbieren von Elementen (beliebig)

Klicken Sie die zu halbierende Seite an.

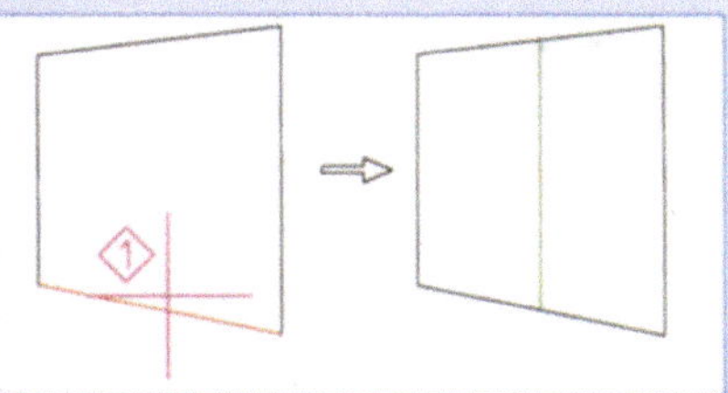

/<V>/ V-förmiges Übergangselement

Zuerst ist das zu unterteilende Element, dann der gewünschte Übergangspunkt anzuklicken.

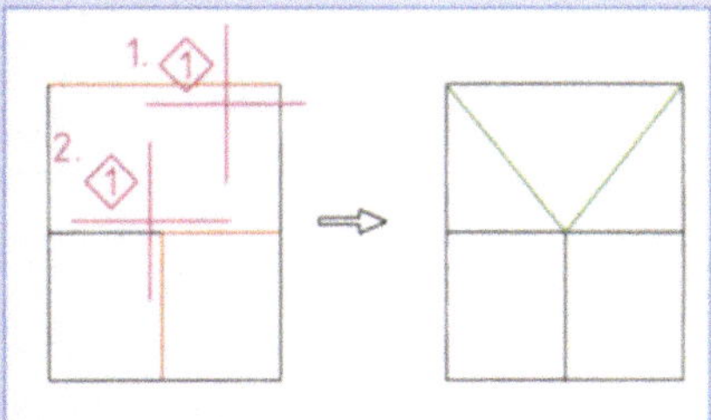

/<Y>/ Y-förmiges Übergangselement

Nach Aktivieren des zu unterteilenden Elements sind beide Übergangspunkte anzuklicken.

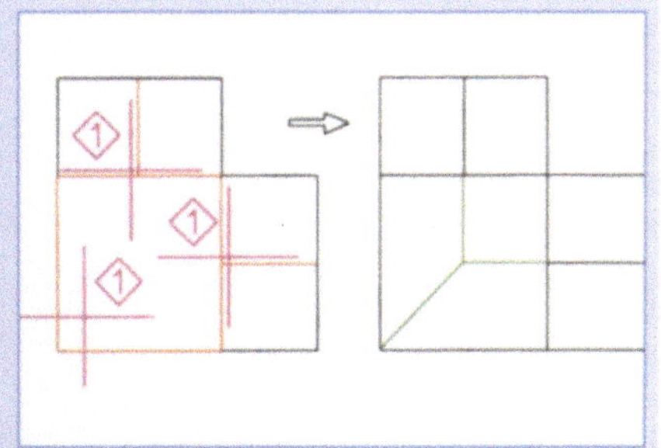

/<A>/ Automatische Rasterergänzung

Hierfür ist nur das zu unterteilende Element anzuklicken. Es wird automatisch ein V- oder Y-förmiges Übergangselement erstellt, wenn Fehlstellen vorhanden sind.

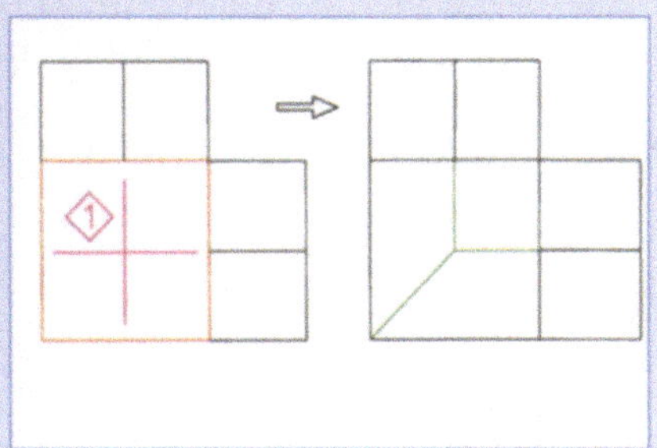

/> </ Elemente zusammenfassen

Anzuklicken ist die zu entfernende Elementgrenze. /> </ wirkt nur dann, wenn das resultierende Element nicht mehr als vier Ecken hat!

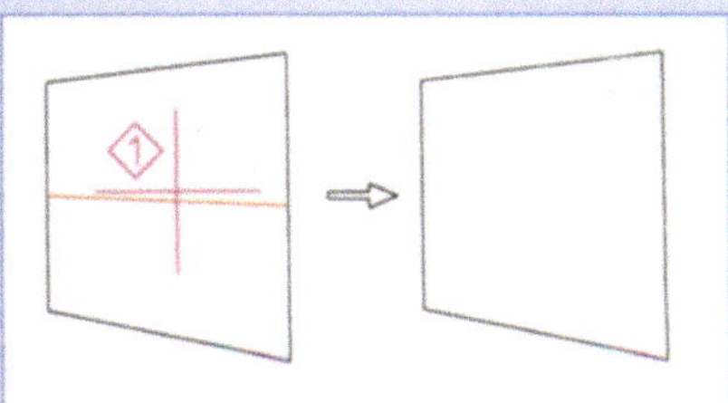

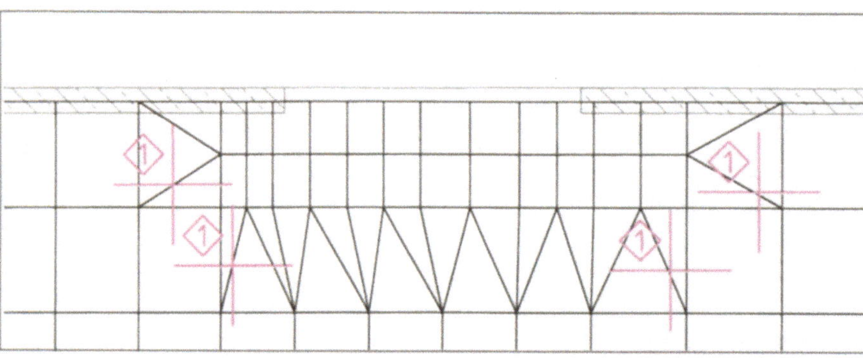

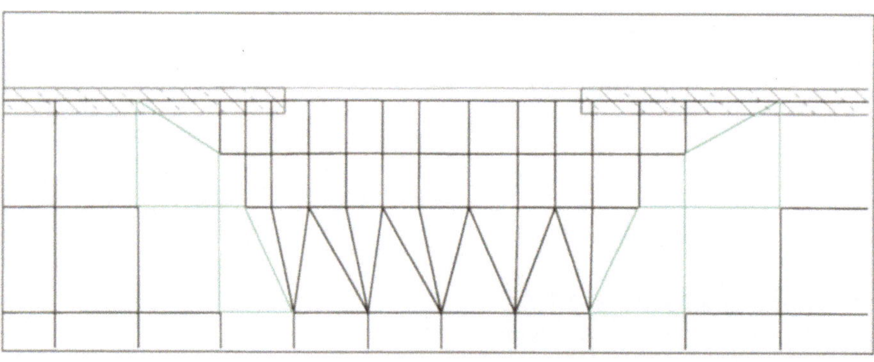

Abb. 28: Zusammenfassen von Elementen mit /> </ durch Anklicken der Elementgrenzen ...
Abb.29: ... und das Resultat

Manuelle Netzverdichtung

Mit der Palette der aufgeführten Werkzeuge lassen sich natürlich generell individuellere und auf die jeweiligen Erfordernisse besser zugeschnittene Lösungen realisieren als mit den Standard-Automatikfunktionen /P-VERD/ und /B-VERD/. Dies sei Ihnen am Beispiel der Wandaussparung am unteren Rand der Deckenplatte demonstriert.

Zunächst passen Sie wiederum das Netz mit Hilfe von /KNOKOR/→ /* MOD/ an die Wandenden an. Verschieben Sie dazu, analog zum Vorgehen bei der vorigen Wandaussparung, die im Bereich A liegenden Knoten (Abb. 30) zum linken, die in Bereich B liegenden zum rechten Wandende, sodaß das Netz das Aussehen aus Abb. 31 erhält.

Durch den vergleichsweise großen Verschiebeweg entstehen in der Mitte sehr große Elemente. Diese müssen durch Halbieren wieder an die Elementgröße des übrigen Netzes angepaßt werden. In Abb. 31 ist die Vorgehensweise dargestellt. Wählen Sie in der Reihenfolge der Numerierung die dem Fadenkreuz zugeordnete Funktion, und klicken Sie dann das jeweilige Element an.

Sie halbieren also erst das Randelement über /<->/ und beseitigen dann die dadurch entstandene Fehlstelle über die automatische Rasterergänzung /<A>/. Natürlich könnten Sie das Übergangselement ebenso über /<V>/ realisieren. Um die Zahl der Dreiecke zu reduzieren, löschen Sie nun wieder eine der beiden neu entstandenen Elementgrenzen (Abb. 32).

Nun geht es ans eigentliche Verdichten: Halbieren Sie die drei freien Randelemente mit /<<->>/, indem Sie jeweils die zu halbierende Seite anklicken (Abb. 33). Anschließend halbieren Sie die neuen Randelemente noch einmal quer dazu (Abb. 34). Dazu können Sie die Funktion /<->/ (Halbieren der längsten Elementseite) benutzen, da ohnehin die lange Elementseite geteilt wird. Dadurch erleichtern Sie sich das „Zielen".

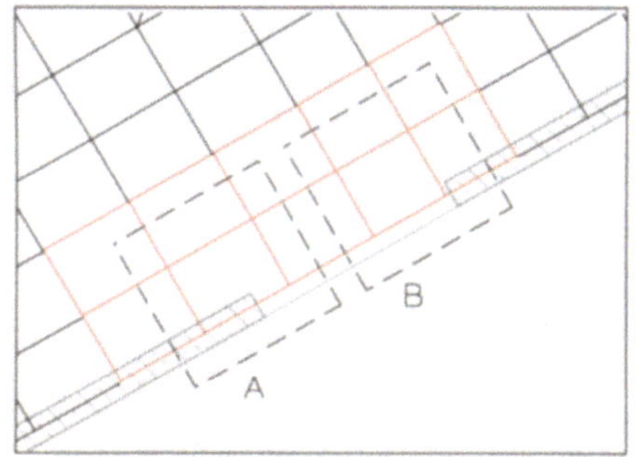

Abb. 30: Verschieben der Knoten in A nach links, in B nach rechts

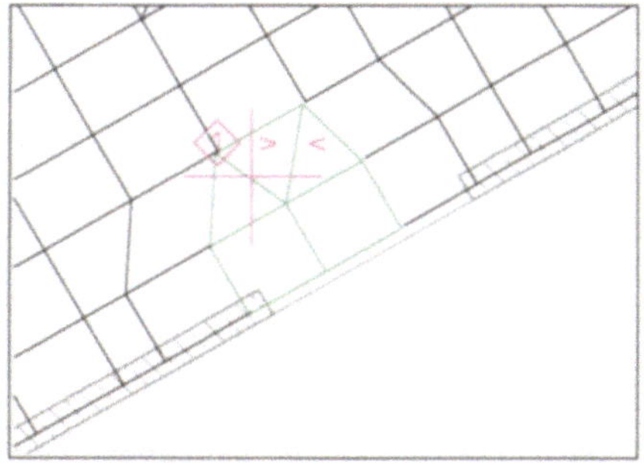

Abb. 32: Entfernen einer überflüssigen Elementgrenze

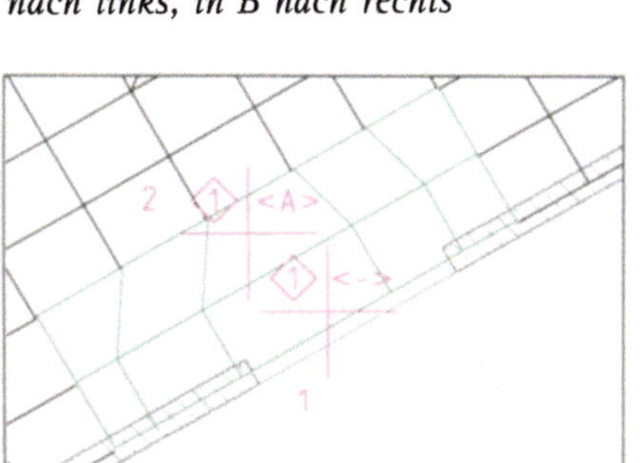

Abb. 31: Teilen der Mittelelemente

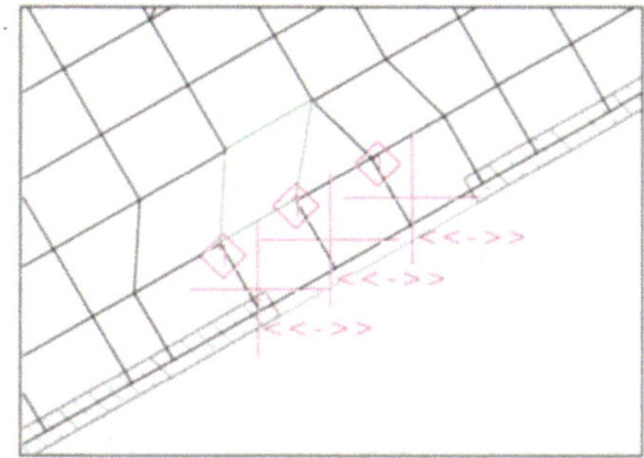

Abb. 33: Elemente halbieren ...

Abb. 34: ... mit zwei verschiedenen Werkzeugen

Die günstigste Gestaltung an einspringenden Ecken - links und rechts des verdichteten Bereichs - besteht in einem Y-förmigen Übergangselement (Abb. 36), das Sie über /<Y>/ erstellen können. Aktivieren Sie das zu teilende Element und klicken Sie dann beide Übergangspunkte an. Da erst einer davon existiert, ermitteln Sie den zweiten Übergangspunkt über die Mittelpunktfunktion (Abb. 35).

Über /<A>/ kann an dieser Stelle kein Y-Element erstellt werden. ALLFEM entscheidet bei der automatischen Rasterergänzung anhand der Anzahl der Übergangspunkte, welche Art Übergangselement eingefügt wird. Hier würde, da erst ein Punkt vorhanden ist, ein V-Element eingefügt

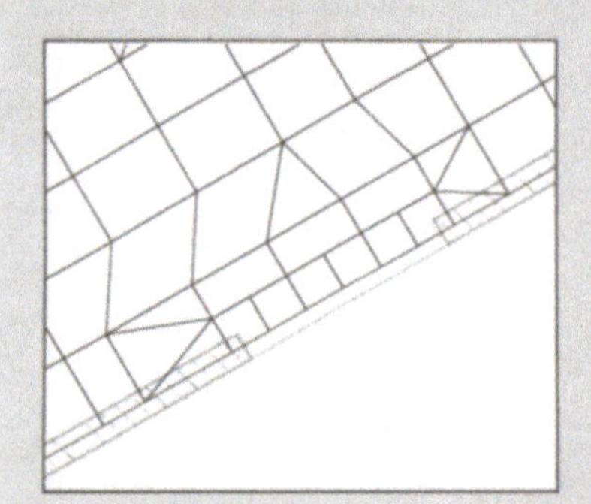

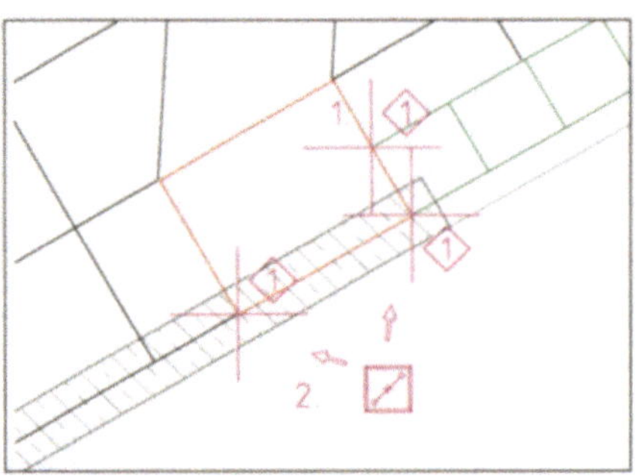

Abb. 35: Eingabe der Übergangspunkte für ein Y-Element

Abb. 36: Die letzten Übergänge und ...

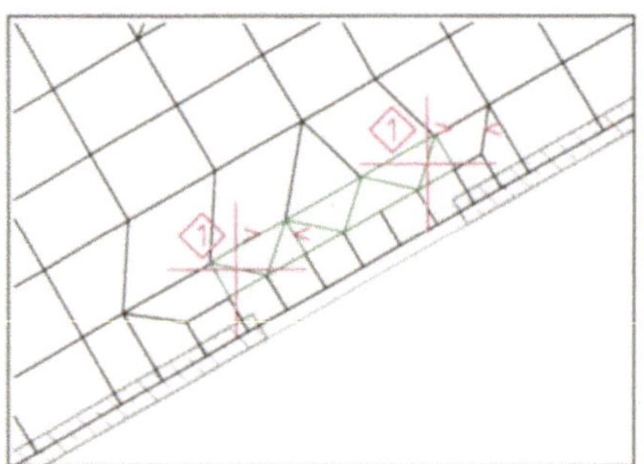

Abb. 37: ... eine Schönheitskorrektur

Nun bleibt nur noch, über /<A>/ oder /<V>/ die Übergänge zum Netzinneren hin einzufügen (Abb. 36) und anschließend als Schönheitskorrektur zwei überflüssige Elementgrenzen mit /> </ zu entfernen (Abb. 37).

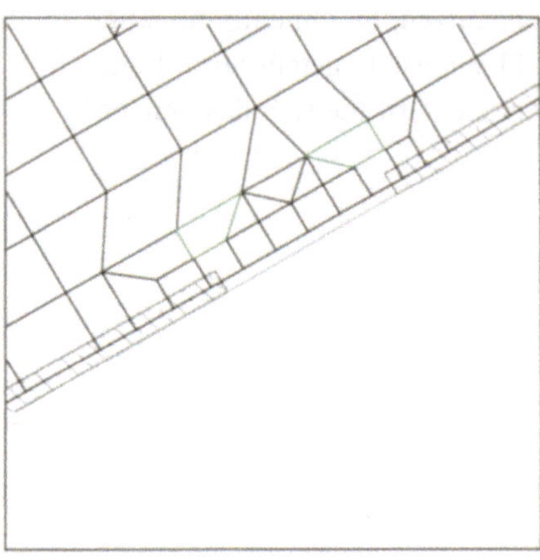

Abb. 38: Der fertig verdichtete Aussparungsbereich

T I P S

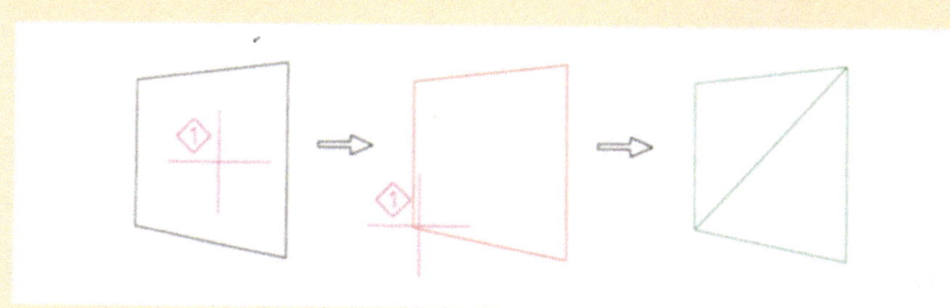

Elemente diagonal halbieren

Um Viereckelemente diagonal zu halbieren, setzen Sie am besten die Funktion /<V>/ ein. Klicken Sie das zu halbierende Element an und geben Sie als Übergangspunkt einen der beiden Diagonalenpunkte an (siehe oben). Dadurch wird das V zu einer Linie zusammengezogen, der Diagonalen.

Entfernen eines Y-Elements

Es kommt vor, daß ein Y-Übergangselement wieder entfernt werden muß. Dies geht nicht durch einfaches Vereinigen der Elementgrenzen, weil dadurch ein Fünfeckelement entstehen würde. Hier hilft folgendes Vorgehen:
Halbieren Sie das Quadratelement diagonal mit Hilfe von /<V>/ (siehe rechts). Nun können Sie über /> </ die an den Übergangspunkten anschließenden Elementgrenzen vereinigen. Im dritten Schritt fassen Sie - wieder über /> </ - die verbleibenden beiden Dreieckelemente wieder zum Quadrat zusammen.

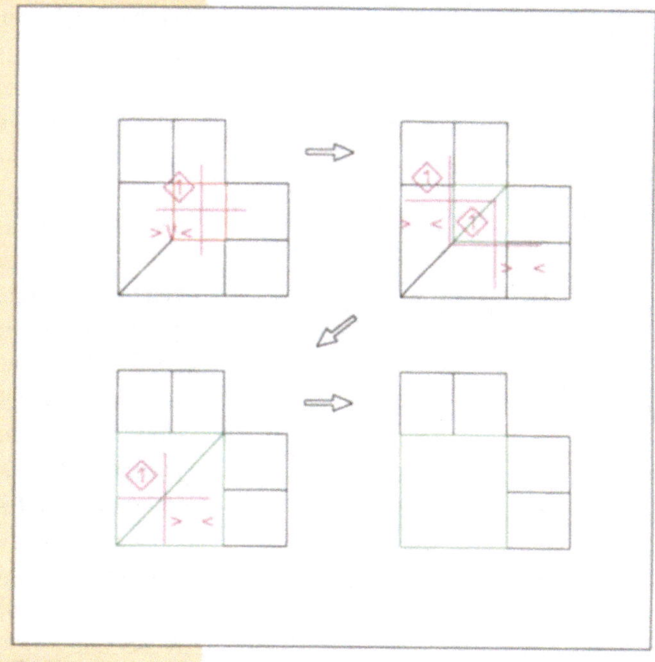

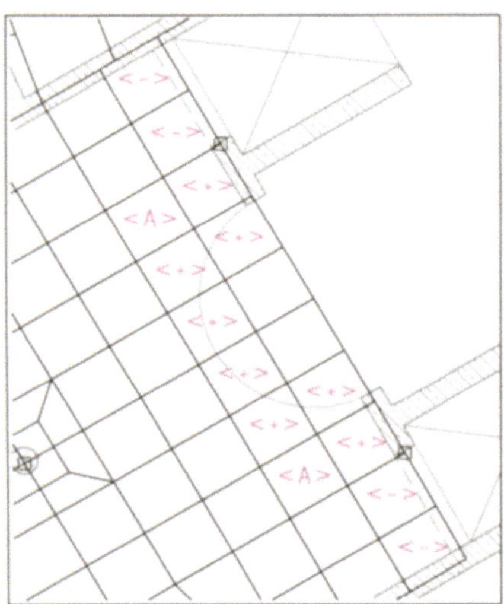

Abb. 39: Verfeinern des Netzes im Bereich der Aussparung

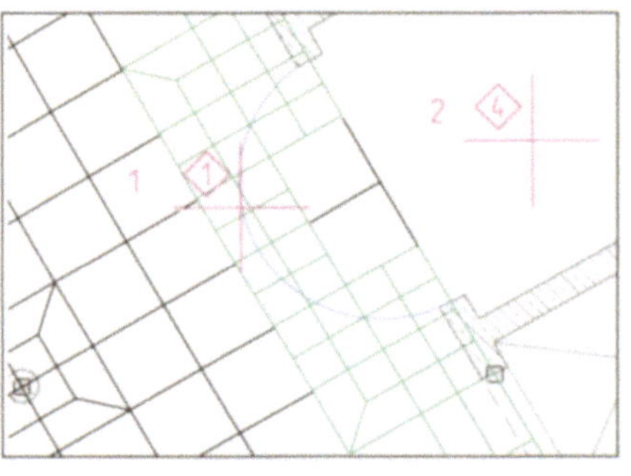

Abb. 40: Aktivieren der Ausrundung für die Knotenkorrektur

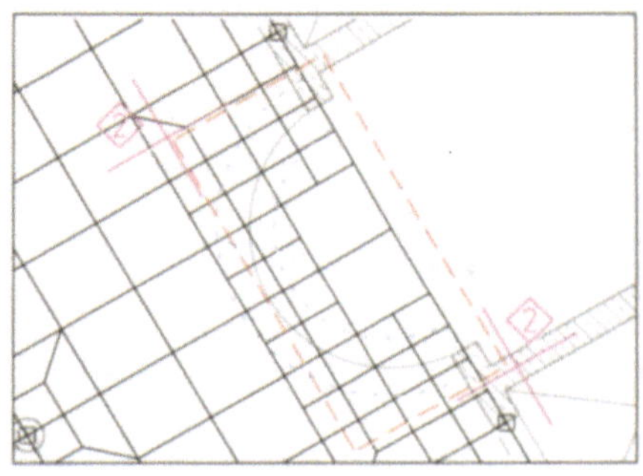

Abb. 41: Aktivieren des zu korrigierenden Bereichs (rot); Toleranzbereich (blau)

B A S I C S

Ein FE-Raster kann sowohl an eine bereits bestehende Rundung als auch an einen noch nicht existierenden Polygonzug angepaßt werden. In diesem Fall wählen Sie /KNOKOR/ ⟶ /KO-POL/ ⟶ /POLY/. Sie können jetzt beliebige Polygonzüge durch Anklicken der Eckpunkte angeben. Jeder Polygonzug wird mit /4/ beendet.

Sollte es vorkommen, daß ein Knoten sich nicht über die Knotenkorrektur verschieben läßt, prüfen Sie, ob die angegebene Toleranz nicht zu klein gewählt ist, so daß der Knoten außerhalb dieses Bereichs liegt.

Netzanpassung an die halbrunde Treppenaussparung

Der letzte große Arbeitsgang, der zur Fertigstellung des Rasters noch fehlt, ist die Anpassung des Netzes an die Rundungen. Dabei werden bestehende Netzknoten, die innerhalb eines bestimmten Abstands zur Rundungslinie liegen, auf diese verschoben. Es entsteht ein Polygonzug.

Zunächst zu der halbrunden Wendeltreppenaussparung: Da der Knotenabstand im Verhältnis zum Rundungsradius relativ groß ist, muß das Netz erst verfeinert werden. Sonst erhielte man einen zu groben Polygonzug. In Abb. 39 ist jedes dafür zu unterteilende Element mit der geeigneten Modifikationsfunktion gekennzeichnet. Führen Sie nach diesem Schema die Rasterverfeinerung durch. Denken Sie dabei daran, die Funktion /<A>/ erst als letztes anzuwenden, da sonst die notwendigen Übergangspunkte fehlen. Das Ergebnis der Operation zeigt Abb. 40.

Zur automatischen Polygonzugkorrektur gelangen Sie über /KNOKOR/ ⟶ /KO-POL/. Wählen Sie rechts unten /AKT/ und aktivieren Sie den Aussparungsrand durch Anklicken (Abb. 40). Da mehrere Polygonzüge gleichzeitig aktiviert werden könnten, müssen Sie mit /4/ abbrechen.

Damit nicht zu weit entfernte Knoten auf den Polygonzug verschoben werden, läßt sich links und rechts davon ein Toleranzabstand definieren. Dadurch wird festgelegt, daß nur Knoten, die innerhalb dieser Toleranz liegen, durch die automatische Knotenkorrektur verschoben werden. Diesen Toleranzbereich, in Abb. 41 blau umrandet, geben Sie über /TOL/ rechts unten am Bildschirm ein. Voreingestellt ist die halbe Elementgröße. Üblicherweise messen Sie den Abstand des am weitesten vom Polygonzug entfernten Punktes, den Sie verschoben haben möchten, und übernehmen diesen Wert als Toleranz. Um das hier vorgestellte Ergebnis nachvollziehen zu können, wählen Sie Tol=150 mm.

Nun aktivieren Sie den in Abb. 41 rot dargestellten Bereich (Systemwinkel 30° einstellen!). Dadurch werden alle Knoten, die gleichzeitig in beiden Bereichen, dem aktivierten Bereich und dem zuvor definierten Toleranzbereich liegen, orthogonal auf den Kreisrand verschoben.

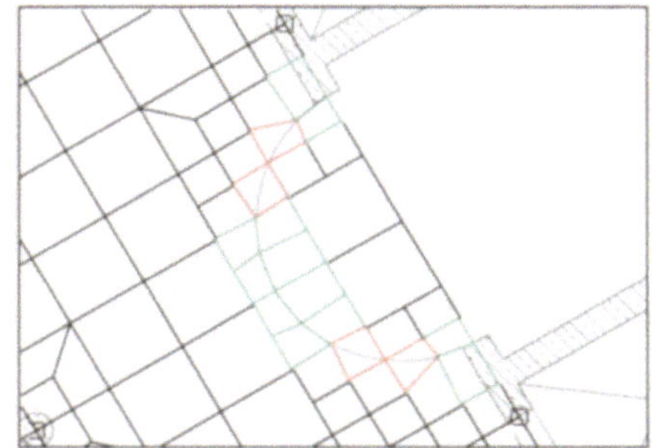

Abb. 43: Das Netz nach der Knotenkorrektur, noch zu trennende Elemente rot dargestellt

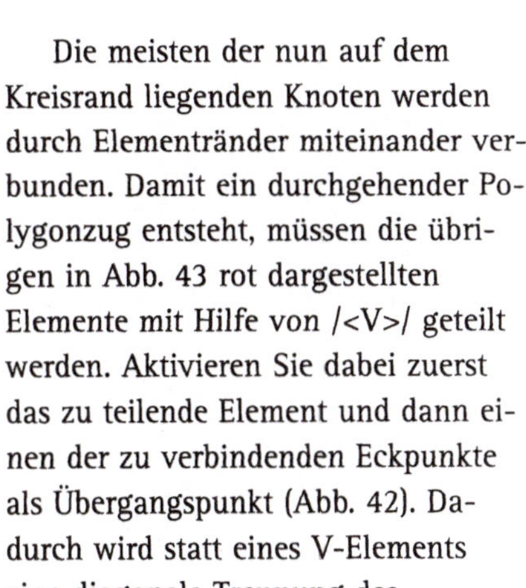

Die meisten der nun auf dem Kreisrand liegenden Knoten werden durch Elementränder miteinander verbunden. Damit ein durchgehender Polygonzug entsteht, müssen die übrigen in Abb. 43 rot dargestellten Elemente mit Hilfe von /<V>/ geteilt werden. Aktivieren Sie dabei zuerst das zu teilende Element und dann einen der zu verbindenden Eckpunkte als Übergangspunkt (Abb. 42). Dadurch wird statt eines V-Elements eine diagonale Trennung des Elements eingefügt.

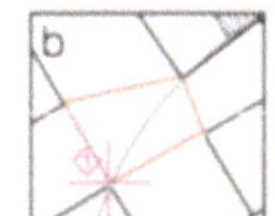

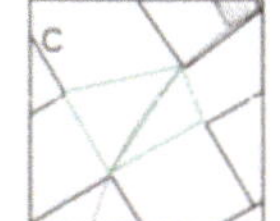

Abb. 42: Teilen von Elementen mit /<V>/ zur Polygonzugergänzung

Im nächsten Schritt werden in der Aussparung liegende Elemente gelöscht. Am besten aktivieren Sie alle zu löschenden Elemente über die Summentaste und löschen sie gemeinsam durch das Lösen der Summenfunktion. So haben Sie eine optische Kontrolle, welche Elemente gelöscht werden, und können sicher sein, nicht versehentlich ein falsches Element zu eliminieren (Abb. 44).

Abb. 44: Die „runde" Netzaussparung. Nur der Schalungsrand verläuft noch durch die Öffnung

Bauen Sie danach über 58 das Bild neu auf, da sonst die an die gelöschten Elemente anschließenden Elementgrenzen nicht mehr zu sehen sind.

Zum Abschluß bleibt noch, den Übergang des verdichteten Bereichs mit Hilfe von /<A>/ durch V-Elemente zu ergänzen (Abb. 44) und die überflüssigen Dreiecke über /> </ zu vereinigen.

Abb. 45: Das Raster nach der Anpassung an die Treppenaussparung

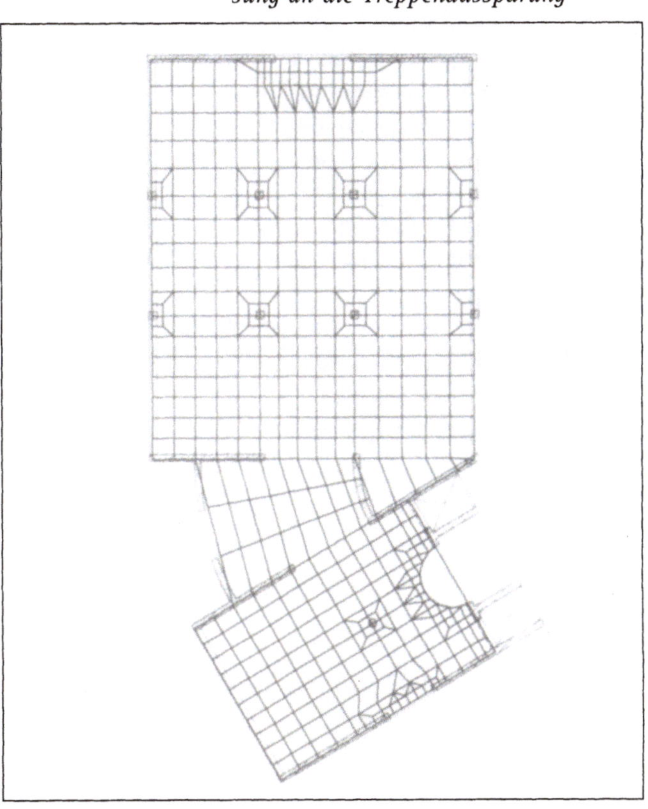

BASICS

Knotenkorrektur I

Vergrößern Sie einmal eine der beiden Ecken, die durch Treppenaussparung und Plattenrand gebildet werden, ins Extreme, so werden Sie feststellen, daß der an dieser Stelle liegende Netzknoten etwas außerhalb des Plattenrands liegt.

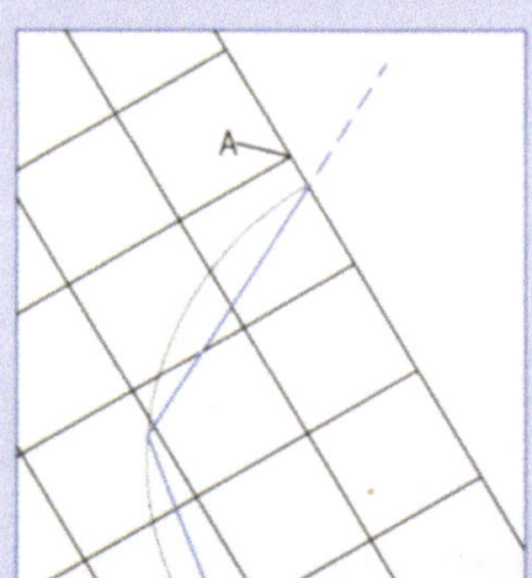

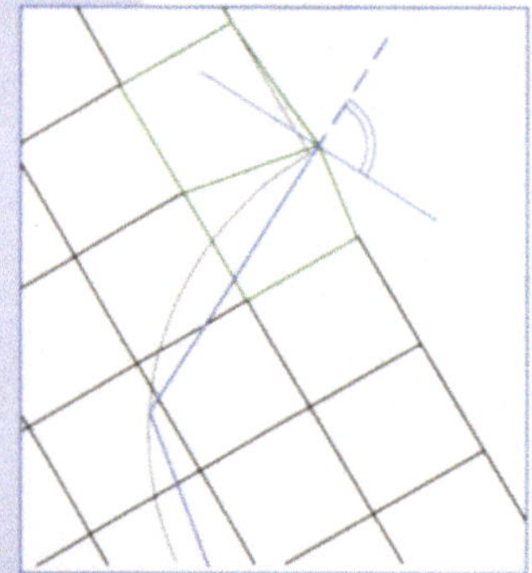

Ursache ist die Knotenkorrektur: Die Ausrundung wird systemintern durch einen Polygonzug (oben vergröbert dargestellt) angenähert. Ein Knoten A, der zur Rundung hin verschoben werden soll, wird also orthogonal auf eine Polygonseite geschoben, in diesem Fall außerhalb des Plattenrands (s. unten). Die Abweichung ist allerdings minimal. Jedoch können durch diesen Effekt unerlaubte Elementüberlappungen vorkommen. Abhilfe schafft hier die Rasterkorrektur (s. Basics Seite 192).

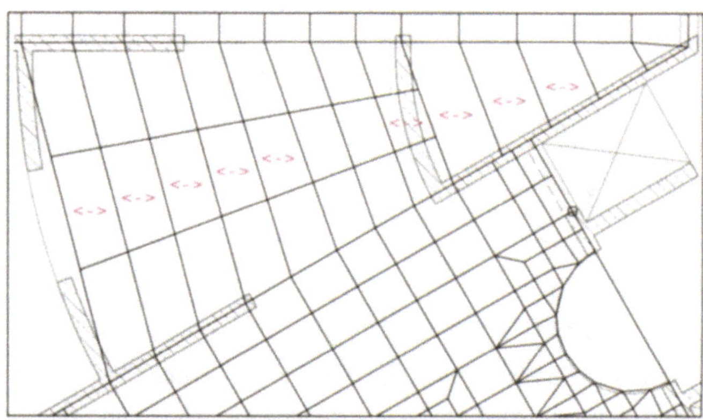

Abb. 46: Verfeinern des Kreissegments: Halbieren der mittleren Elemente ...

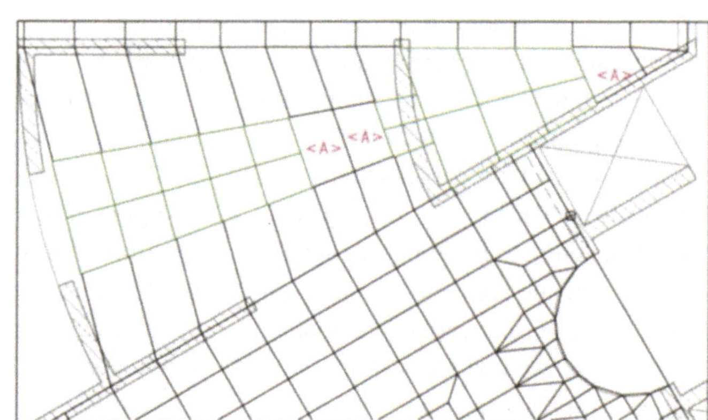

Abb. 47: ... und Erstellen der zugehörigen Übergänge

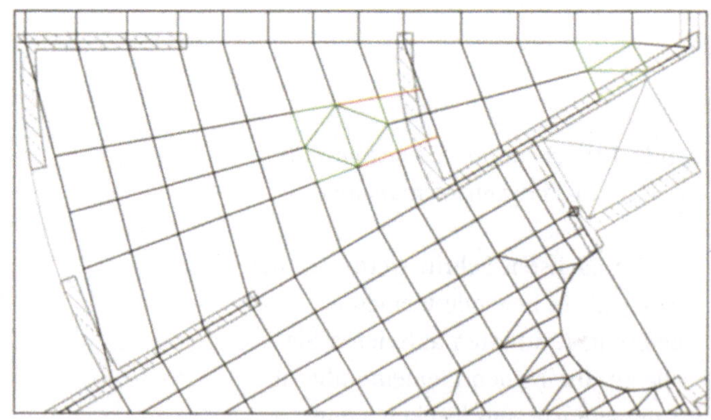

Abb. 48: Entfernen der rot dargestellten Elementgrenzen über /> </

Netzverdichtung im Kreissegment

In der letzten Phase der Netzerzeugung bleibt noch, das Kreissegment zwischen den beiden Rechteckbereichen anzupassen. Im Prinzip geschieht das auf dieselbe Weise wie zuvor bei der Treppenaussparung. Allerdings stellt dieser Bereich höhere Anforderungen an eine möglichst geschickte Elementaufteilung. In den nebenstehenden Abbildungen sehen Sie die Vorgehensweise für eine mögliche Lösung. Verfeinern Sie zunächst das Netz in der vorgeschlagenen Reihenfolge (Abb. 46 bis 50).

Netzanpassung im Kreissegment

Um das Netz jetzt ausrunden zu können, brauchen Sie Hilfslinien, an die die Knoten angepaßt werden können. Öffnen Sie dazu ein neues Teilbild und wechseln Sie in das Modul /KONS/, lassen Sie dabei Grundriß und FEM-Raster passiv im Hintergrund.

Zeichnen Sie über /* KREIS/ zwei Kreissegmente um Punkt A (Abb. 51) mit den Radien R=11,125 m und r=4,875 m durch die Mittellinien der gekrümmten Wände. Die Kreissegmente müssen die Mittellinien der einspringenden Wände schneiden. Erzeugen Sie nun über /IIII/ weitere parallele Kreissegmente durch die Knoten des oberen Deckenbereichs (Abb. 51). Wechseln Sie wieder in das FEM-Teilbild und zum Modul /ALLFEM/ ⟶ /PL/.

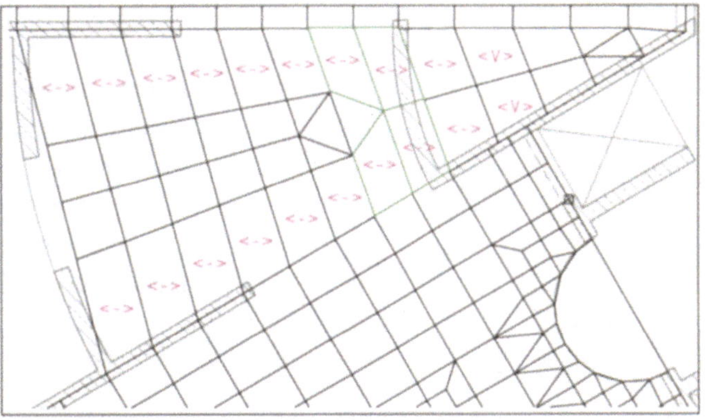

Abb. 49: Halbieren der äußeren Elemente mit Übergängen

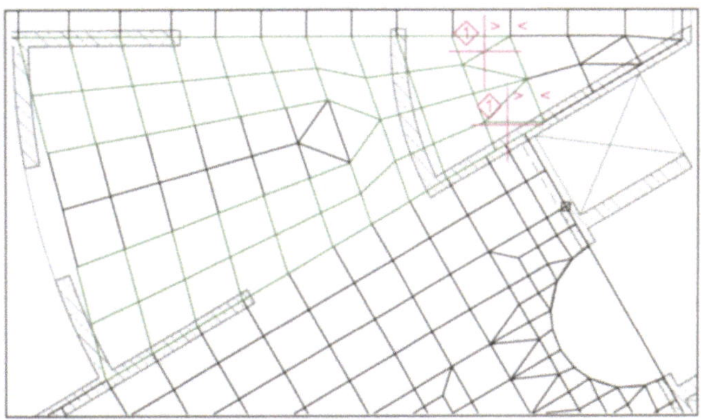

Abb. 50: Übergänge „Verschönern" durch Verbinden der roten Elementgrenzen

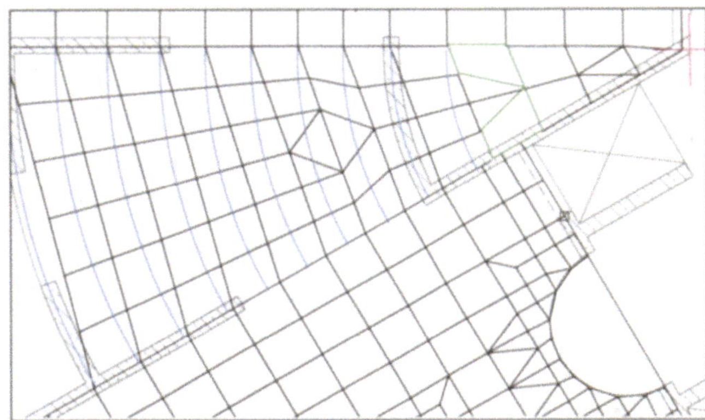

Abb. 51: Die Hilfslinien (blau), an die das Netz angepaßt werden soll, liegen auf einem Konstruktionsteilbild

Passen Sie nun alle in Abb. 52 mit einem roten Kreis gekennzeichneten Knoten über die Knotenkorrektur der jeweils links davon liegenden Kreislinie an. Dabei gehen Sie so vor: Wählen Sie /KNOKOR/ ⟶ /KO-POL/. Der Schalter rechts unten muß auf /AKT/ stehen. Aktivieren Sie die linke Kreislinie (Abbruch mit /4/). Stellen Sie eine hohe Toleranz (Tol=500 mm) ein, da die Verschiebewege zum Teil sehr groß sind. Klicken Sie nun alle zu verschiebenden Knoten nacheinander einzeln an. So wird vermieden, daß unbeabsichtigt die „falschen" Knoten verschoben werden. Bei Aktivieren über /2/ ⟶ /2/ könnte das (auch angesichts der großen Toleranz!) an dieser Stelle leicht passieren. Wenn alle Knoten der ersten Knotenreihe verschoben sind (Abb. 53), brechen Sie mit /4/ ab und wiederholen den Vorgang nacheinander für alle weiteren Knotenreihen.

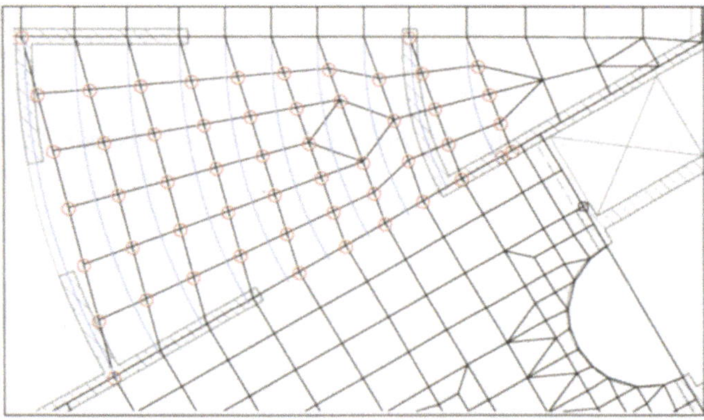

Abb. 52: Rot die zu verschiebenden Knoten

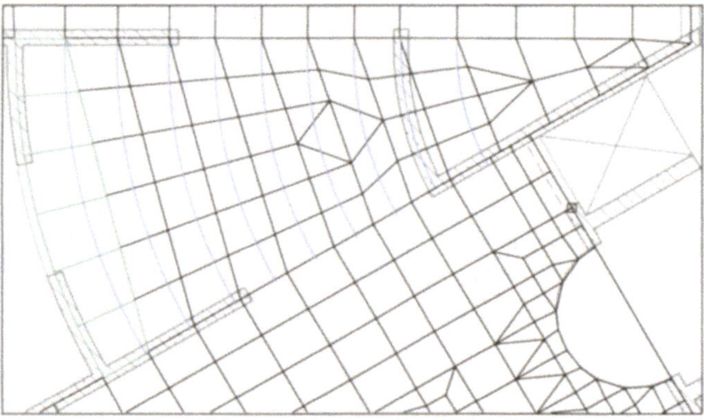

Abb. 53: Die erste angepaßte Knotenreihe

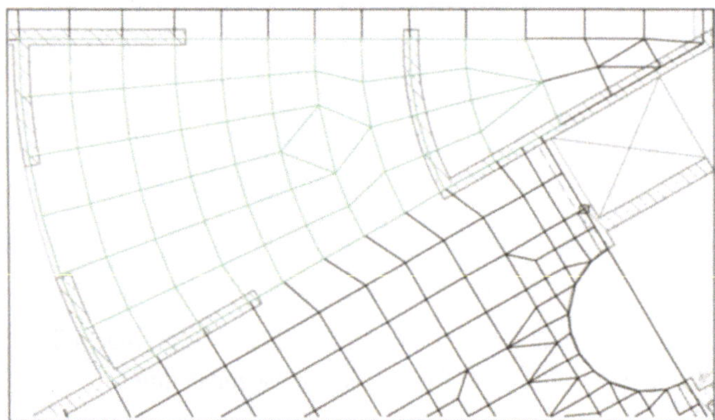

Abb. 54: Das ausgerundete Kreissegment

In Abb. 52 fällt auf, daß im Bereich der einspringenden Wände nicht alle Knoten des Segments an die Rundung angepaßt werden sollen. Dadurch wird ein Kompromiß zwischen zwei Forderungen erreicht. Einerseits soll das Netz den Ausrundungen folgen, andererseits aber müssen auf den einspringenden Ecken Knoten liegen. Bei der gewählten Lösung ist beides ausreichend erfüllt.

Langsam nähert sich das Raster seiner Vollendung. Was noch fehlt, ist die Verfeinerung im Bereich der drei Innenwände. Als Vorbereitung dafür sind zwei kleine Modifikationen zu erledigen. Verschieben Sie über /KNOKOR/ ⟶ /* MOD/ den in Abb. 55 mit A bezeichneten Knoten nach A'.

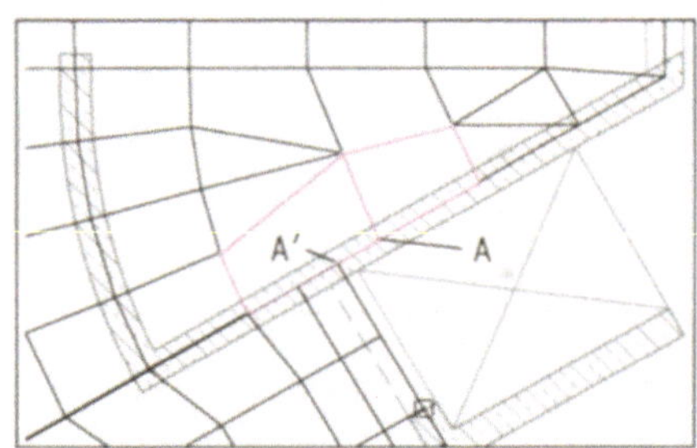

Abb. 55: Anpassen eines Knotens über / MOD/*

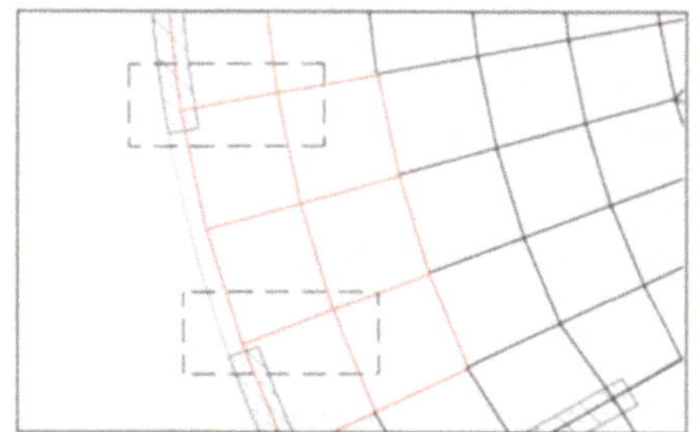

Abb. 56: Netzknoten auf die Wandenden verschieben

Außerdem sollen die in Abb. 56 umrandeten Knoten - ebenfalls über /* MOD/ - entlang des Netzrands auf das jeweilige Wandende (abzüglich halber Wandstärke) verschoben werden. Zu diesem Zweck übernehmen Sie am besten über [Symbol] den Winkel des Netzrands an der jeweiligen Stelle als Systemwinkel und geben den Verschiebeweg über die Summentaste ein.

Wenn beim Modifizieren des Netzes die Funktion /> </ scheinbar nicht funktioniert, können folgende Gründe die Ursache sein:

- Das System kann die Elemente wegen des zu kleinen Bildschirmmaßstabs nicht eindeutig identifizieren. Vergrößern Sie den entsprechenden Bereich über [Symbol] .
- Durch die Vereinigung würde ein Fünf- oder Mehreck entstehen, was nicht zulässig ist. Besonders häufig kommt es nach einer Knotenkorrektur oder /*MOD/-Einsatz zu solchen Fällen. In der Abbildung rechts würde beispielsweise durch Vereinigen der Elemente ein Sechseck entstehen.

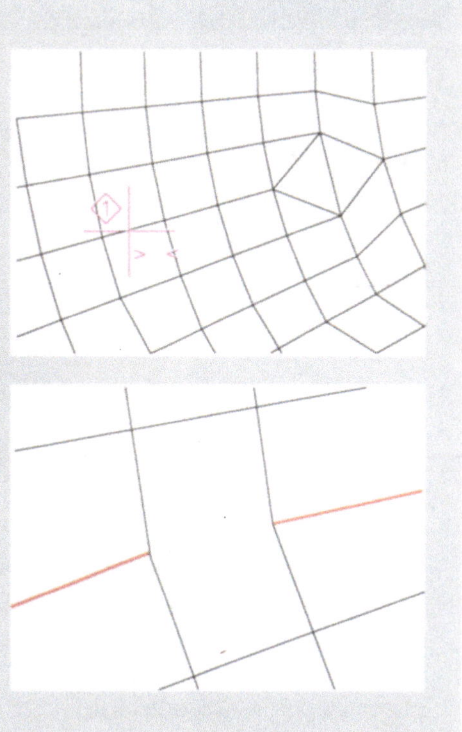

Netzverdichtung entlang der Innenwände

Verfeinern Sie nun das Raster über die den jeweiligen Elementen in Abb. 57 zugeordneten Funktionen. Bei Y-Übergängen, bei denen nur ein Übergangspunkt vorhanden ist, wählen Sie für den zweiten Übergangspunkt wieder die Mitte der jeweiligen Elementseite.

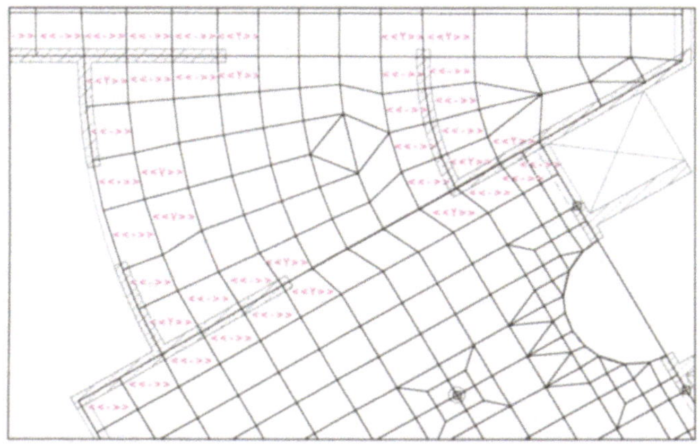

Abb. 57: Rasterverfeinerung im Kreissegment

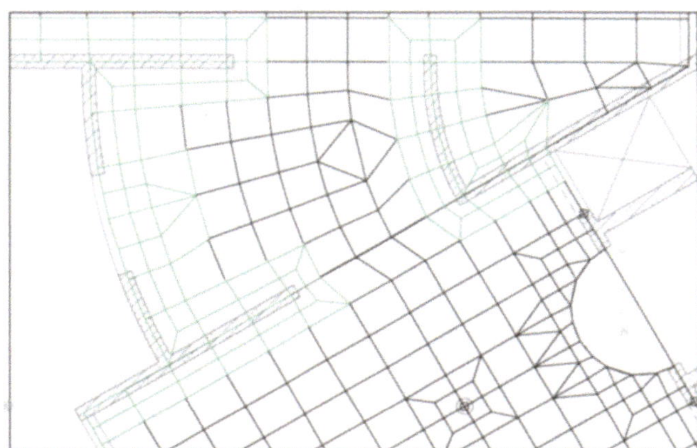

Abb. 58: Das fertig angepaßte Kreissegment

B A S I C S

Knotenkorrektur II

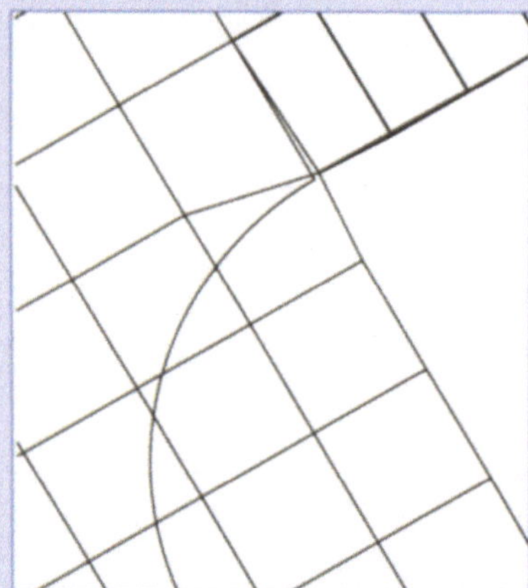

Beim Bearbeiten von FEM-Netzen über /* MOD/ oder über die Polygonzugkorrektur kann es zu Überlappungen von Elementen oder zu Lücken im Netz kommen. Beim Beispiel von Seite 188 etwa käme es zur Überlappung, wenn ein weiteres Raster angrenzen würde (s. Abb.). Solche Fehler lassen sich leicht mit der automatischen Rasterkorrektur beheben. Diese faßt mehrere Knoten zu einem zusammen.
Wählen Sie /KNOKOR/ - /KO-RA/ und stellen Sie unten rechts den Toleranzbereich ein. Aktivieren Sie über /2/ Æ /2/ den Bereich, in dem die zu korrigierenden Knoten liegen. Es werden nun alle Knoten zusammengefaßt, deren Abstand kleiner als der eingestellte Toleranzwert ist. Es ist zu empfehlen, den Toleranzwert sehr klein gegenüber der Elementgröße zu wählen, um nicht die „falschen" Knoten zu erwischen.
Die Rasterkorrektur sollte grundsätzlich überall dort durchgeführt werden, wo unabhängig voneinander erstellte Teilnetze aneinandergrenzen.

Das FEM-Netz der Deckenplatte wurde nun im Grunde aus drei Einzelrastern zusammengefügt.
Dabei können an den Grenzen der Teilraster Überlappungen oder kleine Lücken auftreten, die oft nur bei sehr starker Vergrößerung zu sehen sind (s. BASICS). Überarbeiten Sie deshalb die Grenzbereiche mit der Rasterkorrektur: Nach Anwählen von /KNOKOR/ - /KO-RA/ stellen Sie eine Toleranz von 100 mm ein und aktivieren nacheinander die in Abb. 59 umrahmten Bereiche.

Kontrolle des FEM-Netzes

Abgesehen von den Auflagern, wäre das FEM-Raster damit fertiggestellt. Um jedoch auszuschließen, daß sich Fehler eingeschlichen haben - Überlappungen, Lücken, T-förmige Knoten, spitze Winkel usw. - verfügt ALLFEM über eine Reihe von Kontrollfunktionen. Bei Anwahl von /KONTR/ im unteren Menü wird das gesamte Netz unter verschiedenen Gesichtspunkten überprüft. Dabei werden folgende Fehler automatisch korrigiert:

- Null-Elemente, solche ohne Flächeninhalt also, werden gelöscht,
- Vierecke mit zwei identischen Ecken werden in Dreiecke umgewandelt.

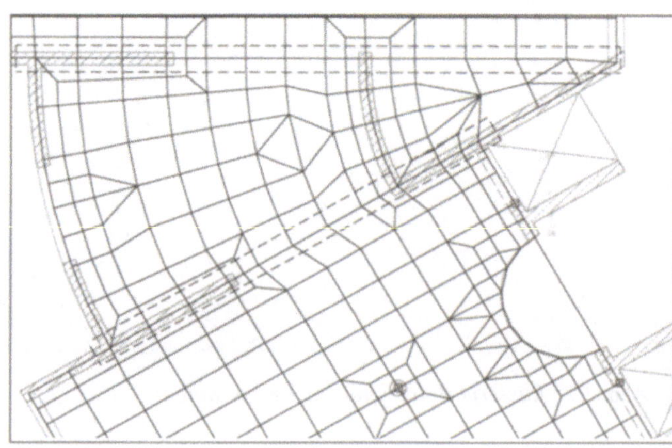

Abb. 59: Mit der Rasterkorrektur zu überarbeitende Bereiche

Beide Fälle können durch das Modifizieren des Netzes auftreten. Weiterhin wird das Raster nach Elementen abgesucht, die eines dieser Merkmale besitzen:

- sehr spitzer Winkel bei Dreiecken,
- sehr spitzer oder sehr stumpfer Winkel bei Vierecken,
- Vierecke mit einer sehr kurzen Elementseite, also mit extremem Seitenverhältnis,
- Vierecke mit einspringenden Ecken.

Alle so identifizierten Elemente werden in der FEM-Warnfarbe markiert. Über /SYSGEO/ und anschließendes Anklicken eines der fehlerhaften Elemente kann eine genaue Fehlerdiagnose für geometrische Fehler abgefragt werden.

Übrigens werden die erwähnten Kontrollen bei jedem Verlassen einer der /MOD/-Funktionen automatisch durchgeführt. So haben Sie immer eine sofortige Kontrolle über Geometriefehler, die bei einer Modifikation entstehen, und können diese über die /RF/-Funktion sofort revidieren!

Weiterhin wird durch Anklicken von /KONTR/ eine Reihe weiterer Kontrollfunktionen im oberen Menü eingeblendet. Einen Überblick über diese Kontrollen finden Sie im Basicsfeld auf der nächsten Seite. Der Überblick enthält auch einige Auflagerkontrollen, die im jetzigen Stadium des Deckenrasters noch nicht anzuwenden sind, da die Auflager erst noch definiert werden müssen. Der Vollständigkeit halber sind sie dennoch an dieser Stelle schon aufgeführt.

Bei manchen der Kontrollfunktionen mag sich Ihnen beim Lesen der Sinn vielleicht nicht ganz erschließen. Schließlich sind solche Fehler mit etwas Aufmerksamkeit scheinbar leicht zu bemerken. Bedenken Sie aber, daß z.B. Lücken sehr schmal sein können. Nur eine sehr starke Vergrößerung würde diesen Fehler anzeigen. In der Praxis ist die Randkontrolle dafür eine wertvolle Hilfe!

Doch zurück zum Beispiel: Im jetzigen Stadium sind sinnvollerweise die Kontrollfunktionen /RAND/, /GESCHR/ und /EL-UEB/ durchzuführen. Im übrigen empfiehlt es sich, schon beim Erstellen des Rasters immer wieder Kontrollen vorzunehmen, um Fehler frühzeitig erkennen zu können.

B A S I C S

Den Farbton für die FEM-Warnfarbe können Sie ändern über /PL/ → /DEF/ → /GR-DAR/

Abb. 60: Das fertige Netz ohne die Auflagerdefinitionen

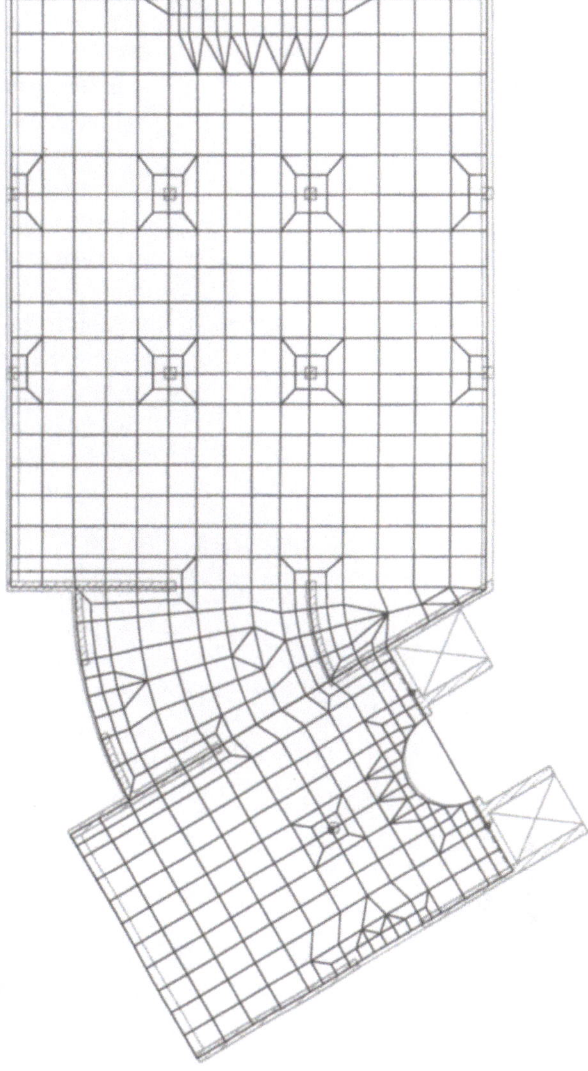

BASICS

Kontrollfunktionen:

/KONTR/
- löscht Null-Elemente
- wandelt Vierecke mit zwei identischen Ecken in Dreiecke um
- markiert Elemente mit zu spitzem oder zu stumpfem Winkel
- markiert Vierecke mit extremem Seitenverhältnis
- markiert Vierecke mit einspringenden Ecken
- blendet die Knöpfe für die folgenden Kontrollfunktionen ein:

/AUFLAG/ überprüft, ob fehlerhafte Auflager im Netz vorhanden sind. Dazu gehören mehrfach definierte Auflager oder solche, die nicht mit einem Netzknoten zusammenfallen. Die fehlerhaften Knoten werden vom System in FEM-Warnfarbe umrandet. Klicken Sie einen der markierten Knoten an, um Informationen über die Art des Fehlers zu erhalten.

/SYSGEO/ informiert über die Art eines Geometrie-Fehlers. Klicken Sie ein in FEM-Warnfarbe dargestelltes Element an, um die Fehlerdiagnose zu erhalten. Statt einzelner Elemente können Sie auch über /2/ →/2/ ganze Bereiche zur Fehlerdiagnose aktivieren.

/RAND/ zeigt Ihnen ausschließlich die Ränder des FEM-Rasters an, d.h. alle Elementseiten, denen kein benachbartes Element zugeordnet werden kann. Dadurch werden Strukturfehler wie Lücken oder T-förmige Knoten schnell sichtbar gemacht. Die Darstellung bleibt nach Verlassen von /RAND/ bis zum nächsten Bildaufbau erhalten. Rechts sehen Sie zwei Beispiele für die Randdarstellung.

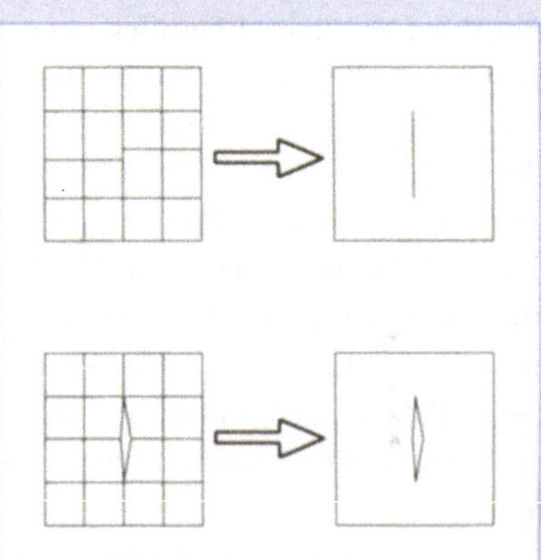

/GESCHR/ zeigt alle Elemente innerhalb eines aktivierten Bereichs in der FEM-Warnfarbe an. Damit können Lücken innerhalb des Rasters erkannt werden, die z.B. durch Löschen von Elementen oder Modifizieren entstanden sind.

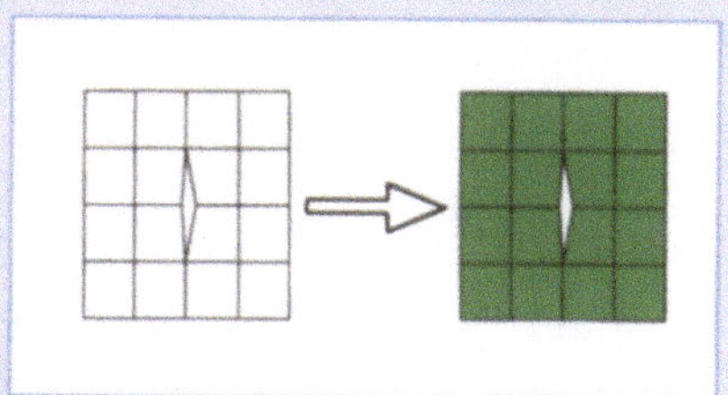

/EL-UEB/ zeigt überlappende Elemente in FEM-Warnfarbe an.

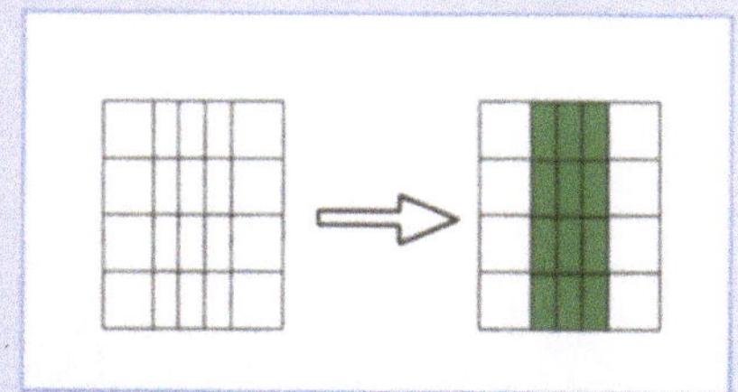

/LINGEO/ kontrolliert, ob Stab- oder Linienlagerknoten vorhanden sind, die nicht mit Rasterknoten zusammenfallen. Fehlerhafte Knoten werden in FEM-Warnfarbe umrandet.

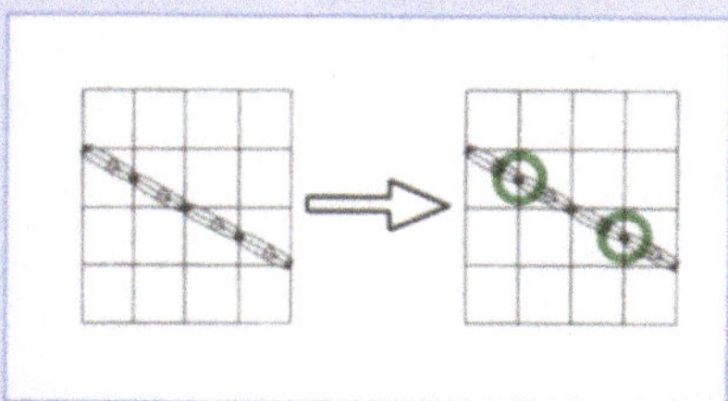

/P-BALK/ blendet für alle Stäbe die jeweils mitwirkende Plattenbreite in FEM-Warnfarbe ein.

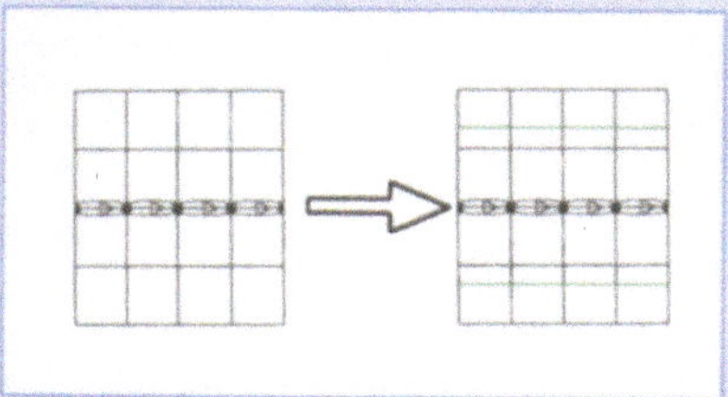

/EL-ANZ/ bestimmt die Anzahl von Elementen in einem aktivierten Bereich, aufgeschlüsselt nach:

- Dreiecken
- Vierecken
- Flächenelementen insgesamt
- Stäben
- Federn
- Festhaltungen
- Linienlagern

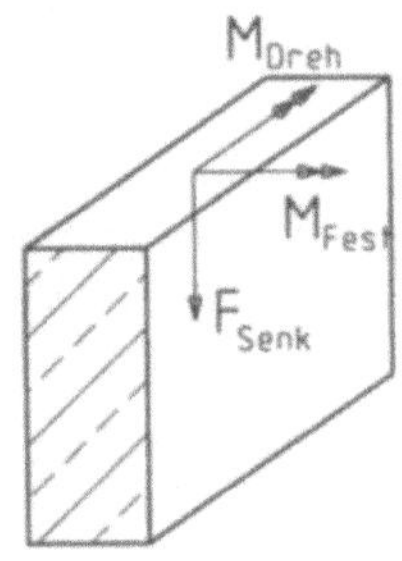

Parametereingabe für das Beispiel:

Wanddefinitionsmaske:

Wandtyp:	drehbar
Federtyp:	C-Senk
Wandhöhe:	3.200
Wandstärke:	0.250
E-Modul:	0.300E+08
	Beton B25

Oberes Menü:

Fest-|:	ein
C-Senk:	D/Z

Definition von Auflagern, Stäben und Bewehrungsparametern

Was zur Vervollständigung des FEM-Modells jetzt noch fehlt, sind die Auflagerbedingungen und die Bestimmung der für die Platte vorgesehenen Bewehrung.

Definition von Linienlagern

Beginnen Sie mit den Wandauflagern. Wählen Sie dafür im Programmteil /PL/ die Funktion /LINLAG/ (für „Linienlager"). Im oberen Menü wird eine Reihe von Auflagerparametern eingeblendet. Öffnen Sie über /WAND/ - ganz rechts im oberen Menü - die Eingabemaske für die Wanddefinitionen (Abb. 61).

Wandhöhe und Wandstärke werden eingegeben, indem Sie die Eingabefelder anklicken und den Zahlenwert eintippen. Das Wandmaterial bestimmen Sie über das Feld /E-MODUL/. Nach dem Anklicken öffnet sich eine Materialliste, aus der Sie mit einem weiteren Klick auswählen können. Sollte das gewünschte Material nicht enthalten sein, können Sie das E-Modul über die Tastatur eingeben, indem Sie das zweite Feld /E-MODUL/ unterhalb der Materialliste anklicken.

Eine zweite Möglichkeit, ein nicht in der Liste enthaltenes Material einzugeben, verwenden Sie, wenn Sie dieses Material oft brauchen. Definieren Sie es mit den entsprechenden Kennwerten über /DEF/ - /MA-DEF/ - /EINFUEGEN/ (Verlassen Sie zuvor /LINLAG/). Es wird dadurch in die Materialliste aufgenommen.

Durch einfaches Anklicken bestimmen Sie nun noch Feder- und Wandtyp. Wenn Sie /C-Senk/ aktivieren, definieren Sie das Auflager als Senkfeder, die die Kraft Fsenk (s. Skizze links) aufnimmt. Bei zusätzlicher Aktivierung von /C-DREH/ wird das Auflager zudem als Drehfeder definiert, die dem Moment Mdreh entgegenwirkt.

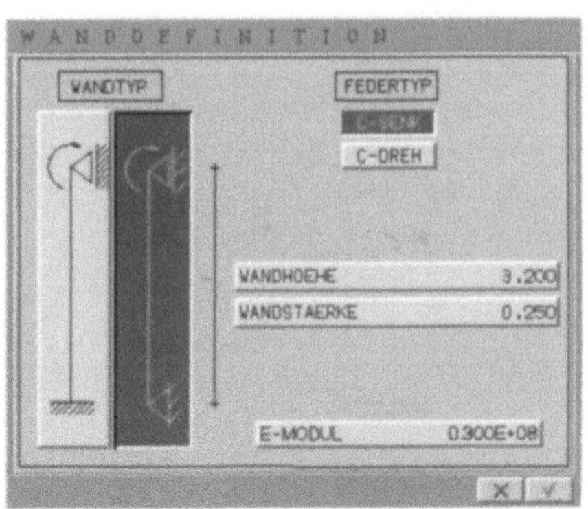

Abb. 61: Die Wanddefinitionsmaske

Nur bei Aktivierung von /C-SENK/ ist die Einstellung des Wandtyps relevant. Sie bestimmen damit das abliegende Auflager als fest eingespannt (linker Knopf) oder frei drehbar (rechter Knopf). Verlassen Sie die Eingabemaske über /3/, um die vorgenommenen Einstellungen zu bestätigen. Bei Abbruch über /4/ wird die zuvor gültige Einstellung behalten.

Wenn Sie die Maske über /3/ verlassen haben, werden automatisch die Werte der Federsteifigkeiten errechnet und im oberen Menü unter /C-SENK/ und /C-DREH/ aktualisiert. Erscheint in /C-DREH/ kein Wert, liegt das daran, daß Sie zuvor bei den Wanddefinitionen den Federtyp Drehfeder ausgeschaltet haben. Natürlich können die Steifigkeiten auch direkt über die Tastatur eingegeben werden.

Bevor Sie mit dem Einfügen der Wände in das Raster beginnen, bleiben noch zwei Einstellungen zu bewerkstelligen. Um eine steife Wand zu simulieren, schalten Sie den Knopf /FEST-|/ auf /*EIN*/. Damit ist die

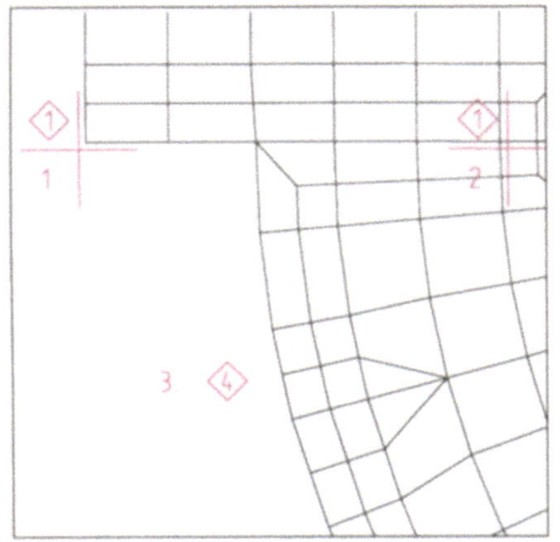

Abb. 62: *Wandeingabe durch Anklicken der Endpunkte*

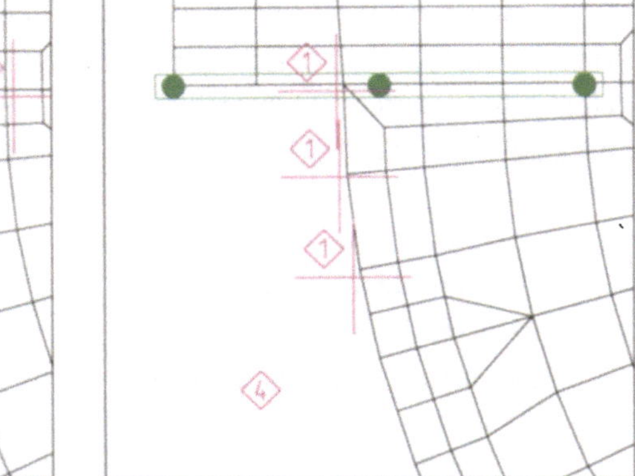

Abb. 63: *Eingabe gekrümmter Wände*

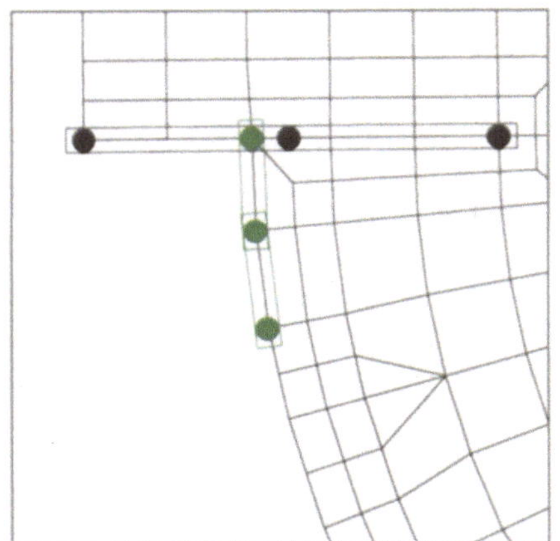

Abb. 64: *Darstellung des Linienlagers*

Verdrehung der Platte um die Achse senkrecht zum Linienlager durch das Moment Mfest gesperrt (s. Skizze). Außerdem muß unter /C-SENK/ definiert werden, ob die Berechnung linear erfolgen soll, die Senkfedern im Berechnungsmodell also auch Zug aufnehmen können (Einstellung /D/Z/) oder ob iterativ mit Zugfedernausschaltung gerechnet werden soll (Einstellung /DRUCK/).

Damit sind alle Einstellungen erledigt, und Sie können die Lage der Wände eingeben. Es empfiehlt sich, für eine bessere Übersichtlichkeit eine andere Farbe als zuvor für die Rasterung zu wählen! Klicken Sie (ohne /LINLAG/ zu verlassen) bei geraden Wänden einfach Anfangs- und Endpunkt jeder Wand an, und brechen Sie jeweils mit /4/ ab. Bei den gekrümmten Wänden klicken Sie alle auf der Wandlinie liegenden Rasterknoten nacheinander an.

Über />>>/ können Sie übrigens die Parametereinstellung von bereits bestehenden Wänden übernehmen, indem Sie diese anklicken.

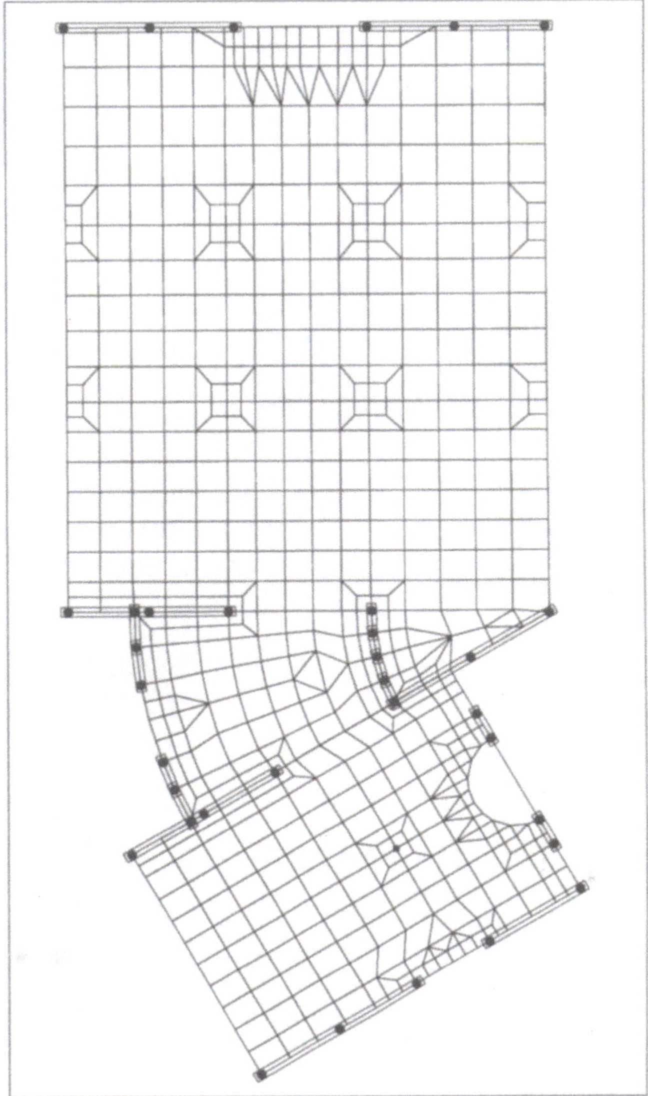

Abb. 65: *Das FEM-Raster mit Wänden als Linienlager. Das Grundrißteilbild wurde ausgeblendet*

Definition von Federn

Analog zur Vorgehensweise bei einer Wand können auch Stützen eingegeben werden. Dafür wählen Sie die Funktion /FEDER/. Im oberen Menü finden Sie wieder die Federparameter sowie - rechts - den Knopf /STUETZ/, mit dem Sie die Definitionsmaske für Stützen (Abb. 66) öffnen, die ganz ähnlich aussieht wie die Maske für Wände.

Sie können für die Stützen verschiedene Querschnittsgeometrien wählen: quadratisch, rund oder rechteckig. Abhängig von Ihrer Auswahl erscheinen Eingabefelder für die Querschnittsmaße. Klicken Sie sie an, und geben Sie die Maße über die Tastatur ein. Im Feld „E-Modul" können Sie wieder entweder ein Material auswählen oder direkt den E-Modul eingeben.

Auch bei Stützen haben Sie die Wahl zwischen verschiedenen Federtypen, einerseits der Senkfeder /C-SENK/, andererseits den zwei Dreh federn /Cr // / und /Cr-WIN/ (Skizze links). Im linken Teil der Definitionsmaske bleibt noch die Stützenhöhe sowie die Definition des abliegenden Auflagers bezüglich beider Richtungen einzustellen - natürlich nur, wenn Drehfedern eingestellt wurden.

Wenn Sie die Definitionsmaske über /3/ verlassen, werden automatisch alle angewählten Federsteifigkeiten errechnet und in die entsprechenden Felder im oberen Menü eingetragen.

Die bei Eingabe über die Stützendefinitionsmaske errechneten Drehfedersteifigkeiten sind immer Steifigkeiten in senkrechter Richtung zu den Querschnittsseiten!

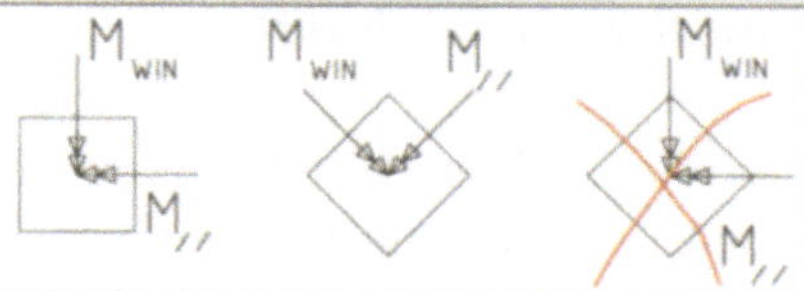

Über diesen Eingabeweg sind die Fälle 1 und 2 möglich, nicht aber Fall 3. Für solche Ausnahmefälle geben Sie die Federsteifigkeiten direkt im oberen Menü ein.

Neben den Drehfedersteifigkeiten sind im oberen Menü Felder für eine Winkeleingabe vorgesehen. Hier können Sie die zuvor definierten Stützen „verdrehen", indem Sie den Richtungswinkel, also den Winkel

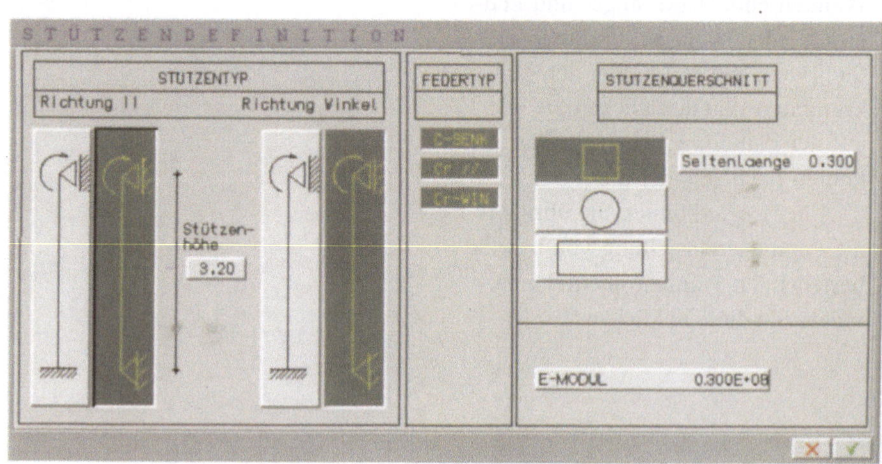

Abb. 66: Die Stützendefinitionsmaske mit den Einstellungen für das Übungsbeispiel

zwischen der X-Achse des globalen Koordinatensystem und der Drehfeder /C // /, über /R-WINK/ verändern.

Der Winkel kann entweder über die Tastatur als Zahlenwert eingegeben werden oder durch Anklicken einer bereits vorhandenen Elementseite, die den gewünschten Winkel besitzt.

Neben dem Richtungswinkel läßt sich der Deltawinkel - das ist der Winkel zwischen /C // / und /C-WIN/ - über den Knopf /D-WINK/ einstellen.

Der Deltawinkel ist auf 90° voreingestellt. Eine Veränderung der Voreinstellung ist nicht sinnvoll, wenn Sie die Drehfederkonstante über die Stützendefinitionsmaske errechnet haben, da die Berechnungsfunktion keine andere als orthogonale Drehfedernanordnung vorsieht.
Wenn aber Federn mit anderer Federsteifigkeitsanordnung erforderlich sind, können sie wie die Federsteifigkeiten selbst problemlos über das obere

Um die Federn im Beispielnetz zu definieren, klicken Sie nach Einstellung aller Parameter einfach die jeweiligen Knoten an (Abb. 67). Denken Sie daran, daß bei der unteren Stütze einige Parameter abweichen (Werte in der Tabelle rechts für die untere Stütze in Klammern). Die Federn werden im FEM-Raster durch Punkte dargestellt, denen, wenn Drehfedern definiert sind, die jeweiligen Momentenpfeile zugeordnet sind (Abb. 68). Der besseren Sichtbarkeit wegen sind die Federsymbole in allen Abbildungen des Buchs vergrößert dargestellt.

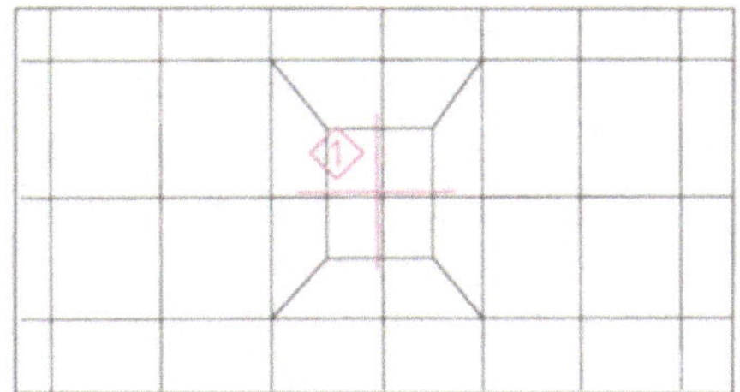

Abb. 67: Eingabe einer Feder durch Anklicken

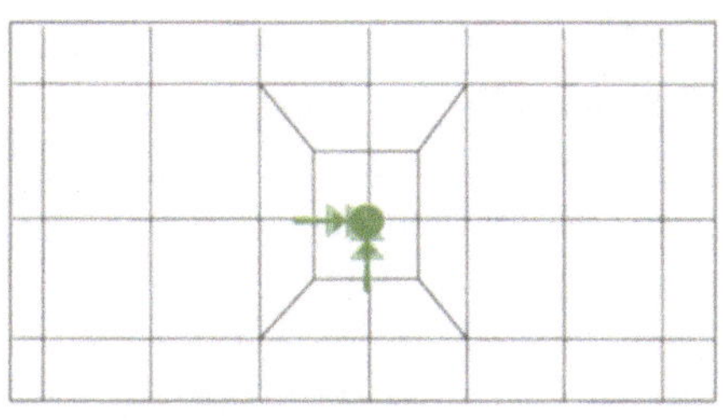

Abb. 68: Darstellung einer Feder mit zwei elastischen Momentenfesthaltungen

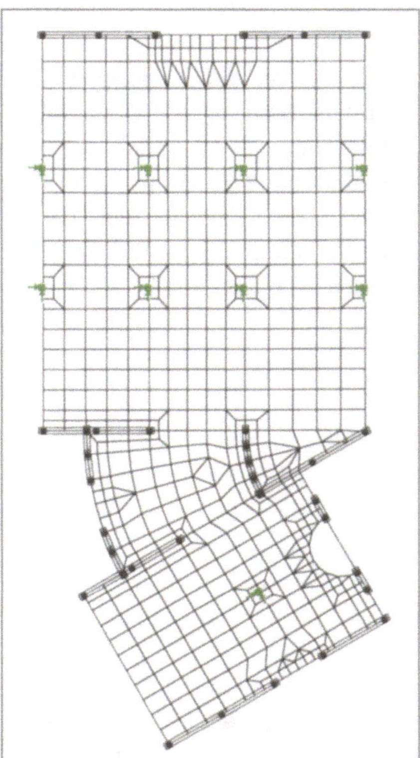

Abb. 69: Das FEM-Netz mit allen Stützen

B A S I C S

Die Größe der Federsymbole können Sie ändern über /PL/ - /DEF/ - /GR-DAR/

Parametereingabe für das Beispiel:

Stützendefinitionsmaske:	
Stützentyp:	drehbar
Federtyp:	C-Senk
	C //
	C WIN
Stützenhöhe:	3.200
Stützenquerschnitt:	
	Quadrat 0.300
	(Rund 0.150)
E-Modul:	0.300E+08
	Beton B25
Oberes Menü:	
R-Wink:	0.000
	(30.000)
C-Senk:	D/Z

Definition von Stäben

Etwas anders als die Auflager werden Stäbe in ALLFEM eingegeben. Durch Stäbe, die die Elemente versteifen, werden z.B. Unter- oder Überzüge modelliert. Um Stabgeometrien und -bewehrungsparameter nicht immer wieder von neuem eingeben zu müssen, können einmal definierte Werte abgespeichert und neu erstellten Stäben zugewiesen werden.

Doch zunächst zur Stabeingabe: Aktivieren Sie die Funktion /STAB/. Im oberen Menü geben Sie nun über /MAT-NR/ - es öffnet sich wieder die Materialliste - das Material ein. Außerdem weisen Sie dem einzugebenden Stab über /QUE-NR/ eine Querschnittsnummer und über /BWB-NR/ eine Bewehrungsbereichsnummer zu (Zuweisungen können auch später noch geändert werden). Beiden Nummern können die entsprechenden Parameter zugeordnet werden, doch dazu später.

Wählen Sie also im Beispiel für beides die Nummer „1". Im nächsten Schritt klicken Sie Anfangs- und Endpunkt der Stäbe an (Abb. 70). Beide sollten Netzknoten sein. Der Stab wird durch das in Abb. 71 gezeigte Symbol dargestellt.

Abb. 70: Eingabe der ersten beiden ...

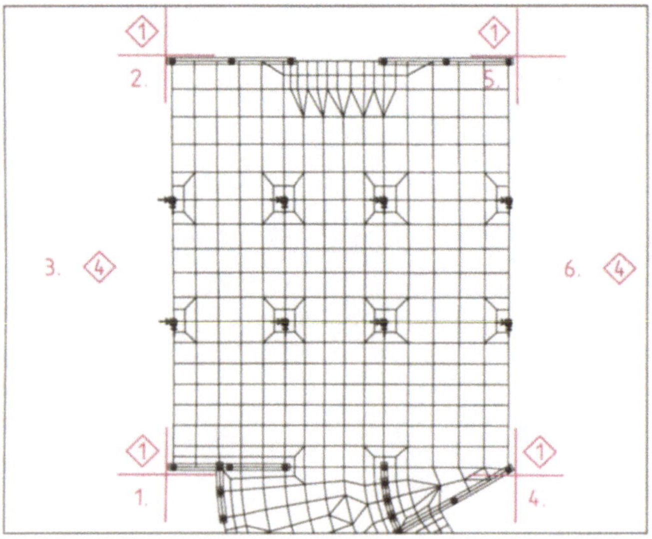

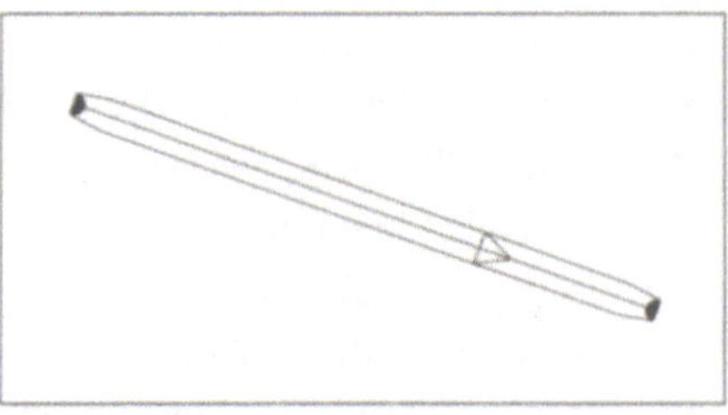

Abb. 71: Das Symbol für einen Stab

Innnerhalb des Stabsymbols ist eine Pfeilspitze dargestellt, die anzeigt, daß der Stab eine Richtung hat. Hintergrund ist, daß jedem Stab ein lokales Koordinatensystem zugeordnet wird. Durch die Orientierung, die durch die Eingabereihenfolge bestimmt wird, wird unter anderem die positive bzw. negative Darstellungsrichtung der Grafiken bei der späteren Ergebnisausgabe für den Stab festgelegt.

Wenn Sie die beiden Stäbe aus Abb. 70 eingefügt haben, wählen Sie für /QUE-NR/ und /BWB-NR/ jeweils die „2" und geben gemäß Abb. 72 den dritten Stab ein.

Jeder der drei Stäbe besteht jetzt aus nur einem einzigen Element. Daher muß eine Unterteilung vorgenommen werden. Das führt zu den drei

Abb. 72: ... und des dritten Stabs

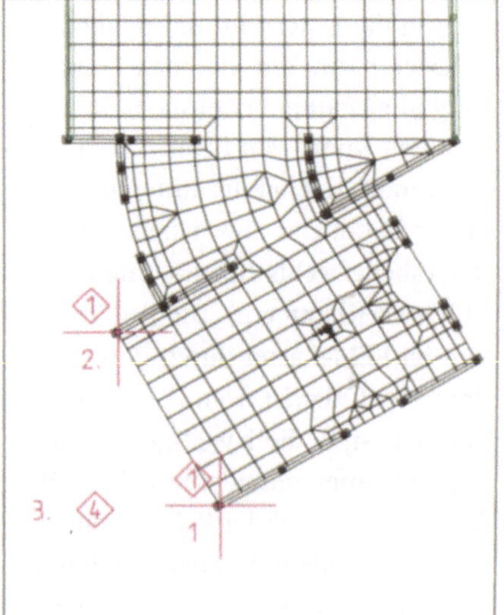

Modifikationsfunktionen im oberen Menü von /PL/, die bis jetzt noch unerklärt blieben. Sie dienen der Modifikation von Stäben. Im vorliegenden Fall verwenden Sie am besten die automatische Stabanpassung /*-A-*/ und aktivieren über /2/ → /2/ das gesamte Netz (Abb. 73). Dadurch werden an allen Stellen, an denen der Stab einen Netzknoten berührt, auch Stabknoten eingeführt (Abb. 74).

Die unterschiedliche Dicke der Stabsymbole in Abb. 74 hat keine Bedeutung. Für alle Abbildungen dieses Buches wurde zur besseren Erkennbarkeit eine dicke Darstellung der Stäbe über /DEF/ → /GR-DAR/ gewählt. Bei sehr kurzen Stäben wird die Symboldicke vom System jedoch wieder reduziert, weil diese sonst nicht mehr als Stäbe erkennbar wären. Eine Übersicht über die Funktionsweise der Stabmodifikationsfunktionen ist dem folgenden „Basics"-Kasten zu entnehmen.

Abb. 73: Aktivierung des Bereichs für die automatische Stabanpassung

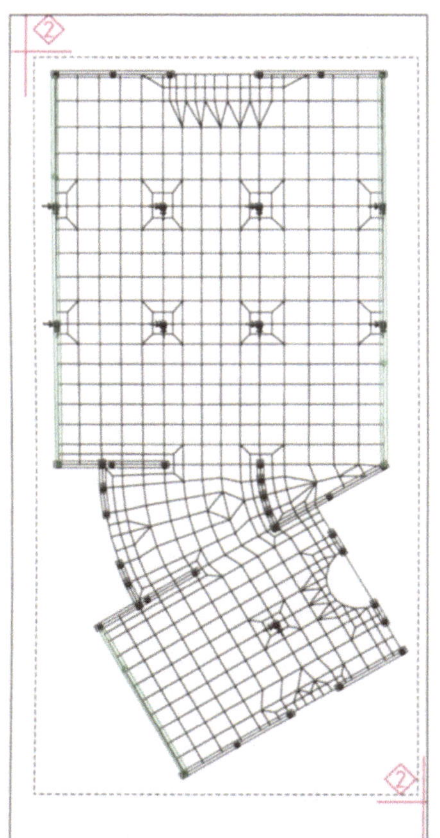

Abb. 74: Das FEM-Netz mit allen Auflagern und Stäben

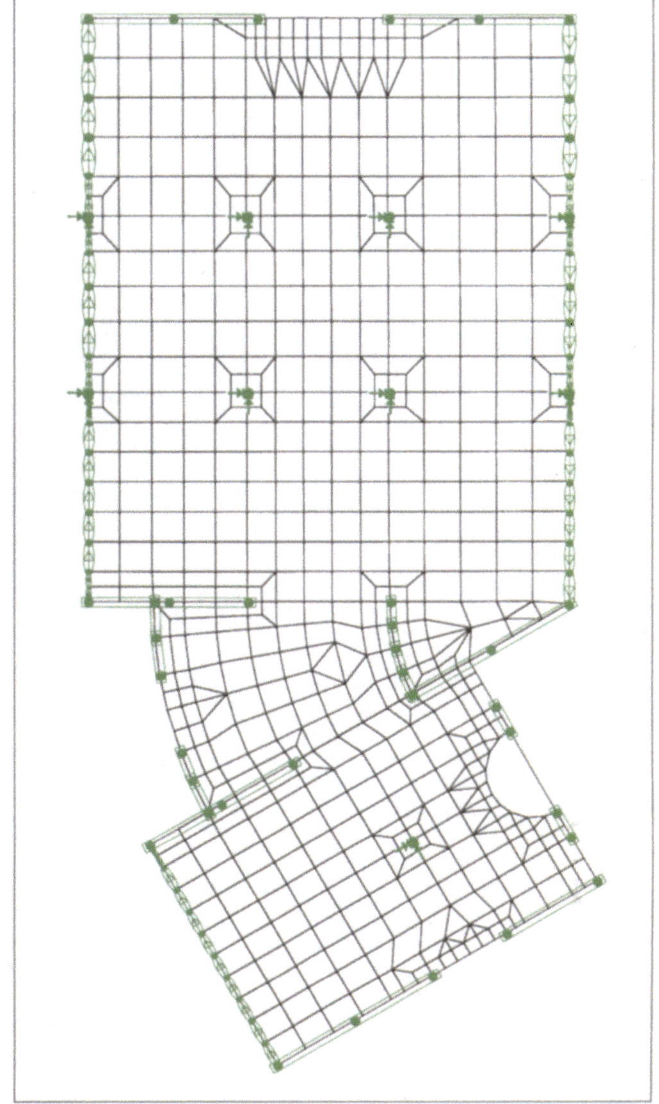

BASICS

Stabmodifikationen:

/*-#-*/

Beliebige Stabteilung

Nach Aktivierung des Stabsymbols können alle gewünschten Unterteilungspunkte angeklickt werden. Die Eingabe wird mit /4/ beendet.

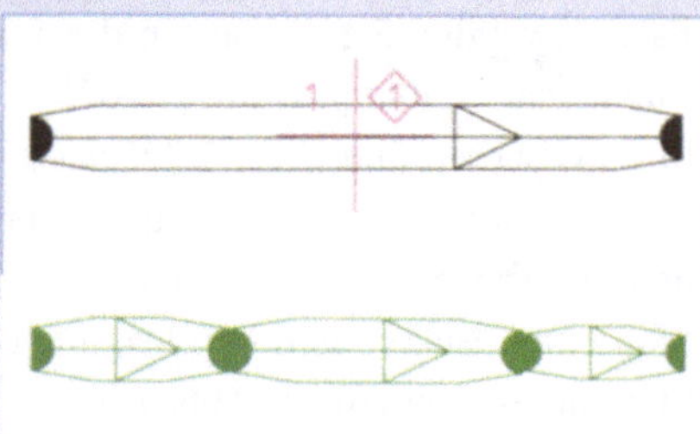

/*-|-*/

Halbierung von Stäben

Durch Anklicken oder Aktivieren eines Bereichs werden alle aktivierten Stabelemente halbiert.

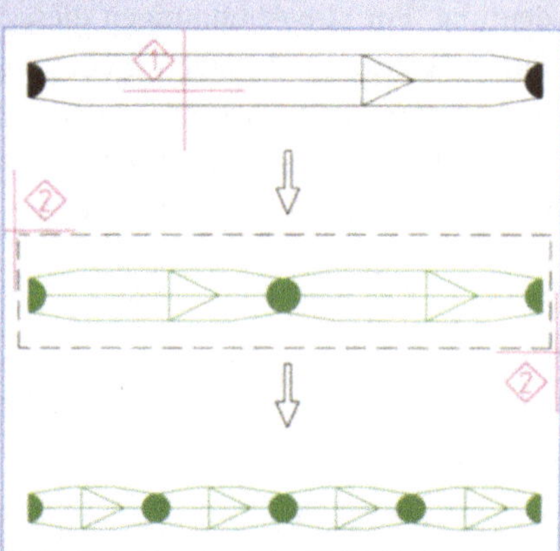

/*-A-*/

Automatische Anpassung

Alle Stäbe im Aktivierungsbereich werden dem bestehenden Raster angepaßt, indem an allen Stellen, an denen ein Rasterknoten mit dem Stab zusammenfällt, ein Stabknoten eingefügt wird.

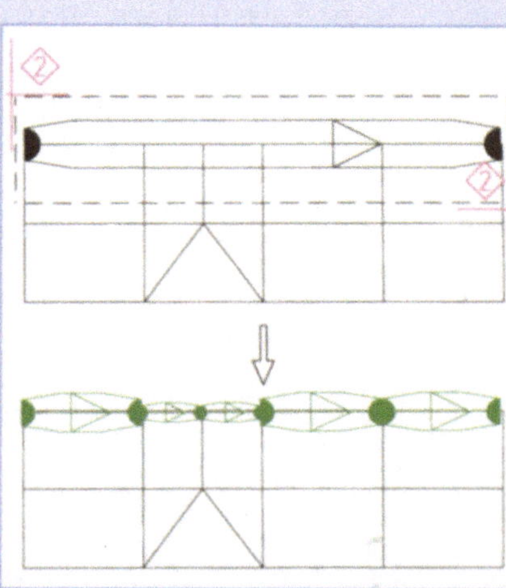

Sie haben die Stäbe, die Sie eingefügt haben, mit jeweils einer Querschnitts- und Bewehrunggsbereichsnummer belegt. Für diese Nummern müssen noch Parameter festgelegt werden.

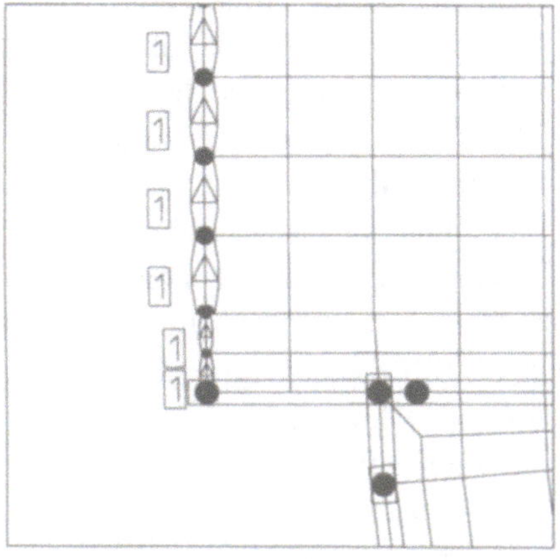

Abb. 75: Eingeblendete Querschnittsnummern für Stabelemente

Um einen Querschnitt zu definieren, wechseln Sie auf Seite 2 von /PL/ und wählen Sie /QUEDEF/. Für alle Stäbe im Teilbild wird jetzt die Querschnittsnummer eingeblendet (Abb. 75).

Im oberen Menü erscheint unter anderem ein Feld /QUE-NR/. Nach Anwahl dieses Felds klappt eine Liste aller bereits vergebenen Nummern auf, aus der Sie per Klick auswählen können. Wählen Sie die Querschnittsnummer 1. Auf dem Bildschirm färben sich alle Stabelemente mit Querschnittsnummer 1 in der Signalfarbe.

Wenn Sie den umgekehrten Weg beschreiben wollen, also erst einen Querschnitt definieren und dann die Stäbe einfügen, geben Sie unter /QUE-DEF/ eine noch nicht vergebene Nummer ein bzw. definieren Sie eine vorhandene neu, wenn Sie deren alte Definition nicht mehr benötigen.

Klicken Sie nun im oberen Menü /DEF/ an. Es erscheinen die zur Berechnung des Stabs notwendigen Querschnittsflächen und Trägheitsmomente. Wenn der Auswahlknopf für Querschnittstypen /Q-TYP/ auf /ALLG/ steht, können Sie diese Werte direkt eingeben. Einfacher geht es jedoch für Rechteckquerschnitte /R-ECK/ und für Plattenbalken /P-BALK/. Wenn Sie einen dieser beiden Knöpfe aktivieren, wird eine Eingabemaske eingeblendet, in der Sie nur die Längenmaße eingeben müssen (Abb. 76).

Die mitwirkende Plattenbreite kann nach DIN 1045 bestimmt werden. Bei der Eingabe der linken bzw. rechten mitwirkenden Plattenbreite ist die Richtung des stabeigenen Koordinatensystems zu beachten. D.h. wenn die Stäbe in umgekehrter Richtung wie zuvor beschrieben abgesetzt werden, die Geometrie aber wie in Abb. 76 eingegeben wird, liegt die mitwirkende Plattenbreite außerhalb der Platte! Solche Fehler können übrigens über /KONTR/ → /P-BALK/ gefunden werden.

Parametereingabe für das Beispiel:

Querschnittsdefinition:

Querschnitt-Nr:	1	2
Bezeichnung:	UZ1	UZ2
mitwirkende Plattenbreite inks:		
	0.00	0.00
Stabbreite:	0.30	0.30
mitwirkende Plattenbreite rechts:		
0.40	0.65	
Stabhöhe	0.50	0.60
Plattendicke	0.20	0.18
/TORS/	ein	ein

Abb. 76: Eingabemaske für die Plattenbalkengeometrie

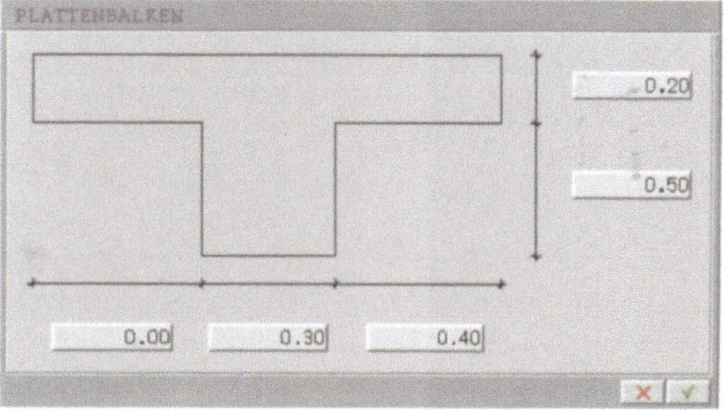

Parametereingabe für das Beispiel:

Bewehrungsdefinition der Stäbe:

BWB-Nr:	1	2
Beton:	B25	B25
Stahl:	500	500
D1 oben:	0.03	0.03
D2 unten:	0.03	0.03

Beim Verlassen der Eingabemaske über /3/ oder /OK/ werden die Flächen und Trägheitsmomente automatisch berechnet und im oberen Menü aktualisiert.

In der oberen Menüleiste befindet sich der Kippschalter /TORS/. Damit können Sie wählen, ob für die Berechnung die Stabtorsion berücksichtigt werden soll oder nicht. Wenn Sie /*AUS*/ anwählen, wird das Trägheitsmoment $I_x = 0$ gesetzt.

Sie können dem neu definierten Träger noch einen Namen geben, indem Sie das Feld /BEZEICHNUNG/ anklicken und den Namen, z.B. „UZ 1" für den Stab mit der Querschnittsnummer 1, eintippen.

Eine automatisierte Eingabe der Flächen und Trägheitsmomente ist auch für Stahlbauprofile möglich. Klicken Sie dafür /PROFIL/ an und geben Sie die Profilbezeichnung, z.B. U200 über die Tastatur ein, um die Werte zu aktualisieren. Im Feld /BEZEICHNUNG/ wird außerdem automatisch die Profilbezeichnung eingetragen.

Ist die Definition eines Querschnitts abgschlossen, speichern Sie den Datensatz über /SICHERN/ rechts unten am Bildschirm. /DEF/ wird dabei automatisch verlassen. Über /LOESCHEN/ (nicht /LOESCH/!) können Sie in /DEF/ einen Datensatz löschen. Verlassen Sie /DEF/ nach einer Änderung, ohne gesichert zu haben, erfolgt eine Sicherheitsabfrage. Es können also keine Eingaben versehentlich verloren gehen.

Sollten Sie die Querschnittsnummer eines Stabs ändern wollen, wählen Sie einfach in /QUEDEF/ über /QUE-NR/ die zu vergebende Nummer an und wählen dann /ZUWEIS/. Alle Stabelemente, die Sie nun aktivieren, bekommen die neue Querschnittsnummer und damit eine andere Querschnittsdefinition zugewiesen.

Definieren Sie die drei Unterzüge des Übungsbeispiels auf die beschriebene Weise mit den auf der vorigen Seite angegebenen Parametern. Wenn dies geschehen ist, fehlt zur vollständigen Stabdefinition nur noch die Eingabe der Bewehrungsparameter. Verlassen Sie dazu /QUEDEF/ und aktivieren Sie /BEWDEF/, ebenfalls auf der zweiten Seite von /PL/.

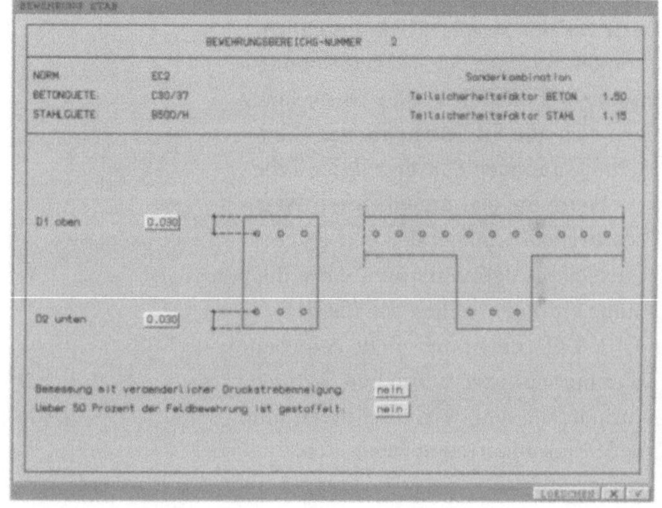

Abb. 77: Eingabemaske für die Stabbewehrung bei Berechnung nach Eurocode

Stellen Sie zunächst die Beton- und die Stahlgüte im oberen Menü ein. Wählen Sie dann /STAB/. Im Teilbild werden die den Stabelementen zugewiesenen Bewehrungsbereichsnummern eingeblendet. Wählen Sie eine Bewehrungsbereichsnummer und aktivieren Sie /DEF/. Es öffnet sich eine Eingabemaske (Abb. 77). Geben Sie die nebenstehend aufgeführten Parameter ein und verlassen Sie die Maske über /3/ oder /OK/.

Die Eingabemaske (Abb. 77) kann unterschiedliche Kennwerte beinhalten, je nachdem, welche Norm der Bemessung zugrunde liegen soll. Wählen Sie /PL/ → /3/ → /STWDEF/ → /BEMESSUNG/, um die Bemessungsnorm auszuwählen. Bei Bemessung nach Eurocode sind außerdem in /BEWDEF/ im oberen Menü zusätzliche Eingabefelder für Teilsicherheitsbeiwerte auszufüllen.

Diese Nummer ist völlig unabhängig von der Bewehrungsbereichsnummer der Stäbe! Alle Elemente sollten jetzt die Bewehrungsbereichsnummer 1 haben. Wenn nicht, wählen Sie über /BWB-NR/ die „1" aus und klicken Sie /ZUWEIS/ an. Aktivieren Sie nun die komplette Deckenplatte über /2/ → /2/. Damit haben Sie allen Elementen der Platte die Bewehrungsbereichsnummer 1 zugewiesen.

Wählen Sie nun /BWB-NR/ 2 und /ZUWEIS/ und stellen Sie den Systemwinkel auf 30° ein. Aktivieren Sie den in Abb. 78 gezeigten Bereich, um die Nr. 2 zuzuweisen.

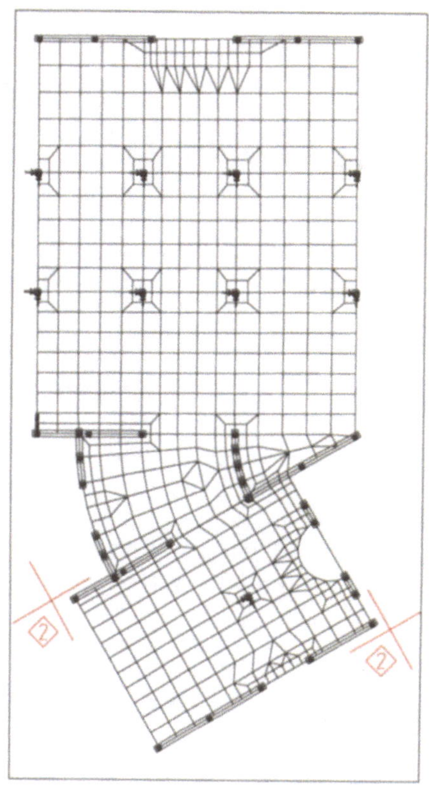

Abb. 78: Zuweisen des Bewehrungsbereichs 2

Bewehrungsbereiche der Platte

Verlassen Sie, wenn Sie die Bewehrungsparameter für die Stäbe eingegeben haben, /STAB/ über /4/. Sie befinden sich noch immer in /BEWDEF/. Hier können die Bewehrungsparameter nicht nur für Stäbe, sondern auch für die Platte erstellt werden, indem Sie im oberen Menü /PLATT/ anwählen (nicht verwechseln mit /PLATT/ auf der 1. Seite von /PL/!). Für jedes Plattenelement wird nun die zugehörige Bewehrungsbereichsnummer eingeblendet (Abb. 79).

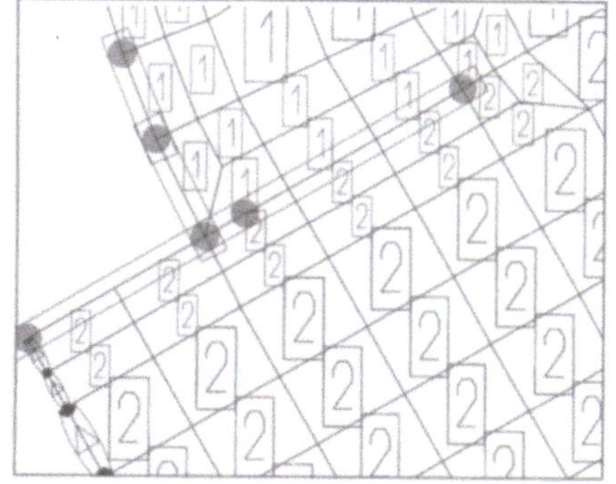

Abb. 79: Zu jedem Plattenelement wird die Bewehrungsbereichsnummer eingeblendet

Parametereingabe für das Beispiel:

Bewehrungsdefinition der Platte:

BWB-Nr:	1	2
Beton:	B25	B25
Stahl:	500	500
Druckbewehrung:	nein	nein
PHI oben:	0.0	30.0
PSI oben:	90.0	90.0
D1 in ETA oben:	0.03	0.03
D1 in XSI oben:	0.03	0.03
D2 in XSI unten:	0.03	0.03
D2 in ETA unten:	0.03	0.03
PHI unten:	0.0	30.0
PSI unten:	90.0	90.0
K-Wert	1.00	1.00

Definition der Bewehrungsparameter

Die zugewiesenen Bewehrungsbereiche müssen nun noch definiert werden. Wählen Sie zu diesem Zweck /BWB-NR/ 1 und aktivieren Sie /DEF/ im oberen Menü. Es öffnet sich die in Abb.80 gezeigte Eingabemaske. Tragen Sie die nebenstehend aufgeführten Maße ein, indem Sie das jeweilige Feld anklicken und den Zahlenwert eingeben. Verlassen Sie die Maske über /3/ oder /OK/. Definieren Sie auf entsprechende Weise die Bewehrungsparameter des Bereichs 2.

Ein anderer Weg, Bewehrungsbereiche zuzuordnen, führt über /ELEMOD/ auf Seite 2 von /PL/. Nach dem Anklicken von /ELEMOD/ wählen Sie aus dem Pulldown-Menü aus, welche Art von Elementen - Stäbe oder Platten - Sie modifizieren wollen. Im oberen Menü erscheinen die Parameter, die Sie verändern können: Bei Platten sind dies Materialnummer, Dicke, Bettungsmodul und Bewehrungsbereichsnummer. Dabei ist jeweila das Feld aktiviert, das beim letzten Aufruf zuletzt benutzt wurde. Alle Elemente im Teilbild sind mit dem entsprechenden Wert gekennzeichnet.

Ändern Sie z.B. die Plattendicke im Bewehrungsbereich 2 auf d=0,18m. Nach Anklicken von /ELEMOD/ → /PLATT/ → /DICKE/ wird für jedes Plattenelement die aktuelle Dicke eingeblendet. Klicken Sie ein zweites Mal /DICKE/ an, sodaß in der Dialogzeile die Eingabeaufforderung erscheint und tippen Sie die Materialstärke ein. Aktivieren Sie nun den BWB 2 wie in Abb.78 dargestellt (Systemwinkel =30°). Die im Teilbild eingeblendeten Werte ändern sich entsprechend (Abb. 81)

Damit ist die Deckenplatte weitgehend für die Berechnung vorbereitet. Nun noch einige Worte zu zwei Menüpunkten, die bis jetzt nicht erwähnt wurden: /KNODEF/ und /GELDEF/ auf der zweiten Menüseite von /PL/. Über diese beiden Funktionen können Sie die Freiheitsgrade einzelner Netzknoten bzw. Stabgelenke

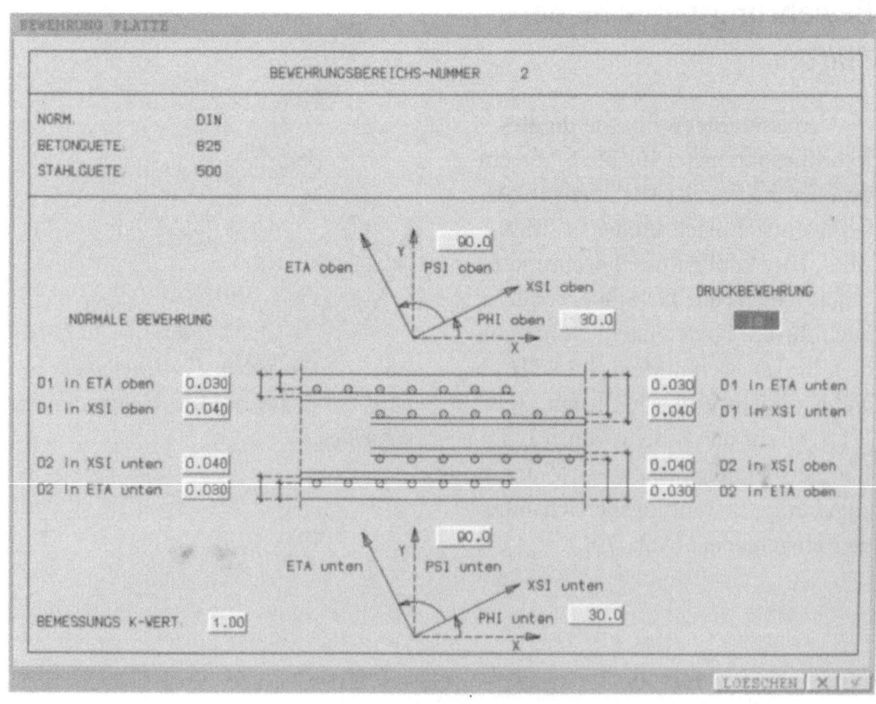

Abb. 80: Eingabemaske für Bewehrungsparameter von Platten

definieren, wenn die Definitionsmöglichkeiten der Funktionen /STAB/, /FEDER/ und /LINLAG/ nicht ausreichen sollten. Stellen Sie dazu die gewünschten Festhaltungen im oberen Menü ein und klicken Sie anschließend alle Knoten bzw. Gelenke an, die Sie modifizieren wollen. Im vorliegenden Beispiel ist keine derartige Definition erforderlich.

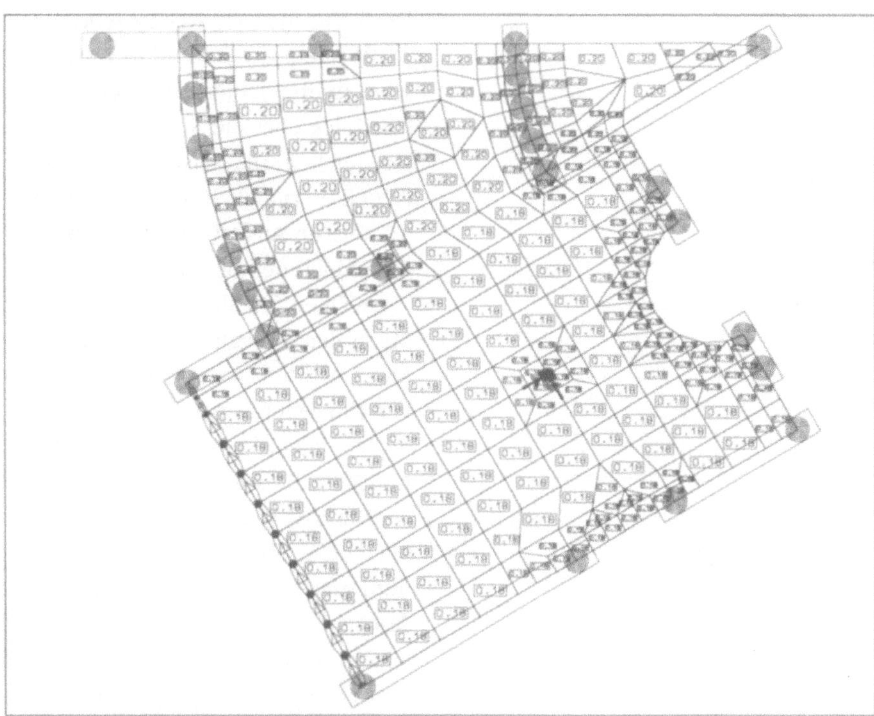

Abb. 81: Anzeige der Elementdicke nach dem Ändern

Bei Definition von starren Knotenfesthaltungen können für die betreffenden Knoten keine Auflagerreaktionen ausgegeben werden. Wird deren Ausgabe gewünscht, geben Sie statt der starren Festhaltungen Federn mit hohen Federkonstanten ein (z.B. C=1E10).

Auflagerkontrolle

Seit der letzten Systemkontrolle sind Auflager und Stäbe hinzugekommen. Diese sollten noch auf Fehler kontrolliert werden, vor allem, wenn mit Modifikationsfunktionen gearbeitet wurde.

Aktivieren Sie dafür /KONTR/. Relevant sind jetzt die Kontrollfunktionen /AUFLAG/, /LINGEO/ und /P-BALK/. Zu deren Funktionsweise vergleichen Sie bitte die BASICS auf Seite 194.

Grafische Ausgabe des Systems

Je komplexer ein FEM-System wird, desto leichter kann der Überblick über die Systemdaten verloren gehen. Der Ausgabeteil von ALLFEM ermöglicht eine detaillierte graphische Ausgabe des Systems mit individuell definierbarer Beschriftung.

Wählen Sie über /AU/ im linken Menü den Ausgabeteil. Im unteren Menü erhalten Sie nun eine Auswahl verschiedener Darstellungsinhalte: Systemdaten, Lastdaten und Berechnungsergebnisse.

Die Systemgraphiken erstellen Sie über /SYSTEM/ (Last- und Berechnungsdaten liegen ja noch nicht vor). Je nachdem, welche Einstellung beim letzten Aufruf verwendet wurde, wird nun entweder eine graphische Darstellung der Deckenplatte eingeblendet (u.U. mit Beschriftungen) oder aber eine Eingabemaske.

Wenn Sie die Maske auf dem Bildschirm haben, klicken Sie oben links auf /ANZEIGE/. Sehen Sie dagegen eine Graphik oder bleibt der Bildschirm leer, überprüfen Sie, ob unter /MODUS/ im oberen Menü /AUSGABE/ eingestellt ist. Wenn ja, schalten Sie ebenfalls um auf /ANZEIGE/.

Sie können jetzt über das obere Menü wählen, mit welcher Beschriftung das System ausgegeben werden soll. Klicken Sie ein Systemelement an (Platte, Stab, Auflager usw.), um aus der sich öffnenden Liste eine Beschriftungsart (Elementnummer, Material-Nummer, Plattendicke usw.) auszuwählen. Einen Überblick über die Beschriftungsmöglichkeiten gibt Ihnen die nebenstehende BASICS-Tabelle.

Wenn alle Parameter auf /*AUS*/ stehen, sehen Sie auf dem Bildschirm das System genau so wie zuletzt das Teilbild im Programmteil /PL/. Zusätzlich ist es umgeben von einem Planrahmen mit Legende. Beschriften Sie das System nun mit den Nummern der Plattenelemente, indem Sie /PLAT-B/ ⟶ /ELE-NR/ anklicken. Der Bildschirm wird mit der Beschriftung neu aufgebaut (Abb. 82). Auf entsprechende Weise können alle anderen Beschriftungen ausgewählt werden. Die Plotgestaltung (Zeichnungshöhe/-breite, Planrahmen usw.) kann nach Verlassen von /SYSTEM/ in /PLODEF/ auf der zweiten Seite von /AU/ eingestellt werden.

Ausdrucken der Systemdarstellung

Um einen Ausdruck der Systemdarstellung zu erhalten, gibt es wie in allen ALLPLOT-Modulen zwei Wege. Entweder Sie erstellen innerhalb von /SYSTEM/ einen Bildschirmausdruck über /PL-ZEI/ im oberen Menü (analog zu /T-ZEI/).

B A S I C S

Beschriftungsparameter in /AU/ ⟶ /SYSTEM/

/PLAT-B/	Plattenbeschriftung		
		/ELE-NR/	Elementnummern
		/MAT-NR/	Material-Nummern
		/DICKE/	Plattendicke
		/BETT-M/	Bettungsmodul
		/BWB-NR/	Bewehrungsbereichsnummern
/SCHE-B/	Scheibenbeschriftung		
		/ELE-NR/	Elementnummern
		/MAT-NR/	Material-Nummern
		/DICKE/	Plattendicke
		/BWB-NR/	Bewehrungsbereichsnummern
/STAB-B/	Stabbeschriftung		
		/ELE-NR/	Elementnummern
		/MAT-NR/	Material-Nummern
		/QUE-NR/	Querschnittsnummern
		/BWB-NR/	Bewehrungsbereichsnummern
/E-AL-B/	Beschriftung der elastischen Auflager		
		/ELE-NR/	Elementnummern
		/KNO-NR/	Knotennummern
		/C-KONS/	Federkonstanten
/KNOT-B/	Knotenbeschriftung		
		/KNO-NR/	Knotennummern

PROJEKT Faszination Bauen	Seite 1
Position	

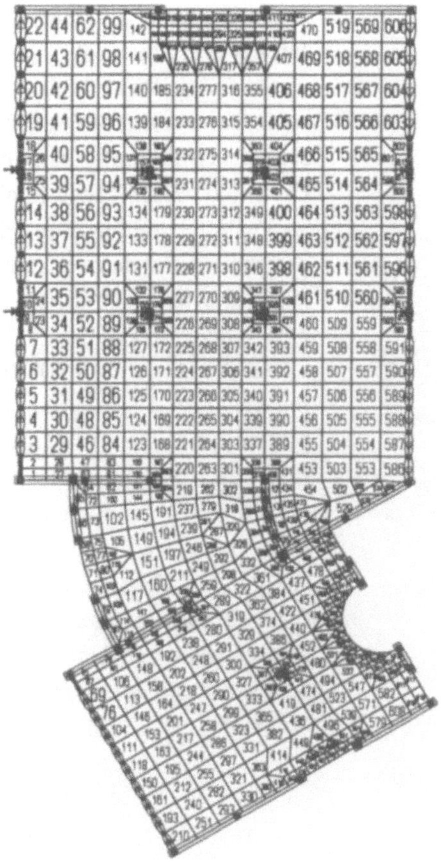

SYSTEM DER PLATTE   Masstab 1 250   1m = ⟼

Element	Darstellung	Beschriftung
Platte	normal	Elementnummer
Stab	normal	----
elast. Auflager	• C-SENK ➝ C C-DREH	----
starre Auflager	▪ X = RX ‖ RY	----

h/b = 210/175   Nemetschek

Abb. 82: Ausdruck des Systems mit Nummern der Plattenelemente

Wenn Sie nicht das gewünschte Druckergebnis erhalten, überprüfen Sie folgende Punkte:

Der Ausdruck wird am Rand abgeschnitten:

- Übersteigt die Zeichnungsgröße die Blattgröße? Ändern Sie eine der beiden Einstellungen über /PLODEF/ bzw. /PLOT/.
- Ist die Lageoptimierung nicht eingeschaltet? . Aktivieren Sie sie über /PLOT/ ⟶ /PLADEF/.

Es wird nur eine Datei ausgedruckt, obwohl Sie mehrere abgeschickt haben:

- Ist Endmove auf "Anfang" eingestellt? Schalten Sie über /PLOT/ ⟶ /PLADEF/ auf "Stapel" um.

Die zweite Möglichkeit ist das Abspeichern von Plot-Dateien, die Sie jederzeit später aufrufen und plotten können. Hierzu geben Sie unter /PL/ die Nummer des Plots ein (oder belassen die vorgeschlagene) und speichern ihn über /SICHERN/, rechts unten am Bildschirm, ab.

Auf diese Weise können unterschiedliche Ausgabedateien unter verschiedenen Plotnummern abgespeichert und anschließend in einem Zug ausgeplottet werden. Zum Plotten der gesicherten Dateien verlassen Sie /SYSTEM/ und blättern Sie auf die zweite Seite von /AU/.

Klicken Sie nun /PLOT/ im unteren Menü an. Die Auswahl der zu plottenden Dateien erfolgt über /P-AUSW/ im oberen Menü. Aktivieren Sie in der Liste alle Dateien, die ausgedruckt werden sollen, und bestätigen Sie die Auswahl. Wenn das Papierformat richtig eingestellt ist (oberes Menü), schicken Sie den Druckauftrag über /PLOT/ im oberen Menü ab.

TIPS

Wenn Sie mehrere Plots auf einem Blatt plazieren wollen, wählen Sie die Zeichnungsgröße so, daß alle Plots auf ein Blatt passen. Für zwei Ausdrucke auf einem A3-Blatt stellen Sie also das Zeichnungsformat A4 ein. ALLFEM ordnet die Ausdrucke automatisch an.
Geben Sie bei Endlospapier keine zu große Blattlänge an, da sonst alle Plots nebeneinander plaziert werden.

Ausschnitte definieren

Bei großen FEM-Systemen ist der Ausdruck auf kleineren Papierformaten oft unleserlich, weil sich die Nummern überlagern. In solchen Fällen, oder wenn nur ein Teilbereich des Systems interessiert, drucken Sie einfach einen Ausschnitt aus. Zum Definieren des Ausschnitts wählen Sie /SYSDEF/ auf der zweiten Seite von /AU/.

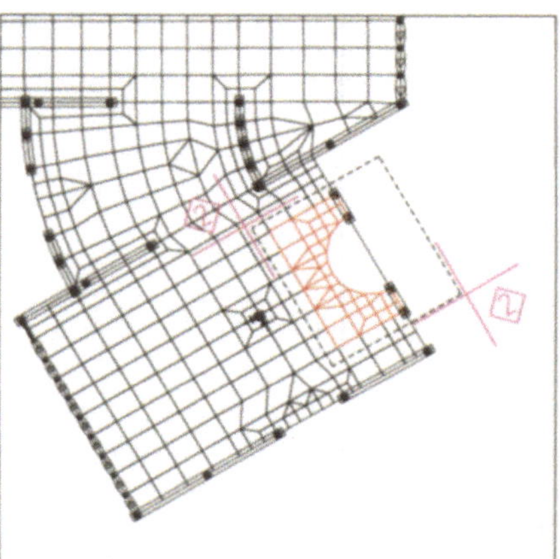

Abb. 83: Auswahl des Ausschnitts Nr. 1

Wählen Sie nun über /AUS-NR/ die Nummer, unter der Sie den Ausschnitt speichern wollen und aktivieren Sie alle zum gewünschten Ausschnitt gehörigen Elemente (Abb.83). Der Ausschnitt ist damit so lange unter der gewählten Nummer abgelegt, bis Sie ihr einen anderen Ausschnitt zuordnen.

Verlassen Sie /SYSDEF/ und wechseln Sie in /PLOMOD/. Mit dieser Funktion kann ein zuvor definierter Ausschnitt auf dem Ausdruckformular angeordnet werden. Wählen Sie die Nummer des gewünschten Ausschnitts. Er wird samt einer Systemübersicht, in der der gewählte Ausschnitt gekennzeichnet ist, im Planrahmen plaziert (Abb.84).

Nach Aktivieren von /SYS-M/ hängt der Ausschnitt am Fadenkreuz und kann mit einem Klick an jeder beliebigen Stelle des Plans plaziert werden. Außerdem kann bei aktiviertem /SYS-M/ der Darstellungsmaßstab geändert werden. Auf dieselbe Weise werden Maßstab und Lage der Übersicht über /UEB-M/ verändert (Abb.85).

Wenn Sie die ganze Platte abbilden wollen, aber mit der automatischen Anordnung nicht einverstanden sind, wählen Sie in /PLOMOD/ die Ausschnittnummer 0 und modifizieren Sie Maßstab und Lage.

Wechseln Sie nun wieder in /SYSTEM/ und wählen Sie die Nummer aus, unter der die nächste Plot-Datei gespeichert werden soll. Stellen Sie die gewünschte Beschriftungsart ein, z.B. die Knotennumerierung über /KNOT-B/ → /KNOT-NR/.

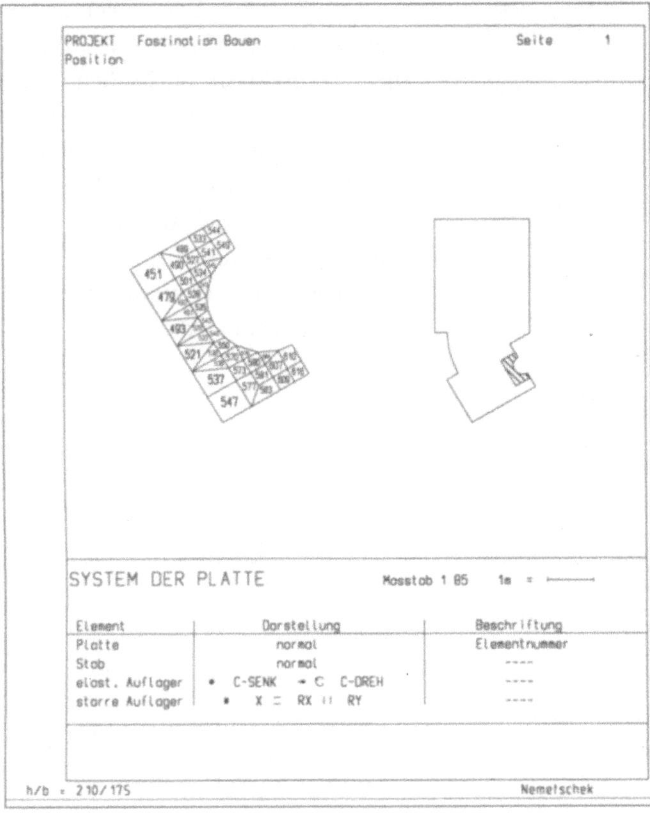

Abb. 84: Plazierung des Ausschnitts 1 durch /PLOMOD/

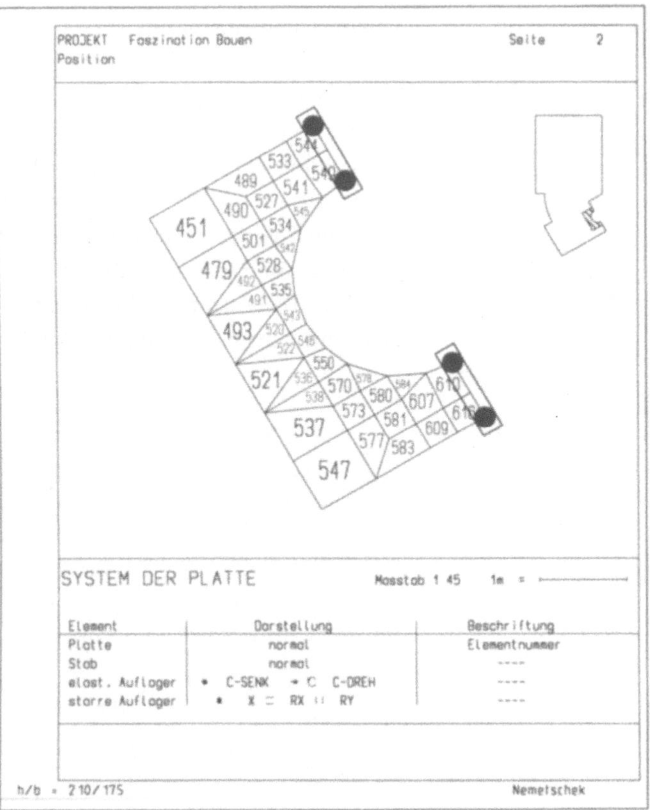

Abb. 85: Darstellung in /PLOMOD/ nach änderung von Lage und Maßstab von Ausschnitt und Übersicht

B A S I C S

Um bei der Parametereinstellung für eine Plot-Datei effektiv arbeiten zu können, ist es wichtig, deren Struktur zu kennen:

- Mit dem Sichern einer Plot-Nummer werden Beschriftung, Plotgestaltung und Systemdarstellung mitgespeichert.
- Bevor Sie in der Systemdarstellung eine Ausschnittnummer einstellen können, muß diese über /SYSDEF/ definiert sein.
- Maßstab und Lage werden unter der Ausschnittnummer gespeichert und können ebenfalls erst nach Definition der Ausschnittnummer dieser zugeordnet werden.

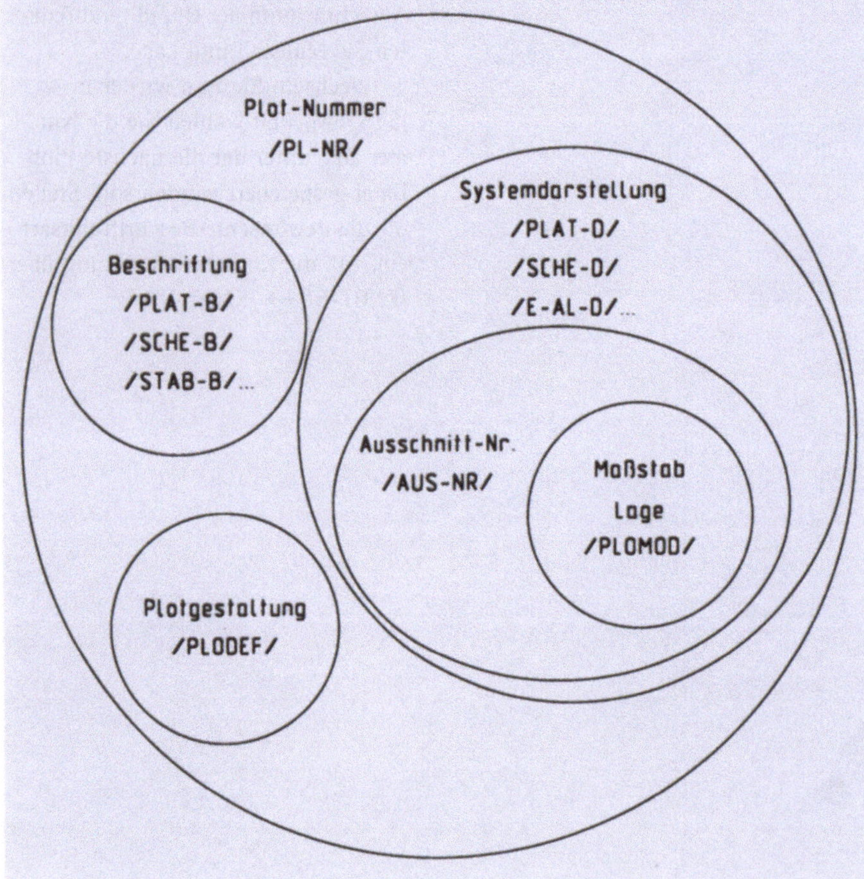

Um einer Plot-Datei einen der zuvor definierten Ausschnitte zuzuordnen, wechseln Sie auf die Seite 2 von /SYSTEM/. Im oberen Menü kann nun die Systemdarstellung für die Plot-Datei gewählt werden, d.h. hier definieren Sie, welcher Ausschnitt gedruckt werden und wie die Systemelemente, also Platten, Stäbe usw. dargestellt werden sollen.

Wenn Sie beim Blättern in "Hintergrundteilbilder" statt im Menü "Systemdarstellungen" landen, wechseln Sie wieder zurück auf Seite 1 und stellen Sie unter /MODUS/ statt /AUSGABE/ die Option /ANZEIGE/ ein. Wenn Sie nun wieder auf Seite 2 blättern, sind Sie im gewünschten Menü.

Stellen Sie unter /AUS-NR/ den gewünschten Ausschnitt ein und wählen Sie die Elementdarstellungen aus. Schalten Sie z.B., da es hier nur um die Knotennummern geht, die Darstellung der Linienlager aus über /E-AL-D/ ⟶ /*AUS*/. Wenn alle Einstellungen vorgenommen sind, sichern Sie die Plot-Datei über /SICHERN/. Der Ausdruck dieser Datei sieht nun aus wie in Abb. 86 gezeigt.

Achten Sie darauf, immer abschließend die Datei zu sichern, bevor Sie plotten. Dies wird leicht vergessen!
Beim Plotten selbst vergessen Sie nicht, zuvor die Plot-Auswahl zu treffen. Sonst wird die zuletzt eingestellte (oft umfangreiche) Auswahl gedruckt, ohne daß der neu definierte Plot dabei ist!

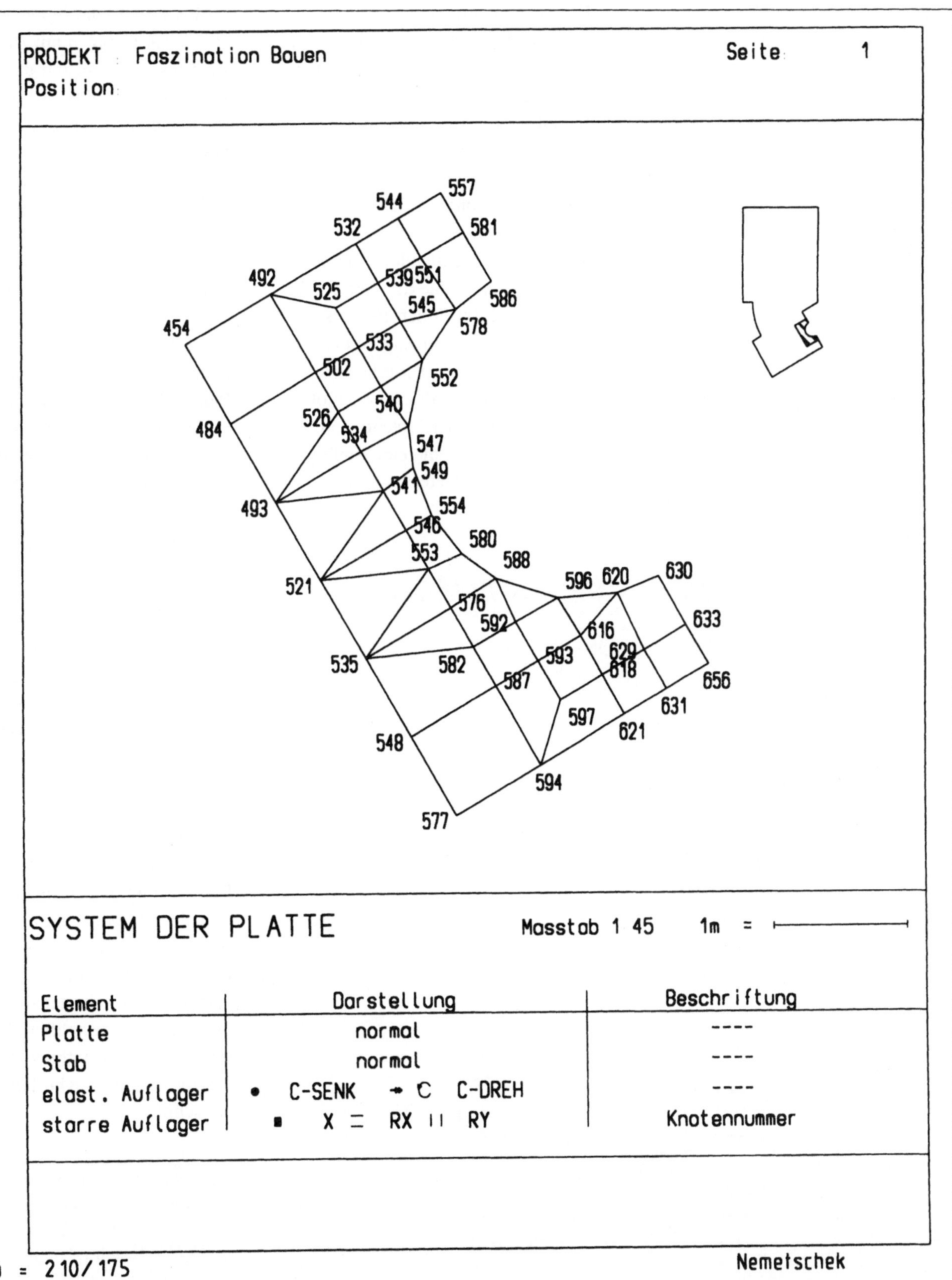

Abb. 86: Der fertige Plot von Ausschnitt 1 mit Beschriftung der Knotennummern und ohne Auflagerdarstellung

Der Listenmodus

Nachdem Sie jetzt bereits einige Male auf den /MODUS/-Schalter in /SYSTEM/ gestoßen sind, ohne erfahren zu haben, welchem Zweck er dient, wird es Zeit, das Geheimnis zu lüften. Aktivieren Sie /SYSTEM/ und stellen Sie einmal /MODUS/ auf /LISTE/ um. Es wird eine große Eingabemaske eingeblendet (Abb. 87).

Damit haben Sie die Möglichkeit, alle PLOT-Definitionen für verschiedene Plots in einem Zug zu definieren. In der Mitte der Maske sehen Sie die Plot-Liste. In Abb. 87 ist Plot Nummer 1 aktiviert. Rechts von der Plotnummer sind die eingestellten Beschriftungsparameter aufgelistet.

Bei Plot 1 sind in der Abbildung alle Beschriftungen auf /*AUS*/ gestellt. Es wird also nur das FEM-.System ohne jede Beschriftung dargestellt. Wenn sie das System beschriften wollen, klicken Sie im oberen Teil der Maske die gewünschten Beschriftungsparameter an. Dieser Maskenteil entspricht der oberen Menüleiste auf Seite 1 im /ANZEIGE/-Modus. Ist die gewünschte Beschriftungskombination eingestellt, wählen Sie /SICHERN/. Damit werden die neuen Beschriftungsparameter für Plot 1 aktualisiert und abgespeichert. In Abb. 88 z.B. ist beim aktivierten Plot 5 /KNO-NR/ eingestellt. Nach dem Sichern springt die Markierung zur nächsten freien Plot-Nummer (hier die Nr. 6), sodaß gleich der nächste Plot definiert werden kann.

Neben den Beschriftungsparametern kann im /LISTE/-Modus auch die Systemdarstellung definiert werden. Sie ist im unteren Teil der Maske dargestellt und entspricht dem oberen Menü auf Seite 2 im /ANZEIGE/-Modus. Die Einstellung erfolgt nach demselben Muster wie zuvor: Plot-Nummer aktivieren, Darstellungskombination anklicken und /SICHERN/.

Mit /SICHERN/ werden sowohl Beschriftung und Systemdarstellung gespeichert. Es genügt also, wenn Sie beides einstellen und erst dann sichern. Die Einstellung von Plot 5 in Abb. 88 entspricht genau der für den in Abb. 85 dargestellten Plot: Beschriftung mit Knotennummern, elastische Auflager nicht dargestellt, Ausschnitt 1.

Abb. 87: Die Eingabemaske im Modus /LISTE/

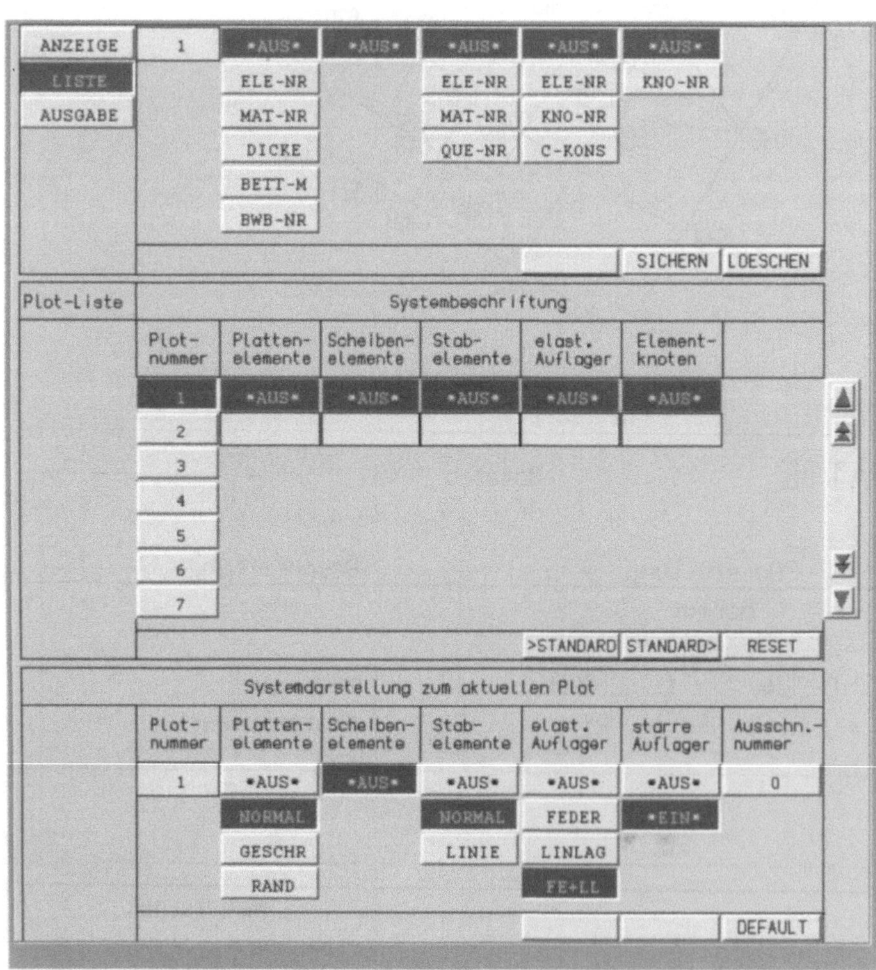

Ausschnitte müssen im /ANZEIGE/-Modus definiert worden sein, bevor sie im /LISTE/-Modus zugeordnet werden können.

Der Ausgabemodus

Als dritter und letzter möglicher Arbeitsmodus sei noch der /AUSGABE/-Modus erwähnt. Sie haben hierbei dasselbe Bild auf dem Bildschirm wie beim /ANZEIGE/-Modus. Allerdings können Sie keine Änderungen am Plot vornehmen, sondern nur bereits gesicherte Plots betrachten. Vorteil davon ist, daß das Teilbild nur von der Festplatte gelesen und nicht wie bei /ANZEIGE/ neu gerechnet werden muß. Bei komplexen FEM-Systemen ermöglicht dies einen bedeutend schnelleren Bildaufbau. Zudem können Konstruktionsteilbilder im Hintergrund eingeblendet werden.

Abb. 88: Die Eingabemaske mit aktiviertem Plot 5

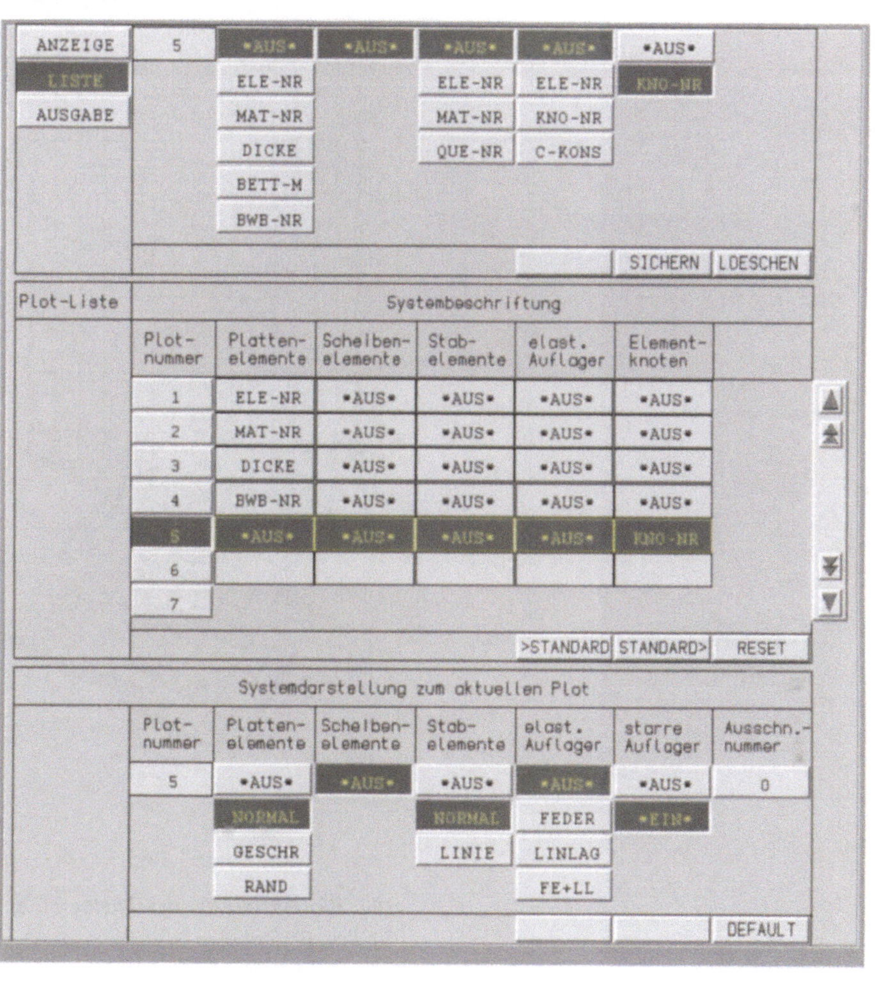

BASICS

Einstellungen im /LISTE/-Modus

/DEFAULT/
Bei Aktivieren eines neuen, noch unbelegten Plots werden die Parameter für Beschriftung und Systemdarstellung auf Standardwerte gesetzt. Über /DEFAULT/ wird die gerade aktuelle Parameterkombination als neuer Standard abgespeichert.

/RESET/
löscht die gesamte Plotliste.

/>STANDARD/
speichert die aktuelle Plotliste als Standardliste, die jederzeit wieder eingelesen werden kann.

/STANDARD>/
löscht zuerst die aktuelle Plotliste über /RESET/ und liest anschließend die Standardliste ein.
Denselben Effekt erreichen Sie über /STDLIS/ auf der 2. Seite von /AU/.

Parametereingabe für das Beispiel:

Bodenbelag

Last p	1,5 kN/m2
Schraffur	6

Verkehrslast

Last p1	3,5 kN/m2
Schraffur	5

Definieren von Lastfällen

Eingabe der Lastfälle

Eigengewichtslastfall

Zur Eingabe der Lastfälle wechseln Sie in den Programmteil /LA/. Im oberen Menü ist der Knopf /L-FALL/ bereits aktiviert und die Nummer 1 wird vom System vorgeschlagen. Bestätigen Sie diese Nummer durch Anklicken oder /↵/, um sie für den Eigengewichtslastfall zu verwenden. (Natürlich kann auch eine andere Nummer eingegeben werden.) Unter /LF-Name/ geben Sie dem Lastfall den Namen "Eigengewicht".

Wenn Sie nun den Schalter /EGW-LF/ auf Lastfall 1 stellen, ist der Eigengewichtslastfall schon fertig definiert. /EGW-LF/ nämlich legt fest, welchem Lastfall das Eigengewicht zugeordnet werden soll. Es fließt nun ohne weitere Eingabe in die Berechnung dieses Lastfalls ein. Voraussetzung dafür ist, daß bei der Netzerzeugung der Platte eine Materialnummer zugeordnet wurde.

Bodenbelag

Zum Eigengewicht des Betons soll nun noch die durch den Bodenbelag verursachte Flächenlast berücksichtigt werden. Sie kann im Eigengewichts-

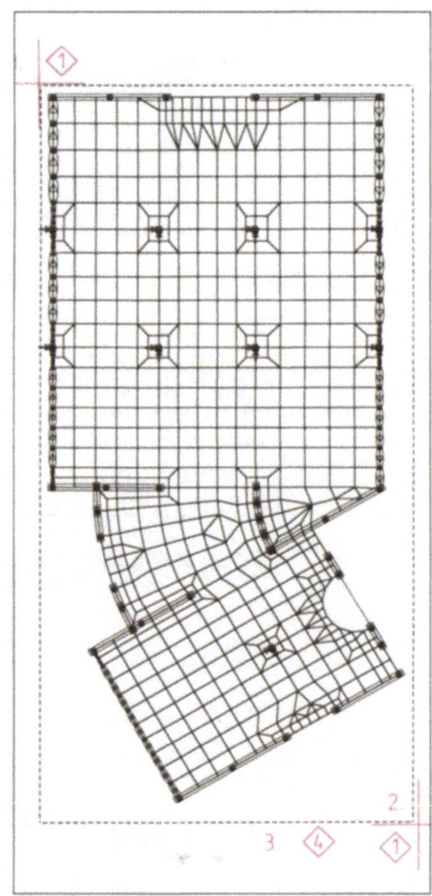

Abb. 89: Aktivieren des Lastbereichs für den Bodenbelag

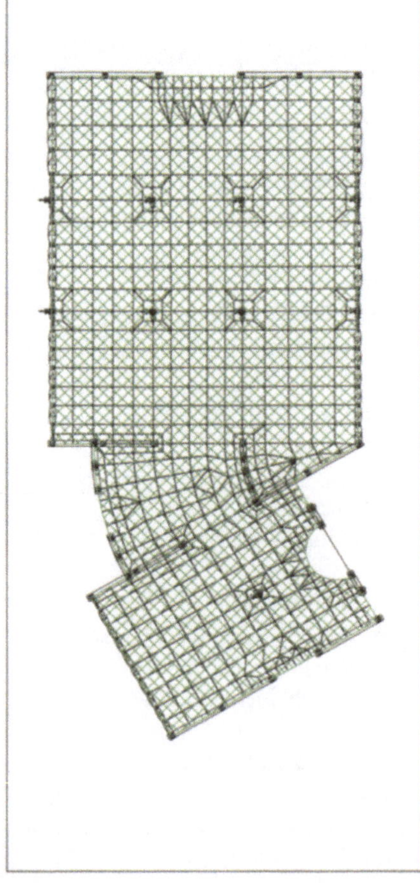

Abb. 90: Schraffierte Darstellung des Lastfalls

lastfall ergänzt werden. Aktivieren Sie dazu im unteren Menü den Knopf /FL-L/ geben Sie im oberen Menü unter /LAST/ den Betrag derLast ein und wählen Sie die für die

Darstellung gewünschte Schraffur. Aktivieren Sie nun die ganze Platte, um ihr die Last zuzuordnen (Abb.89). Sie wird schraffiert, um den belasteten Bereich darzustellen (Abb.90).

Verkehrslast p1

Die Verkehrslasten werden, soweit möglich, zu Lastfällen in Schachbrettanordnung zusammengefaßt. Abb.93 zeigt den Lastfall 2, der nun erstellt werden soll. Klicken Sie zunächst /L-FALL/ an. In der Dialogzeile wird vom System die Lastfallnummer 2 angeboten, die Sie mit /↵/ bestätigen. Geben Sie über /LF-Name/ die Bezeichnung "Verkehrslast p1" ein. Stellen Sie den Lastbetrag p1 und die Schraffurnummer ein. Nun werden die Lastfelder durch Anklicken aller Eckpunkte eingegeben. Bei rechteckigen Feldern können Sie sich natürlich darauf beschränken, zwei Diagonalpunkte anzuklicken und mit /4/ zum Rechteck zu vervollständigen. Doch Vorsicht: Nicht alle Lastfelder sind sinnvollerweise als Rechtecke einzugeben. Wichtiger ist, daß die Eckpunkte an und nicht neben den Auflagern zu liegen kommen (Abb.91)!

Für die schräg liegenden Lastfelder im unteren Deckenbereich ergibt sich das Problem, daß Eckpunkte an Stellen zu liegen kommen, an denen keine Punkte definiert sind. Stellen Sie hierfür den Systemwinkel auf 30° und setzen Sie diese Eckpunkte über die Linealfunktion mit /2/ ab (Abb.92).

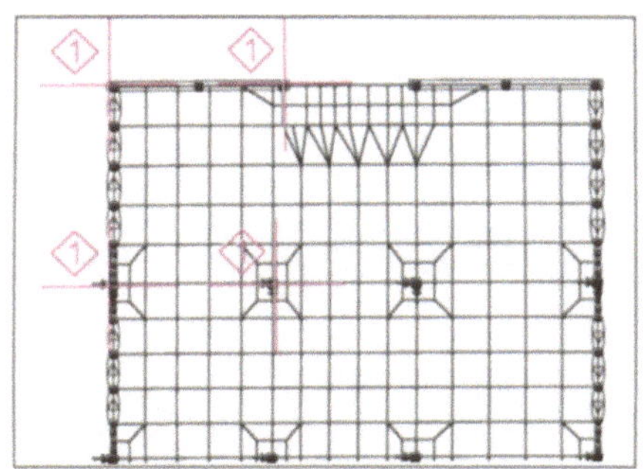

Abb. 91: Eingabe eines Lastfelds durch Anklicken der Eckpunkte

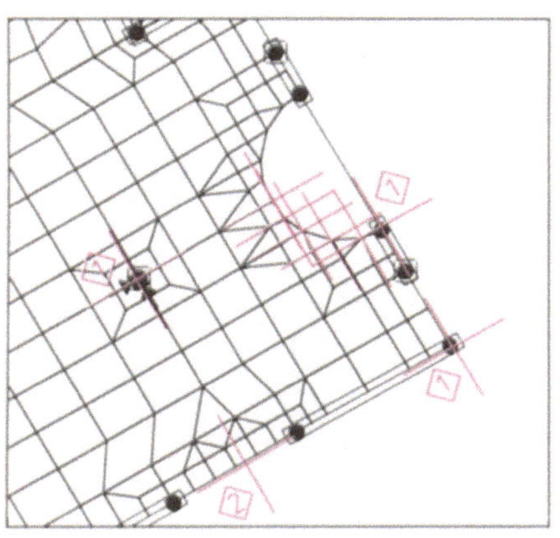

Abb. 92: Eingabe eines Lastfelds mit nicht vorgegebenem Eckpunkt

B A S I C S

Die Parameter einer bereits abgesetzten Last lassen sich über /FL-MOD/ in der Funktion /FL-L/ noch nachträglich modifizieren. Geben Sie die neuen Parameter ein und klicken Sie anschließend die zu ändernden Lastflächen an.
Über />>>/ können die Parameter einer bereits erstellten Last übernommen werden.

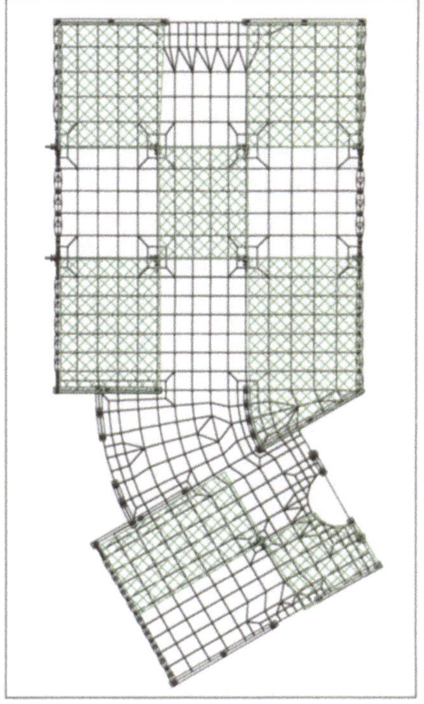

Abb. 93: Verkehrslast p1 in Schachbrettanordnung

Parametereingabe für das Beispiel:

Verkehrslast	
Last p2	3,5 kN/m2
Schraffur	5
Verkehrslast	
Last p3	3,5 kN/m2
Schraffur	5

Verkehrslast p2

Die Verkehrslast p2 soll das inverse Lastbild von p1 zeigen. Damit Sie nun nicht mühsam dieselben Eckpunkte wie beim vorangegangenen Lastfall anklicken müssen, gibt es eine speziell auf diese Anforderung zugeschnittene Funktion. Doch zunächst wechseln Sie den Lastfall durch Anklicken von /L-FALL/ und Bestätigen der Nummer 3. Geben Sie ihm den Namen "Verkehrslast p2".

Den inversen Lastfall zu p1 erzeugen Sie über /INV-L/. Es öffnet sich ein Pulldown-Menü mit allen bisher existierenden Lastfällen. Lastfall 2, der ja p1 enthält, soll invertiert werden und ist also anzuklicken. Bestätigen Sie die Dialogabfrage, ob der Lastwert übernommenwerden soll. Das Ergebnis der Operation sehen Sie in Abb.94.

Es widerspricht der Schachbrettanordnung insofern, als im Mittelbereich drei Lastfelder aneinander angrenzen. Deshalb empfiehlt es sich, das kreissegmentförmige Feld herauszunehmen und als eigenen Lastfall zu definieren.

Löschen Sie dazu die drei zusammenhängenden Lastfelder über /LOESCH/. Aktivieren Sie dabei die zu löschenden Lasten über /2/ → /2/ (Abb.95). Da sie als zusammenhängendes Feld generiert wurden, müssen sie auch in einem Zug gelöscht werden. Ergänzen Sie dann die beiden jetzt fehlenden Felder durch Anklicken ihrer Eckpunkte, sodaß das in Abb. 96 gezeigte Lastbild entsteht.

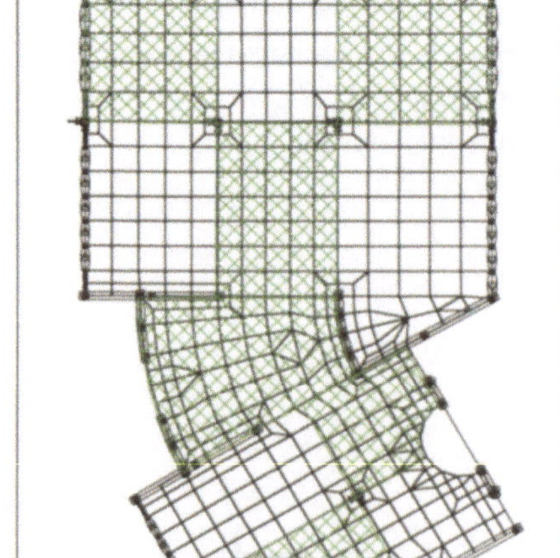

Abb.94: Das inverse Lastbild zu Lastfall 2

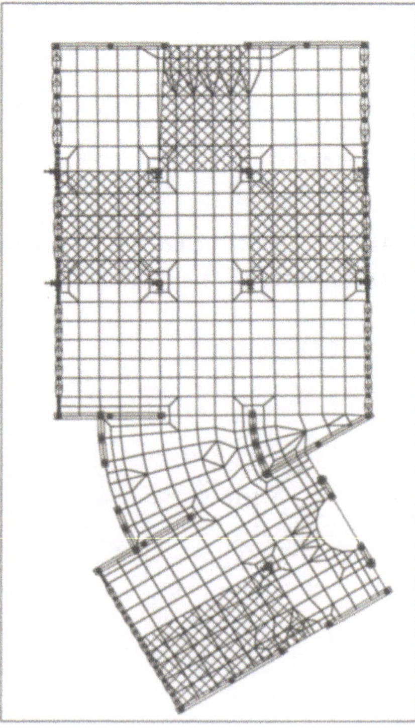

Abb.95: Dasselbe Lastbild ohne die unzulässigen Felder

Verkehrslast p3

Das zuvor entfernte Kreissegment wird nun als Lastfall 4 mit der Bezeichnung "Verkehrslast p3" definiert. Stellen Sie wieder über /L-FALL/ die Lastfallnummer ein und geben Sie den Lastfallnamen ein. Klicken Sie dann alle Eckpunkte des Kreissegments an (Abb.97).

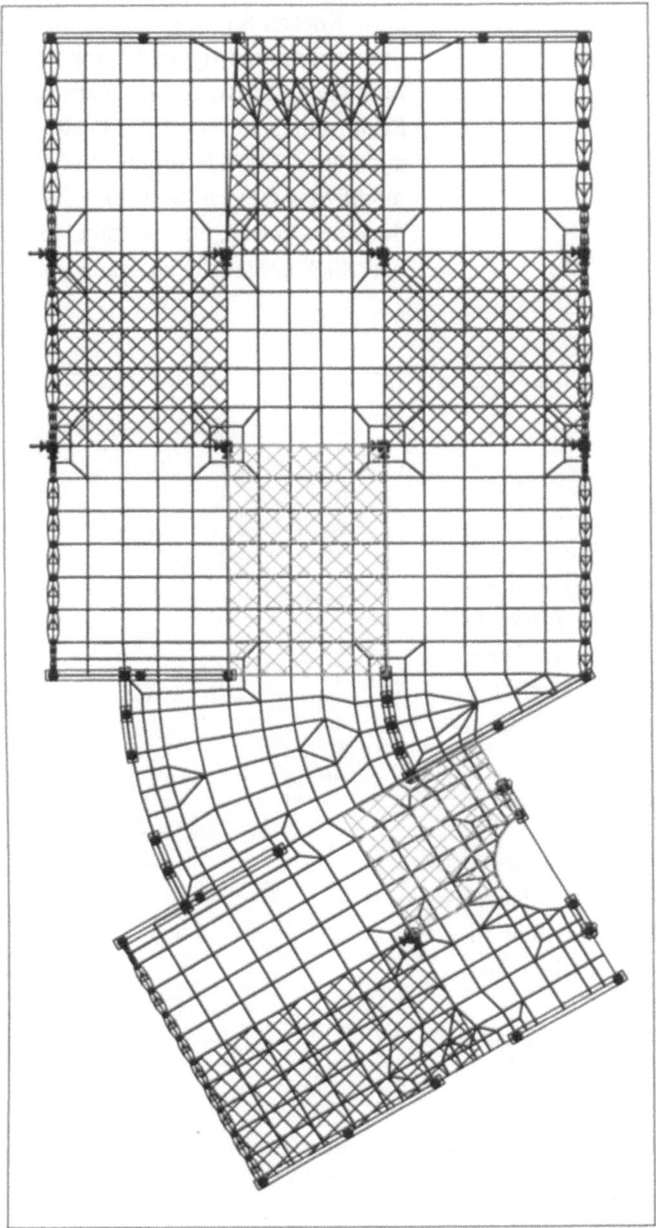

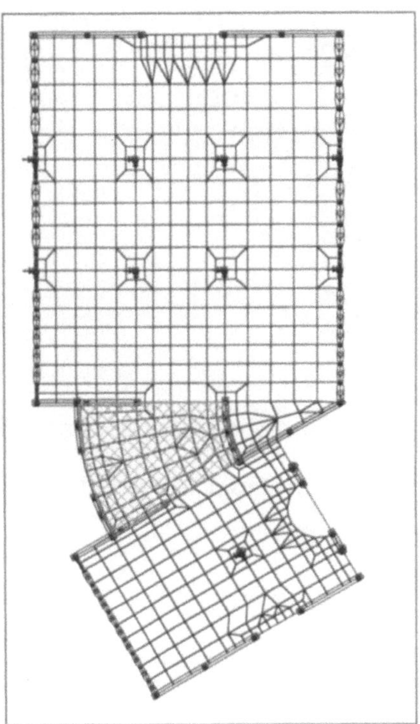

Abb. 97: Das Kreissegment als Lastfall 4

Abb. 96: Lastfall 3 "Verkehrslast p2" nach der Bearbeitung

Lastfall-Ansicht

Wenn Sie über /L-FALL/ den Lastfall wechseln, wird ausschließlich der jeweils neu angewählte Lastfall am Bildschirm dargestellt. Wollen Sie jedoch andere Lastfälle zusätzlich einblenden, schalten Sie /LF-ANS/ auf /*EIN*/. Der Effekt ist zunächst, daß alle eingegebenen Lastfälle überlagert eingeblendet werden.

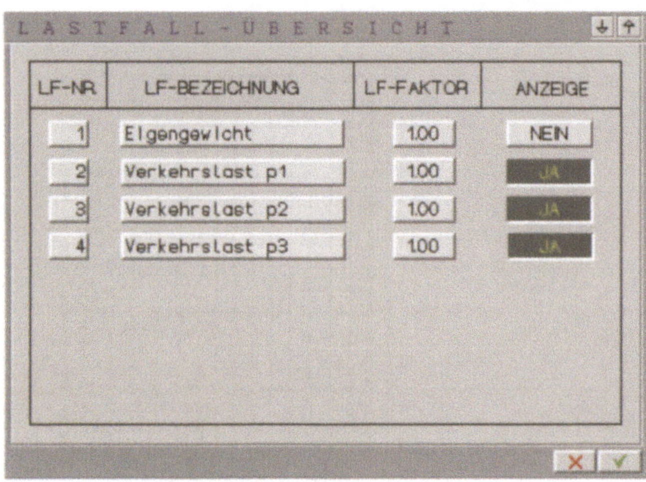

Abb.97: Die Lastfall-Übersichtsmaske

Über /LF-UEB/ können Sie nun auswählen, welche Lastfälle Sie tatsächlich sehen wollen. Es öffnet sich die in Abb.97 gezeigte Auswahlmaske. In der Spalte "Anzeige" kann durch Anklicken für jeden Lastfall zwischen "Ja" und "Nein" umgeschaltet werden. Im dargestellten Fall - alle Verkehrslasten eingeschaltet, Eigengewicht ausgeschaltet - ergibt sich die in Abb.98 gezeigte Bildschirmdarstellung. Zur besseren Unterscheidbarkeit wurde die verschiedenen Lastfälle in Abb. 98 in verschiedene Farben dargestellt.

Die Auswahl bleibt so lange gültig, bis /LF-UEB/ das nächste Mal geöffnet wird. Dann werden alle Lastfälle auf "Ja" zurückgestellt.

Beachten Sie, daß die Auswahl in /LF-UEB/ nur wirksam wird, wenn /LF-ANS/ auf /*EIN*/ steht.

Außerdem ist zu beachten, daß es nicht möglich ist, über /LF-UEB/ den gerade aktiven Lastfall auszuschalten. Die Auswahl aus Abb.97 wird also nur wirksam, wenn Sie sich nicht im Eigengewichtsfall befinden!

Daneben haben Sie in /LF-UEB/ die Möglichkeit, Namen und Lastfallfaktor der einzelnen Lastfälle zu ändern. Klicken Sie einfach das jeweilige Feld an und tippen Sie die neue Bezeichnung bzw. den geänderten Faktor ein. Natürlich kann beides auch über /L-FALL/ im oberen Menü modifiziert werden. So haben Sie jedoch den Vorteil, alle Lastfälle auf einen Blick aufgelistet zu sehen und

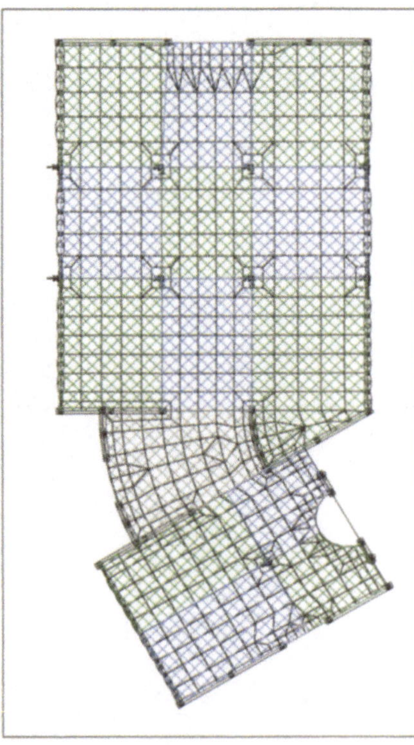

Abb. 98: Darstellung mehrerer Lastfälle zugleich über /LF-UEB/

zum Modifizieren nicht zwischen ihnen hin- und herschalten zu müssen, was jedesmal mit einem neuen Bildaufbau verbunden ist.

Maschinenlast m1

Zusätzlich zu den Verkehrslasten soll die Belastung durch eine Maschine in der Berechnung berücksichtigt werden. Der Grundriß der Maschinenlast ist in Teilbild 2902 enthalten (Abb.99). Öffnen Sie es und legen Sie es passiv in den Hintergrund.

Die Last besteht aus zwei Flächenlasten einerseits, die dem Maschinenfundament entsprechen. Andererseits treten durch den Betrieb der Maschine alternierend zwei Linienlasten auf. Da nie beide Linienlasten gleichzeitig auftreten, werden sie nicht in einem Lastfall zusammengefaßt, sondern bilden zwei getrennte Lastfälle.

Zunächst aber werden die beiden Flächenlasten definiert als Lastfall 5 "Maschinenlast m1". Wählen Sie wie zuvor die Lastfallnummer und benennen Sie den Lastfall. Wählen Sie dann /FL-L/, geben Sie Lastwert und Schraffurtyp ein. Klicken Sie nun die Diagonalenpunkte der Flächenlasten an und brechen Sie jeweils mit /4/ ab. Achten Sie dabei darauf, daß sie tatsächlich die gewünschten Punkte und nicht versehentlich knapp danebenliegende Netzknoten anklicken. Stellen Sie deshalb einen ausreichend vergrößernden Bildschirmausschnitt ein.

Lasten können völlig unabhängig von den Netzknoten abgesetzt werden. Die dadurch verursachte Lastverteilung wird intern auf die Knoten umgerechnet.

Parametereingabe für das Beispiel:

Maschinenlast	
Last m1	6 kN/m2
Schraffur	6

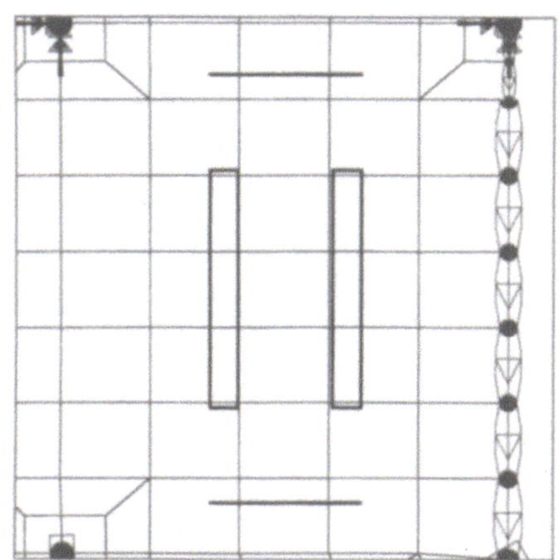

Abb.99: Grundriß der Maschinenlast

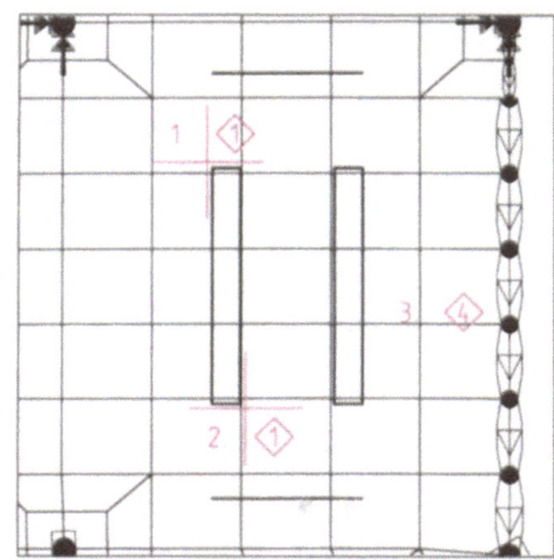

Abb.100: Anklicken der Diagonalenpunkte,,,

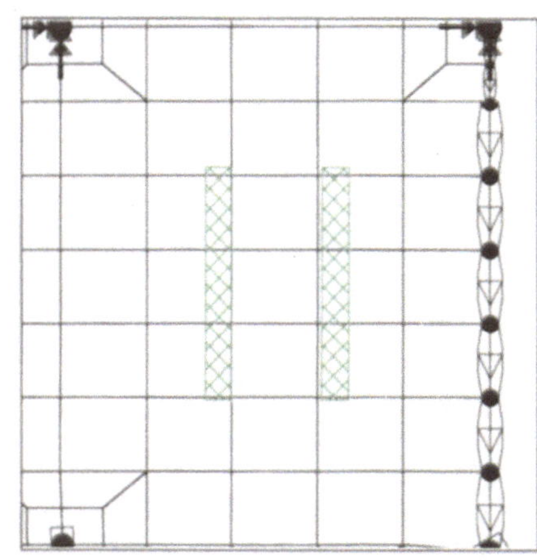

Abb.101:.. und fertige Flächenlast m 3

BASICS

Lastarten:

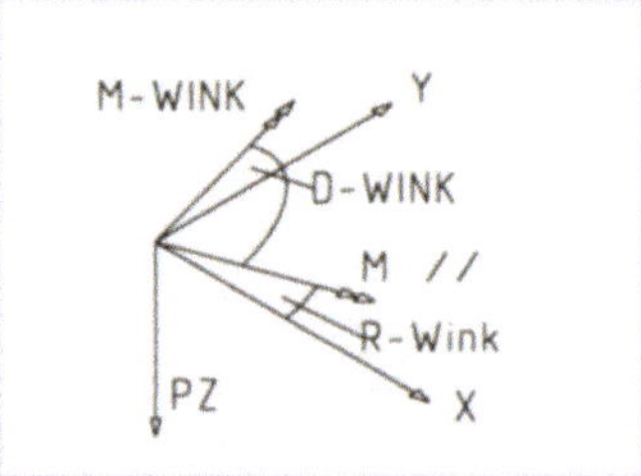

Lastart	Parameter	Beschreibung
/PKT-L/ Punktlast	**/PZ/**	bezeichnet eine Kraft in z-Richtung. Nach Eingabe des Kraftbetrags ist der Angriffsort anzuklicken.
	/M/ / **/R-WINK/**	ist ein Moment, dessen Drehachse den Richtungswinkel /R-WINK/ mit der x-Achse bildet. Nach Eingabe von Momentenbetrag und Richtungswinkel ist der Angriffsort anzuklicken.
	/M-WINK/ **/D-WINK/**	ist ein Moment, dessen Drehachse den Deltawinkel /D-WINK/ mit der Drehachse von /M // / bildet. Auch hier sind erst die Werte einzugeben, um dann den Angriffsort anzuklicken.
/LIN-L/ Linienlast	**/PZ-ANF/** **/PZ-END/**	bezeichnen Anfangs- und Endpunkt einer Linienlast. Es sind die Lasten an beiden Endpunkten anzugeben, dazwischen wird linear interpoliert. Die Lastlinie wird wie eine normale Linie durch Anklicken der End- bzw. Eckpunkte bei Polygonzügen abgesetzt.
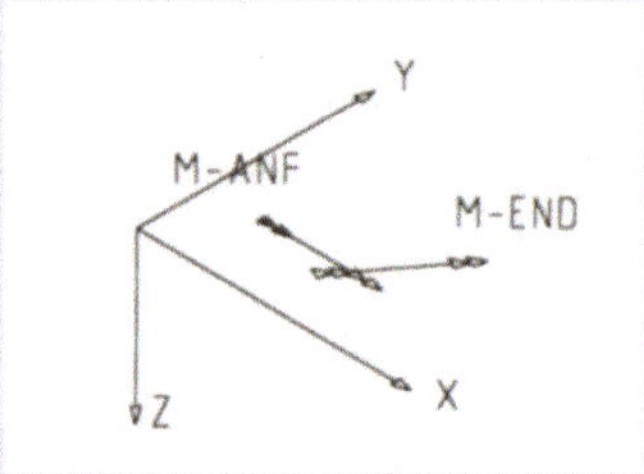	**/M-ANF/** **/M-END/**	sind Anfangs- und Endpunkt eines entlang einer Linie wirkenden Moments. Auch hier wird der Momentenbetrag zwischen den Endpunkten linear interpoliert. Absetzen der Linie durch Anklicken der End- bzw. Eckpunkte.
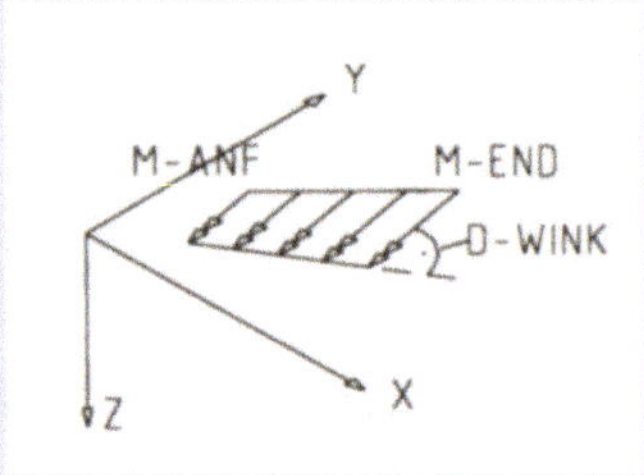	**/D-WINK/**	bezeichnet den Winkel zwischen Moment und Wirklinie.

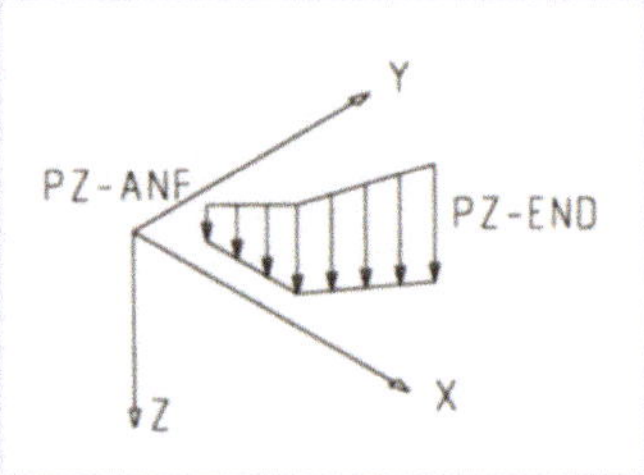

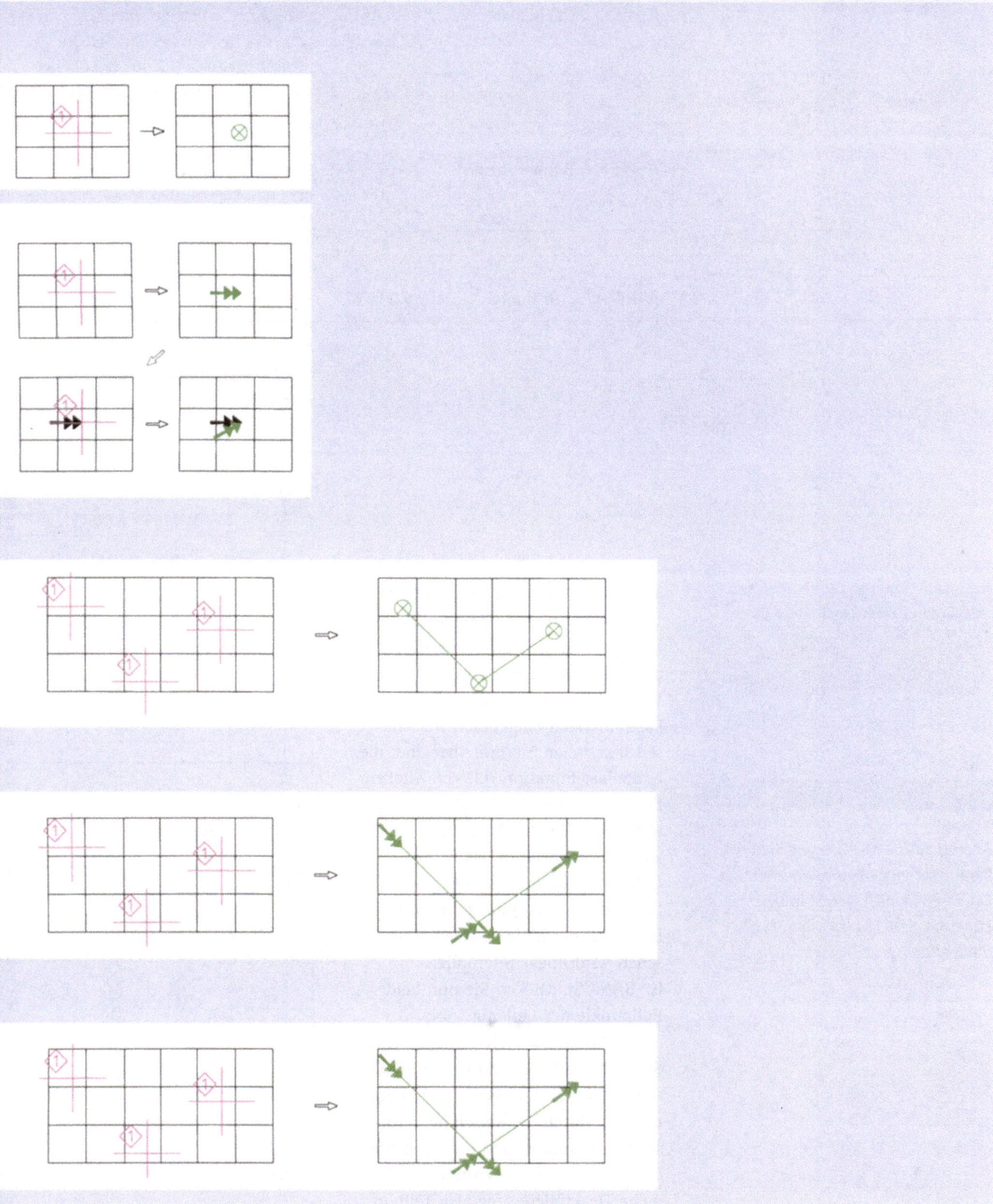

/FL-L/	Flächenlast	/LAST/ /SCHRAF/	bezeichnet eine Flächenlast. Nach Eingabe des Lastbetrags und der gewünschten Schraffur für die Darstellungkann die Lastfläche als Polygonzug abgesetzt werden.
/TEMP-L/	Temperaturlast	/T-OBEN/ /T-UNT/	sind die Temperaturen an der Elementober- und Elementunterseite. Nach Eingabe der beiden Temperaturwerte sind die jeweiligen Elemente zu aktivieren.
/VORV-L/	Verformung	/S-SENK/ /S-ROT/	sind Verformungen die für einen Lastfall definiert werden können. Alle anderen Lastfälle bleiben davon unberührt. /S-SENK/ bezeichnet eine Stützensenkung, während /S-ROT/ eine Stützkopfverdrehung erzeugt.

Parametereingabe für das Beispiel:

Last m2	2,5 kN/m
Last m3	2,5 kN/m

BASICS

Analog zu /FL-MOD/ lassen sich die Parameter einer bereits abgesetzten Linienlast über /L-MOD/ in der Funktion /LIN-L/ noch nachträglich modifizieren.

Maschinenlasten m2 und m3

Die beiden alternierenden Linienlasten geben Sie nun als Lastfall 6 und 7 ein. Auch hier wieder derselbe Ablauf: Lastfallnummer wählen und Lastfallnamen eingeben. Die Last selbst erstellen Sie nun aber über die Linienlast-Funktion /LIN-L/. Klicken Sie im unteren Menü /PZ-ANF/ an und geben Sie den Lastbetrag ein. Er wird automatisch in das Feld /PZ-END/ übertragen. Damit ist der Lastbetrag am Anfangspunkt und am Endpunkt der Linie definiert. Dazwischen wird linear interpoliert (s. BASICS). Klicken Sie nun beide Endpunkte der Linienlast an.

Verlassen Sie /LIN-L/, wechseln Sie zum Lastfall 7 und geben Sie diesen auf dieselbe Weise ein. Sie haben nun alle durch die Maschine verursachten Lasten eingetragen und brauchen den Maschinengrundriß nicht mehr. Deaktivieren Sie also Teilbild 2902 wieder.

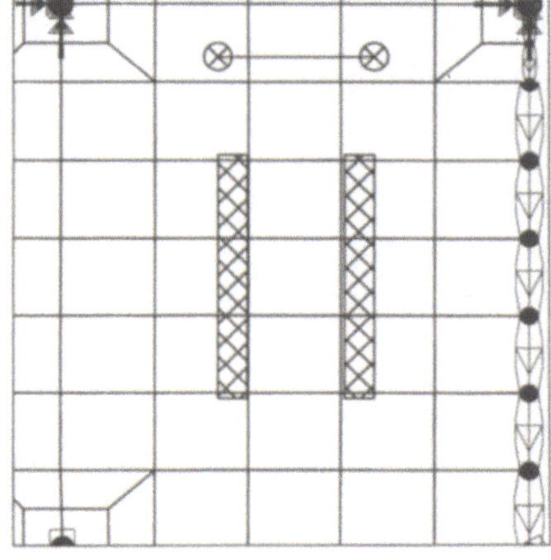

Abb. 102: Lastfall 6

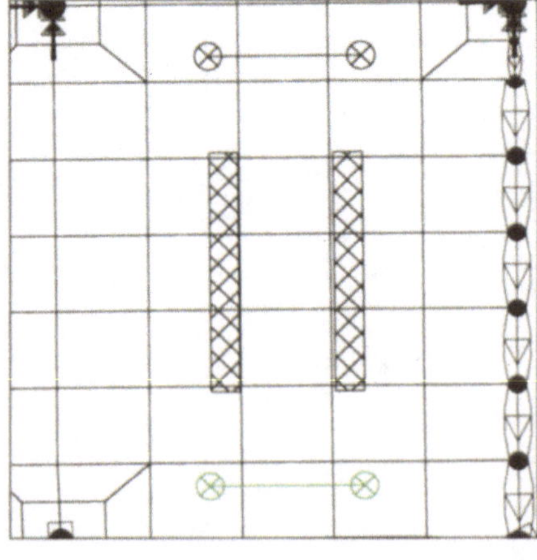

Abb. 103: Lastfall 7

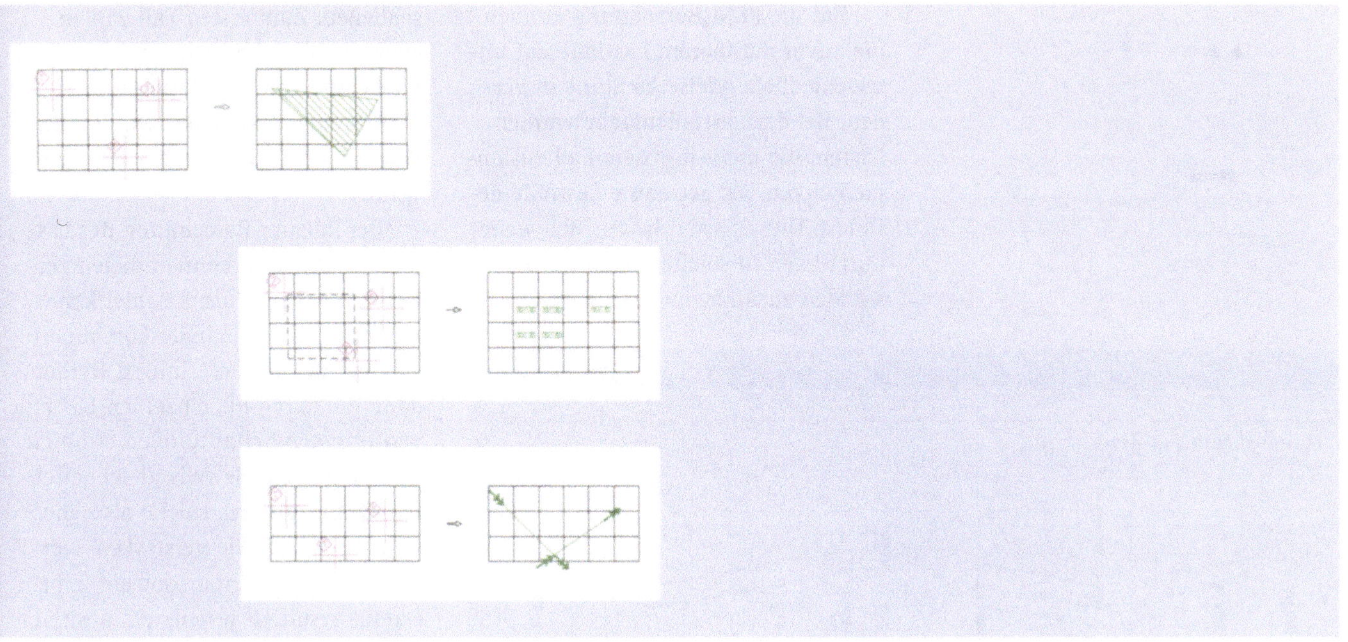

Lastfallkontrolle

Durch die Möglichkeit der Manipulation von Lasten mit den Modifikationsfunktionen des Grundmoduls kann es passieren, daß Lasten außerhalb des Plattensystems angreifen, was unzulässig ist und beim Rechnen zu Fehlermeldungen führt. Deshalb kann in ALLFEM vor dem Rechnen eine Lastkontrolle durchgeführt werden. Stellen Sie dazu den zu kontrollierenden Lastfall ein und klicken Sie auf /LF-KON/. Das System meldet Ihnen dann, ob und wenn ja, welche Lasten fehlerhaft sind.

Vom Arbeitsablauf am effektivsten ist es, wenn Sie die Lastkontrolle jeweils nach Abschluß einer Lastfalleingabe durchführen, bevor Sie den nächsten Lastfall definieren.

B A S I C S

Neben /INV-L/ gibt es zwei weitere Funktionen, die der Manipulation ganzer Lastfälle dienen:

/LF-KOP/:
Nach Aktivieren von /LF-KOP/ wählen Sie aus dem Pulldown-Menü aus, welcher bereits existierende Lastfall in den aktuellen Lastfall kopiert werden soll.

/LF-/:
Löscht den aktuellen Lastfall komplett.

B A S I C S

Auch auf Lasten sind die meisten Modifikationsfunktionen des Grundmoduls - /SPIEG/, /KOPIE/, /*MOD/ usw. - anwendbar. Blättern Sie dazu auf die zweite Seite von /AU/.
Eine Ausnahme bilden die Temperaturlasten: Da sie an die FE-Elemente gebunden sind, können sie nicht frei modifiziert werden. Sie können durch überschreiben mit /TEMP-L/ geändert werden.

Lastüberlagerung

Für die FEM-Berechnung können die zuvor definierten Lastfälle auf unterschiedliche Weise kombiniert werden. Bei der Lastfalleingabe wurden Lasten, die nicht in jedem Fall zusammenwirken, als getrennte Lastfälle definiert. Diese Lasten lassen sich weiter unterteilen in solche, die unter Umständen zusammenwirken können und solche, die sich gegenseitig ausschließen. Zum ersten Fall zählen etwa die Verkehrslasten, zum zweiten die beiden von der Maschine herrührenden Linienlasten, von denen zur selben Zeit immer nur eine wirkt.

Bei linearer Berechnung der Lastfälle (s. BASICS) können diejenigen Lastfälle, deren Zusammenwirken möglich ist, miteinander kombiniert werden. Bei der Berechnung werden dann die durch die einzelnen Lastfälle verursachten Schnittgrößen ermittelt und verglichen. Jeweils gleichgerichtete Schnittgrößen, solche also, die sich an einer Stelle verstärken, werden addiert (Superpositionsprinzip). Daraus resultiert jeweils ein positiver und ein negativer Maximalwert. Die statisch ungünstigsten Fälle werden also als Bemessungsgrundlage hergenommen.

Nicht anwendbar ist das Superpositionsprinzip dagegen bei iterativer Berechnung (s. BASICS). Hierbei werden Schnittgrößen prinzipiell für jeden Lastfall einzeln ermittelt.

Lineare Berechnung

Um das System auf lineare Berechnung einzustellen, müssen Sie /LA/ verlassen und noch einmal in den Programmteil /PL/ wechseln. Auf der zweiten Seite finden Sie im unteren Menü die Funktion /STWDEF/ (Definition der Steuerwerte). Aktivieren Sie diese und wählen Sie unter /BERECHNUNG/ die Option /LINEAR/.

BASICS

Lineare/iterative Berechnung

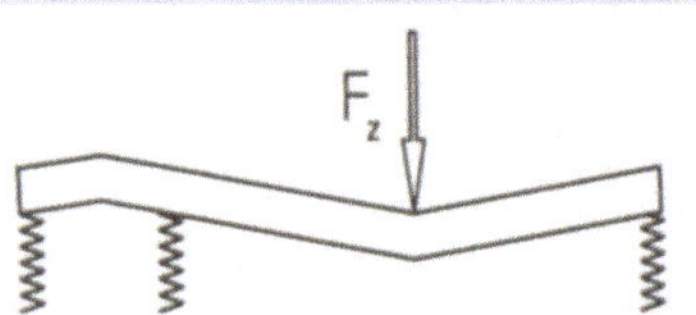

Bei linearer Berechnung eines FE-Modells wird angenommen, daß alle Auflager als Druck-/Zugfedern wirken. Dies kann bei Auflagerkonstruktionen, die keine Zugbelastung aufnehmen können, zu falschen Ergebnissen führen. Die Platte wird also im Rechenmodell anders als in der Realität verformt, da Zugfedern angenommen werden, die real nicht vorhanden sind.

Vorteil der linearen Berechnung ist jedoch, daß Lastfälle nach dem Superpositionsprinzip überlagert werden können. Man erhält also maximale Schnittgrößen für die ungünstigsten Belastungsverhältnisse.

Für lineare Berechnung wählen Sie /STWDEF/ → /BERECHNUNG/ → /LINEAR/ auf der 2.Seite von /PL/. Bei allen Federn und Linienlagern muß dafür /C-SENK/ auf /D/Z/ gestellt werden.

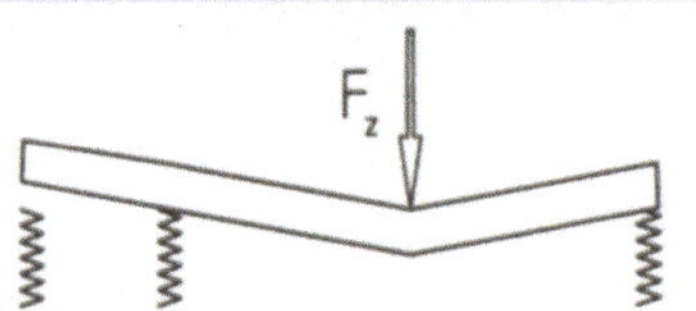

Wenn aus der FEM-Berechnung Zugfedern hervorgehen, werden diese bei iterativer Berechnung in einem zweiten Berechnungsschritt ausgeschaltet, d.h. das ganze System wird so verändert, als bestünden an diesen Stellen keine Auflager. Treten nun wieder Zugfedern auf, wiederholt sich der Vorgang so lange, bis kein Zug mehr vorkommt, bzw. bis die eingestellte maximale Zahl an Iterationsschritten erreicht wird. Dadurch wird eine realistische Verformung errechnet.

Da bei Lastfall A in einem Auflager Druck auftreten kann, in dem im Lastfall B (auszuschaltender) Zug herrscht, liegt der Berechnung für jeden Lastfall ein anderes statisches System zugrunde. Deshalb ist keine Superposition zulässig. Man erhält Schnittgrößen lediglich für jeden Lastfall getrennt.

Für iterative Berechnung wählen Sie /STWDEF/ → /BERECHNUNG/ → /ITERATIV/ auf der 2.Seite von /PL/. Außerdem muß /C-SENK/ bei allen Federn und Linienlagern auf /DRUCK/ gestellt sein!

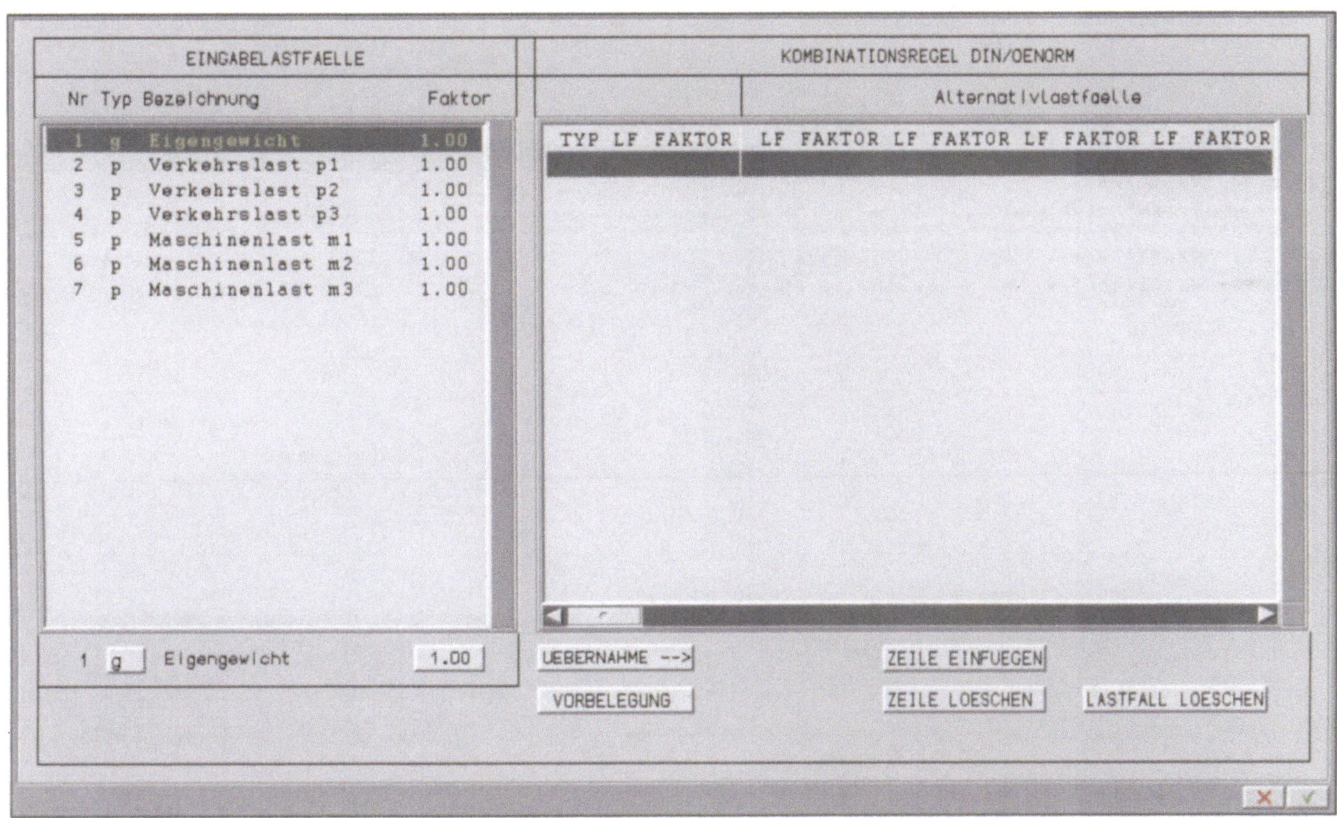

Abb. 104: Die Eingabemaske für Lastfallkombinationen bei Bemessung nach DIN/ÖNORM

Kehren Sie nun wieder zurück zu /LA/ und aktivieren Sie im oberen Menü /LF-KOMB/. Es öffnet sich, abhängig von der Bemessungsnorm, die in Abb. 104 bzw. 105 gezeigte Eingabemaske. Auf der linken Seite der Maske sehen Sie die Eingabelastfälle, d.h. es sind alle Lastfälle, die Sie zuvor eingegeben haben, mit Lastfallnummer, Lastfalltyp, Namen und Lastfallfaktor aufgeführt. Typ und Faktor des jeweils aktiv gesetzten Lastfalls können in den beiden unterhalb der entsprechenden Spalte stehenden Feldern noch geändert werden. Auf der rechten Seite der Maske befindet sich die Kombinationstabelle, die jetzt noch leer ist.

B A S I C S

Lastfalltypen:
Je nach Norm werden bis zu drei Lastfalltypen unterschieden

Lastfallart	DIN/ÖNORM	Eurocode
Ständige Lastfälle (z.B. Eigengewicht)	g	g
Veränderliche Lastfälle (z.B. Verkehrslasten)	p	q
Außergewöhnliche Lastfälle (z.B. Anprall, nur bei Eurocode)	--	a

Ständige Lasten werden bei der Lastfallkombination immer berücksichtigt, während veränderliche Lasten nur dann einfließen, wenn sie ungünstig wirken.

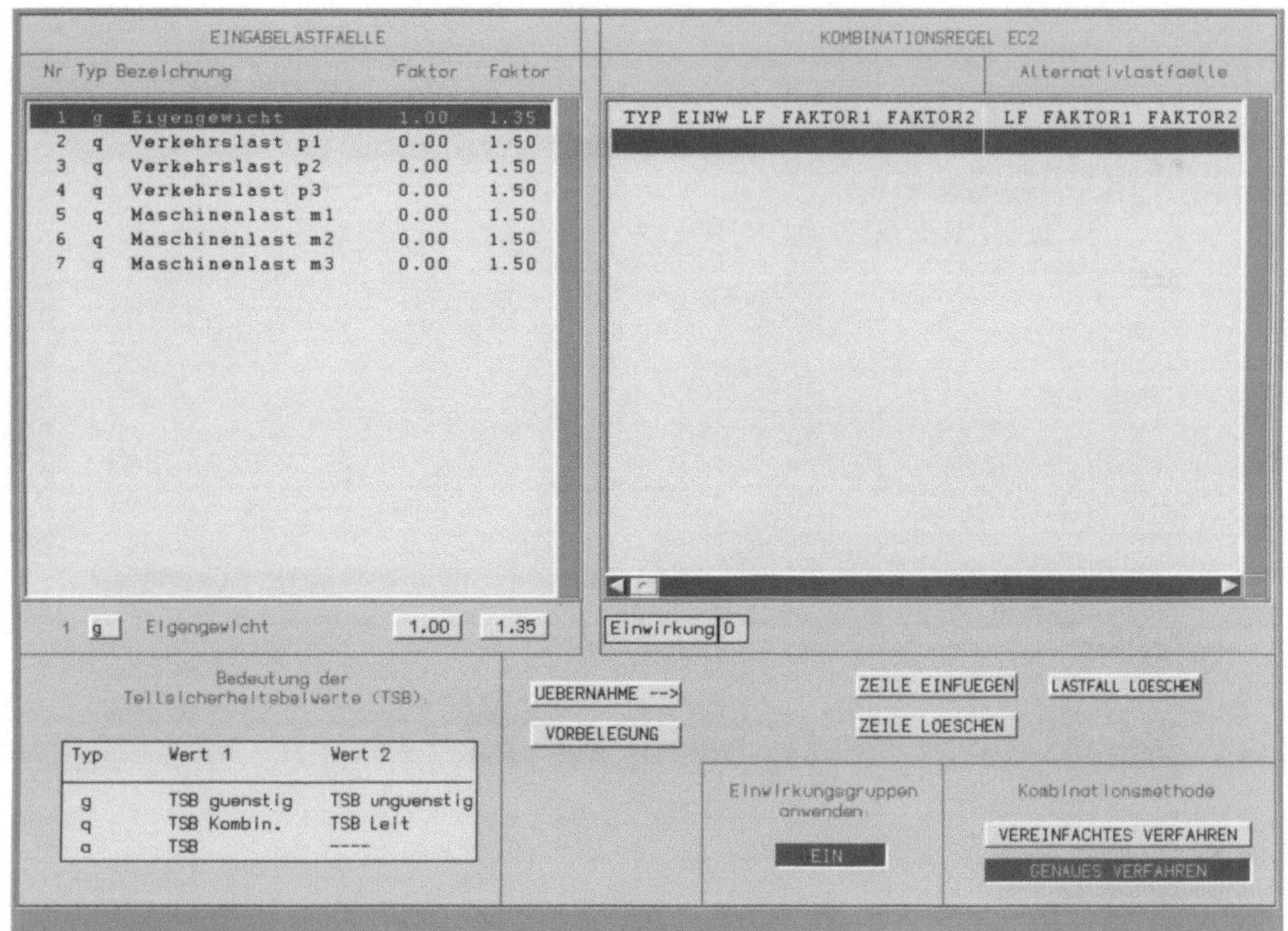

Abb. 105: Die Eingabemaske für Lastfallkombinationen bei Bemessung nach Eurocode

BASICS

Regeln für die Lastfallkombination bei linearer Berechnung:

- Ständige Lastfälle werden stets berücksichtigt bei der Berechnung der extremen Schnittwerte.
- Veränderliche und außergewöhnliche Lastfälle werden nur berücksichtigt, wenn sie ungünstig wirken, also die Extremwerte betragsmäßig vergrößern.
- Für veränderliche und außergewöhnliche Lastfälle können mehrere, sich gegenseitig ausschließende Alternativlastfälle angegeben werden, sofern sie vom selben Typ sind.

Sicherheitsbeiwerte:

- DIN und ÖNORM:
Beide Normen arbeiten mit einem globalen Sicherheitsbeiwert. Er fließt im Programm als Lastfallfaktor in die Berechnung ein und kann in der Eingabelasttabelle modifiziert werden.

- Eurocode:
Im Gegensatz dazu werden im Eurocode Teilsicherheitsbeiwerte verwendet, die nach Art der Einwirkung differenziert werden. Ist in ALLFEM die Bemessung nach Eurocode eingestellt, enthält die Eingabelastfalltabelle zwei Lastfallfaktoren, die je nach Lastfalltyp die Bedeutung folgender Teilsicherheitsbeiwerte besitzen:
  - ständige Last, Typ g
  Tragen Sie unter Faktor 1 den Teilsicherheitsbeiwert für günstige Auswirkung, unter Faktor 2 den für ungünstige Auswirkung ein.
  - veränderliche Last, Typ q
  Bei veränderlichen Lasten wird unterschieden zwischen Leitfall und Kombinationsfällen, d.h. der maßgeblichen sowie zusätzlich wirkenden Lasten. Der Teilsicherheitsbeiwert für den Leitfall wird unter Faktor 2 eingetragen, der für Kombinationsfall unter Faktor 1.
  Welcher der beiden Faktoren jeweils anzuwenden ist, wird vom Programm selbstständig ermittelt.

Weiterhin gibt es bei der Bemessung nach Eurocode folgende Unterscheidungen zu treffen:

- Berechnungsverfahren
Neben der Grundkombination mit den eben beschriebenen Beiwerten ist ein vereinfachtes Berechnungsverfahren möglich. Hierbei werden die genannten Unterscheidungen der Teilsicherheitsbeiwerte innerhalb eines Lasttyps nicht getroffen. Es ist also nur Faktor 1 in der Eingabelasttabelle zu bestimmen. Welche Berechnungsart verwendet wird, können Sie unter "Kombinationsmethode" einstellen.
- Einwirkungsgruppen
Verschiedene Lastfälle können zu Einwirkungsgruppen zusammengefaßt werden. Dazu muß der Schalter "Einwirkungsgruppen anwenden" auf /EIN/ gestellt sein. Aktivieren Sie in der Kombinationstabelle einen Lastfall, den Sie einer Einwirkungsgruppe zuordnen wollen, klicken Sie anschließend auf das Feld /EINWIRKUNG/ (Nummer anklicken!) und geben Sie eine Einwirkungsnummer ein. Anderen Lastfällen kann nun dieselbe Nummer zugeordnet werden, um sie zu einer Einwirkungsgruppe zusammenzufassen.

Die Auswahl der Bemessungsnorm erfolgt über /PL/ ⟶ 2. Seite ⟶ /STWDEF/ ⟶ /BEMESSUNG/.

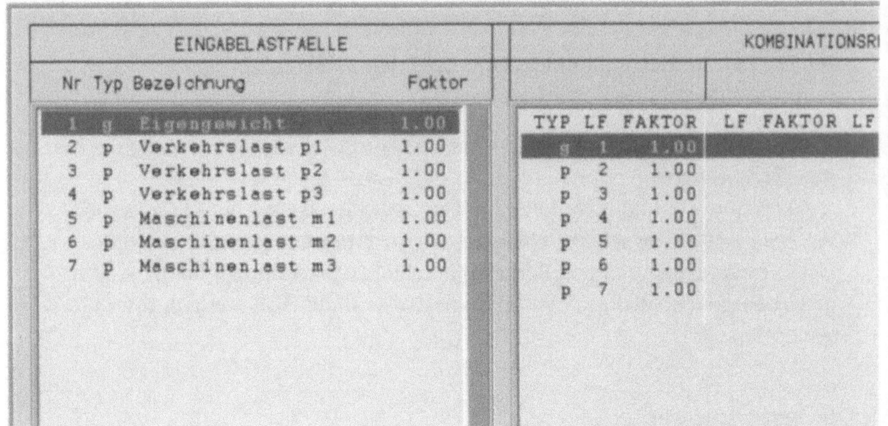

Abb. 106: Die Lastkombinationsmaske nach Übernahme aller Lastfälle,...

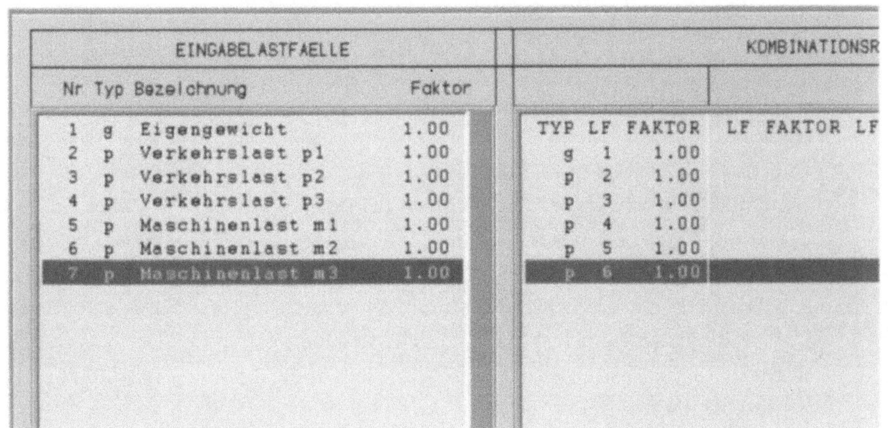

Abb. 107 ...mit gelöschtem Lastfall 7,...

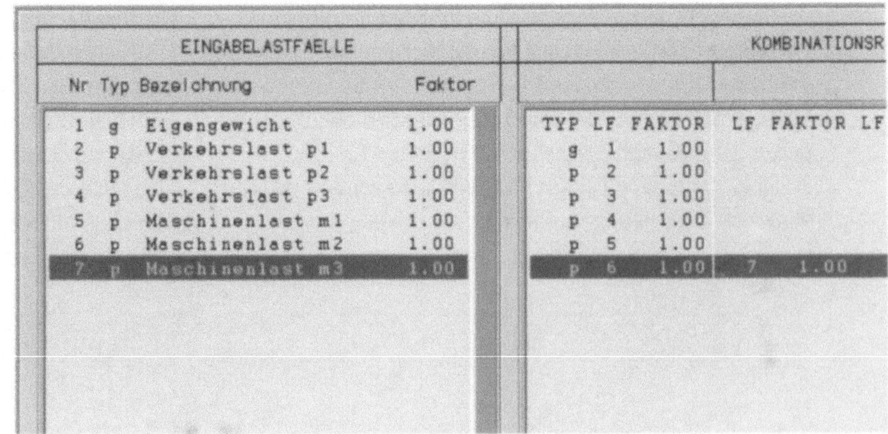

Abb. 108:...der anschließend als Alternativlastfall wieder übernommen wird.

Klicken Sie in der Maske den Knopf /VORBELEGUNG/ an. Er bewirkt, daß alle Lastfälle der Eingabelasttabelle in die erste Spalte der Kombinationslasttabelle übernommen werden (Abb.106).

Damit ist festgelegt, daß alle Lastfälle superponiert werden: Die durch die Lasten verursachten Schnittgrößen werden aufsummiert unter der Voraussetzung, daß sie sich verstärken. Eine Ausnahme bildet lediglich Lastfall 1, der als ständig Last immer in die Berechnung einfließt, da er vom Lastfalltyp g - "ständige Last" - ist.

Nun sollen aber die Lastfälle 6 und 7 nicht überlagert werden, da sie ja nie gleichzeitig wirken. Sie können jedoch als Alternativlastfälle in die Lastfallkombination einfließen. Das heißt, es fließt von beiden Lastfällen nur der in das Berechnungsergebnis ein, der ungünstiger wirkt. Im Unterschied zur Superposition kann es also nicht zu einer Addition der Schnittgrößen aus diesen Lasten kommen, auch wenn sich beide bei gleichzeitigem Einwirken verstärken würden.

Um die Kombinationslasttabelle dahingehend zu modifizieren, aktivieren Sie zunächst auf der linken Seite den Lastfall 7. Klicken Sie dann /ZEILE LOESCHEN/ an, um ihn aus der Kombinationsliste zu entfernen. Lastfall 7 verschwindet aus der Kombinationstabelle (nicht aus der Eingabelasttabelle) und die Aktivierung springt um eine Zeile nach oben zu Lastfall 6 (Abb.107).

Aktivieren Sie nun in der linken Tabelle den Lastfall 7. In der rechten bleibt Lastfall 6 aktiv. Wenn Sie jetzt /UEBERNAHME -->/ anklicken, wird der Lastfall 7 in die zweite Spalte der Kombinationstabelle, hinter Lastfall 6 übernommen (Abb. 108). Auf diese Weise können auch mehr als zwei Alternativlastfälle eingegeben werden.

Typ	LF	Wert kNm	LF	Wert kNm	Min kNm	Max kNm
g	1	2			2	2
q	2	3			0	3
q	3	-2			-2	0
q	4	4			0	4
q	5	-5			-5	0
q	6	3	7	-3	-3	3
					-8	12

Für die so erstellte Lastfallkombination passiert beim Rechnen also folgendes: Die Schnittgrößen an einer Stelle, z.B. einem Knoten, werden für alle sieben Lastfälle berechnet und alle veränderlichen Lasten nach ihrem Vorzeichen sortiert. Betrachten Sie zunächst alle positiven Schnittgrößen: Von den Alternativlastfällen 6 und 7 wird der ungünstigere ausgewählt. Seine Schnittwerte und die der Lastfälle 2-5 werden summiert. Dazu werden dann noch, unabhängig vom Vorzeichen, die Schnittgrößen der ständigen Last 1 addiert. Dieselbe Prozedur wird für die negativen Schnittgrößen durchgeführt. Man erhält durch dieses Verfahren die Extremwerte der Schnittgrößen bei ungünstigster Belastung.

B A S I C S

Editierfunktionen in der Lastfallkombinationstabelle:

/VORBELEGUNG/	übernimmt bei linearer Berechnung die gesamte Eingabelasttabelle in die Kombinationstabelle. Die Funktion ist nur verfügbar, solange die Kombinationstabelle noch leer ist. übernimmt bei iterativer Berechnung alle Lastfälle der Eingabelasttabelle in eine Lastfallgruppe. Die Funktion ist nur verfügbar, solange die Lastfallgruppentabelle noch leer ist.
/UEBERNAHME -->/	übernimmt den in der linken Tabelle aktivierten Lastfall in die aktivierte Zeile der Kombinationstabelle. Ist in dieser Zeile bereits ein Lastfall vorhanden, wird dieser nicht überschrieben, sondern der neue Lastfall wird in die erste freie Spalte als Alternativlast übernommen.
/ZEILE EINFUEGEN/	ergänzt eine neue Zeile in der Kombinationstabelle unter der gerade aktiv gesetzten Zeile. Alle darunter liegenden Zeilen werden um eins nach unten verschoben.
/ZEILE LOESCHEN/	löscht die aktive Zeile in der Kombinationstabelle mit allen darin enthaltenen Lastfällen. Alle darunter liegenden Zeilen werden um eins nach oben verschoben.
/LASTFALL LOESCHEN/	löscht den in der aktiven Zeile stehenden Lastfall. Sind mehrere Alternativlastfälle darin enthalten, kann der zu löschende aus einem Pulldown-Menü ausgewählt werden. Die Zeile bleibt jedoch als Leerzeile erhalten und kann einen anderen Lastfall aufnehmen.

Diese Funktionen wirken sich nur auf die Kombinationstabelle aus. Die Eingabelasttabelle bleibt davon unberührt.

Iterative Berechnung

Für die Einstellung des Systems auf iterative Berechnung wechseln Sie in /PL/ ⟶ Seite 2 ⟶ /STWDEF/ und wählen Sie unter /BERECHNUNG/ die Option /ITERATIV/. Es erscheint im oberen Menü ein weiteres Feld namens /IS-ANZ/. Hier stellen Sie die Anzahl an Iterationsschritten ein, nach denen die Berechnung spätestens abgebrochen werden soll.

Kehren Sie zurück in /LA/ und wählen Sie /LFKOMB/. Die jetzt erscheinende Eingabemaske sieht etwas anders aus. Auf der linken Seite befindet sich wieder die Eingabelasttabelle, rechts sehen Sie jedoch statt der Kombinationstabelle, die bei iterativer Berechnung ja keinen Sinn macht, eine Lastfallgruppentabelle. Damit können Sie Lastfälle, deren Zusammenwirken Sie untersuchen wollen, zu Gruppen zusammenfassen. Sie werden dann bei der Berechnung so behandelt, als würde es sich um einen einzigen Lastfall handeln. Jede Lastfallgruppe entspricht einer Zeile in der rechten Tabelle. In den Spalten sind die zur Gruppe gehörigen Lastfälle einzutragen. In der ersten Spalte wird vom Programm automatisch die Lastgruppennummer eingetragen.

Die Editierfunktionen sind dabei auf dieselbe Weise handzuhaben wie für die Kombinationslasttabelle. Eine Ausnahme bildet lediglich die Funktion /VORBELEGUNG/, die hier alle Lastfälle der Eingabetabelle in eine Lastfallgruppe, also eine Zeile übernimmt, statt wie bei Superposition in eine Spalte.

Außerdem sehen Sie unten in der Maske noch ein weiteres Eingabefeld: "Bemessungslastfallgruppe". Das Programm berechnet zwar die Schnittgrößen aller Lastfallgruppen, kann aber nur für eine Gruppe die Bemessung errechnen. Der Grund dafür ist,

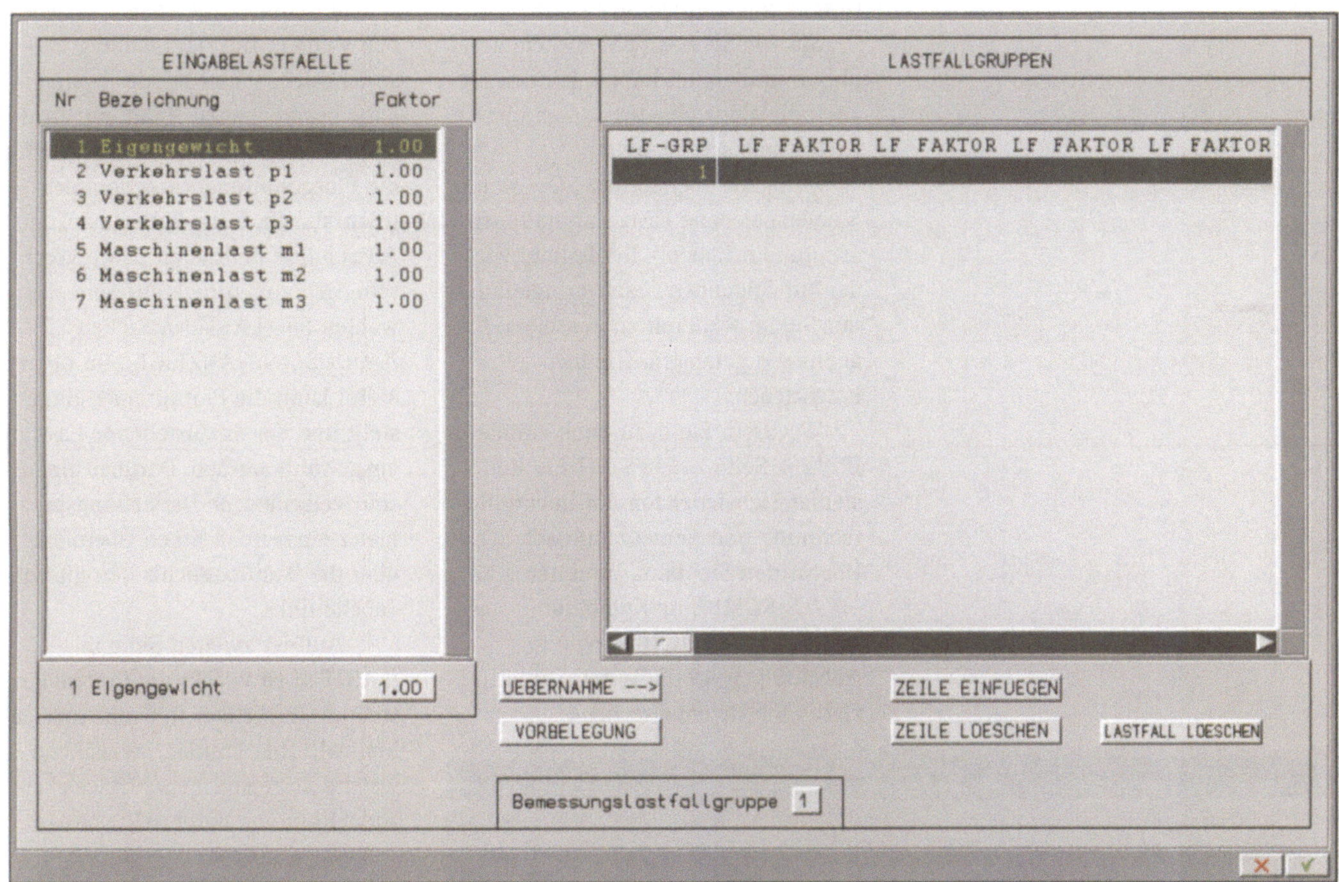

Abb. 109: Die Eingabemaske unter /LFKOMB/ bei iterativer Berechnung

daß andernfalls unverhältnismäßig viel Speicherplatz vorgehalten werden müßte, um allen Eventualitäten Rechnung zu tragen, so daß in vielen Fällen die Festplatte Ihres Rechners an ihre Grenzen stoßen würde. Deshalb müssen Sie an dieser Stelle angeben, für welche Gruppe Sie Bemessungsergebnisse errechnen möchten. Um die Bemessung einer zweiten Lastfallgruppe zu erhalten, muß dann ein zweites Mal mit der zweiten Bemessungsgruppe gerechnet werden.

TIPS

Wenn für nur wenige verschiedene Lastfallgruppen die Bemessung errechnet werden soll, können Sie das Programm "austricksen", indem Sie das System über /T-KOP/ in der Hauptmaske in mehrere andere Teilbilder kopieren und in jedem Teilbild eine andere Gruppe als Bemessungslast definieren. Alle Teilbilder können dann in einem Zug gerechnet werden.

Graphische Ausgabe der Lasten

So, wie Sie das FEM-System graphisch aufbereitet haben, können Sie auch die eingegebenen Lasten über /AU/ graphisch darstellen.

Zunächst aber sollten Sie - wenn Sie verschiedene Lastkombinationen ausprobiert haben - Ihr Teilbild wieder auf folgenden Stand bringen, damit Sie im weiteren zu denselben Ergebnissen gelangen, wie hier beschrieben:

Wechseln Sie dazu noch einmal in /PL/ ⟶ Seite 2 ⟶ /STWDEF/ und stellen Sie wieder um auf lineare Berechnung und Bemessung nach DIN. Überprüfen Sie dann, ob unter /LA/ ⟶ /LF-KOMB/ die Kombinationslasttabelle so ausgefüllt ist, wie in Abb.108 gezeigt. Falls nein, modifizieren Sie sie entsprechend.

B A S I C S

Lastdarstellungsparameter in /AU/ ⟶ /LASTEN/

/PKT-L/	Darstellung von Punktlasten ein/aus	
/LIN-L/	Darstellung von Linienlasten ein/aus	
/FL-L/	Darstellung von Flächenlasten ein/aus	
/ELEM-L/	Darstellung von elementgebundenen Lasten:	
	/*AUS*/	keine
	/EGW-F/	Eigengewicht der Flächen
	/EGW-S/	Eigengewicht der Stäbe
	/TEMP-F/	Temperaturlasten der Flächen
	/TEMP-S/	Temperaturlasten der Stäbe
/L-MASS/	Kräftemaßstab	
	Eingabe des Darstellungsmaßstabs für Linienlasten	
	Beispiel: Linienlast 2,5kN/m im Maßstab	

Nun können die Lasten ausgegeben werden. Die Handhabung entspricht dem schon bei der Systemausgabe besprochenen Handling: Auf Seite 2 werden die Einstellungen für die Plotgestaltung vorgenommen (Planrahmen, Darstellungsmaßstab, Ausschnitte definieren usw.). Wechseln Sie dann zurück auf Seite 1 und wählen Sie /LASTEN/. Stellen Sie /MODUS/ auf /ANZEIGE/. Im oberen Menü kann die Plotnummer eingestellt und der darzustellende Lastfall ausgewählt werden. Darüber hinaus sind verschiedene Darstellungsparameter einstellbar. Einen Überblick über die Wahlmöglichkeiten gibt die Tabelle links.

Auf der zweiten Seite in /LASTEN/ ist wieder die Systemdarstellung einstellbar (nur im Anzeige-Modus!). Hier können Sie wählen, welche Systemelemente in welchem Ausschnitt wie dargestellt werden sollen.

Natürlich ist auch wieder die Eingabe im Listenmodus möglich. Hierbei ist im mittleren Drittel der Maske die Plotliste zu sehen, darüber die Parametereinstellung und darunter die Systemeinstellung des gerade aktivierten Plots. Neben den bei der graphischen Ausgabe des Systems beschriebenen Maskenfunktionen ist hier eine weitere hinzugekommen: /LF-SICH/. Wenn Sie diesen Knopf anklicken wird automatisch für jeden definierten Lastfall ein Plot erstellt. Diese Plots werden ab dem ersten freien Platz in die Plotliste eingetragen. Die Parameter dieser Plots entsprechen der Einstellung beim Start von /LF-SICH/.

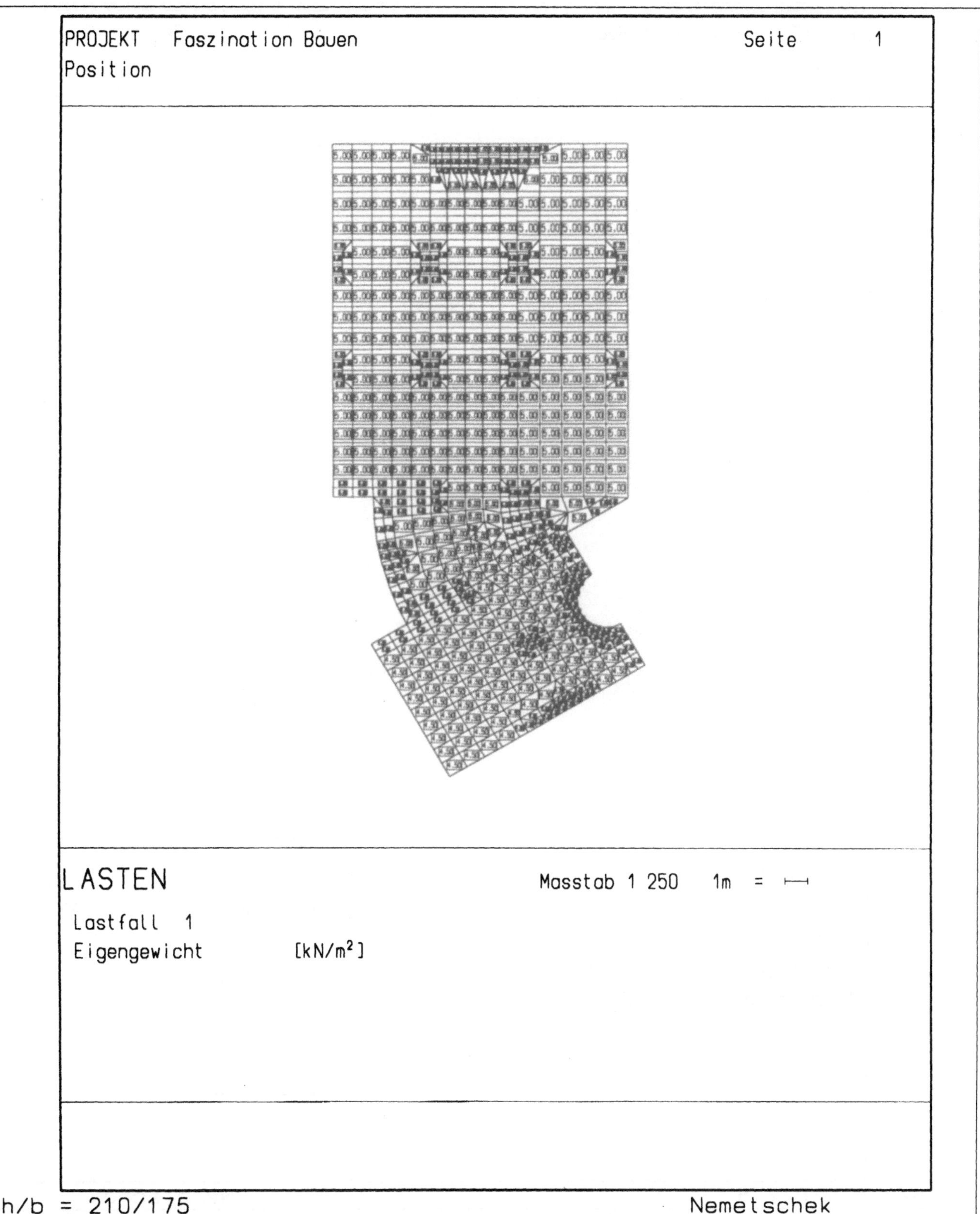

*Abb. 110: Plot des Lastfalls 1, Parametereinstellung /ELEM-L/ auf /EGW-F/, alle anderen auf /*AUS*/; Systemdarstellung /PLAT-D/ auf /NORMAL/, alle anderen auf /*AUS*/*

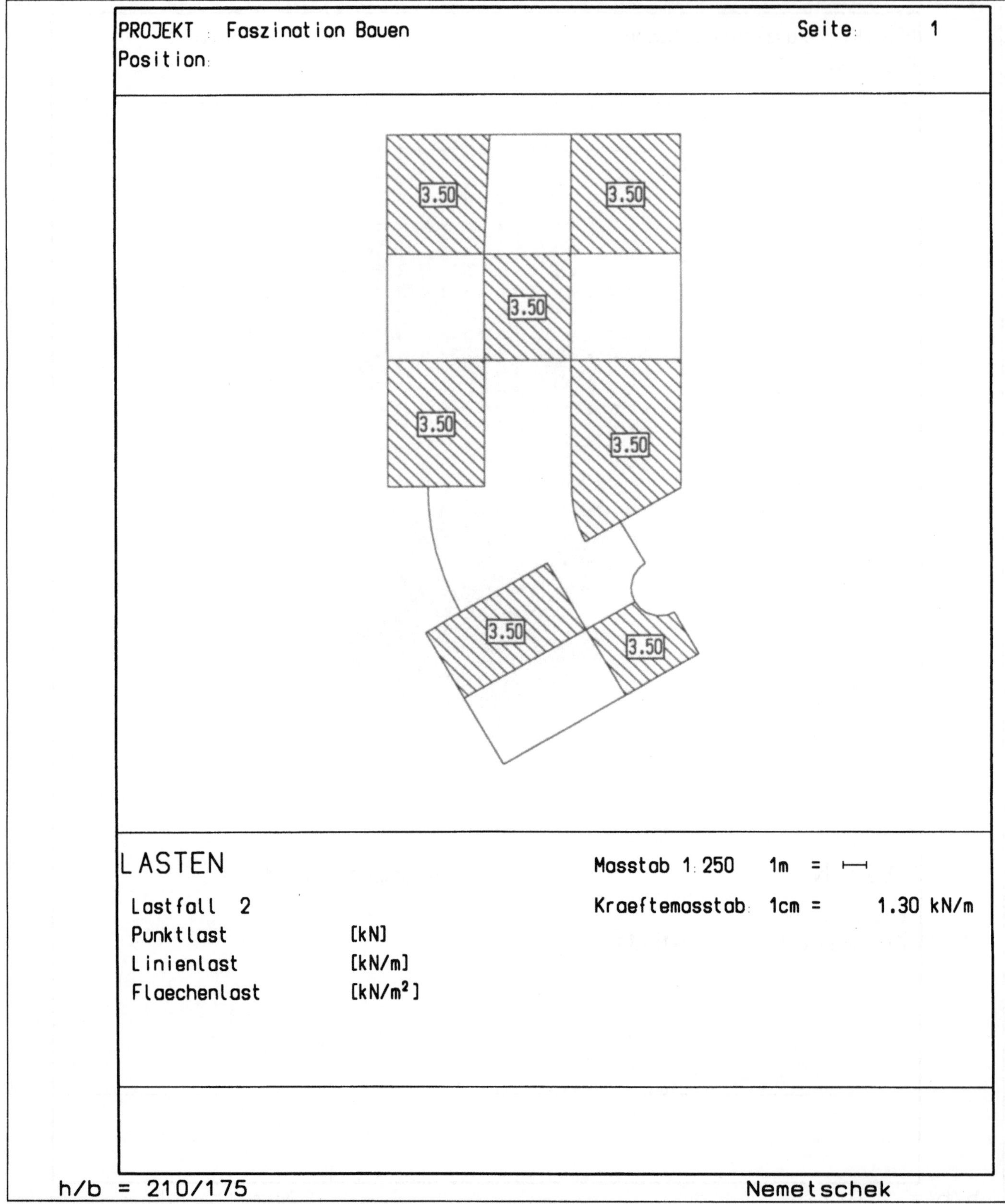

*Abb. 111: Plot des Lastfalls 2, Parametereinstellung /ELEM-L/ auf /EGW-F/, alle anderen auf /*EIN*/; Systemdarstellung /PLAT-D/ auf /RAND/, alle anderen auf /*AUS*/*

Berechnen der Platte

Nach Systemdefinition und Lasteingabe ist es so weit: Die Platte kann berechnet werden. Um in den Berechnungsteil von ALLFEM zu kommen, wählen Sie im linken Menü der Hauptmaske /RE/. Es erscheint die in Abb.112 gezeigte Maske, in der alle FEM-Teilbilder des aktuellen Projekts aufgelistet sind. Das gerade aktive Teilbild ist dabei an erster Stelle unterlegt dargestellt. Durch Anklicken können Sie wählen, welche Teilbilder berechnet werden sollen. Bis zu zehn Teilbilder können für einen Rechengang gleichzeitig angewählt werden.

Es kann zwischen zwei Berechnungsarten gewählt werden: Numerik- oder Graphikberechnung. Beide bauen aufeinander auf. Die numerische Berechnung ist selbstverständlich unerläßlich, da ihre Ergebnisse die Basis der graphischen Ergebnisdarstellung ist. Sie ist nur im Programmteil /RE/ durchführbar.

Im Graphikmodus wird auf Basis der numerischen Ergebnisse die Berechnung der gewünschten Graphiken vorgenommen und abgespeichert. Sie ist sowohl in /RE/ als auch in /AU/ durchführbar.

Sie können also zwei unterschiedliche Strategien anwenden. Entweder Sie führen zunächst nur die numerische Berechnung durch, wechseln dann in /AU/ und berechnen dort Ihre Graphiken. Oder aber Sie erstellen erst in /AU/ die gewünschten Plot-Definitionen und lassen dann sowohl die numerischen Ergebnisse als auch die Graphiken in einem Zug berechnen. Doch dazu im nächsten Abschnitt über den Ausgabeteil mehr.

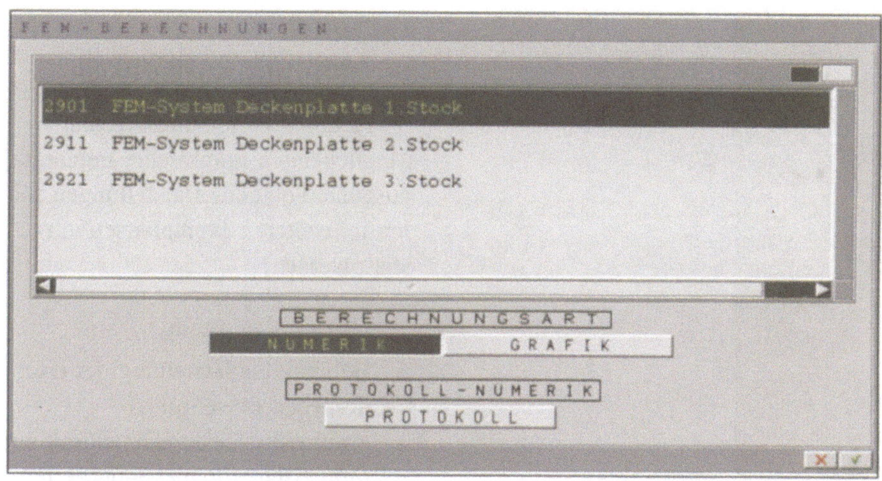

Abb.112: Die Maske für Berechnungsparameter

Gestartet wird die Berchnung durch Anklicken des /OK/-Knopfs. Bei numerischer Berechnung wird ALLFEM zunächst verlassen, um den Rechenkern zu starten. Ist der Rechenvorgang abgeschlossen, läuft ALLFEM automatisch wieder an. Anschließend wird - falls angewählt - die Graphikberechnung abgearbeitet.

Dazu noch eine kleine Anmerkung: Der Graphikberechnung ist eine Abfrage nach Maßstabsoptimierung vorgeschaltet. Wenn Sie sie mit /JA/ beantworten, wird der in /AU/ ⟶ /PLOMOD/ eingestellte Maßstab ignoriert und ein optimaler Maßstab automatisch gewählt. Bei /NEIN/ bleibt der eingestellte Maßstab erhalten.

Sind alle Berechnungen abgeschlossen, wird das Protokoll der numerischen Berechnung eingeblendet. Sie können ihm die erfolgreiche Berechnung oder aber Fehlermeldungen entnehmen. Es wird über /OK/ verlassen. Das Protokoll kann auch zu einem späteren Zeitpunkt noch einmal betrachtet werden, indem /RE/ angewählt und in der Maske /PROTOKOLL/ aktiviert wird. Es erscheint jeweils das Protokoll des letzten Berechnungsvorgangs.

Ausgabe der Berechnungsergebnisse

ALLFEM bietet eine Vielzahl an Möglichkeiten graphischer Ergebnisausgabe. Folgende Darstellungen sollen im weiteren exemplarisch vorgestellt werden:

- Verformung der Platte
- Höhenliniendarstellung der erforderlichen Bewehrung
- graphische Systemdarstellung mit numerischen Bemessungswerten der Bewehrung
- Stabbewehrung
- Auflagerreaktionen der Federn und der Linienlager
- Schnittreaktionen entlang eines beliebigen Schnitts
- numerische Ergebnisausgabe in Listenform

Außerdem wird umfassend auf den Umgang mit den bereits verschiedentlich erwähnten Arbeitsmodi /ANZEIGE/, /LISTE/ und /AUSGABE/ eingegangen.

Verformung der Platte

Wechseln Sie also über /AU/ wieder in den Ausgabeteil. Über /VERFOR/ im unteren Menü können Sie sich für jeden Lastfall eine dreidimensionale Darstellung der Plattenverformung ausgeben lassen. Arbeiten Sie zunächst im Modus /ANZEIGE/. Neben der Einstellung der Plotnummer /PL-NR/ und des gewünschten Lastfalls /L-FALL/ können sie einige Darstellungsparameter variieren.

Über /UEBH-F/ kann der Überhöhungsfaktor der Darstellung eingestellt werden. /x-DREH/ bestimmt die Verdrehung der x-Achse aus der Horizontalen, /y-DREH/ die der y-Achse aus der Vertikalen. Die Winkel sind dabei, weil in diesem Fall praktikabler, ausnahmsweise nicht im mathematischen Dreh-, sondern im Uhrzeigersinn anzugeben.

Damit Sie nicht für jeden Lastfall einzeln einen Plot erstellen müssen, besteht im Arbeitsmodus /LISTE/ die Möglichkeit, über /LF-SICH/ automatisch je einen Plot pro Lastfall zu sichern, genau so wie bei der Lastausgabe auch.

Abb. 113: Verformung der PlatteÜberhöhungsfaktor 2253, X-DREH=40°, Y-DREH=70°

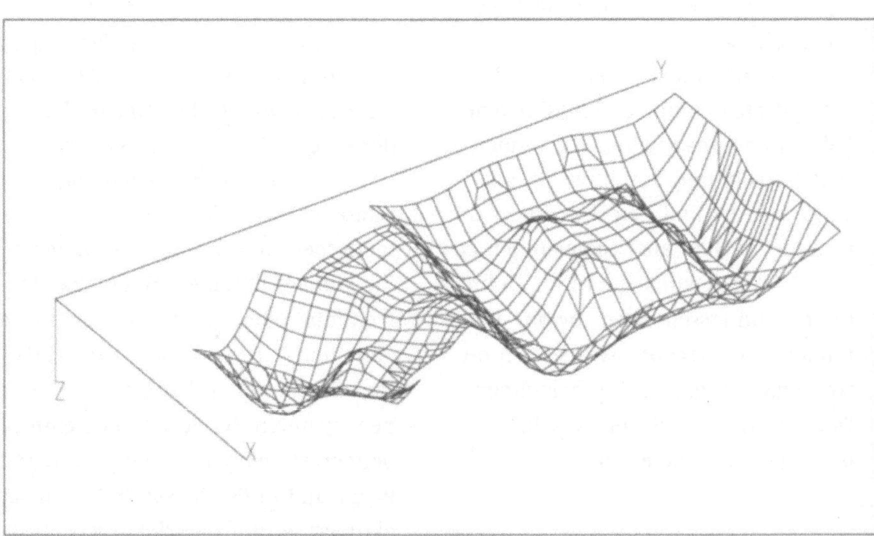

Höhenliniendarstellung der erforderlichen Bewehrung

Vor allem für das Bewehren mit FEM-Verknüpfung ist die Höhenliniendarstellung der erforderlichen Bewehrung wichtig. Beim FEM-Bewehren werden in ALLPLOT Bewehrungsmatten verlegt, während zur gleichen Zeit eine farbige Hinterlegung die Kontrolle ermöglicht, ob die durch die FEM-Berechnung ermittelte Bewehrung bereits abgedeckt ist. Dazu jedoch mehr im nächsten Kapitel, das sich ausschließlich mit dem FEM-Bewehren befaßt.

Verlassen Sie also /VERFOR/ und aktivieren Sie /HL-BW/. Bleiben Sie zunächst im Arbeitsmodus /ANZEIGE/. Im oberen Menü finden Sie nun eine ganze Reihe Darstellungsparameter, die Sie einstellen können. Über /LAGE/ und /RICHT/ können Sie auswählen, ob die Bemessungswerte für die obere oder die untere Lage dargestellt werden sollen und für welche Bewehrungsrichtung sie gelten. Ein Beispiel sehen Sie in Abb. 114. Dabei wurde außerdem das Grundrißteilbild 2900 eingeblendet. Wie das gemacht wird, erfahren Sie etwas weiter unten.

Ist eine Grundbewehrung über die ganze Platte vorgesehen, kann diese über /GR-BEW/ eingestellt werden. Dies hat zur Folge, daß in der Darstellung nur noch die Höhenlinien für die Differenz zwischen erforderlicher Bewehrung und Grundbewehrung angezeigt werden, also nur die Bemessungswerte für die noch zu ergänzende Bewehrung. Über /BW-TYP/ ist zwischen Biege- und Schubbewehrung umschaltbar. Wollen Sie statt der Zug- die Druckbewehrung sehen, schalten Sie einfach über den Knopf /D/Z-BEW/ um. Einstellen können Sie außerdem die Schrittweite der Höhenlinien über /HL-SW/.

Speziell für das FEM-Bewehren ist der Knopf /FEM-BEW/ vorgesehen. Lassen Sie ihn deshalb vorerst noch ausgeschaltet.

Und als letzte Darstellungsvariante läßt sich über /HL-FAR/ die Farbfüllung ein- und ausschalten. Ist sie eingeschaltet, werden die Zwischenräume der Höhenlinien mit einer farbig abgestuften Füllung versehen. Sie erhalten damit eine plastischere Darstellung, haben jedoch keine Zahlenwerte mehr im Bild.

Höhenliniendarstellung von Schnittreaktionen

Auf dieselbe Art und Weise wie die Höhenlinien der Bewehrungsbemessung können Höhenlinien für die Schnittreaktionen ausgegeben werden. Für eine lastfallweise Ausgabe ist /HL-LF/ zu aktivieren und im oberen Menü der gewünschte Lastfall und die gewünschte Schnittreaktion auszuwählen. Über /HL-KO/ dagegen können die extremalen Schnittwerte aus den Lastfallkombinationen dargestellt werden. Wählen Sie dazu unter /KOMBINATION/ in der ersten Spalte aus, welchen Extremwert, Minimum oder Maximum, Sie wünschen und in der zweiten Spalte die gewünschte Schnittreaktion. Statt dem Extremwert selbst kann aber auch eine andere, zum Extremwert gehörige Schnittgröße gewählt werden, indem diese in derselben Zeile angeklickt wird. Um also zum Beispiel das zum maximalen MXX gehörige MYY darzustellen, wählen Sie /zugMYY/ in derselben Zeile, in der MXX steht. Außerdem muß /MAX/ aktiviert sein.

Parameter für Abb. 114:

/LAGE/	unten
/RICHT/	xsi
/GR-BEW/	0.000
/HL-SW/	0.50
/FEMBEW/	aus
/D/Z-BW/	Zug
/HL-FAR/	aus

PROJEKT Faszination Bauen Seite 1
Position

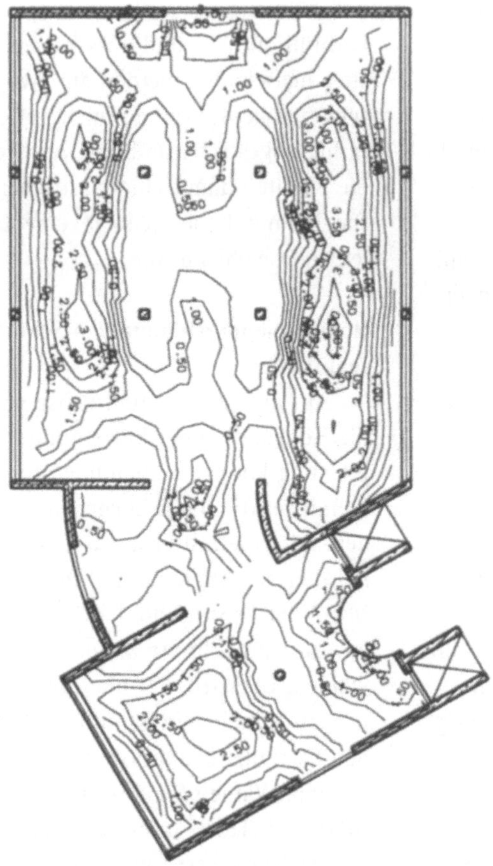

HOEHENLINIEN FUER ZUGBEWEHRUNG Masstab 1 250 1m =

untere Lage in Richtung XSI

Grundbewehrung	.00	cm²/m
Schrittweite	0.50	cm²/m
Minimum	.00	cm²/m
Maximum	4.72	cm²/m

Betonguete B25 Stahlguete 500

h/b = 210/175 Nemetschek

Abb. 114: Höhenlinien für die Zugbewehrung

Plotten

Die Vorgehensweise beim Plotten ist im gesamten Ausgabeteil von ALLFEM dieselbe wie bereits im Abschnitt „Graphische Ausgabe des Systems“ ausführlich beschrieben: Entweder Sie erstellen sich über /C-ZEI/ einen Bildschirmausdruck, oder Sie drucken die gesicherten Plots über /PLOT/ ⟶ /P-AUSW/ ⟶ /PLOT/ aus. Vergessen Sie nicht die Auswahl der zu druckenden Plots zu treffen, da sonst die zuletzt eingestellte Auswahl gedruckt wird! Nicht gesicherte Plots können nicht über /PLOT/ ausgedruckt werden!

Die Einstellung der Plotdefinitionen erfolgt über /PLODEF/, /SYSDEF/ und /PLOMOD/. Alle hierin getroffenen Einstellungen werden beim Sichern im Plot mitgespeichert.

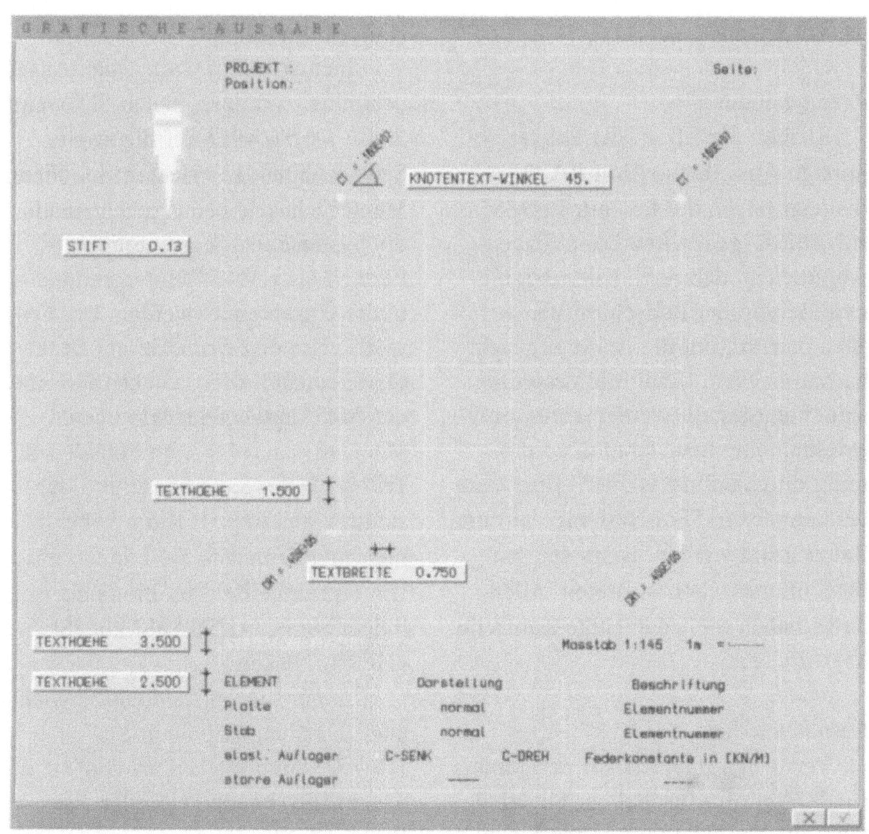

Abb. 115: Die Definitionsmaske für die Ausgabedarstellung

Definition der Ausgabedarstellung

Vermutlich unterscheidet sich die Darstellung auf Ihrem Bildschirm von Abb. 114 durch eine größere Beschriftung der Höhenlinien, die sich unter Umständen überlappt und dadurch unleserlich wird. Dies können Sie über die Programmteildefinitionen beeinflussen. Verlassen Sie /VERFOR/ und wählen Sie im linken Menü /DEF/. Aktivieren Sie die Definitionsmaske (Abb. 115) für die Ausgabedarstellung über /GR-AUS/. Hier können alle Textparameter für die Ausgabe eingestellt werden.

Arbeitsmodi

An dieser Stelle seien einige grundsätzliche Anmerkungen zur Vorgehensstrategie bei FEM-Berechnung und -Ausgabe eingefügt. Sie hängen mit den verschiedenen Arbeitsmodi im Ausgabeteil von ALLFEM zusammen, denen Sie bereits in den Abschnitten über Systemausgabe und Lastfallausgabe verschiedentlich begegnet sind und deren Bedeutung sich wahrscheinlich noch nicht ganz erschlossen hat. Daß sie bisher noch nicht umfassend erklärt wurden, hängt damit zusammen, daß es zum Verständnis aller Möglichkeiten der Modi /ANZEIGE/, /LISTE/ und /AUSGABE/ nötig ist zu wissen, was die beiden Berechnungsarten "Numerik" und „Graphik" bedeuten. Da Sie dies inzwischen ja erfahren haben, nun also etwas Grundsätzliches zu diesem Thema:

Anzeigemodus

Bleiben Sie z.B. in der zuletzt genutzten Ausgabefunktion /HL-BEW/. Bis jetzt haben Sie fast nur im Modus /ANZEIGE/ gearbeitet. Dabei haben Sie gesehen, daß nach jeder Parameteränderung der Bildschirm neu aufgebaut wird, um die Änderung sichtbar zu machen. Damit die Änderung jedoch dargestellt werden kann, muß jedesmal eine neue Graphikberechnung durchgeführt werden! Dies kann bei komplexen FEM-Systemen auf die Dauer lästig werden, wenn spürbare Berechnungszeiten auftreten. Allerdings haben Sie jederzeitige Kontrolle über Ihr Tun.

Ausgabemodus

Versuchen Sie jetzt auf den Modus /AUSGABE/ umzuschalten. Sie erhalten, falls Sie nicht zuvor eine Sicherung durchgeführt haben, entweder die Fehlermeldung "keine Plotdefinition vorhanden, Ausgabe nicht möglich". Oder aber es wird - falls vorhanden - auf Plot Nr. 1 umgeschaltet. Dies weist auf die Funktionsweise des Ausgabemodus hin: Er dient ausschließlich dazu, bereits gesicherte Plots zu betrachten. Im Ausgabemodus sind keine Parameteränderungen möglich! Da nicht jedesmal neu gerechnet werden muß, sondern nur gespeicherte Daten eingelesen werden, ist bei komplexen FEM-Systemen ein schnellerer Bildaufbau möglich als im Anzeigemodus.

Wechseln Sie also zurück in den Anzeigemodus, stellen Sie die vorige Parametereinstellung wieder her und sichern Sie den Plot . Versuchen Sie jetzt noch einmal in den Ausgabemodus zu wechseln. Nun bleibt Ihre Einstellung erhalten.

Hintergrundteilbilder

Einen weiteren Grund, den Ausgabemodus zu nutzen, sehen Sie, wenn Sie in /AUSGABE/ auf die zweite Seite schalten. Es erscheint im oberen Menü nicht wie beim Anzeigemodus die Systemdarstellung, sondern es können bis zu fünf Hintergrundteilbilder eingeblendet werden. Um beispielsweise den Grundriß der Deckenplatte einzublenden, klicken Sie eines der fünf Eingabefelder im oberen Menü an, z.B. /<1>/, und wählen Sie Teilbild 2900. Sie erhalten die Darstellung aus Abb. 114 mit Höhenlinien und Grundriß. Sie können das Hintergrundteilbild im Plot sichern, indem Sie in /AUSGABE/ auf /SICHERN/ klicken.

Um ein Hintergrundteilbild wieder auszublenden, aktivieren Sie /TB-AUS/ und klicken anschließend das entsprechende Feld, hier also /<1>/, an oder tippen die auszublendende Teilbildnummer ein.

Listenmodus

Die dritte Möglichkeit, der Listenmodus, wurde bereits im Abschnitt "Graphische Ausgabe des Systems" ausführlich vorgestellt. Er bietet geübten Systemanwendern die Möglichkeit, alle Parameterdefinitionen in einem Zug für verschiedene Plots festzulegen und ermöglicht einen Überblick über alle bereits definierten Plots. Dafür muß jedoch auf die direkte optische Kontrolle verzichtet werden.

Wenn Sie einen Plot im Listenmodus definieren und im Listenmodus sichern, erfolgt keine graphische Berechnung und keine Speicherung des Plots, sondern lediglich die Sicherung der Parametereinstellungen! Es kann also nicht direkt in /AUSGABE/ gewechselt werden, sondern es ist zuvor erforderlich, den Plot in /ANZEIGE/ zu rechnen und zu sichern oder aber über ihn über /RE/ —> /GRAPHIK/ zu rechnen.

Ein Überblick über Vor- und Nachteile der verschiedenen Arbeitsmodi kann untenstehenden BASICS entnommen werden.

B A S I C S

Arbeitsmodi in /AU/

/ANZEIGE/

Jede Änderung der Parameter wird sofort berechnet und auf dem Bildschirm dargestellt.:

+ Sie haben jederzeit volle Kontrolle über die Darstellung eines Plots.
+ Änderungen am System seit dem letzten Sichern - etwa eine veränderte Auflagerdefinition oder ein geändertes Netz - werden automatisch in die Plot-Darstellung einbezogen. Vor dem Plotten des geänderten Systems muß gesichert werden, weil sonst die letzte zuvor erstellte Sicherung ausgedruckt wird.
- Bei komplexen FEM-Systemen kann es zu langen Berechnungszeiten kommen.
- Wenn Sie Änderungen vorgenommen haben, ohne zu sichern, bleibt der Plot bis zum Sichern auf dem alten Stand. Bildschirm und Plot stimmen so lange nicht überein.

/LISTE/

In einer Liste werden die Parameter für mehrere Plots eingetragen und gesichert:

+ Sie haben den Überblick über die Parametereinstellungen mehrerer Plots.
+ Es gibt keine Wartezeiten für Berechnung bzw. Bildaufbau.
+ Alle Plots können auf einmal gerechnet werden über den Programmteil /RE/ —> /Graphik/.
- Die Plots können erst nach dem Umweg über Programmteil /RE/ oder Modus /ANZEIGE/ geplottet werden, da nur darin Graphik gerechnet werden kann.
- Beim Sichern werden nur die Einstellungen, nicht die Plots selbst gespeichert.
- Sie haben keine optische Kontrolle über das Aussehen des Plots, bevor Sie nicht in /ANZEIGE/ oder /AUSGABE/ (nach dem Rechnen!) umschalten.

/AUSGABE/

Graphische Darstellung bereits gerechneter und gesicherter Plots:

+ Bei umfangreichen FEM-Systemen erfolgt der Bildaufbau wesentlich schneller, da nur gesicherte Daten eingelesen und keine Neuberechnungen durchgeführt werden.
+ Der auf dem Bildschirm dargestellte Plot ist bereits gesichert und kann so, wie auf dem Bildschirm zu sehen, geplottet werden.
+ Hintergrundteilbilder können eingeblendet werden.
- Parameter können nicht geändert werden.
- Wurde das System, z.B. die Auflager, seit der letzten Sicherung geändert, wird weiterhin das alte System dargestellt, so lange nicht neu gerechnet wurde.

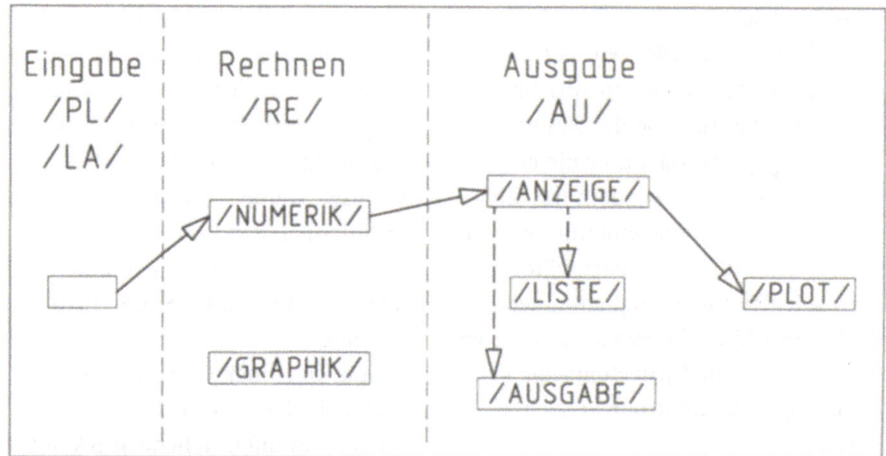

Abb. 116: Strategie 1

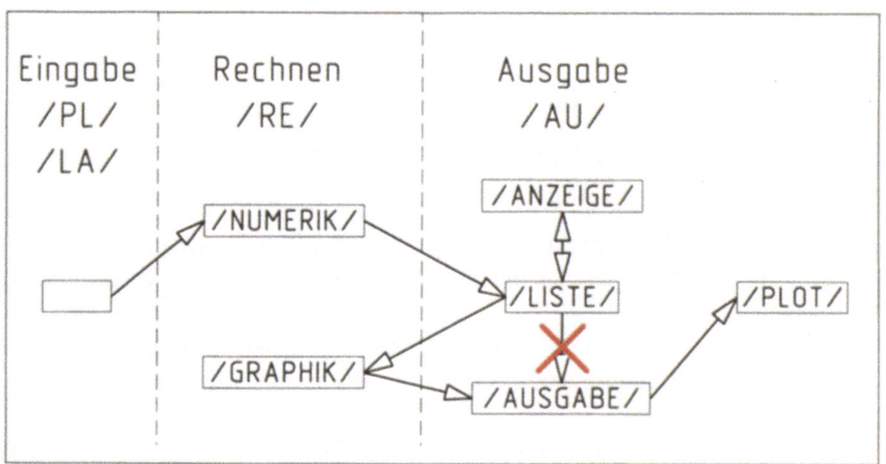

Abb. 117: Strategie 2

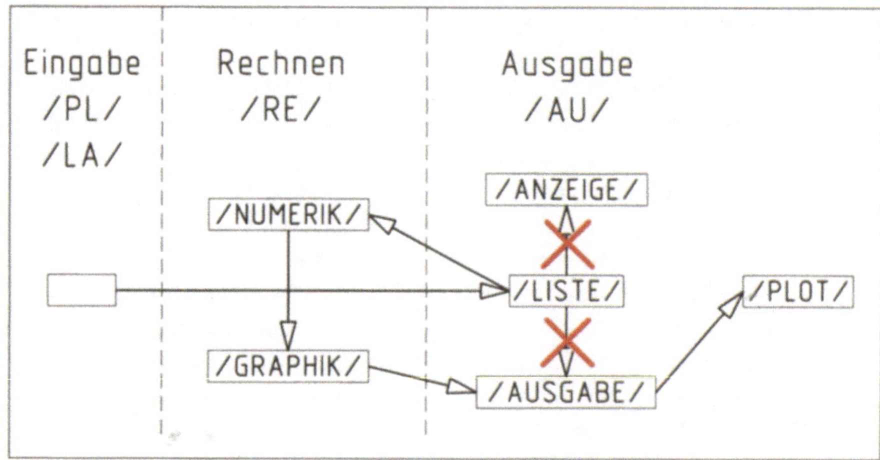

Abb. 118: Strategie 3

Vorgehensstrategien

Aus der Kombination der beiden Berechnungsarten und der drei Arbeitsmodi im Ausgabeteil lassen sich verschiedene Strategien ableiten, die Berechnung und die Ergebnisausgabe zu organisieren. Welche Strategie vorzuziehen ist, hängt davon ab, welche bzw. wie viele Ausgaben zu erstellen sind, welche Berechnungszeit das FEM-System benötigt und wie geübt der Benutzer ist.

Strategie 1

Am naheliegendsten ist die Arbeitsreihenfolge Eingabe-Rechnen-Ausgabe (Abb. 116). Nach der Eingabe des Systems und der Lasten wird also zuerst numerisch gerechnet. Dann wählen Sie den Arbeitsmodus /ANZEIGE/ im Ausgabeteil und erstellen und sichern Ihre Plotdefinitionen. Dabei sehen Sie die Auswirkung jeder Änderung sofort auf dem Bildschirm. Natürlich können Sie auch in den Listenmodus wechseln, um sich einen Überblick über bisher gesicherte Plots zu verschaffen.

Der Vorteil der ständigen visuellen Kontrolle ist aber gleichzeitig auch der Hauptnachteil dieser Vorgehensweise. Durch das sofortige Aktualisieren des Schirmbilds muß wegen jeder Änderung eine erneute Graphikberechnung durchgeführt werden. Zumindest bei komplexen FEM-Systemen kann das sehr zeitraubend sein. Zu empfehlen ist dieses Vorgehen also vor allem, wenn es sich um einfache Systeme handelt bzw. nur wenige Plots erstellt werden sollen.

Strategie 2

Wenn Ihnen die ständige Neuberechnung lästig wird, können Sie statt dessen auch so vorgehen: Nach der System- und Lasteingabe lassen Sie wie zuvor numerisch rechnen. Dann aber wechseln Sie statt in den Anzeige- in den Listenmodus des Ausgabeteils (Abb. 117). Definieren Sie in der Liste alle Ploteinstellungen und sichern Sie diese. Wenn Sie sich über einen Plot nicht im Klaren sind, können Sie auch in den Anzeigemodus wechseln, um sein Aussehen zu überprüfen. Nicht gewechselt werden kann zwischen Listen- und Ausgabemodus, auch wenn ein Plot in der Liste gesichert wurde. Im Listenmodus kann nämlich nur die Parametereinstellung gesichert werden und nicht die Plotdatei selbst, da ja keine Graphikberechnung stattfindet!

Wenn alle Plots definiert sind, wechseln Sie zurück in den Berechnungsteil. Starten Sie nun die Graphikberechnung. Dabei werden alle von Ihnen definierten Plots auf einen Schlag gerechnet und gespeichert. Wieder im Ausgabeteil können Sie direkt den Ausgabemodus wählen, um die Plots vor dem Ausdrucken noch zu kontrollieren. Da hierbei nur gesicherte Daten eingelesen werden und nicht berechnet wird, erfolgt der Bildaufbau sehr viel schneller als im Anzeigemodus.

Parameter für Abb. 119:

/LAGE/	unten
/GB-XSI/	0.000
/GB-ETA/	0.000
/RICHT/	aus
/P-BALK/	aus
/D/Z-BW/	Zug

Ein Schubnachweis kann nur geführt werden, wenn die Bewehrungsrichtungen orthogonal zueinander sind, sowie obere und untere lage nicht verschwenkt sind. Außerdem ist der Schubnachweis nur bei Berechnung nach DIN möglich. Für alle anderen Fälle kann über /BW-TYP/ → /RES-Q/ stattdessen die resultierende Querkraft der Elemente eingeblendet werden. Dabei wird jeweils über dem Strich Größe und Richtung der Querkraft, darunter der Schubbereich nach DIN angezeigt.

Strategie 3

Eine dritte Variante besteht darin, im Listenmodus des Ausgabeteils alle Plots zu definieren, noch bevor überhaupt numerisch gerechnet wurde (Abb. 118). Dabei kann jedoch weder in den Anzeige - noch in den Ausgabemodus gewechselt werden. Auch der Anzeigemodus benötigt ja die numerischen Berechnungsergebnisse als Grundlage der Graphikrechnung. Sie haben also keinerlei optische Kontrolle der Darstellung, während Sie die Plots definieren. Erst wenn die Plotdefinition abgeschlossen ist, gehen Sie in den Rechenteil und führen Numerik- und Graphikberechnung in einem Schritt durch. Sie sparen also einen Berechnungsgang. Jetzt können Sie wiederum im Ausgabemodus die Plots kontrollieren und dann plotten.

Numerische Bewehrungsbemessung

Wenn Sie nicht FEM-Verknüpfung bewehren ist für Sie natürlich die numerische Angabe des Bewehrungsgehalts wichtiger als die Darstellung der Höhenlinien. Dafür gibt es auf der 2. Seite des Ausgabeteils die Funktion /NUMBEW/, die eine graphische Systemdarstellung erstellt, bei der jedem Plattenelement die Bewehrungsbemessung zugeordnet wird. Abb. 119 zeigt als Beispiel dafür die Bemessung der unteren Lage des Bewehrungsbereichs 2. Dabei bedeutet die obere Zahl jeweils die Bemessung in Xsi-, die untere in Eta-Richtung.

Der besseren Lesbarkeit wegen wurde nur ein Ausschnitt dargestellt. Die Ausschnittswahl erfolgte wie bereits im Abschnitt „Grafische Darstellung des Systems“ beschrieben. Zur Erinnerung: Sie aktivieren unter /SYSDEF/ den gewünschten Ausschnitt. Er wird unter der im oberen Menü gezeigten Ausschnittnummer gespeichert. Dann wählen Sie in /PLOMOD/ dieselbe Ausschnittnummer, plazieren den Ausschnitt auf dem Ausgabeblatt und stellen den gewünschten Abbildungsmaßstab ein. Dasselbe führen Sie für die Übersichtsdarstellung durch. Wechseln Sie nun wieder nach /NUMBEW/ und stellen Sie in der Systemdarstellung (Seite 2 oder unterer Bereich der Liste) den gerade definierten Ausschnitt ein. Vergessen Sie abschließend nicht, Ihren Plot zu sichern!

Auch in /NUMBEW/ sind eine Reihe Parameter einstellbar. Über /LAGE/ können Sie wählen, ob die untere oder obere Lage dargestellt werden soll. Mit /D/Z-BW/ können Sie von der Anzeige der Zug- auf Druckbewehrung umschalten.

Über /BW-TYP/ kann zwischen Biege- und Schubbemessung umgeschaltet werden.

/GB-XSI/ und /GB-ETA/ ermöglichen die Eingabe einer Grundbewehrung in beiden Bewehrungsrichtungen. In der Graphik werden dann nur die Bemessungswerte für die Differenz zwischen erforderlicher und Grundbewehrung angegeben.

Zwei Darstellungsvarianten werden über /RICHT/ und /P-BALK/ eingestellt. Ersteres fügt den Bemessungswerten Richtungssymbole hinzu, das zweite ergänzt eine Darstellung der mitwirkenden Plattenbreite.

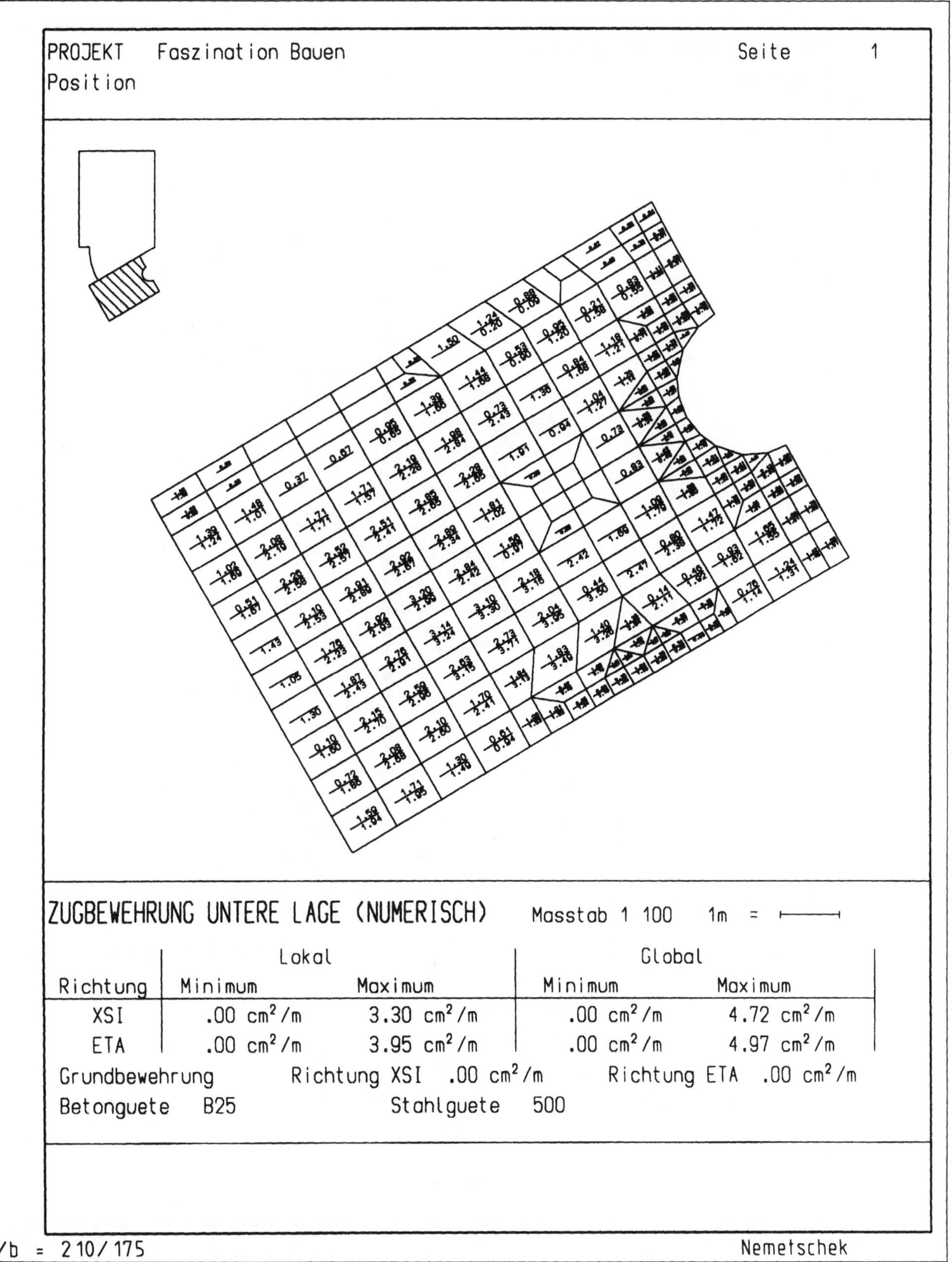

Abb. 119: Die numerischen Bemessungswerte im Bewehrungsbereich 2

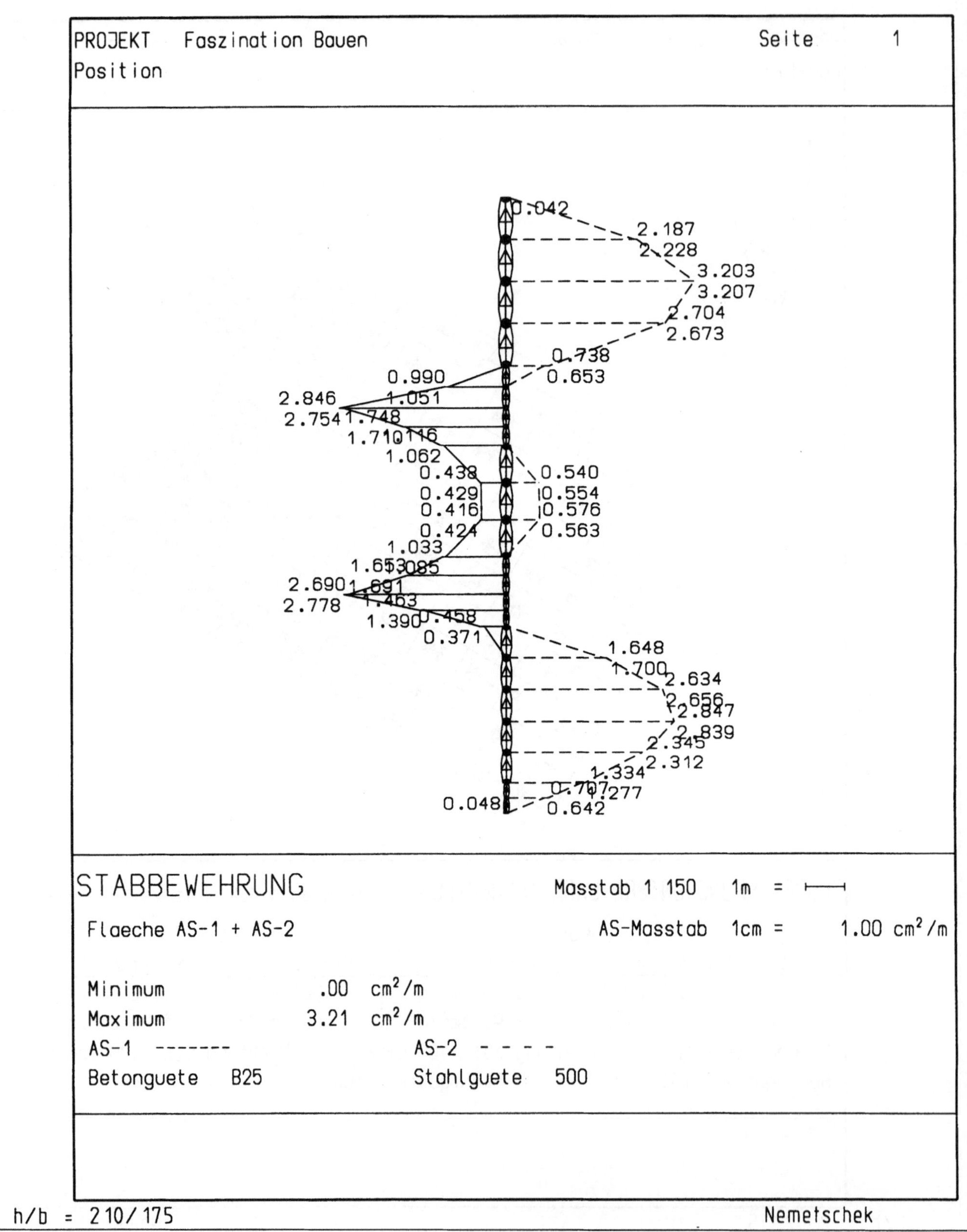

Abb. 120: Bewehrungsgehalt der unteren und oberen Lage eines der Unterzüge

Stabbewehrung

Bisher war nur von der Bewehrung der Plattenelemente die Rede, deshalb nun zu den Stäben, deren Bewehrungsgehalt Sie selbstverständlich ebenfalls ausgeben können. Die Darstellung in Abb. 120 wurde mit der Funktion /ST-BW/ angefertigt. Auch dabei handelt es sich wieder um einen Ausschnitt, nämlich den linken Unterzug im Bewehrungsbereich 1.

Für diesen Plot wurden neben der Ausschnittsdefinition weitere Änderungen in der Systemdarstellung (Seite 2) vorgenommen: Die Plattendarstellung /PLAT-D/ wurde ausgeschaltet und dafür die Stabdarstellung /STAB-D/ auf /NORMAL/ gestellt. Dadurch wird erreicht, daß der Stab nicht nur als Strich, sondern als Stabsymbol dargestellt wird. Über das Menü /BEW-GEHALT/ kann zwischen verschiedenen Bewehrungsgrößen gewählt werden (siehe BASICS). In Abb. 120 ist der Bewehrungsgehalt für die obere (AS-1, links vom Stab) und die untere Lage (AS-2, rechts) zu sehen.

An Darstellungsparametern braucht sonst nicht viel eingestellt werden, lediglich der Darstellungsmaßstab für den Bewehrungsgehalt ist über /MASS/ zu verändern und die Beschriftung der Kurve mit /BESCHR/ ein- oder auszuschalten.

Auflagerreaktionen der Linienlager

Nicht nur die Bewehrungsgehalte können in ALLFEM anschaulich ausgegeben werden, sondern selbstverständlich auch alle Schnittreaktionen. Zum Beispiel werden über /LL-KO/ die Extremwerte der Linienlagerreaktionen aus der Lastfallkombination ausgegeben. In Abb. 122 ist dies, wieder am Beispiel des Bewehrungsbereichs 2, gezeigt. Eine Darstellung der Linienlagerreaktionen einzelner Lastfälle kann dagegen mit /LL-LF/ erstellt werden.

Welche Auflagerreaktion dargestellt werden soll, wählen Sie über /KOMBINATION/ aus. Im sich darunter öffnenden Pulldown-Menü müssen zwei Felder aktiviert werden, eines für die gewünschte

Parameter für Abb. 120:

/BEW-GEHALT/	AS-1 + AS-2
/BESCHR/	ja
/MASS/	1.000

B A S I C S

Folgende Stabbewehrungsgrößen sind unter /BEW-GEHALT/ wählbar:

/*AUS*/	keine Darstellung
/AS-1 + AS-2/	obere und untere Lage
/AS-Q/	Querkraftbemessung
/AS-QL/	zur Querkraftbemessung gehörige Längsbewehrung
/AS-T/	Torsionsbemessung
/AS-TL/	zur Torsionsbemessung gehörige Längsbewehrung

Parameter für Abb. 122:

/Kombination/	MAX FT
/DARST/	RECH-V
/BESCHR/	ein
/K-MASS/	50

Reaktionsgröße (siehe BASICS) und eines für ihre Auslenkungsrichtung (MIN oder MAX). In Abb. 122 ist ist MAX FT zu sehen, also die maximalen Auflagerkräfte.

Noch ein Wort zur Darstellungsweise: Sie haben über /DARST/ die Wahl zwischen der Anzeige des errechneten tatsächlich Kraftverlaufs entlang des Linienlagers /RECH-V/ oder aber eines trapezförmigen Ersatzverlaufs wie in Abb. 121 /TRAP-V/, bei dem zusätzlich die Resultierende dargestellt ist. Wenn Sie /RV+TV/ anklicken, werden beide Darstellungsarten zugleich angezeigt.

Auch hier kann außerdem die Beschriftung ausgeschaltet (/BESCHR/) sowie ein geeigneter Kräftemaßstab selbst eingegeben werden /K-MASS/.

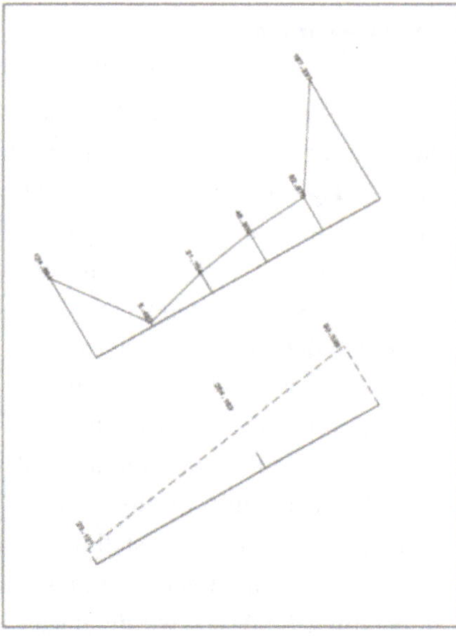

Abb. 121: Darstellung des errechneten Kraftverlaufs (oben) und des Ersatzverlaufs mit Resultierender

BASICS

Folgende Linienlagerreaktionen sind unter /KOMBINATION/ einstellbar:

/*AUS*/	keine Darstellung
/MIN/	Minimalwert
/MAX/	Maximalwert
/FT/	extremale Auflagerkraft
/zug FR/	zur extremalen Auflagerkraft gehöriges Moment
FR	extremales Moment
/zug FT/	zum extremalen Moment gehörige Auflagerkraft

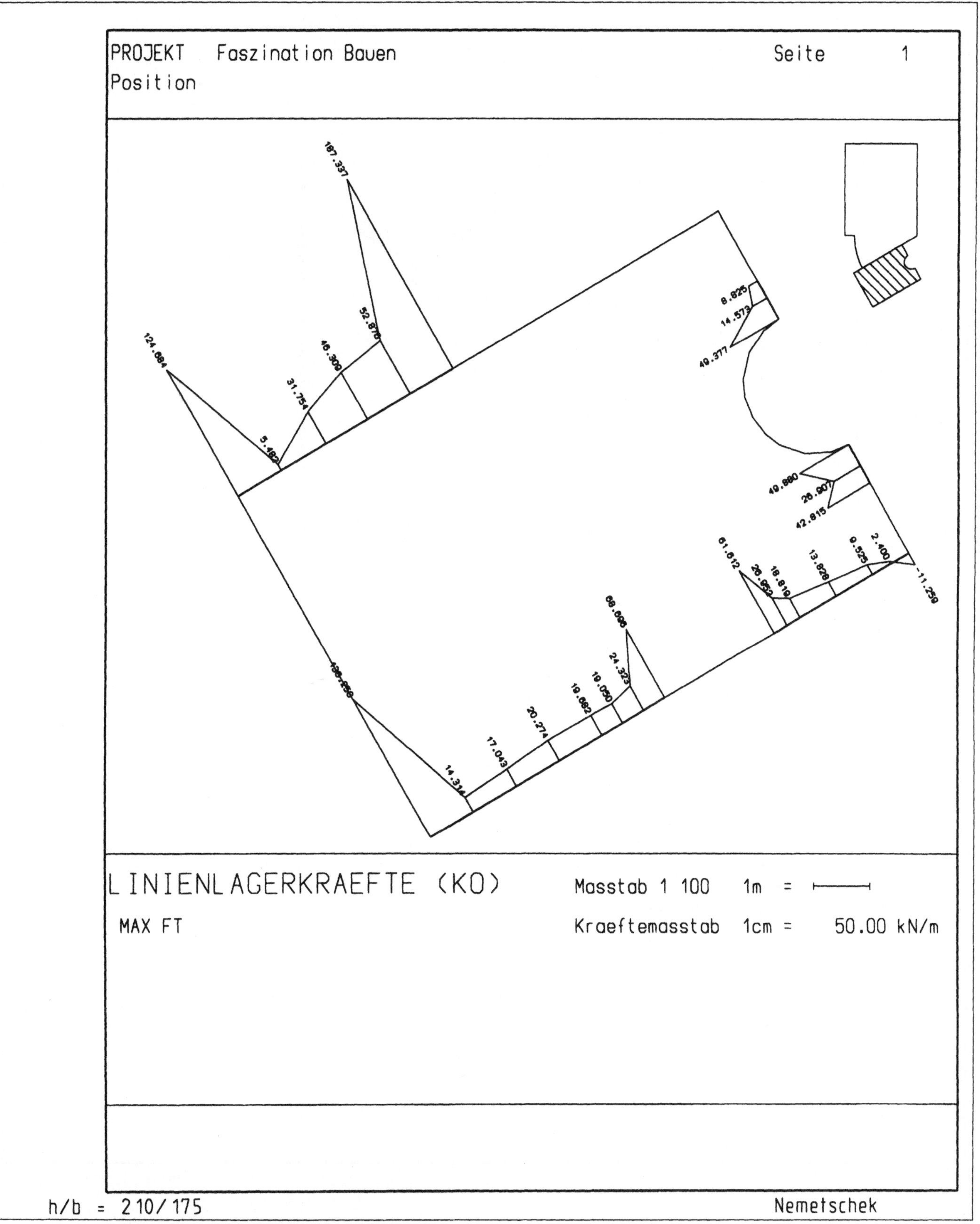

Abb.122: Linienlagerkräfte im Bewehrungsbereich 2

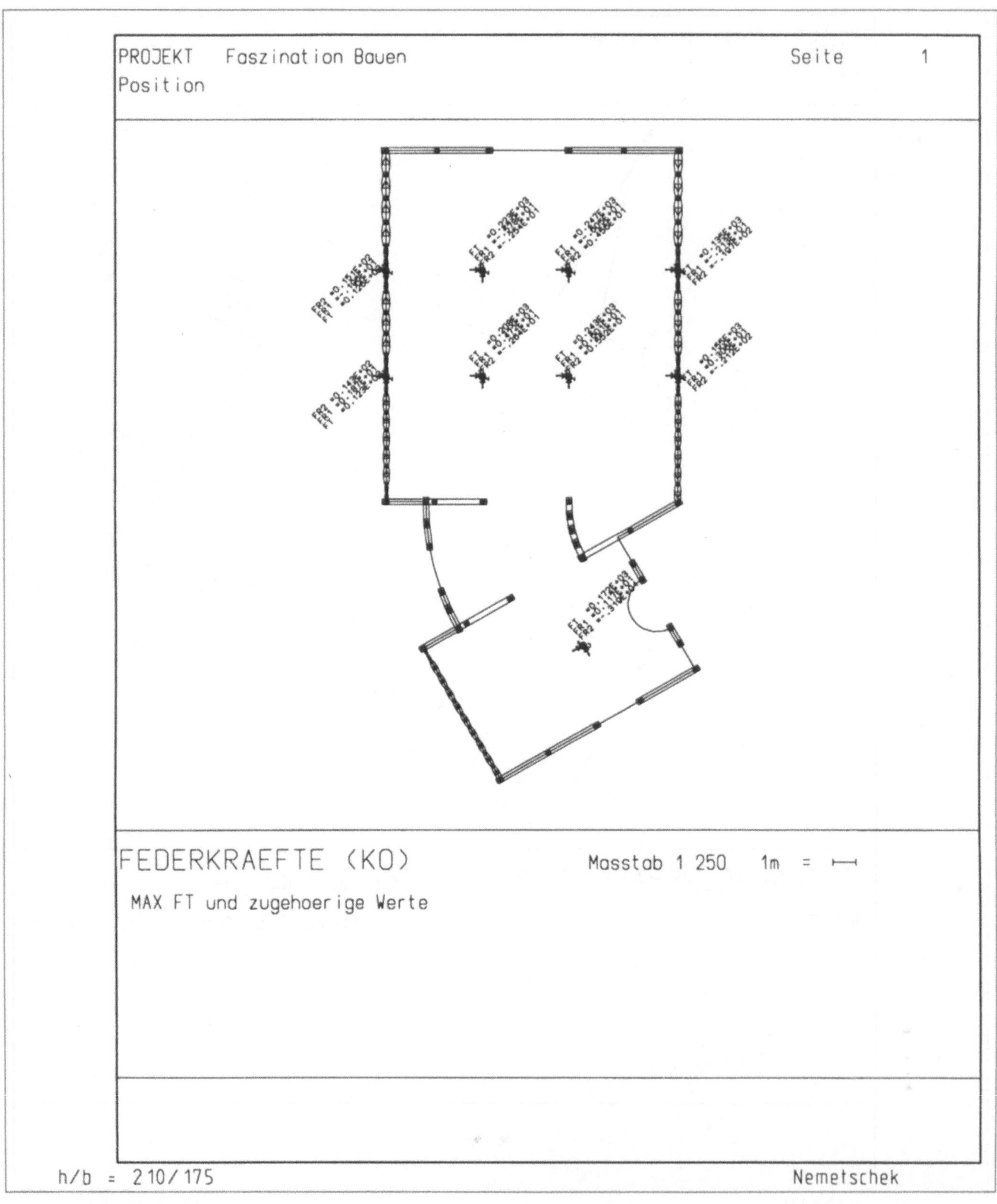

Abb. 123: Maximale Federkräfte mit zugehörigen Momenten, Darstellung aller Auflager über Systemdarstellung eingeschaltet.

Auflagerreaktionen von Federn

Genauso wie die Auflagerreaktionen der Linienlager sind auch die der Punktlager auszugeben. Über /FE-KO/ sind die Reaktionen bei Lastfallkombination abrufbar, über /FE-LF/ diejenigen der einzelnen Lastfälle.

Abb. 123 zeigt die maximale Auflagerkraft der Federn aus der Lastfallkombination. Die zugehörigen Momente werden automatisch mitangezeigt. Genauso werden umgekehrt bei Darstellung des extremalen Moments in einer Richtung das zugehörige Moment in der zweiten Richtung und die zugehörige Auflagerkraft mit angegeben. Die Auswahl der darzustellenden Reaktionen erfolgt wieder über /KOMBINATION/ (siehe BASICS).

Zur besseren Übersicht über das gesamte statische System wurden in Abb.123 alle Auflager und Stäbe über die Systemdarstellung eingeschaltet.

Durchstanznachweis

Ebenfalls im Ausgabemenü /FE-KO/ läßt sich der Durchstanznachweis nach DIN 1045 führen. Wählen Sie dazu unter /FE-KO/ im oberen Menü /DSTNW/ und klicken Sie das Auflager an, für das der Nachweis geführt werden soll. Es wird die in Abb. 124 gezeigte Eingabemaske eingeblendet.

In der oberen Zeile der Maske sind zu Ihrer Information die gewählte Auflagernummer und die Materialparameter aufgeführt.

Definieren Sie als erstes den Stützentyp durch Anklicken eines der Symbole auf der linken Seite. Aktivieren Sie anschließend nacheinander die Maßzahlfelder und tippen Sie die Stützenmaße und den Einflußbereich der Stütze ein.

Die Ermittlung der Faktoren für Stützenlage und rotationssymmetrische Belastung erfolgt normalerweise automatisch, kann aber auch manuell eingegeben werden. Außerdem ist die Bewehrungsstaffelung im Feld ein- bzw. ausschaltbar.

Parameter für Abb. 123:

/Kombination/ MAX FT

BASICS

Folgende Punktlagerreaktionen sind unter /KOMBINATION/ einstellbar:

/*AUS*/	keine Darstellung
/MIN/	Minimalwert
/MAX/	Maximalwert
/FT/	extremale Auflagerkraft
/FR1/	extremales Moment in Richtung 1
/FR2/	extremales Moment in Richtung 2

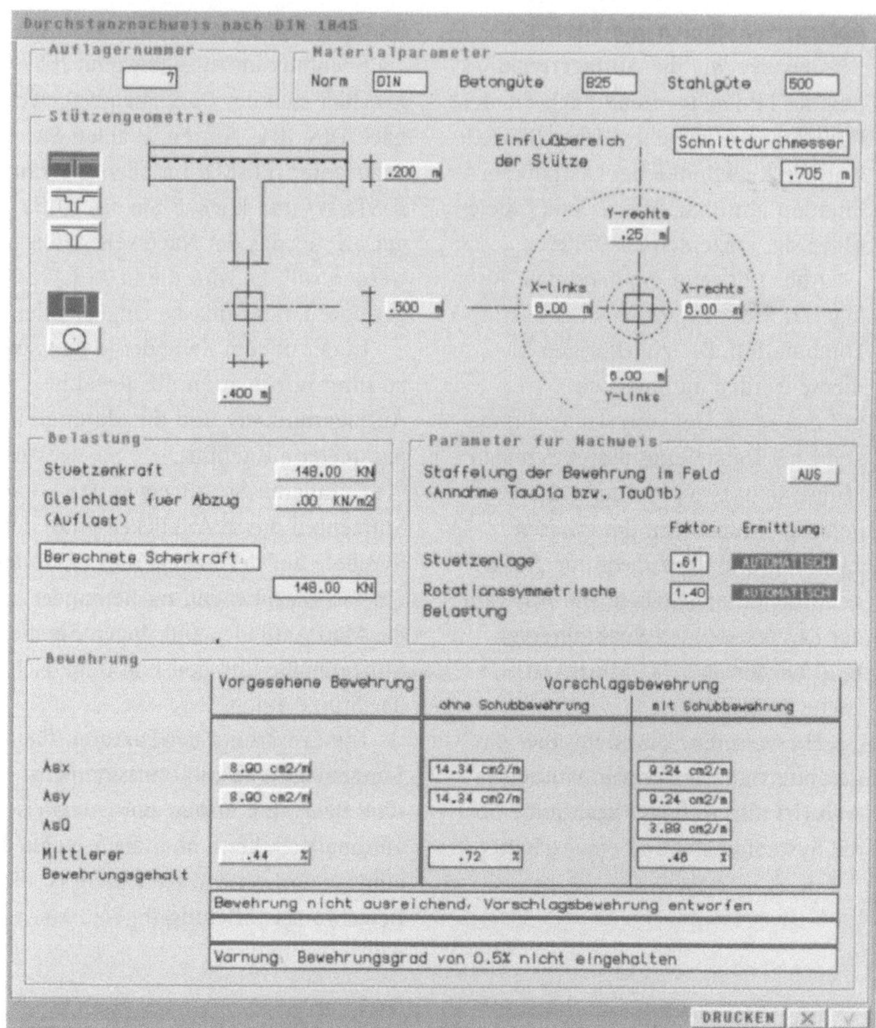

Abb. 124: Die Eingabemaske für den Durchstanznachweis

Die Stützenkraft wird automatisch aus der FEM-Berechnung übernommen und im entsprechend bezeichneten Feld angezeigt. Sie kann allerdings nach Wunsch manuell variiert werden, um die Auswirkung auf die Bemessungswerte zu überprüfen.

Tragen Sie nun im unteren Bereich der Maske in der entsprechenden Spalte die von Ihnen vorgesehene Bewehrung ASX und ASY ein. Ist diese Bewehrung ausreichend gegen Durchstanzen, erfolgt unten in der Meldungszeile der Maske die Meldung "vorgesehene Bewehrung ist ausreichend". Die beiden Spalten unter „Vorschlagsbewehrung“ bleiben leer.

Reicht die vorgesehene Bewehrung dagegen nicht aus, wie in Abb. 124, wird dies ebenfalls gemeldet und jeweils ein Bewehrungsvorschlag für Bewehrungswerte mit bzw. ohne Schubbewehrung ermittelt und in den jeweiligen Spalten eingeblendet.

Reaktionsverläufe entlang eines Schnitts

ALLFEM bietet die Möglichkeit, beliebige gerade Schnitte durch die Platte zu führen, entlang denen Schnitt- oder Bemessungsgrößen ausgegeben werden. Aktivieren Sie zu diesem Zweck /SCHNIT/. Der Bildschirm wird automatisch in drei Fenster aufgeteilt. Im linken, großen Fenster ist das Ausgabeformular zu sehen, in den beiden rechten eine Draufsicht sowie eine isometrische Darstellung (Abb. 125).

Der Zweck dieser drei Fenster erschließt sich, wenn Sie die darzustellende Größe auswählen. Wenn zum Beispiel der Verlauf des maximalen Moments MXX entlang eines Schnitts gewünscht ist, wählen Sie im oberen Menü zunächst /HL-KO/. Damit haben Sie festgelegt, daß eine Schnittreaktion aus der Lastfallkombination ausgegeben werden soll. Es öffnet sich ein Pulldownmenü, aus dem Sie auswählen, welche Reaktion zu zeigen ist, im Beispiel also /MAX/ → /MXX/. In den beiden rechten Fenstern werden nun die Höhenlinien für dieses Moment eingeblendet. Diese Darstellungen können bei der Festlegung der Schnittführung helfen.

Ebenso wie Größen aus der Lastfallkombination können natürlich auch lastfallweise Schnittreaktionen ausgegeben werden. Dazu aktivieren Sie /HL-LF/ im oberen Menü. Über /HL-BW/ dagegen wird der Bewehrungsgehalt ausgegeben. Um eine übersichtliche Darstellung zu erhalten, können die Schrittweite der Höhenlinien und der Überhöhungsfaktor für die dreidimensionale Ansicht über /HL-SW/ bzw. /3D-UEB/ verstellt werden.

Nun geht es an die Eingabe der Schnittführung. Beispielsweise könnte ein Schnitt durch eine Stützenreihe gelegt werden. Für diesen Zweck schalten Sie in der Systemdarstellung auf /E-AL-D/ → /FEDER/, um die Stützen auf dem Bildschirm zu sehen.

Wählen Sie über /SCH-NR/ die Schnittnummer. Da noch kein Schnitt definiert ist, steht dieser Schalter auf /1-1/. Bei der Definition weiterer Schnitte wird automatisch hochgezählt.

Unten rechts kann jetzt durch Anklicken gewählt werden, ob der Schnitt in X-X-Richtung, Y-Y- oder beliebiger Richtung gelegt werden soll. Im letzteren Fall ist der gewünschte Winkel zusätzlich einzugeben. Wählen Sie für das Beispiel /X-X/.

Auf dem Bildschirm wird die Schnittführung durch zwei Dreiecke angezeigt, die am Fadenkreuz hängen. Klicken Sie die linke Stütze der Reihe an, um dort den Nullpunkt des Koordinatensystems für das Schnittprofil zu definieren. Ebenso könnte der Punkt auch im Fenster rechts unten abgesetzt werden. In diesem Fenster wird die neu definierte Schnittlinie in Hilfskonstruktionsfarbe angezeigt. Abschließend müssen noch die Länge der x-Achse in positiver und ihre Länge in negativer Richtung eingeben werden. Dies kann entweder durch Anklicken der Endpunkte oder durch Zahleneingabe geschehen.

Nach Beendigung der Eingabe wird im linken Fenster das Koordinatensystem samt Schnittprofil angezeigt. Über /S-MASS/ können Sie den Darstellungsmaßstab des Schnittprofils beeinflussen. Vergessen Sie nicht, Ihren Plot zu sichern.

Parameter für Abb. 125:

/HL-KO/	MAX MXX
/S-MASS/	10.000
/HL-SW/	3.000
/3D-UEB/	40.000

Bei der Erstellung eines weiteren Plots haben Sie die Möglichkeit, den zuvor definierten Schnitt wiederzuverwenden, um entlang der gleichen Schnittlinie eine andere Größe auszugeben. Plotnummer und Schnittnummer sind also völlig unabhängig voneinander. Jeder einmal definierte Schnitt kann aus jedem Plot heraus abgerufen werden.

Die Schnittnummern können nicht wieder gelöscht, sondern nur überschrieben werden. Immer wenn /SCH-NR/ angeklickt wird, schlägt ALLFEM in der Dialogzeile automatisch die nächste, nicht besetzte Nummer an. Sie haben dann drei Handlungsmöglichkeiten:

- Um einen neuen Schnitt zu erzeugen, bestätigen Sie den Vorschlag mit /↵/.
- Um einen zuvor definierten Schnitt abzurufen, tippen Sie dessen Nummer ein.
- Um den aktuellen Schnitt zu überschreiben, setzen Sie ihn auf einer der beiden Draufsichten mit Maus/Lupe ab.

Bei der Ausgabe von Schnitten sind nur die Arbeitsmodi /ANZEIGE/ und /AUSGABE/ möglich, da die Festlegung von Schnitten ohne graphische Darstellung naturgemäß nicht möglich ist.

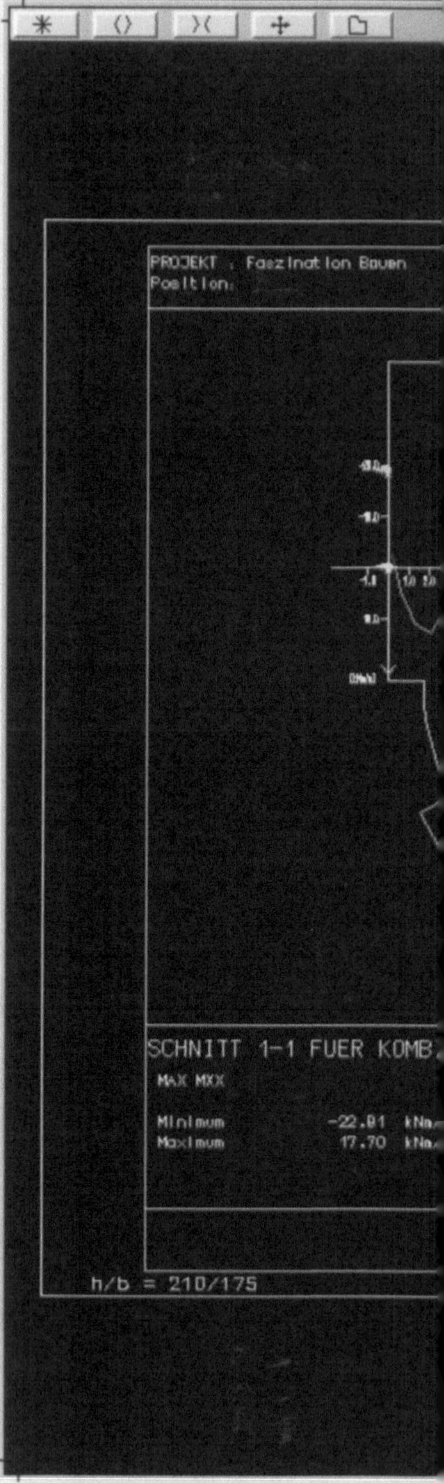

Abb. 125: Die drei Bildschirmfenster der Ausgabefunktion /SCHNIT/ nach Fertigstellung der Schnittdefinition

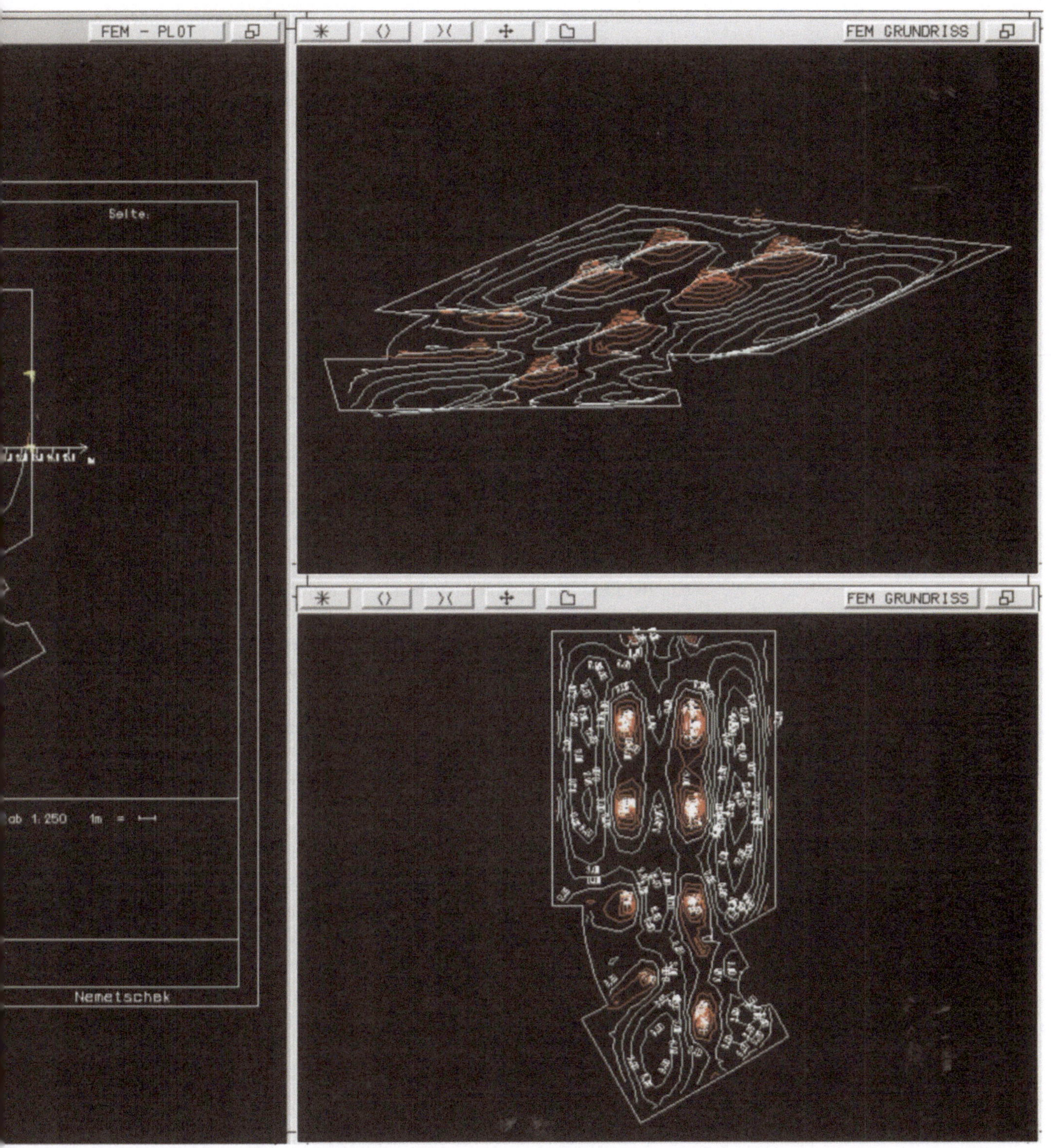
FEM - PLOT
FEM GRUNDRISS
FEM GRUNDRISS
Seite:
ab 1:250 1m =
Nemetschek

Numerische Ergebnisliste

Wenn Sie die Berechnungsergebnisse nicht graphisch dargestellt, sondern numerisch ausgegeben haben wollen, ist auch das über /NUMERG/ auf der 2. Seite des Ausgabeteils möglich.

Prinzipiell werden dafür zunächst mehrere Teilausdrucke definiert, aus denen dann die Ergebnisliste frei zusammengestellt werden kann. Lediglich die Lasten können nicht numerisch ausgedruckt werden, da sie keinem Systemelement zugeordnet sind. Ihre Ausgabe kann nur graphisch erfolgen.

Zur Definition eines Teilausdrucks wählen Sie zunächst über /MODUS/ aus, ob Sie die Ergebnisse für Einzellastfälle, die Lastfallkombination oder den Bewehrungsgehalt haben möchten. Bei Einzellastfällen sind zudem über /L-FALL/ die Lastfälle auszuwählen.

Über /ERGTYP/ kann eingestellt werden, für welche Art von Systemelementen (Platten, Stäbe, ect.) die Ergebnisse gedruckt werden sollen. Schließlich müssen über /DEF+/ die Elemente durch Anklicken aktiviert werden, deren Ergebnisse gewünscht sind. Ist die Auswahl abgeschlossen, muß /DEF+/ über /4/ verlassen werden.

Um eine Elementwahl zu ändern, können Elemente mit /DEF-/ wieder deaktiviert werden. Sichern Sie nun den Teilausdruck über /SICHERN/ und definieren Sie den nächsten.

Sollen für eine Elementauswahl alle Ergebnisse ausgegeben werden, muß jedoch nicht mehrmals /MODUS/ verstellt und erneut gesichert werden. Statt dessen kann über /ALLSIC/ die Ergebnisliste für Einzellastfälle, Lastfallkombination und Bemessungsgehalt der aktuellen Elementauswahl auf einmal gesichert werden.

Für die Ausgabe der Ergebnisliste wählen Sie nun /AUSDRUCK/. Es öffnet sich ein Pulldown-Menü, aus dem die gewünschte Ergebnisliste zusammengestellt werden kann. Neben den zuvor gesicherten Teilausdrucken sind darin auch eine Systemübersicht und alle Systemdefinitionen enthalten. Sind alle zu druckenden Ergebnisse aktiviert, gelangen Sie über /3/ in die Druckdefinitionsmaske, die die Einstellung einiger Formatierungsparameter erlaubt. Wenn Sie das Aussehen der Liste vor dem Drucken kontrollieren wollen, wählen Sie hier als Ausgabegerät /BILDSCHIRM/. Über /3/ wird die Liste erstellt.

Abb. 126 zeigt die Ergebnisliste, wie Sie auf dem Bildschirm erscheint. Ausgewählt wurden hierfür die Schnittreaktionen bei Lastfallkombination des linken oberen Plattenelements. Um in der Liste zu blättern, klicken Sie im Kopf der Maske einen der beiden Pfeile an. Alternativ kann die dazwischen liegende Zahl angeklickt und eine anzuspringende Seitenzahl eingetippt werden. Über den Knopf /DRUCK/ im unteren Maskenrand wird der Druckauftrag abgeschickt.

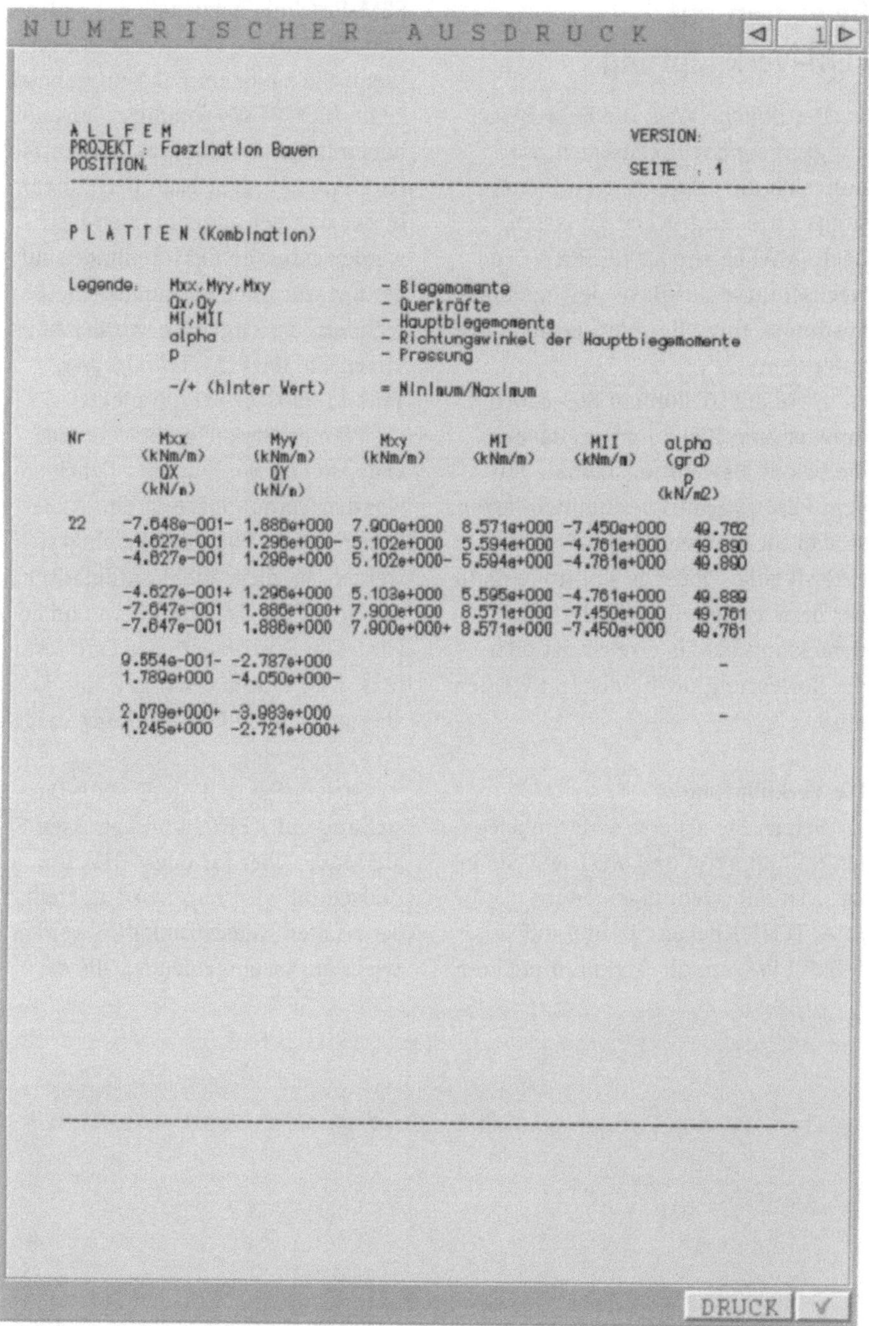

N U M E R I S C H E R   A U S D R U C K   1

A L L F E M
PROJEKT : Faszination Bauen   VERSION:
POSITION: SEITE : 1

P L A T T E N (Kombination)

Legende:	
Mxx, Myy, Mxy	- Biegemomente
Qx, Qy	- Querkräfte
MI, MII	- Hauptbiegemomente
alpha	- Richtungswinkel der Hauptbiegemomente
p	- Pressung
-/+ (hinter Wert)	= Minimum/Maximum

Nr	Mxx (kNm/m) QX (kN/m)	Myy (kNm/m) QY (kN/m)	Mxy (kNm/m)	MI (kNm/m)	MII (kNm/m)	alpha (grd) p (kN/m2)
22	-7.648e-001-	1.886e+000	7.900e+000	8.571e+000	-7.450e+000	49.762
	-4.627e-001	1.296e+000-	5.102e+000	5.594e+000	-4.761e+000	49.890
	-4.827e-001	1.298e+000	5.102e+000-	5.594e+000	-4.761e+000	49.890
	-4.627e-001+	1.296e+000	5.103e+000	5.595e+000	-4.761e+000	49.889
	-7.647e-001	1.886e+000+	7.900e+000	8.571e+000	-7.450e+000	49.761
	-7.647e-001	1.886e+000	7.900e+000+	8.571e+000	-7.450e+000	49.761
	9.554e-001-	-2.787e+000				-
	1.789e+000	-4.050e+000-				
	2.079e+000+	-3.983e+000				-
	1.245e+000	-2.721e+000+				

DRUCK ✓

Abb.126: Schnittreaktionen eines Plattenelements in Listenform

Bewehren mit FEM-Verknüpfung

Der übliche Weg, die FEM-Berechnungsergebnisse umzusetzen, wäre nun, sich die erforderlichen Bemessungswerte ausdrucken zu lassen, nach /MATTEN/ oder /FL-BEW/ zu wechseln und auf Basis des Ergebnisausdrucks einen Bewehrungsplan anzufertigen.

In ALLPLOT können Sie jedoch direkter zum Ziel kommen, da sich die beiden Bewehrungsmodule mit dem FEM-Ergebnis verknüpfen lassen, so daß Sie während des Bewehrens eine ständige optische Kontrolle darüber besitzen, ob die erforderliche Bemessung bereits erreicht ist oder die Bewehrung noch verstärkt werden muß.

Die Verknüpfung

Setzen Sie als erstes ein unbelegtes Teilbild aktiv und wechseln Sie in das Mattenbewehrungsmodul /MATTEN/. Klicken Sie nun auf /FEMBEW/, um die Verknüpfung zum FEM-Ergebnis herzustellen. Es öffnet sich die in Abb. 127 gezeigt Maske. Wenn Sie zuvor im FEM-Ausgabeteil keine /FEMBEW/-Graphiken erstellt haben (siehe BASICS), aktivieren Sie /Grafik aus Ergebnissen berechnen/. In der darüber angeordneten Liste werden nun alle FEM-Teilbilder aufgeführt, für die eine numerische Berechnung durchgeführt wurde. Aktivieren Sie Ihr FEM-Teilbild bzw. Teilbild 2903 des Lernprojekts.

Wählen Sie die zu bewehrende Lage, stellen Sie Zug oder Druck sowie den Verbundbereich ein. Außerdem muß die Plattendicke eingestellt werden, da diese nicht automatisch aus dem FEM-Teilbild übernommen wird. Die Schrittweite der Farbabstufung wird automatisch gewählt, kann aber auf manuelle Einstellung umgeschaltet werden.

Stellen Sie nun die Update-Darstellung auf /*EIN*/ und verlassen Sie die Maske über /3/ oder /OK/. Der Bildschirm wird nun neu aufgeteilt. In der rechten Bildschirmhälfte werden zwei Fenster eingeblendet, die die

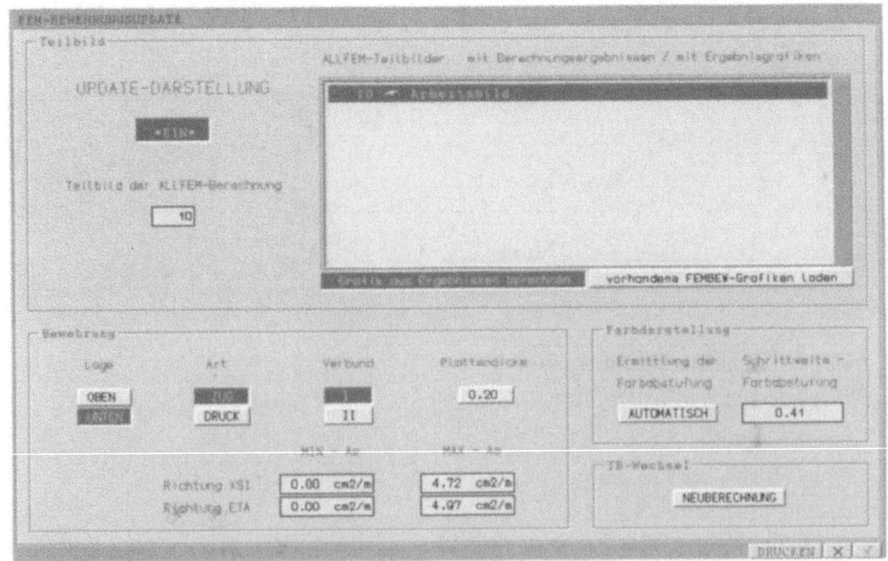

Abb. 127: Die FEM-Bewehrungsmaske

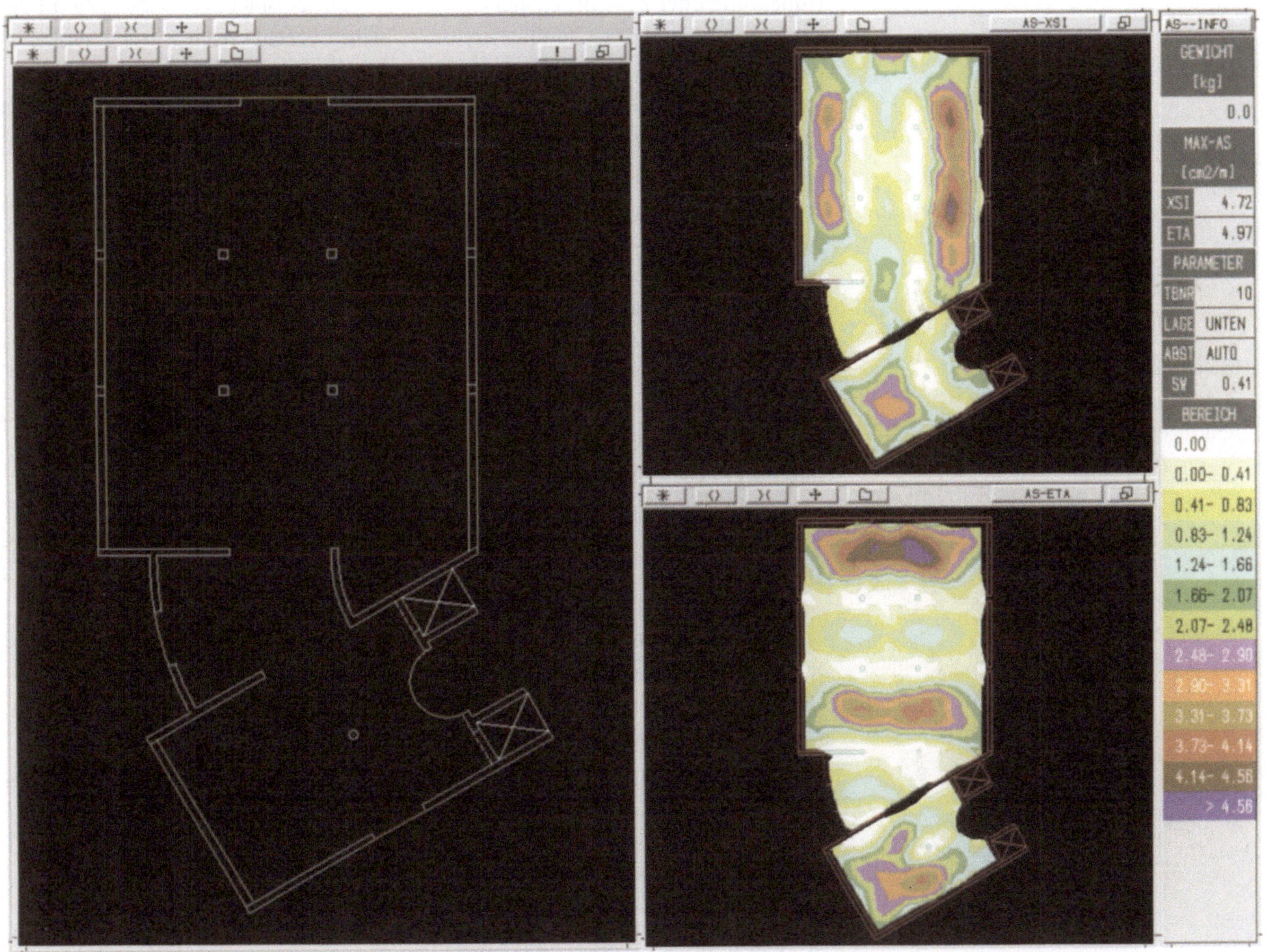

Abb.128: Darstellung der Bemessungswerte für die untere Lage der Decke

B A S I C S

Bei umfangreichen FEM-Teilbildern kann die Grafikberechnung für die farbige Bemessungswertdarstellung relativ lange dauern. In diesem Fall kann Zeit gespart werden, wenn im FEM-Ausgabeteil unter /HL-BEW/ im Modus /LISTE/ alle benötigten Grafiken mit der Einstellung /FEMBEW/ /*EIN*/ definiert und in einem Schwung über /RE/ /Grafik/ berechnet werden.

Wenn Sie nun mit FEM-Verknüpfung bewehren, wählen Sie in der FEM-BEW-Maske die Option /vorhandene FEMBEW-Grafiken laden/. In der Liste werden jetzt nur noch bereits grafikgerechnete Teilbilder aufgeführt. Der Bildaufbau erfolgt nun schneller, da die Grafik nur noch von der Festplatte abgerufen werden muß.

Höhenlinien der Bewehrungsbemessung als farbig abgesetzte Flächen darstellen (Abb. 128). Das obere Fenster zeigt die Bemessung in Xsi-Richtung, das untere in Eta-Richtung. Ganz rechts am Bildschirm finden Sie eine Legende, aus der ersichtlich ist, welche Farbe welchem Bemessungswert entspricht.

Nun sind nur die Bemessungswerte auf dem Bildschirm dargestellt, nicht aber der Grundriß. Um diesen zu erhalten, legen Sie Teilbild 2900 passiv in den Hintergrund. Er wird in allen drei Fenstern dargestellt. (Abb.128).

TIPS

Die beiden FEM-Fenster werden über das bereits vorhandene Bildschirmfenster gelegt. Daher wird der Grundriß nun, wenn Sie im linken Fenster über /*/ auf Vollbild stellen, zur Hälfte verdeckt. Abhilfe schafft das Erzeugen eines neuen, für die linke Bildschirmhälfte maßgeschneiderten Fensters.
Aktivieren Sie dazu / / im linken Menü (nicht mit / / verwechseln!) und klicken Sie zwei Diagonalpunkte des gewünschten Fensters an. Das neue Fenster wird eingeblendet. Vergessen Sie nicht, / / wieder über /4/ zu deaktivieren.

Das Bewehren

Um mit dem Bewehren beginnen zu können, deaktivieren Sie über /4/. Wählen Sie nun eine Verlegefunktion, zum Beispiel /M-FELD/, um mit dem Bewehren zu beginnen. Die Vorgehensweise entspricht genau den im Kapitel "Bewehren einer Decke" beschriebenen Arbeiten. Sie können dabei in jedem der drei Fenster arbeiten, die verlegten Matten werden in allen Fenstern angezeigt.

Nach jedem Verlegevorgang wird die farbige Darstellung der Bemessungswerte aktualisiert. Das heißt, daß nur die nach Abzug der bereits verlegten Bewehrung noch erforderlichen Bemessungswerte angezeigt werden. Sind die Bemessungsanforderungen erfüllt, erscheint die ganze Fläche weiß.

Ein Beispiel zeigt Abb. 129. In einem Deckenbereich wurde eine Lage Matten über /M-FELD/ verlegt. Vergleichen Sie die Höhenliniendarstellung mit Abb. 128, um den Unterschied auszumachen.

Mit FEM-Verknüpfung bewehren können Sie ebenso im Modul /FL-BEW/. Wechseln Sie dazu in ein leeres Teilbild. Verneinen Sie die Abfrage, ob das FEM-Bewehrungs-Update ausgeschaltet werden soll. Aktivieren Sie nun /FL-BEW/ und bewehren Sie ebenfalls auf die gewohnte Weise. Auch hier werden die Bemessungswerte ständig aktualisiert.

Die Update-Darstellung kann wieder ausgeschaltet werden, indem entweder über /FEMBEW/ noch einmal die Maske geöffnet und "Update-Darstellung" auf /*AUS*/ gestellt wird oder aber, indem beim Wechseln des Teilbilds die Abfrage bejaht wird.

Wenn Sie das FEM-Teilbild wechseln, aktualisieren Sie die /FEMBEW/-Darstellung über /NEUBERECHNUNG/.

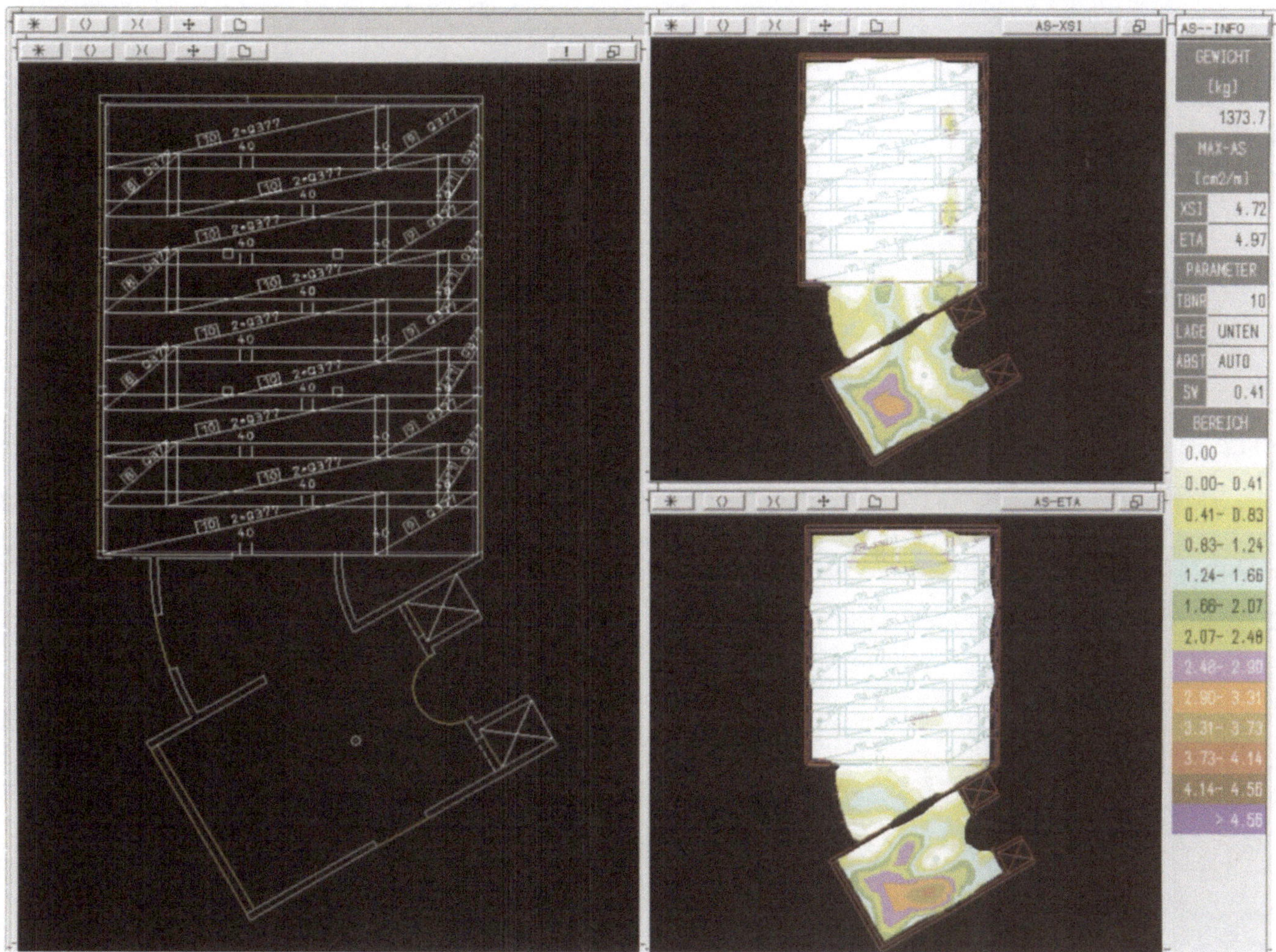

Abb. 129: Die FEMBEW-Darstellung nach Verlegen einer ersten Position

Weitere ALLPLOT-Module

Neben den in den Schritt für Schritt-Anleitungen beschriebenen ALLPLOT-Modulen stehen weitere Anwendungen für den konstruktiven Ingenieurbau zur Verfügung, die aus Platzgründen hier nicht ausführlich erläutert werden können, aber dennoch kurz angerissen werden sollen.

Stahlbau

Typisierte Verbindungen im Stahlbau können mit ALLPLOT automatisch konstruiert werden. Nach Eingabe der Schnittgrößen wird vom Programm ein Anschluß nach Wirtschaftlichkeitskriterien ausgewählt und dem Konstrukteur vorgeschlagen. Der Konstrukteur kann nun Änderungen an der vorgeschlagenen Konstruktion vornehmen bzw. andere auswählen. Die typisierten Verbindungen im Stahlhochbau sind der Aufstellung des Deutschen Stahlbauverbands entnommen.

Außerdem stehen für den Stahlbau Symbolkataloge mit rund 750 genormten Stahlbauprofilen zur Verfügung. Maßlinien und Bohrungen sind darin als Hilfskonstruktionen vorhanden. Diese Hilfskonstruktionen werden nicht mitgeplottet, wenn Sie nicht in normale Linien umgewandelt werden. Stahlbauprofile sind erhältlich als 2D-Katalog, in dem Quer-

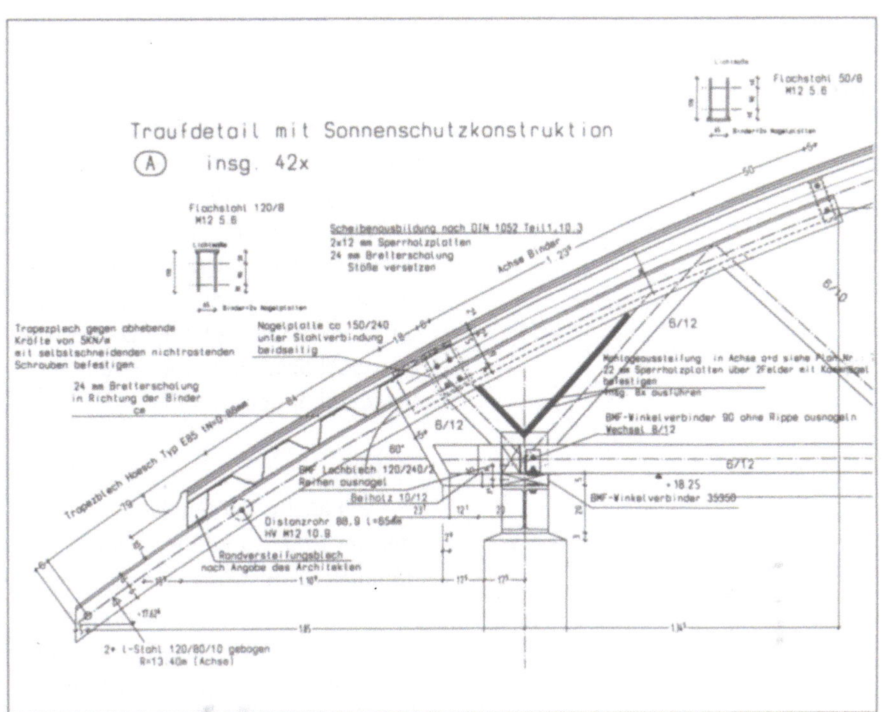

Abb. 1: Arbeitsbeispiel Ing.-Büro Albrecht und Partner, Stuttgart

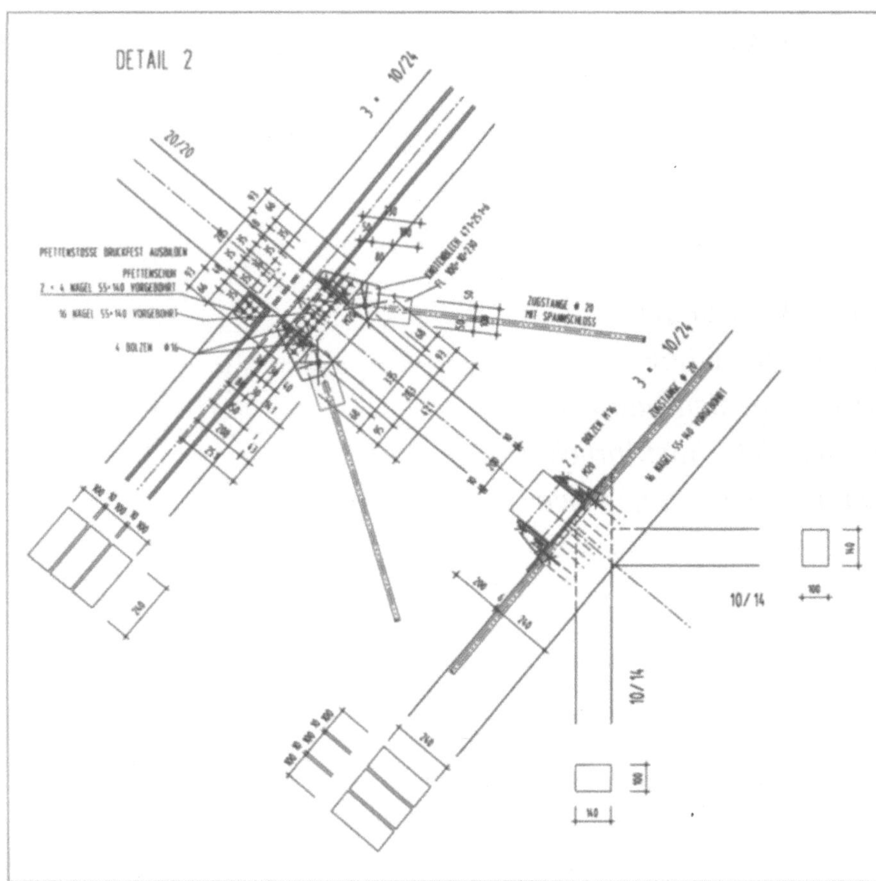

Abb. 2: Knotenblechverbindungen

schnitt und Draufsicht der Profile abrufbar sind, oder aber als 3D-Katalog mit räumlichen Modellen.

Sowohl die typisierten Verbindungen als auch die Symbolkataloge im Stahlbau sind normale CAD-Zeichnungen, die mit allen CAD-Werkzeugen nachbearbeitet und modifiziert werden können.

Holzbau

Genagelte Knotenblechverbindungen im Holzbau können ebenfalls automatisch konstruiert werden. Es stehen verschiedene Knotenarten für Holzfachwerke als Nagelverbindung mit Stahlblechen zur Verfügung.

Für die automatische Konstruktion ist die Angabe von Knotentyp und Schnittgrößen erforderlich. Daneben kann der Konstrukteur Querschnitte, Festigkeitsklassen, Güteklassen, Nagelblechdicken und Nägel vorschlagen. Wie die Stahlbauverbindungen sind auch die Holzbaukonstruktionen mit allen CAD-Werkzeugen bearbeitbar.

Schalungsplanung

Mit dem Schalungsmodul lassen sich aus vorgegebenen Schalungselementen zum Beispiel Grundrisse automatisch einschalen. Zur Verfügung stehen Schalungselemente der Firmen Peri (Trio), Doka (Framax), Meva (Mammut) und NOE (Top 2000). Außerdem können weitere Schalungselemente aufgenommen werden.

Auf Basis eines Grundrißteilbildes werden die Schalungselemente durch Abgreifen automatisch erzeugt. Folgende Geometrien stehen dafür zur Verfügung: Ecke, T-Anschluß, Kreuz, Absatz, Stirn, Wand, Lisene. Weitere Geometrien können vom Anwender definiert werden, indem Schalungselemente zu Gruppen zusammengefaßt als abrufbare Gruppenelemente abgespeichert werden. Verbindungsteile wie Anker und Schlösser können automatisch, aber auch manuell gesetzt werden.

Das Ergebnis der Schalungsplanung liegt als räumliches Modell vor, sodaß verschiedene Ansichten und perspektivische Darstellungen auf dem Plan plaziert werden können.

Wie bei den ausführlich beschriebenen Bewehrungsmodulen werden im Schalungsmodul die verwendeten Elemente automatisch verwaltet und können als Takt-, Mengen- oder Bestellisten ausgegeben werden.

Bestand Scan

Bestehende Pläne, die nur auf Papier vorliegen, können mit dem Modul Bestand-Scan eingescannt und als Pixelbild gespeichert werden. Sie können nun durch Kopieren, Verschieben oder Löschen von Teilen verändert werden. Gescannte Teilbilder können mit Vektorgraphiken des CAD-Systems kombiniert werden, sodaß beispielsweise Ein- oder Umbauten auf Basis von alten Plänen mit CAD geplant werden können.

Ein weiterer Anwendungsbereich ergibt sich etwa bei der Lageplanerstellung. Wenn keine digitalen Geländedaten zur Verfügung stehen, können bestehende Karten als Hintergrundteilbild zur Erstellung eines neuen Lageplans verwendet werden.

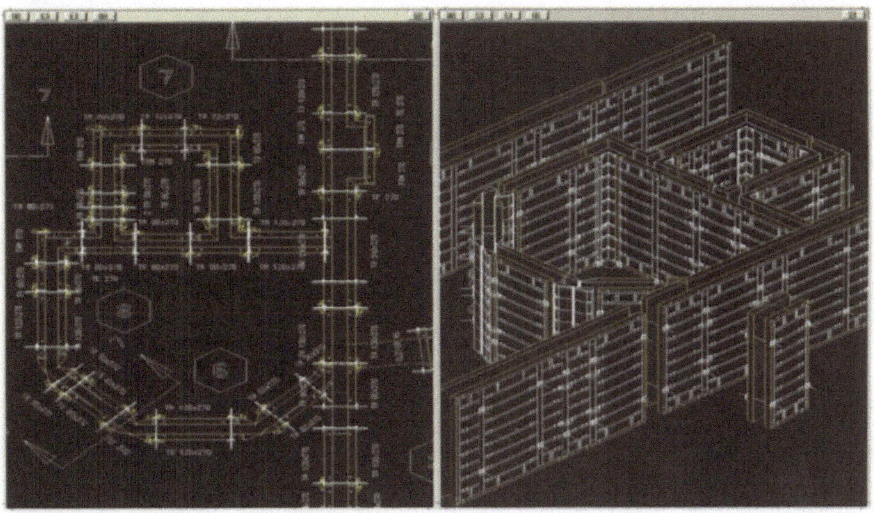

Abb. 3: Schalung im Grundriß und als räumliches Modell

Lageplan

Auch für die Erzeugung von Lageplänen ist in ALLPLOT ein Modul erhältlich, das speziell für die diesbezüglichen Anforderungen ausgerüstet ist. Auf Basis von Punktkoordinaten, die durch Digitalisieren bestehender Karten, manuelle Eingabe über die Tastatur oder aus bestehenden Daten gewonnen werden, können Lagepläne konstruiert werden.

Zur Konstruktion von Achsen zum Beispiel stehen eine Reihe von geometrischen Elementen wie Korbbogen, Klothoide, DB-Parabel oder Spline zur Verfügung. Aus verschiedenen solcher Elemente kann eine Achse zusammengesetzt werden, die sich wie eine normale Linie bearbeiten läßt.

Weiterhin lassen sich im Lageplan-Modul die im Straßenbau üblichen Stationierungen erstellen und beschriften, achsbegleitende Linien nach den Richtlinien für die Anlage von Straßen oder durch manuelle Vorgabe aufweiten oder eine Zwangspunktdiagnose zur Überprüfung der Einhaltung von Mindestabständen durchführen.

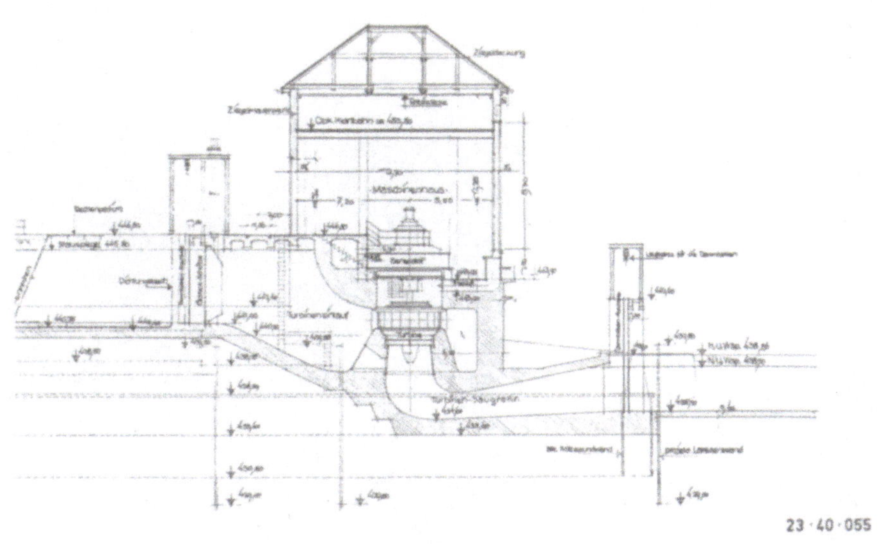

Abb. 4: Bestand Scan ermöglicht auch das Bearbeiten alter Pläne mit CAD

ALLPLAN

Was tun wenn?

Manchmal verrennt man sich bei Problemlösungen in Sackgassen, aus denen so leicht nicht wieder herauszukommen ist. Aus diesem Grund wurden hier einige Tips für Fragen, die in der Nemetschek-Hotline oft gestellt werden. zusammengetragen.

/MATTEN/

Kontrollieren Sie in /MATTEN/ → /DEF/, auf welchen Wert die Restmattenverlegegrenze /RM-VGR/ steht. Matten, deren Breite diesen Wert unterschreiten, werden nicht verlegt. Stellen Sie hier einen Wert unterhalb der Breite der Abstandshalter ein.

Abstandshalter mit einer Mattenlänge von 0,10 m lassen sich nicht verlegen.

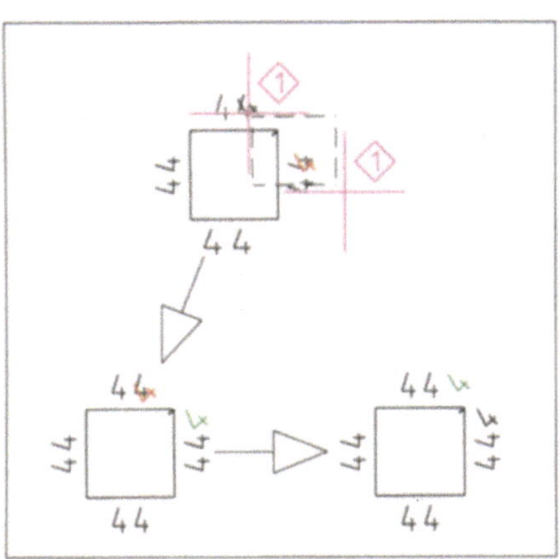

Abb. 1: Die Maßzahl des Hakens läßt sich verschieben, wenn sie mitsamt dem Haken aktiviert wird

Aktivieren Sie zum Verlegen der Abstandshalter die Hilfskonstruktion /HK/. Die Abstandshalter erscheinen nun in Hilfskonstruktionsfarbe. Sie werden dadurch zwar auf dem Bildschirm in der Mattenschneideskizze aufgeführt, aber beim Plotten nicht mitgedruckt.

Wie kann die Menge der Abstandshalter ermittelt werden, ohne daß diese in der Mattenschneideskizze aufgeführt werden?

Aktivieren Sie in /VERSCH/ zum Verschieben der Maßzahl über /2/ → /2/ einen Bereich, der die Maßzahl und die zugehörige Bügelmattenseite enthält. Nun läßt sie sich verschieben.

Die Maßzahlen am Auszug einer Bügelmatte lassen sich nicht verschieben.

/RU-BEW/, /FL-BEW/

Anfügen eines weiteren Körpers an den Schalungskörper eines Rundstahlteilbilds mit Modell, zum Beispiel ergänzen einer Konsole an einer Stütze

Steht Ihnen das ursprüngliche /3D/-Teilbild zur Verfügung, löschen Sie zunächst den Schalungskörper im bestehenden Rundstahlteilbild. Haben Sie kein /3D/-Teilbild verfügbar, legen Sie das Rundstahlteilbild teilaktiv in den Hintergrund und setzen Sie ein leeres aktiv. Sie können über nun /ABLEITUNG/3D/ ein /3D/-Teilbild ableiten.

Aktivieren Sie nun das /3D/-Teilbild, in dem der Schalungskörper erzeugt wurde und wechseln Sie in das Modul /3D/. Modellieren Sie den zu ergänzenden Körper und verschmelzen Sie beide Körper über /K\/K/.

Legen Sie das Bewehrungsteilbild in den Vordergrund und das /3D/-Teilbild aktiv in den Hintergrund. Sie können den modifizierten Körper jetzt über /UEBERNAHME/ANSICH/ wieder in das Rundstahlteilbild übernehmen. Beantworten Sie die Abfrage, zu welchem Bewehrungskorb der Körper hinzugefügt werden soll, mit Aktivieren von /ALT/ rechts in der Dialogzeile und Anklicken einer der bestehenden Ansichten. Der Körper wird nun in genau denselben Ansichten und Schnitten dargestellt wie die bestehende Bewehrung.

Auszüge von räumlichen Eisen

Wenn Ihnen die perspektivische Darstellung eines Auszugs über / / nicht zusagt, gehen Sie wie folgt vor: Löschen Sie zunächst den alten Auszug und wechseln Sie dann nach /AN+SCH/. Wählen Sie eine Perspektive, die Ihnen zusagt und übertragen Sie diese über /AN-FEN/ auf Ihr Rundstahlteilbild. Wechseln Sie nun wieder nach /RU-BEW/⟶ /AUSZUG/, aktivieren Sie den Parameter / / und tippen Sie die das Eisen in der gewünschten Perspektive an. Sie wird für den Auszug übernommen. Die perspektivische Ansicht auf dem Teilbild kann nun in /AN+SCH/ über /AN-/ wieder entfernt werden.

ALLFEM

Meldung: Bewehrungsbereich 1 nicht definiert

Sie haben vergessen, über /BEWDEF/ einen Bewehrungsbereich zu definieren. Es werden automatisch die zuletzt eingestellten Bewehrungsparameter verwendet.

Meldung: Fehler Nr. 10211: Pivotelement in Spalte xy ist Null

Ihr System ist statisch labil. Überprüfen Sie bitte die Auflagerbedingungen und die Ränder. Achten Sie etwa bei Scheiben darauf, daß mindestens eine horizontale Festhaltung definiert ist.

TIPS

Beim Kopieren eines FEM-Systems in ein anderes Teilbild über /T-KOP/ werden immer auch die Lasten mitkopiert. Ist dies nicht erwünscht, legen Sie statt dessen das System über / / als Symbol ab. Sie können es nun in einem anderen Teilbild ohne Lasten wieder aus der Symboldatei holen.

Es kann, etwa bei der Netzanpassung an eine Rundung, vorkommen, daß ein Element mit ungünstiger Geometrie entsteht, das so schmal ist, daß es trotz geschrumpfter Darstellung unter /KONTR/ ⟶ /SYSGEO/ auf dem Bildschirm nicht zu sehen ist.

Um das fehlerhafte Element aufzufinden, merken Sie sich die Elementnummer, wechseln Sie über /AU/ ⟶/SYSTEM/ in die Systemausgabe und stellen Sie /PLAT-B/ auf /ELE-NR/. Im Modus /ANZEIGE/ ist nun jedem Element seine Nummer zugeordnet, sodaß sich der Ort des fehlerhaften Elements finden läßt. Wenn Sie nun, wieder in /PL/ oder /SC/ den entsprechenden Bereich auf dem Bildschirm stark genug vergrößern, können Sie das fehlerhafte Element sehen und modifizieren.

TIPS

Extrem schmale Elemente können vermieden werden, indem Sie eine Knotenkorrektur über /KNOKOR/ ⟶ /KO-RA/ durchführen. Stellen Sie dafür die Toleranz /TOL/ klein genug gegenüber den Knotenabständen ein, daß keine unerwünschten Zusammenfassungen entstehen und aktivieren Sie das ganze Netz über /2/ ⟶ /2/.

Meldung: Fehler Nr 10052: Modellfehler: Element Nr. xyz -> Winkel ungünstig

Damit das System Höhenlinien aus den Rechenergebnissen interpolieren kann, muß für jedes Element ein Nachbarelement gefunden werden. Enthält das System Streifen, die nur die Breite eines Elements besitzen, kann in einer Richtung kein Nachbarelement gefunden werden, sodaß die Höhenlinienberechnung nicht durchgeführt werden kann. Ein solcher Fall kann auftreten, wenn zwei Aussparungen nahe nebeneinander liegen, oder wenn eine Öffnung nahe am Rand der Platte bzw. Scheibe liegt. Abhilfe schaffen Sie, indem Sie diese Streifenelemente über /<<->>/ längs unterteilen.

Meldung: Fehler Nr. 10320: Fehler bei der Neuvermaschung von Netzknoten

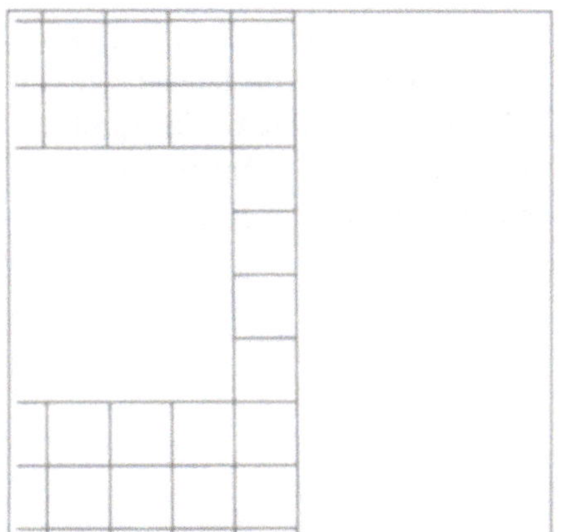

Abb. 2: Plattenstreifen mit einer Breite von nur einem Element...

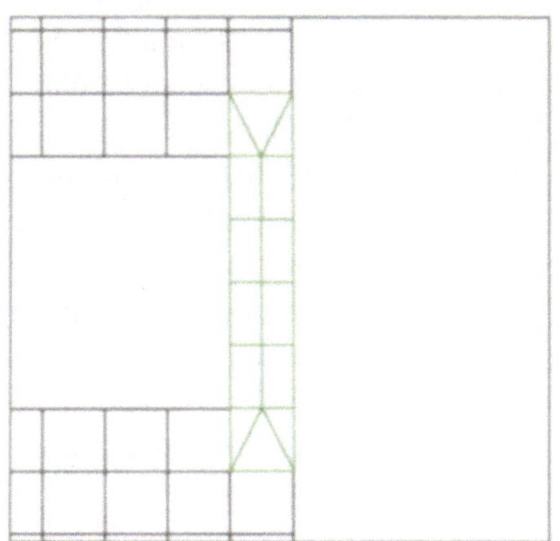

Abb. 3: ...und Unterteilung des Streifens

Meldung:
Fehler 1019x: Fehlerhafte Richtungsdefinitionen
Fehler 10206: Toleranzprobleme mit Lasten

Wenn Sie diese Fehlermeldungen erhalten, kontrollieren Sie zunächst das System über /KONTR/. Werden keine fehlerhaften Elemente angezeigt, kann es sein, daß Ihr System sehr weit vom globalen Koordinaten-Nullpunkt entfernt liegt. Kontrollieren Sie die Lage über die Meßfunktion / [illegible] / → /KOORDINATEN/. Verschieben Sie das ganze System über /VERSCH/ in /KONS/ näher an den globalen Nullpunkt. Vergessen Sie dabei nicht, die Lastfälle ebenfalls zu verschieben. Tritt auch dann noch der Fehler 10206 auf, rufen Sie bitte die Nemetschek-Hotline an.

Die Texte in der graphischen Ausgabe sind seitlich verschoben

Wenn dies auftritt, etwa im Firmenkopf oder bei der Ausgabe /NUMBEW/, wechseln Sie über /TX/ im Wechselmenü in das Textmodul.

Stellen Sie bei den Textparametern den Spaltenwinkel /SPALT-W/ auf 90°. Jetzt müßten die Texte im FEM-Ausgabeteil korrekt ausgerichtet sein.

Die Rechenergebnisse sind nicht plausibel

Es können mehrere Arten von unplausiblen Berechnungsergebnissen auftreten. Folgendes kann passieren:

- Ein Linienlager wird nicht berücksichtigt.

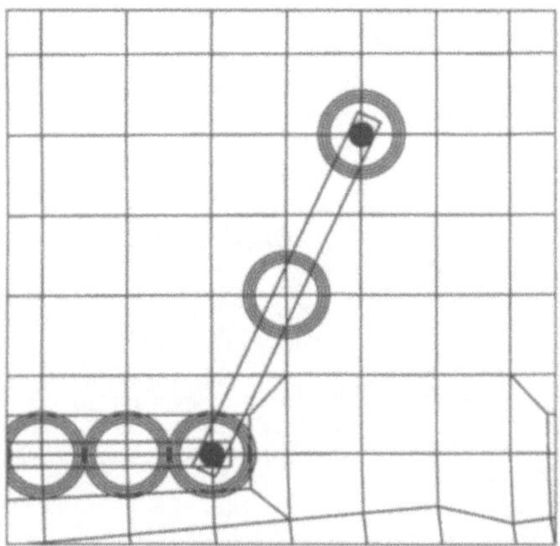

Abb. 4: Linienlagerkontrolle /LL-KNO/

Dies kann sich äußern in unplausibel niedrigen Lagerkräften des Linienlagers und zu hohe Plattenschnittkräfte. Auch am Verformungsbild kann es zu sehen sein.

Ursache ist meist, daß das Linienlager nur am Anfangs- und Endpunkt jeweils einen Plattenknoten berührt. Sie können dies überprüfen über /KONTR/ → /LL-KNO/. Nun werden alle gemeinsamen Punkte von Linienlager und Platte markiert.

Fällt nun die Linienlagerachse mit einem Knoten zusammen, ohne bei der Kontrolle markiert zu werden, liegen beide nicht exakt an derselben Stelle.

Sie können dies korrigieren, indem Sie die Knoten über /KNOKOR/ → /KO-POL/ an die Auflagerlinie anpassen. Ein anderer, weniger eleganter Weg ist, das Linienlager zu löschen und von Knoten zu Knoten neu zu ziehen.

- Die Reaktionskraft eines Auflagers beträgt nur die Hälfte oder weniger des erwarteten Werts.

Beim Spiegeln oder Kopieren kann es zu einer doppelten Definition von Federn oder Linienlagern kommen. Liegt ein Linienlager zum Beispiel auf der Spiegelachse, wird es verdoppelt.

Ob ein solcher Fall vorliegt, kann für Federn (nicht für Linienlager) über /KONTR/ → /AUFLAG/ überprüft werden. Doppelt definierte Auflager müssen gelöscht und neu erzeugt werden.

- Ein Stab wird nicht bemessen

Das Fehlen der Stabbemessung. kann auf fehlende oder unkorrekte Querschnittsdefinition zurückzuführen sein. Es muß sowohl über /QUEDEF/ auf der 2. Seite ein Querschnitt definiert worden sein, als auch dessen Nummer dem Stab zugeordnet sein.

Eine unkorrekte Querschnittsdefinition kann zum Beispiel vorliegen, wenn bei einem sehr schmalen Stab die Summe der unteren und oberen Betondeckung die Gesamtbreite des Stabs überschreitet. Für die Torsionsbemessung wird die seitliche Betondeckung aus der oberen und unteren gemittelt, sodaß in diesem Fall die seitlichen Betondeckungen die Breite des Stabs übertreffen würden. Eine Bemessung kann dann nicht durchgeführt werden.

- Trotz iterativer Berechnung treten noch Zugkräfte in den Auflagern auf.

Als Ursache kommen drei Möglichkeiten in Betracht. Sie könnten erstens vergessen haben, die Federn als reine Druckfedern zu definieren. Dazu muß unter /FEDER/ bzw. für Linienlager unter /LINLAG/ der Parameter /C-SENK/ von /D/Z/ auf /DRUCK/ umgestellt werden.

Wurde hier korrekt eingestellt, kann es sein, daß Sie zu wenige Iterationsschritte angegeben haben. Erhöhen Sie in diesem Fall /STW-DEF/ → /IS-ANZ/.

Als letzte Fehlerquelle kommt das System selbst in Betracht. Bei einem statisch labilen System, das ohne Zugkraft kippen würde, kann diese Zugkraft ebenfalls erhalten bleiben.

Nemetschek
Ihr Partner im Bauwesen

Die Nemetschek Programmsystem GmbH kann auf ein solides und dynamisches Wachstum zurückblicken. Innerhalb von drei Jahrzehnten entwickelte sich aus dem von Prof. Dipl.-Ing. Georg Nemetschek 1963 gegründeten Planungsbüro das innovative, solide Entwicklungsunternehmen für CAD- und CAE-Software mit über 400 Mitarbeitern und 14 Niederlassungen in Europa und den USA. Die Kooperation mit Experten aus dem Bauwesen in Verbindung mit hochmotivierten Mitarbeitern haben das Unternehmen zum Marktführer in Deutschland werden lassen. Die Nemetschek Programmsystem GmbH bietet Architekten und Bauingenieuren leistungsfähige und moderne Lösungen für die Bauplanung. Die Vision der Unternehmensführung besteht darin, "Denkzeuge" (Friedrich Dürrenmatt) zu schaffen, die es dem Menschen erlauben, Aufgaben aus den Bereichen des Planens, des Bauens, der Verwaltung und der Instandhaltung von Bauprojekten durch innovative Systeme ausführen zu lassen, ohne den Anspruch die Energie der Kreativität ersetzen zu wollen.

Deutschland

Sitz der Nemetschek Programmsystem GmbH ist München. Niederlassungen in Deutschland befinden sich in Berlin, Stuttgart, Düsseldorf, Weimar, Aschaffenburg und München. Weitere Nemetschek Geschäftsstellen gibt es in Hannover, Bremen, Dortmund, Karlsruhe, Mannheim, Augsburg, Regensburg und Dresden - Stand Oktober 1995.

Europa

Europaweit sind Nemetschek Tochtergesellschaften in Österreich, der Schweiz, in Frankreich, Italien, den Niederlanden, der Slowakei und in Spanien vertreten. Zusätzlich ergänzen zahlreiche System- und Vertriebspartner im In- und Ausland die flächendeckende Marktpräsenz.

Das Nemetschek Technologiezentrum in München

In den letzten Jahren konnte der Nemetschek Konzern kontinuierlich einen europaweiten Umsatzzuwachs von etwa 30% verzeichnen. Diese Tatsache und die große Anzahl der CAD-Arbeitsplätze (13.500 Installationen, Stand 1994) gilt als Indiz für die Qualität der Produkte und die Solidität des Unternehmens.

Forschung und Entwicklung

Mehr als 200 Architekten und Ingenieure arbeiten im Nemetschek Team für Forschung und Entwicklung. Ihr Einsatz führt auch in der Zukunft zu innovativen Lösungen für Software im Bauwesen.

Service

Die Teams von Nemetschek bieten Architekten und Fachingenieuren europaweit überzeugende Soft- und Hardwarelösungen, die durch ein leistungsstarkes Angebot an Dienstleistungen ergänzt werden.

Schulung

Das Schulungsprogramm stellt sicher, daß die Vorteile von ALLPLOT und ALLPLAN so schnell wie möglich genutzt werden können. Auf Wunsch erstellt das Schulungsteam auch einen individuellen Ausbildungsplan für alle Aufgabenbereiche bauspezifischer Planung. Schulungsorte sind die Nemetschek Niederlassungen, externe Dienstleistungsunternehmen oder auch Ihr Büro.

Hotline im Team

Bei Fragen zu Soft- und Hardware ist der direkte Kontakt zu den Experten entscheidend. Die Teams bei Nemetschek stellen sicher, daß die fachspezifischen Spezialisten sofort erreichbar sind. Diesen Service bietet Nemetschek nicht nur im Technologiezentrum München, sondern auch in den Niederlassungen.

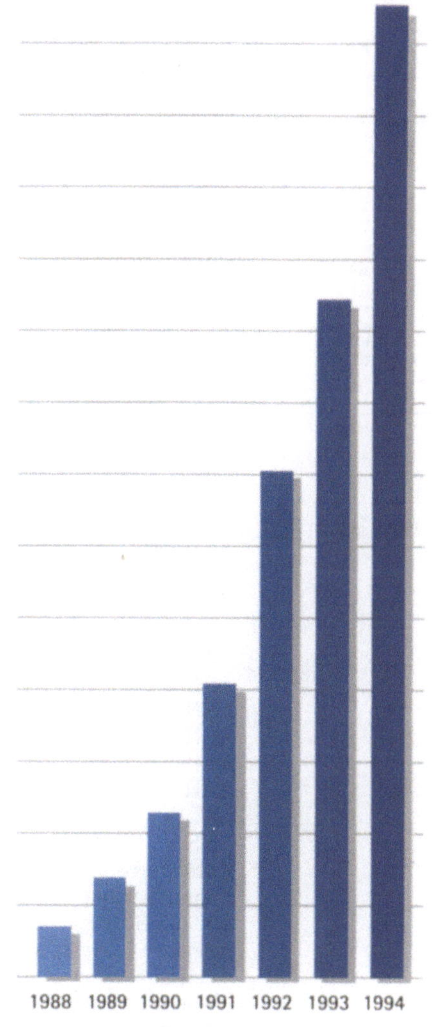

Installierte CAD/CAE Arbeitsplätze

Bildnachweis

Die Ziffern beziehen sich auf die Seitenzahlen

Ingenierbüro Schönjahn, Ludwigshafen, 18

Interstudio, Pesaro, 30

Prof. Peter Hübner, Neckartenzlingen, 264

Nemetschek Programmsystem GmbH, München, 268

Andere Bücher dieser Serie

Pflugbeil
CAD Werkzeug des Architekten
1995. 240 S. mit über 600 farb. Abb.
DM 58,--/ öS 453,--/ SFr 58,--
ISBN 3-528-08131-7

Schweigel
EUROplus Statikprogramme nach EC 2
1995. 312 S. mit 150 farb. Abb.
DM 98,--/ öS 765,--/ SFr 98,--
ISBN 3-528-08127-9

Oswald
ALLPLAN/ALLPLOT CAD-Basis
1995. 288 S. mit 690 farb. Abb.
DM 78,--/ öS 609,--/ SFr 78,--
ISBN 3-528-08130-9

Degenhart
ALLPLAN in der Architektur
1995. 288 S. mit 530 farb. Abb.
DM 78,--/ öS 609,--/ SFr 78,--
ISBN 3-528-08129-5